图解物理

安全须知

- 本书中概述的实验是中小学科学和物理课程中实践所需的实验。在进行这些实验时，您必须遵循每页的说明以及第9页“安全工作（防护）”的一般说明。
- 有些实验需要科学教师和物理教师的特别监督，因此只能在学校进行，需要教师监督的实验标有上述符号。

免责声明

对于实验中没有遵守这些指示，以及在没有适当监督的情况下进行实验而造成的任何伤害或损失，出版商不承担任何责任。

图解物理

[英]英国DK公司 编著　　刘娜 赵昊翔 译

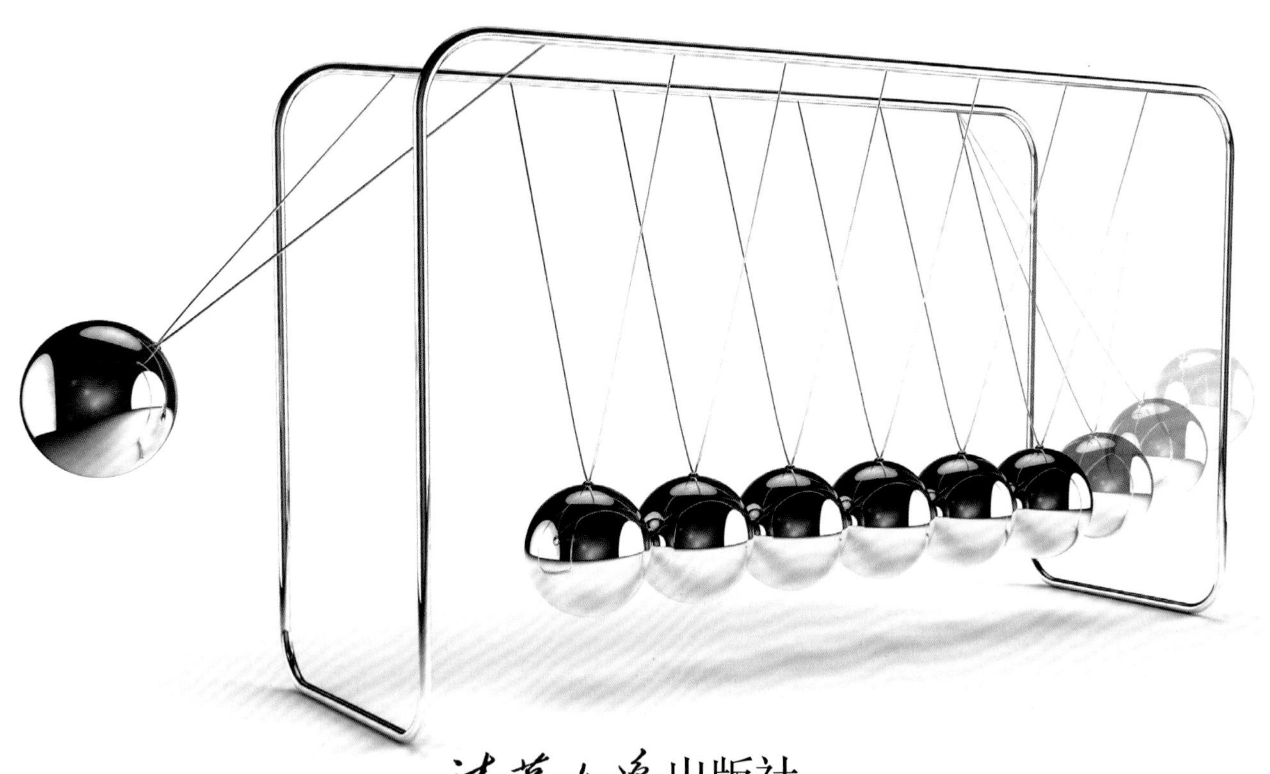

清華大學出版社
北京

Original Title: super simple physics : the ultimate bitesize study guide

北京市版权局著作权合同登记号　图字：01-2023-4731

图书在版编目（CIP）数据

DK图解物理 / 英国DK公司编著；刘娜，赵昊翔译. —北京：清华大学出版社，2023.11（2024.8重印）
书名原文: super simple physics
ISBN 978-7-302-64842-0

Ⅰ.①D… Ⅱ.①英… ②刘… ③赵… Ⅲ.①物理学－少儿读物 Ⅳ.①O4-49

中国国家版本馆CIP数据核字（2023）第206046号

责任编辑：陈凌云
封面设计：苕米视觉
责任校对：袁　芳
责任印制：杨　艳

出版发行：清华大学出版社
网　　址：https://www.tup.com.cn，https://www.wqxuetang.com
地　　址：北京清华大学学研大厦A座　　邮　　编：100084
社 总 机：010-83470000　　邮　　购：010-62786544
投稿与读者服务：010-62776969，c-service@tup.tsinghua.edu.cn
质量反馈：010-62772015，zhiliang@tup.tsinghua.edu.cn
印 装 者：北京华联印刷有限公司
经　　销：全国新华书店
开　　本：216mm×276mm　　印　　张：18　　字　　数：565千字
版　　次：2023年12月第1版　　印　　次：2024年8月第4次印刷
定　　价：139.00元

产品编号：103716-01

www.dk.com

目录 CONTENTS

1 科学工作

2 能量

3 运动的描述

4 力

5 力与运动

6 波

7 光

8 电路

9 电能

10 静电

11 电与磁

12 物质

13 压力

14 原子与放射性

15 太空

1 科学工作

科学方法

科学家通常要解释事情为什么会发生，又是怎样发生的。例如，当电流在导线中经过时，发生了什么？恒星和行星形成时，又发生了什么？要做到这些，需要具备循序渐进的逻辑思考能力。这里所介绍的方法在所有科学领域都适用。

1 提出一个科学问题

科学家们很好奇，经常问一些关于事物如何运转的问题，如为什么水壶有时需要更长的时间才能把水烧开？科学问题是指那些可以通过收集数据（或信息）来回答的问题。像"哪一种热饮最好喝"这类问题就不是一个科学问题。

2 做一个假设

下一步就要提出一种可以被验证的想法，这叫假设。我们经常用"取决于"这个词来写一个假设。例如，我们的假设可以写为：将水烧开所用时间的长短取决于水壶里水量的多少。

3 进行一次预测

为了验证一个假设，我们用它来进行一次预测。预测通常可以写成"如果……那么……"的形式。例如，我预测，如果水壶里的水量增加一倍，那么水烧开所需的时间也会是之前的两倍。

收集数据

有些科学问题并不能通过实验来检验，例如天文学家不能拿恒星和行星做实验，但是仍然可以对问题做出假设和预测。他们通过观测来收集数据，从而检验所做出的预测。

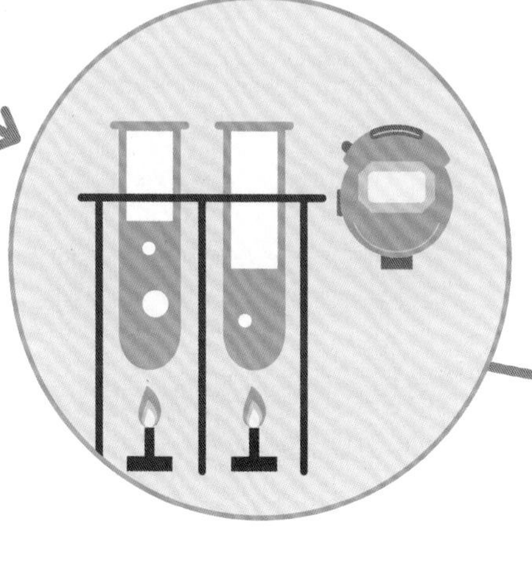

4 收集数据

假设通常要通过实验来验证。例如，在刚才提到的实验中，我们可以加热不同量的水，并记录它们烧开分别所需的时间。实验必须是公平的，这意味着我们改变的唯一变量就是正在研究的变量（在本实验中是水量）。实验中收集的信息称为数据。

7 理论

如果假设经过了多次实验的验证，且实验从未失败，那么它最终可能会被接受，成为一种科学理论。

完善假设或实验

如果预测是错的，那可能是因为假设错了，或者是实验没能恰当地完成。实验失败并不代表浪费时间，它们有时会引起新的发现。

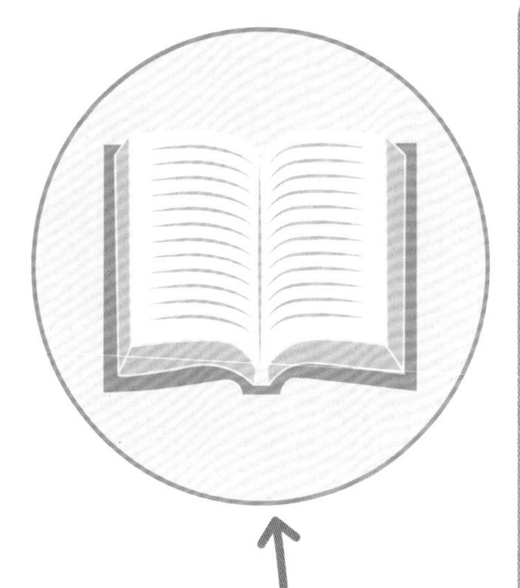

很多科学家重复进行实验

若实验结论不支持假设

若实验结论支持假设

6 同行评审

实验成功之后，科学家可能会写一份报告（也叫论文），以便其他科学家能了解这个实验并验证细节。论文可以在科学杂志上发表，供所有科学家阅读。

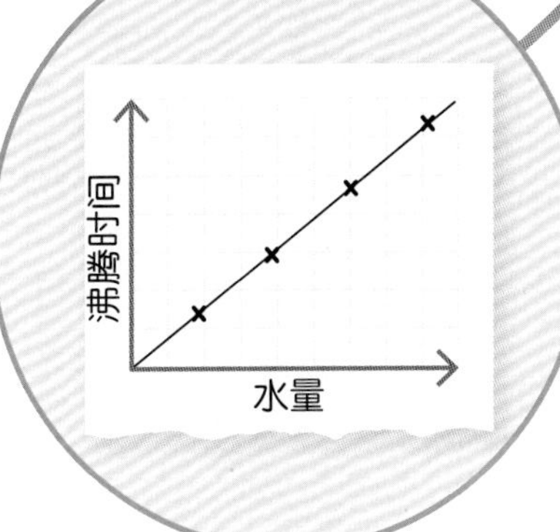

5 分析与结论

收集数据后，我们谨慎地进行分析，检查错误，寻找规律。这些分析帮助我们判断实验是否支持假设，进而得出结论。

要点

- ✓ 假设是一个可以进行验证的科学观点。
- ✓ 一个假设被用来预测实验中可能会发生什么。
- ✓ 如果一个假设得到了实验的验证，那么它可能会成为理论的一部分。
- ✓ 科学家公开发表他们的发现，供其他科学家进行检验。

科学理论

当人们不相信某事时，有时会说“这只是个理论”，然而在科学中，科学理论是一种经过多次检验，并被广泛接受为真理的解释。例如，地球和太阳系其他行星绕着太阳运行，是一条建立在大量精确观测和预测基础上的科学理论。如果不从科学的角度出发，我们可能会相信太阳在天空中的运动意味着它在围绕地球转，而不是地球围绕太阳转。

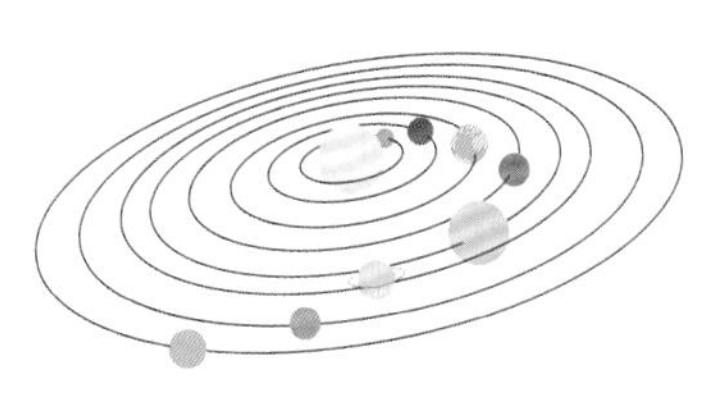
太阳系

科学进步

科学方法和科学理论总是与时俱进的。例如，望远镜的问世改变了人们对太阳系的认识方式。随着望远镜观测能力的提升，关于恒星和宇宙的很多新的认识也逐渐被人们接受。

要点

- ✓ 科学方法和科学理论会与时俱进。
- ✓ 望远镜的发明开启了人们对行星、卫星和恒星的崭新认识。
- ✓ 随着望远镜技术的发展，新的科学发现也不断地改变着我们对宇宙的理解。

四分仪

太阳

观天

已知最早对星空展开研究的人是生活在大约5000年前的美索不达米亚人。古代天文学家使用四分仪等简单仪器测量恒星或行星与水平地面构成的角度，预测太阳和月亮升起、落下的时间。

公元140　1543　1609　1610

1 地心说

古人认为太阳绕着地球转，地球是宇宙的中心。古希腊天文学家托勒密在此基础上提出了"地心说"，认为地球是宇宙的中心。为了使这一学说与观测到的行星有时出现的"逆行"现象相符，托勒密给每个行星都规定了一套复杂的"本轮"套"均轮"的轨道。

托勒密的模型被称为"地心说"，因为它把地球放在宇宙的中心

2 日心说

利用裸眼观测的结果，波兰天文学家尼古拉·哥白尼提出了一种新的学说。这一学说认为太阳是宇宙的中心，行星都绕太阳运行。最初这一学说并不被人们接受，因为它与实际观测结果不能完美吻合。

3 椭圆轨道

在哥白尼去世60多年之后，德国天文学家约翰尼斯·开普勒提出用椭圆轨道的日心说代替圆轨道的日心说。这一学说对行星运动的解释比旧学说好得多。

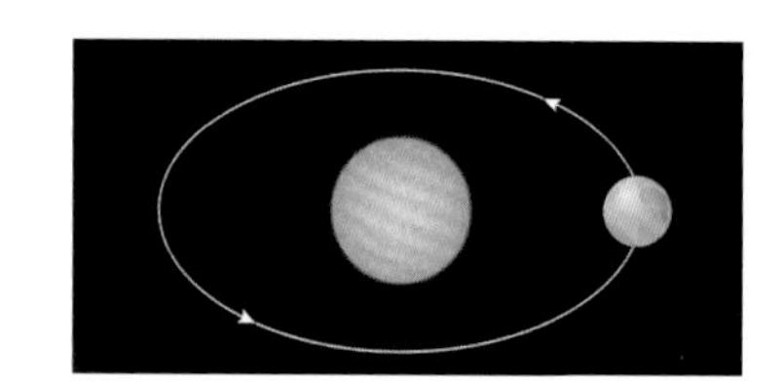

4 望远镜

在17世纪初科学家发明了望远镜之后，意大利科学家伽利略用望远镜发现了月球表面起伏的山脉和大量的坑洞，并发现了围绕木星运行的4颗卫星。他的观测结果支持了日心说。

不同的“光”学探测手段

可见光只是电磁波谱中的一部分。天文学家可以通过观察恒星和星系发射的不同类型的电磁波来了解更多信息。因为一部分电磁波会被地球大气层吸收，所以X射线望远镜、紫外线望远镜和红外线望远镜需要被发射到太空中使用，利用无线电波的射电望远镜可以建在地面上。右边的图片展示了仙女星系在不同探测波长下呈现的样子。

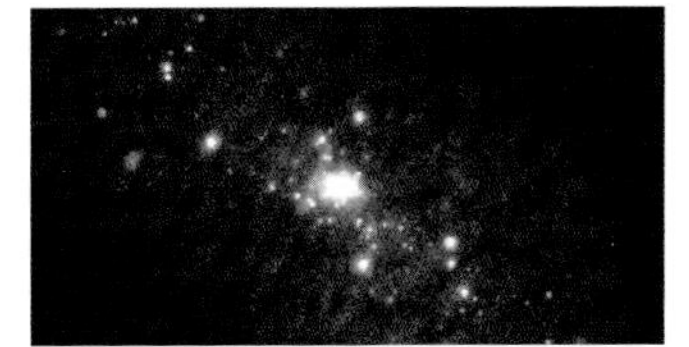
X射线

红外线

紫外线

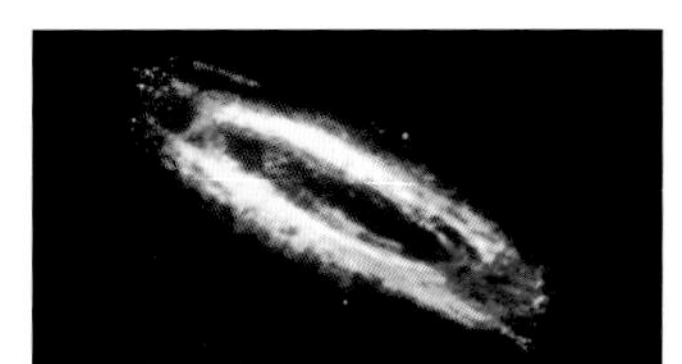
无线电波

5 万有引力定律

受到开普勒椭圆轨道定律的启发，英国科学家艾萨克·牛顿于1687年出版了著名的《自然哲学的数学原理》一书，书中总结了万有引力定律和牛顿运动定律，这些定律解释了行星如何围绕太阳运转或者卫星如何围绕行星运转。

牛顿还发明了反射望远镜，用曲面镜代替透镜

仙女星系

7 发现星系

1912年，美国天文学家亨丽爱塔·斯万·勒维特找到了一种计算地球与变星（亮度会发生变化的恒星）之间距离的方法。1923年，另一位美国人爱德文·哈勃用他的方法发现了在银河系之外还有其他星系的存在。这些研究揭示出宇宙比人们所认知的要大得多。

1687 1781 1908 当今

6 更好的望远镜

随着望远镜越来越大、越来越好，天文学家发现了更多遥远的星体。1787年，在德国出生的天文学家威廉·赫歇尔利用一架12米长的反射望远镜发现了天王星。他还发现了许多星云弥漫在恒星之间的发光物质团。

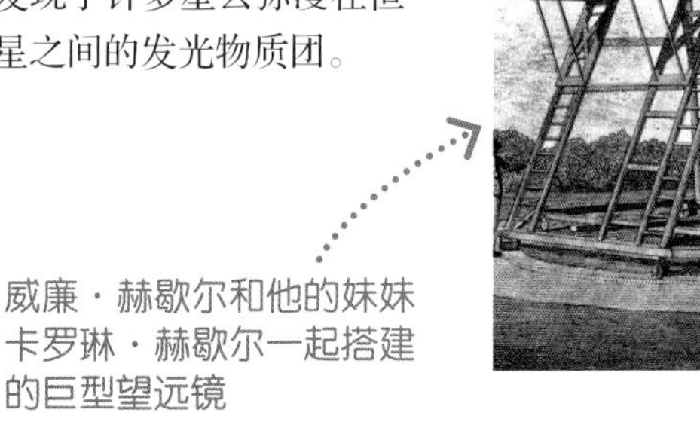
威廉·赫歇尔和他的妹妹卡罗琳·赫歇尔一起搭建的巨型望远镜

8 现代观测方法

现在，天文学家可以把望远镜发射到太空中，或者建造能探测无线电波和其他电磁波的望远镜，通过这些方法收集的信息可以帮助我们解释恒星是如何形成与消亡的、引力是如何把恒星聚集在星系里的，以及宇宙是如何形成的。

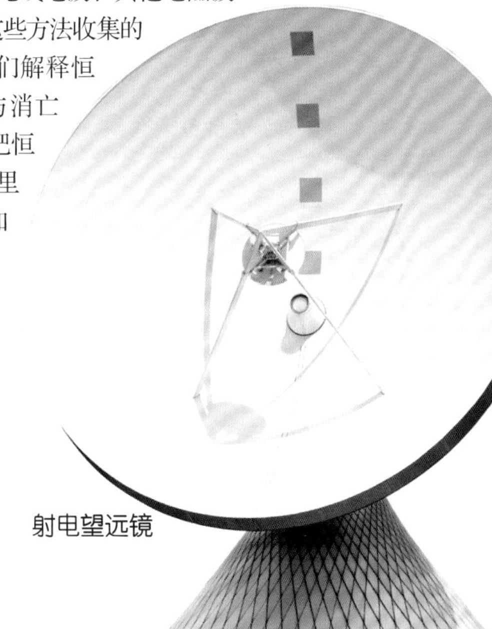
射电望远镜

科学与社会

尽管收集数据可以帮助人们做出更明智的决定，但科学发展有时会引起实验无法回答的伦理问题。例如，下面这些问题的答案取决于人们的观念，而不是科学。

要点

✓ 一些科学发展会引起伦理问题。

✓ 伦理问题的对错不取决于实验，而取决于人们的观念。

1 廉价肉

选择性育种可用于生产出肉质更好的家畜、产奶更多的奶牛或产蛋更多的母鸡。然而，这种降低成本的方式可能对动物有害。例如，生长得很快的鸡可能太重而无法行走。廉价的肉类和更高的利润比动物的福祉更重要吗？

2 清洁能源

人类一直在排放大量的二氧化碳，气候也因此发生了变化。潮汐发电虽然不会产生二氧化碳，但有时需要在整个河口横建一座桥。这切断了鱼的洄游之路，也改变了它们的自然习性。清洁能源比保护野生动物的栖息地更重要吗？

金色大米是转基因产品，提高了维生素的含量

普通的白色大米

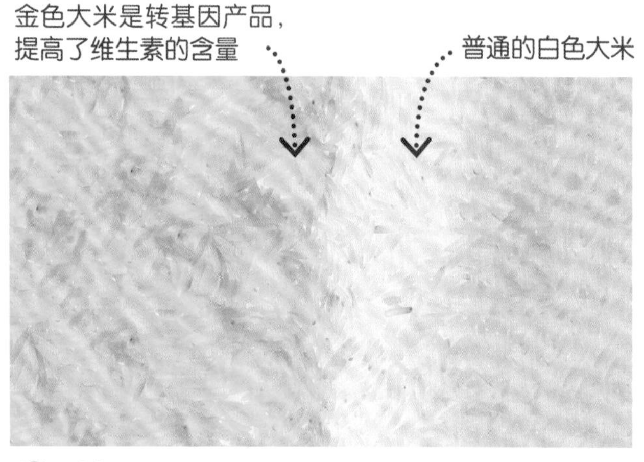

3 基因工程

基因工程可以治疗疾病，或者通过改造农作物来为人们提供额外的营养，这给很多人的健康带来了福音。然而，转基因生物并非自然形成的。这种改造生命的方式是不是错了？

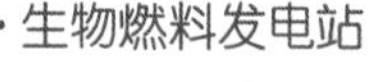

生物燃料发电站

4 生物燃料

生物燃料是利用可再生的生物质制造的燃料。与燃烧化石燃料相比，燃烧生物燃料减少了二氧化碳排放，因为农作物在生长过程中会吸收二氧化碳。然而，种植它们需要占用生产食物的土地。清洁能源比食物供应更重要吗？

风险与收益

科学技术可以产生许多改善人们生活的发明创造，但有一些技术也会带来负面影响，需要评估收益和风险，并且要通盘考虑（把所有的事都考虑在内）。通常，我们认为有危险的，实际上并非如此。

要点

- ✓ 现代技术可以带来巨大的收益，但有的技术也会造成伤害。
- ✓ 在决定是否使用一项技术之前要全面评估其风险和收益。

1 核能发电还是化石燃料

很多人认为核能发电是危险的，因为它发生事故的风险太大。然而科学研究表明，化石燃料发电站通过污染造成的疾病和死亡更多，还会引起更多的气候异常。此外，因石油开采和挖矿造成的事故比核事故发生的概率更大。

2 开车还是走路

开车和走路哪个更安全？事故统计表明，行人每千米发生的致命事故比驾驶员发生的要多。但这并不能说明走路更危险。事实上，走路是一种锻炼方式，可以有效降低人们患心脏病或糖尿病的概率。

3 航空安全

飞机失事总是大新闻，以至于很多人不敢坐飞机。然而，开车出行反而是更危险的。举例来说，在2000—2009年，美国汽车驾驶员每千米发生致命事故的概率是商业航空乘客的100倍还要多。

头部X光片

4 X射线

X射线仪和CT扫描仪能对人体内部拍照成像，从而帮助医生诊断疾病。但这些设备把人体暴露于X射线的辐射下，会略微提高癌症的发病率。用X射线成像治疗疾病的收益通常大于风险。

科学模型

模型有助于我们理解科学观点，像假设一样，模型也可以被实验验证。这里有5种主要的科学模型：描述性模型、计算模型、数学模型、空间模型、符号模型。

要点

- ✓ 模型帮助我们理解或描述一个科学观点。
- ✓ 模型可被用来进行预测，随后由实验验证。
- ✓ 物理学中常用的模型种类有描述性模型、计算模型、数学模型、空间模型、符号模型。

1 描述性模型

描述性模型使用文字来描述某事物，有时也搭配图片。右图描述了电从发电站传输到千家万户的过程，是一种描述性模型。

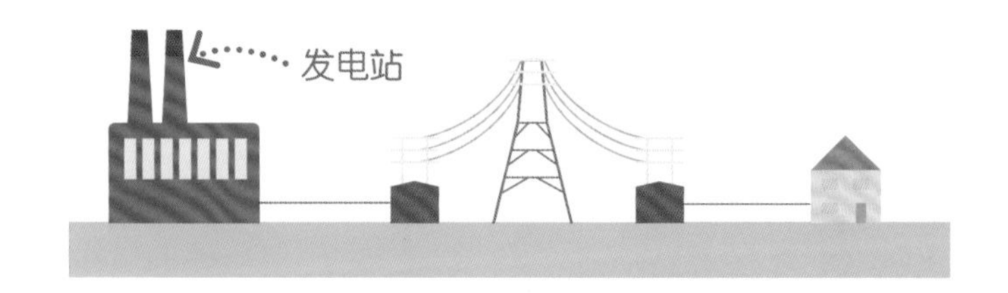

2 计算模型

计算模型用计算机模拟复杂过程。例如，天气预报是根据大气层的计算模型得到的。右图是对大西洋海浪的预测。

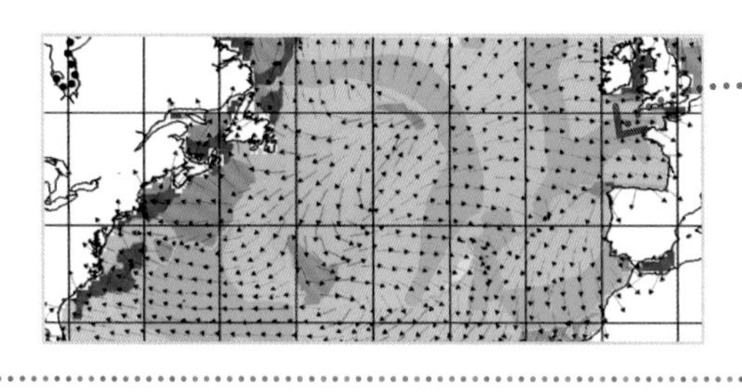

3 数学模型

数学模型用公式描述客观规律。例如，数学公式可以描述热源向周围散热时温度的降低过程，数学模型的结果可以用图象来表示。

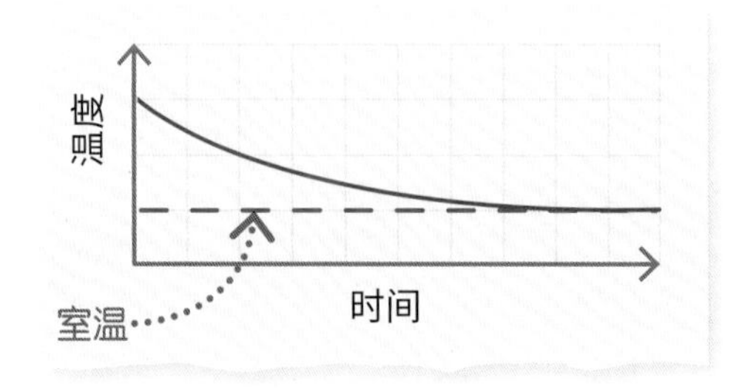

4 空间模型

空间模型可以展示事物在三维空间中是如何排布的。例如，右边的模型展示了耳朵各部分的结构，其虽然不能反映人耳的实际大小，但是所有部分都是按比例缩小的。

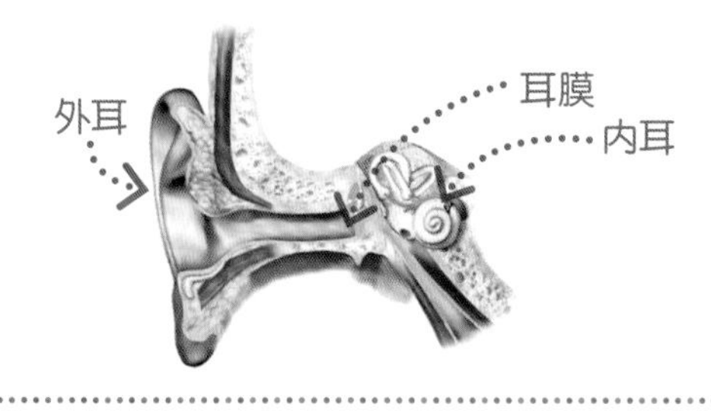

5 符号模型

符号模型使用简单的图案或符号来表示真实世界中的复杂物体。例如，电路图帮助我们理解电流如何在电路中工作。

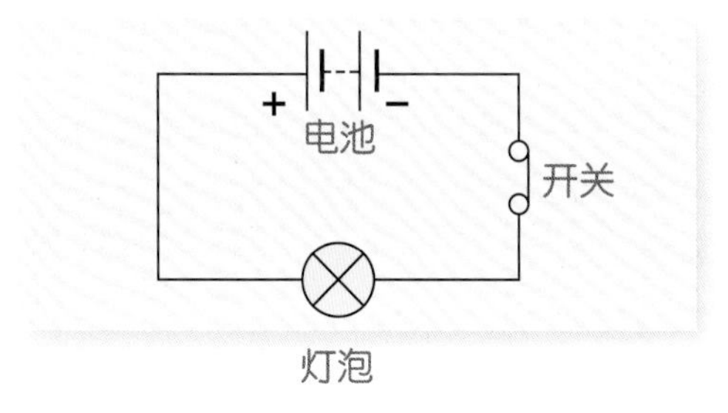

安全工作（防护）

物理实验可能涉及带电物体、运动物体和高温物体，因此实验人员有受伤的风险。安全地开展研究非常重要，所以要遵守以下规则。

1 保护你的眼睛

安全眼镜或护目镜能保护眼睛免受飞溅的液体或者小颗粒（如铁屑）的伤害。拉伸导线或弹簧时也应该使用它们，防止导线或弹簧断裂而崩伤脸。

2 保护你的脚

在有些物理实验中使用的重物，有可能会落到脚上并造成伤害。一个装满皱巴巴报纸的纸箱子可以接住下落的重物，还能防止你把脚放在错误的地方。

3 做电学实验

做电学实验时，在每次更改电路前，一定要确保开关是断开的，或者电源、电池等供电装置未连接。在接通电路前，要先请你的老师帮忙检查电路。

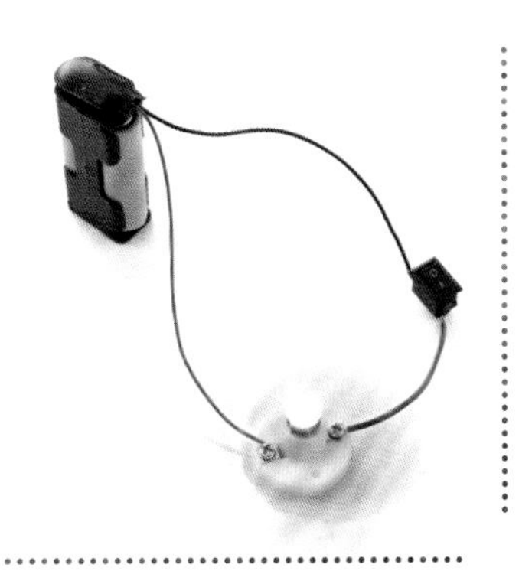

4 喷灯

在使用酒精喷灯等高温加热设备时，要保证周围区域的干净，把松散的头发和衣物都绑好，以确保它们远离明火。在拿设备之前，要先让发热的部位冷却下来，或使用隔热手套。

5 加热水

在对水加热时要防止热水飞溅到皮肤上。如果不小心被热水烫到，应立即用冷水冲洗，越快越好。

6 洒落和滑倒

如果把水洒在地板上，要马上清理干净，以防有人滑倒。

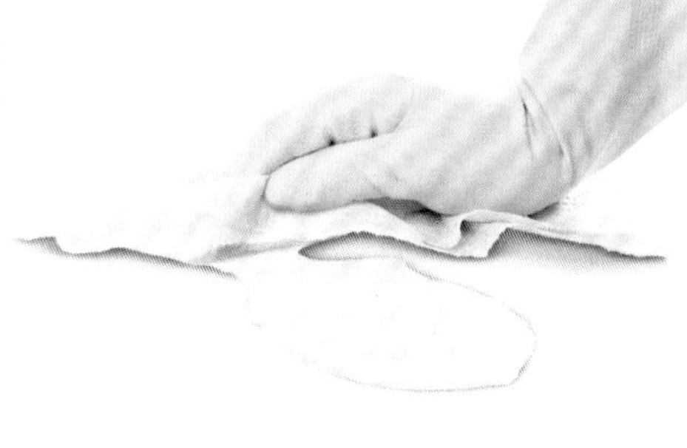

7 危险材料

一些科学实验会用到放射性材料或危险性化学物品，这些物质只能由穿戴安全装备的专业人员来处理。涉及危险物品的实验不得在家里进行。

8 小心太阳

在做光学实验时，不要直视太阳，这会对眼睛造成永久性伤害。这种伤害在使用双筒望远镜或光学望远镜时会更大。

设计实验

为了使实验公平，我们在每一次科学实验中只能改变一个条件，并观察其对实验现象的影响。我们把有意改变的这个条件称为自变量，把受自变量影响而可能改变的条件称为因变量，把需要控制不变的条件称为控制变量。

要点

- ✓ 实验要认真设计，以确保公平性。
- ✓ 实验中可改变的条件称为变量。
- ✓ 人为改变的变量叫作自变量。
- ✓ 需要测量的变量叫作因变量。
- ✓ 为确保实验的公平性，需要保持不变的变量叫作控制变量。

1 绝缘体的研究

在科学方法中，我们要通过一个实验来验证科学假设或猜想。空气是热的不良导体，所以你可能形成这样一个假设：有大量封闭气体的材料是良好的绝缘体。为了验证这一假设，你要开展以下实验：准备3个装有热水的烧杯，其中2个用不同隔热材料包裹；在烧杯冷却过程中，定时测量水的温度。

对照实验

无隔热层烧杯构成实验的对照组。你可以将使用隔热层的烧杯中的水温变化与未使用隔热层的烧杯中的水温变化进行比较。任何差异必须受自变量影响，而不是受控制变量（如水量或玻璃烧杯类型）的影响而产生的。

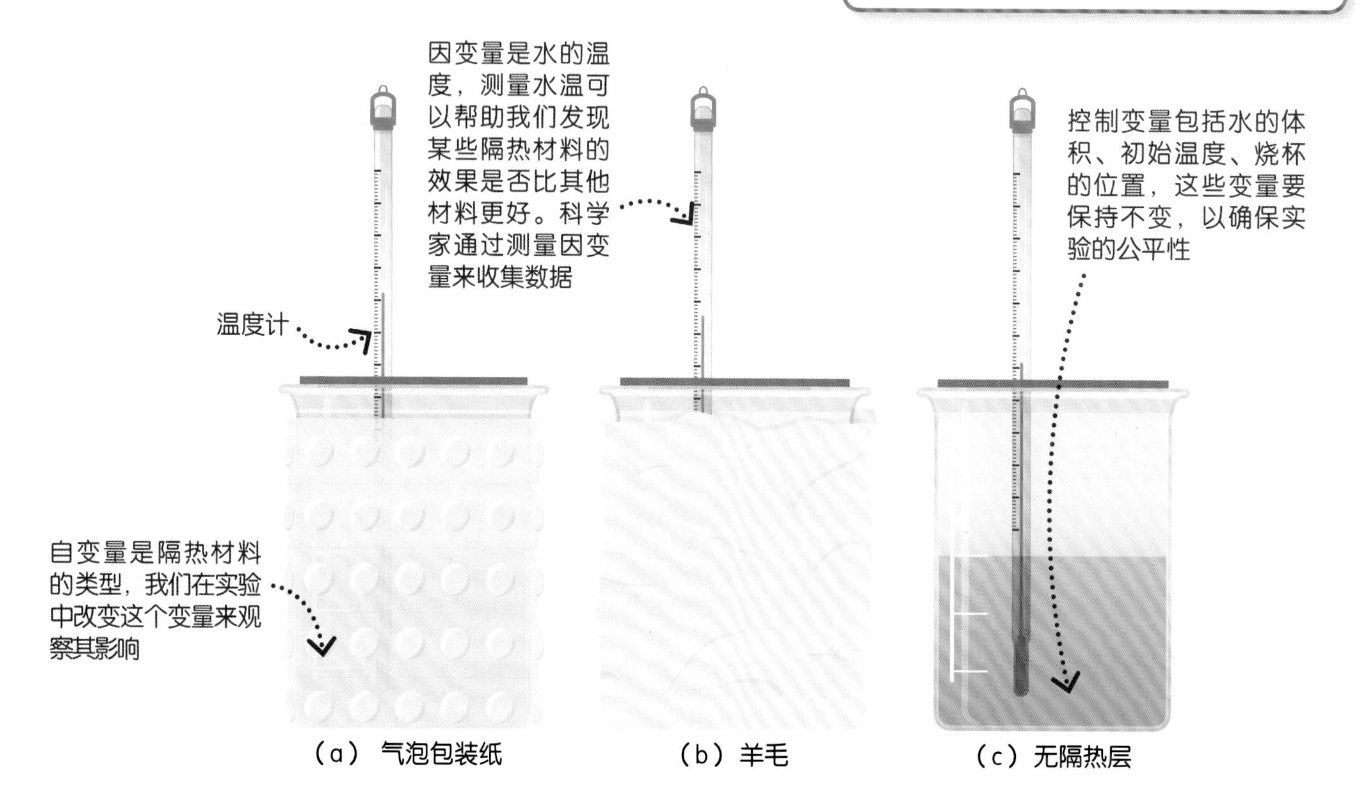
因变量是水的温度，测量水温可以帮助我们发现某些隔热材料的效果是否比其他材料更好。科学家通过测量因变量来收集数据
控制变量包括水的体积、初始温度、烧杯的位置，这些变量要保持不变，以确保实验的公平性
温度计
自变量是隔热材料的类型，我们在实验中改变这个变量来观察其影响
（a） 气泡包装纸
（b）羊毛
（c）无隔热层

2 设计过程

实验总是需要提前进行精心的设计，整个设计过程中最重要的事情是确定自变量和因变量，另一件重要的事情是确定实验器材，并确保实验能够安全进行。

1 首先确定需要人为改变的量，即自变量。在上述实验中，隔热材料的类型就是自变量。

2 确定能反映自变量影响的因变量。在上述实验中，水温就是因变量。

3 确定实验中哪些变量要保持不变，即控制变量，以确保实验的公平性。例如，每个烧杯中水的体积及水的初始温度必须相同。

4 列出需要的所有实验器材，包括测量仪器。

5 详细计划实验步骤。在上述实验中，要确定以下步骤：多久测量一次水温？烧杯静置多长时间？烧杯中水的体积和初始温度是多少？

6 确定需采取的安全预防措施，并写下来。在上述实验中，要小心热水，并确保及时擦干所有溢出的水，以免有人滑倒。

收集数据

所有的实验都需要收集数据，用数据来判断假设是否正确，因此，如何收集数据、何时记录数据是十分重要的。在上述实验中，定时读取水温并将实验数据绘制成图象，能帮助你发现实验中可能存在的错误，并帮助你得出结论。

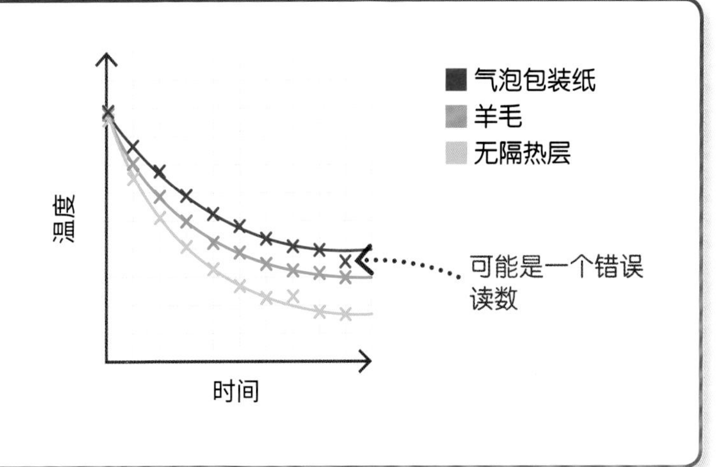

测量

大多数实验都需要对物理量进行测量，如温度、体积、质量、时间等。为了获得精确的数据，需要使用适合待测物理量的测量工具。

要点

- ✓ 多数实验涉及物理量的测量，如温度、体积、质量、时间。
- ✓ 使用量程较大的测量仪器测量小的物理量，结果往往不准确。

1 长度和距离

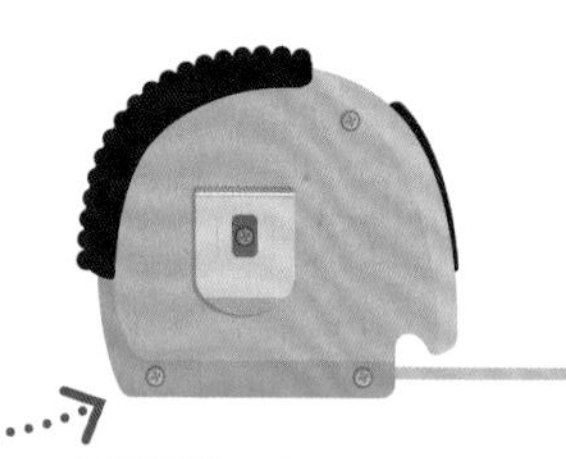

较长距离用卷尺测量。例如，为了求出你的步行速度，需测量10m以上的路程

小物体的长度用刻度尺测量

2 体积

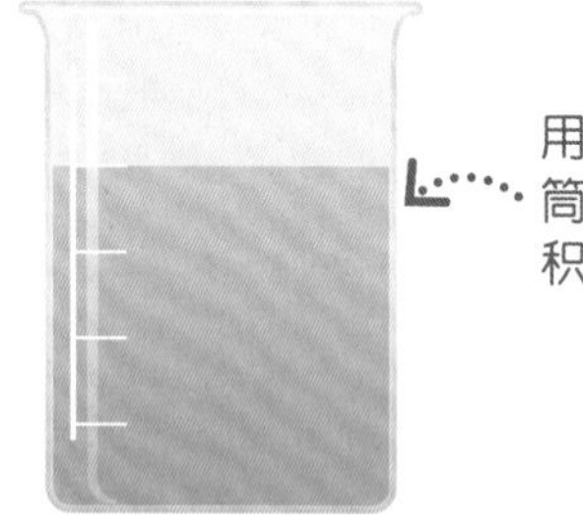

用烧杯或大量筒测量较大体积的液体

用小量筒测量较小体积的液体

3 时间

10s以上的时间用停表测量

用电子计时器（如光电门）测量小的时间间隔

4 力

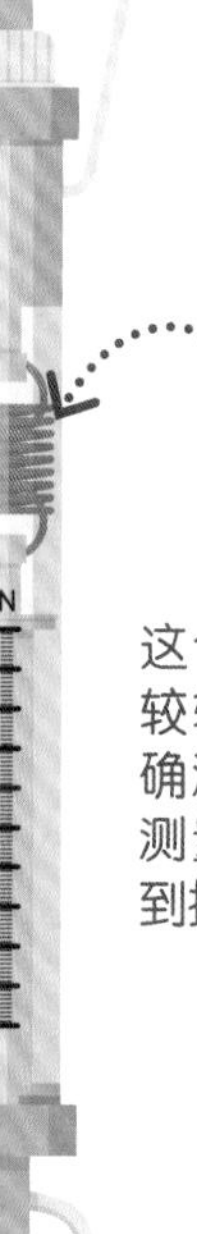

这个测力计内有一根较硬（不易压缩）的弹簧，量程可达50N，但当用它测量相对较小的力时，结果就不够精确

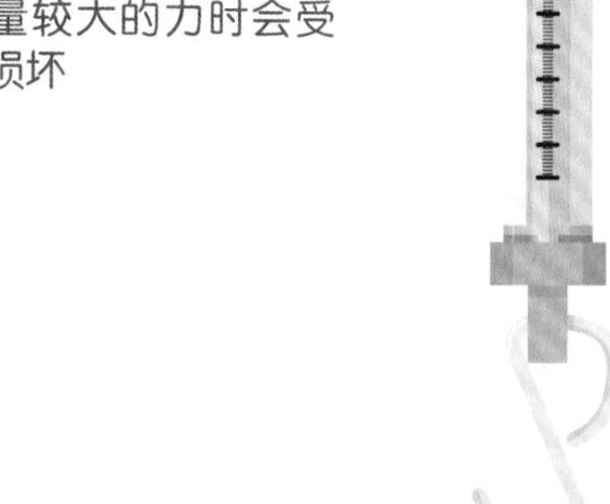

这个测力计内有一根较软的弹簧，可以精确测量较小的力，但测量较大的力时会受到损坏

电子仪器

电子仪器测量比手动测量的结果更精确，但这不意味着它们总是最佳的选择。它们更贵，也更容易损坏，所以只有在需要更高精度的实验中才被使用。

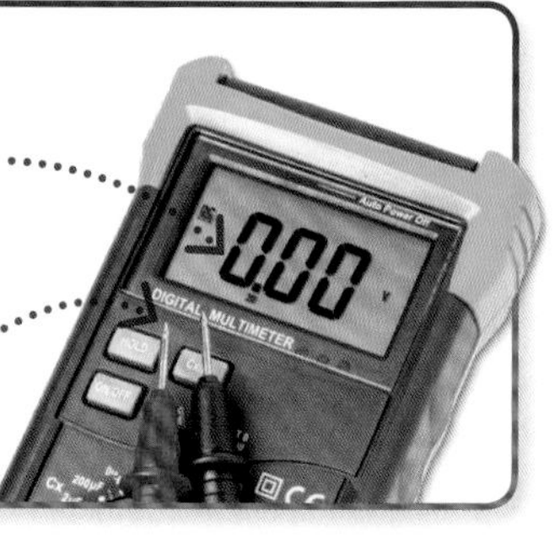

数字万用表能测量电流、电压和电阻

将测量探针接入待测电路

有效数字

有效数字是指实际能够测量到的数字，测量设备越精确，测量结果的有效数字位数就越多。在记录数据或进行计算时，我们往往需要对数据进行四舍五入，保留几位有效数字。

记录数据

有效数字的位数取决于使用的测量仪器。例如，精度为厘米的尺子测得的有效数字比精度为毫米的尺子少。数字仪器通常可以比传统仪器测得更多位的有效数字（但这并不一定意味着它们更精确）。

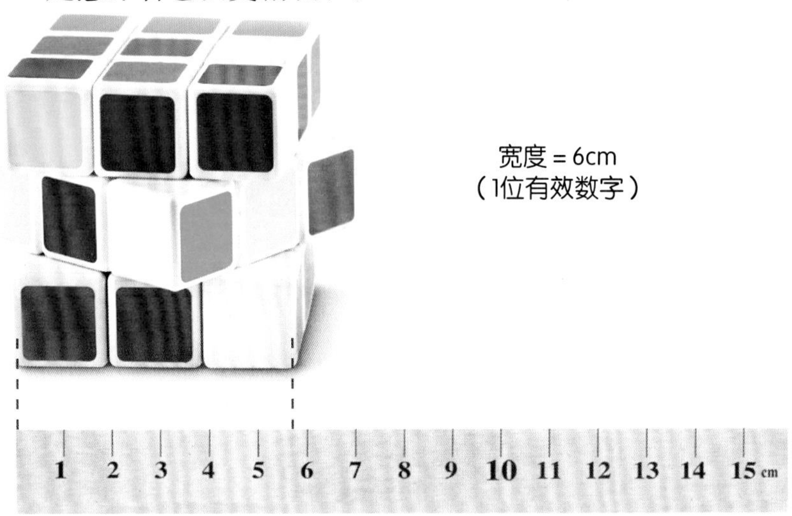

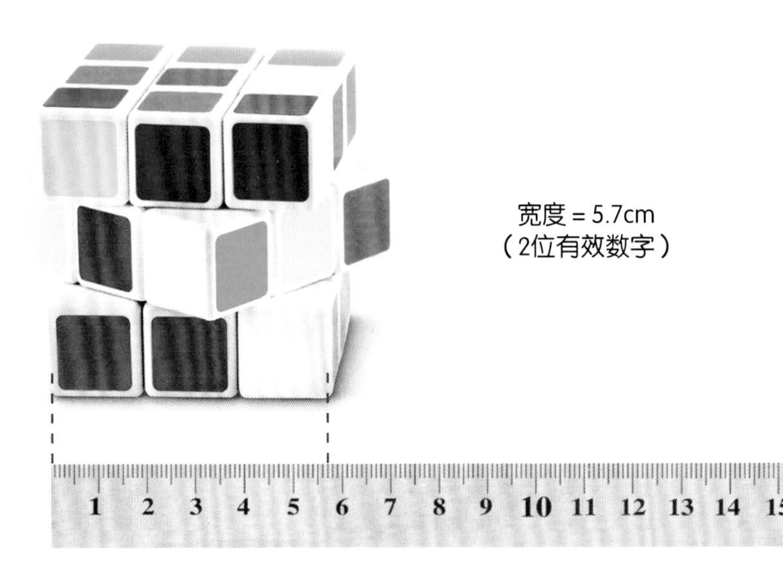

要点

- ✓ 更精确的测量工具测得的数据有更多位的有效数字。
- ✓ 进行乘除运算时，结果保留的有效数字要与参与运算的数据中精度最小的那个数据的有效数字一致。
- ✓ 进行加减运算时，结果保留的小数位数要与参与运算的数据中精度最小的数据的小数位数一致。

使用计算器

用计算器求和会得到更多位的有效数字，假设你要用下面的公式计算一个灯泡的电阻，每个电压表和电流表的读数都有3位有效数字。

$$R = \frac{U}{I} = \frac{8.12}{1.04}$$

计算器计算结果显示的是7.8076923，如果这样记录，意味着你认为这个电阻阻值有8位有效数字。但测量仪器只能精确到3位有效数字，所以结果也应该写成R=7.81（保留3位有效数字）。

进行乘除运算时，结果要保留与最小精度的数据一致的有效数字。进行加减运算时，结果保留的小数位数与最小精度的数据的小数位数一致。

数据呈现

数据是实验中收集的信息，通常由从测量等渠道获得的数构成。把数据整理成表格、图表或图形有助于我们理解它和发现规律。图表类型的选择取决于收集的数据的类型。

1 表格

表格对组织数据并进行简单计算非常有用。例如求平均值，这个表格呈现的是研究小车质量对其加速度的影响的实验数据。

自变量

因变量

在小车上放置的物体重量/kg	加速度 / (m/s²)			
	第1次	第2次	第3次	平均值
0.5	9.9	10.2	10.1	10.1
1.0	6.8	8.8	6.6	6.7
1.5	5.2	4.8	5.1	5.0

表格可以帮助我们识别出异常数据，异常数据与其他数据差别较大，这可能是错误操作造成的，这样的值在计算平均值时应舍掉

2 饼状图

饼状图可以表示百分比或者相对数量。例如，这张饼状图呈现了人类所受外界不同来源背景辐射量的估值。

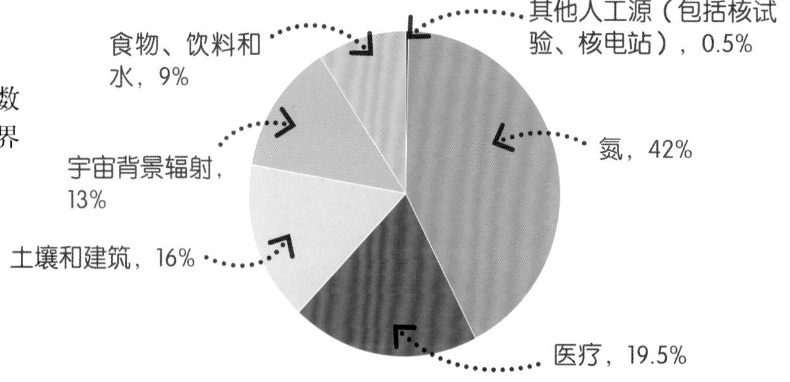

3 柱状图

如果变量是由离散变量组成的，适合使用柱状图。例如，这张柱状图显示了不同年龄段的人平均每天所需的能量。当自变量是离散数值时，如人数、物品数（通常都以整数计数），也可以用柱状图。

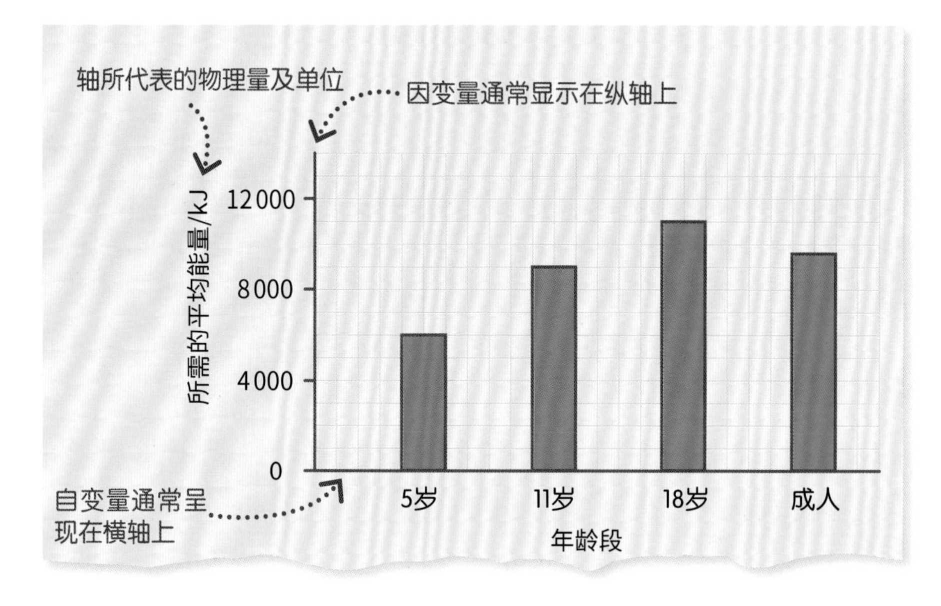

连续变量和离散变量

离散变量是只能取某些数值的变量。例如，飞机上的乘客人数只能取整数；热水容器所包裹的绝热体只能是某种确定的材料。连续变量则可以取任意值，且不一定是整数。例如，长度、质量都是连续变量。

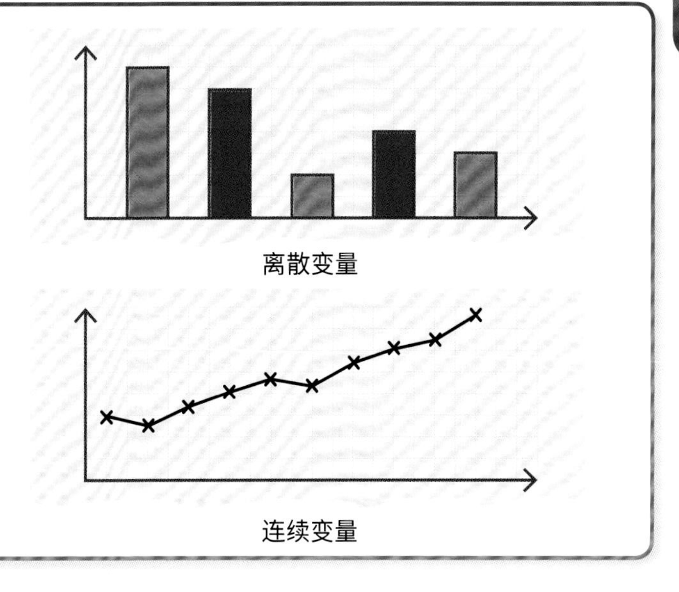

4 折线图

如果两个轴都表示连续变量，就可以用折线图来呈现数据。折线图可用于表示其中一个变量是时间的数据变化趋势。右边的折线图显示了冰在加热时温度随时间的变化。

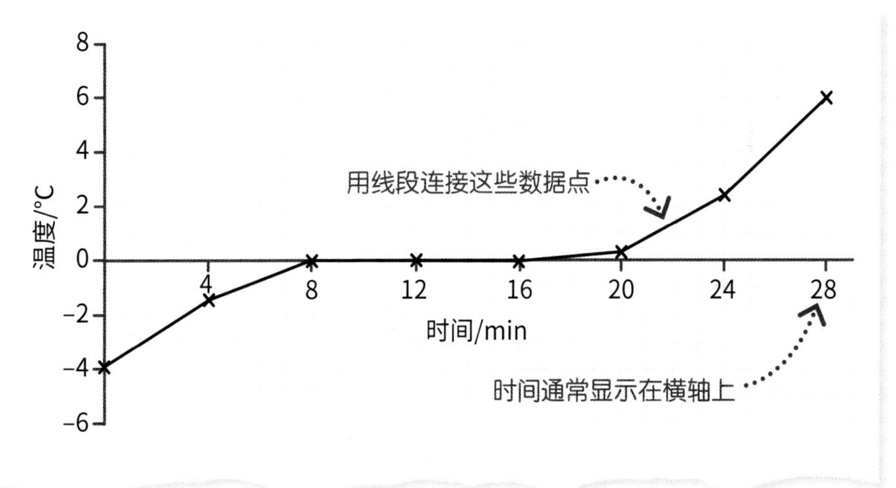

5 散点图

散点图被用来研究两个变量之间的关系，右图就描述了流过电阻和小灯泡的电流随电压的变化，如果数据点在图上绘制后呈现出明显的特征，如呈一条直线，我们就认为这两个变量是相互关联的。在这种情况下，通过数据点可以绘制一条最佳拟合直线或最佳拟合曲线。

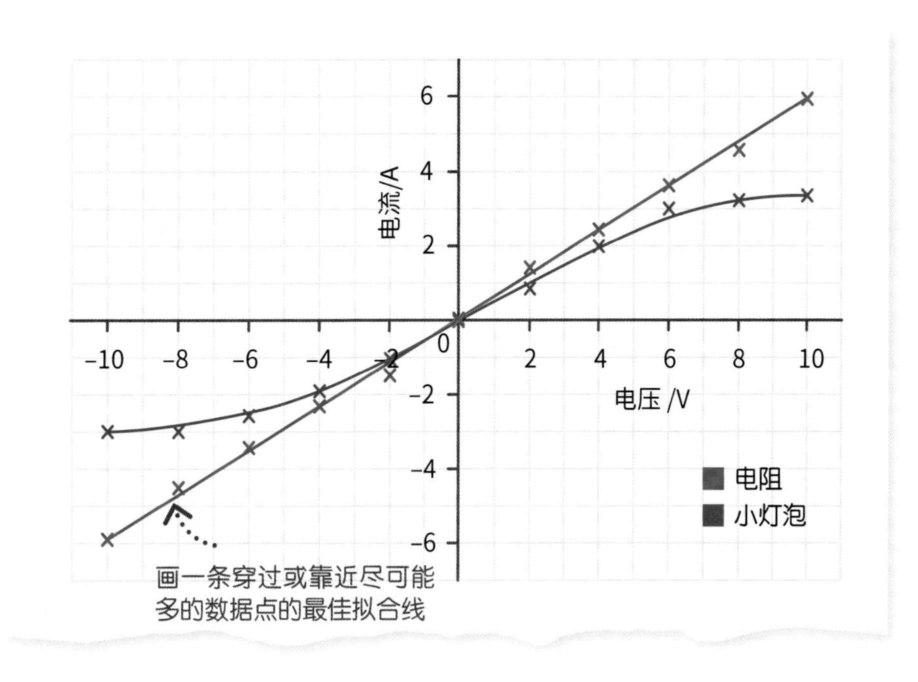

数据中的规律

某些实验的目的是判断两个变量是否有关、有什么关系。换句话说，当一个变量改变时，它会如何影响另一个变量。

要点

- ✓ 相关性是指当一个变量改变时，另一个变量也随之改变。
- ✓ 相关性不意味着因果性。
- ✓ 如果两个变量描绘的点在图象中呈一条直线，则两者是线性关系。
- ✓ 如果直线过原点，那么这两个变量是正比例关系。

1 相关性

当两个变量有关联时，我们就说它们是相关的。把数据用散点图的方式呈现，是发现变量相关性的好方法。两个变量之间有相关性并不意味着两者有因果性。例如，冰激凌的销量和落水事故的数量有相关性，并不是因为冰激凌会引起游泳事故，而是因为天气炎热时，人们更喜欢吃冰激凌和游泳。

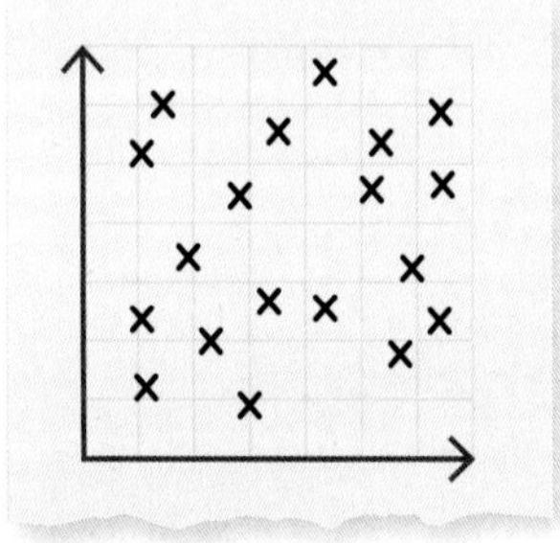

① 不相关
这些点是随机分布的，没有形成规律，说明两个变量之间没有相关性。

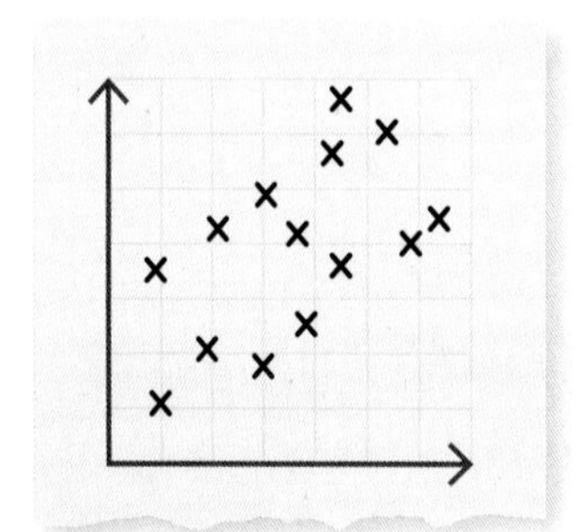

② 弱相关
这些点似乎排列在某条斜线周围，但较大的分散度意味着这两个变量仅仅是弱相关。

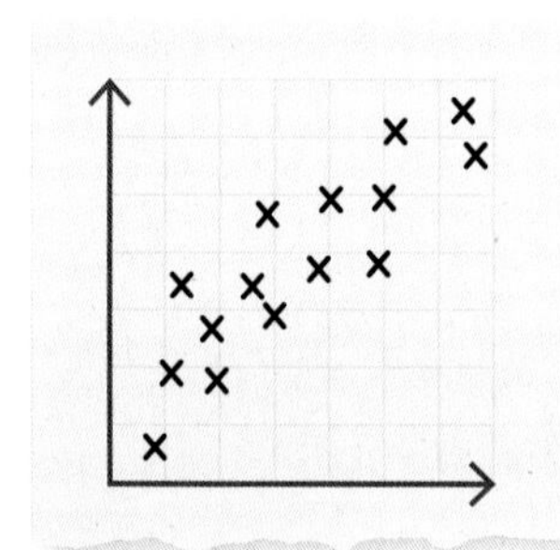

③ 强正相关
这些点呈一条走势向上的直线分布，表明当一个变量增加时，另一个变量会随之增加，两者呈强正相关。

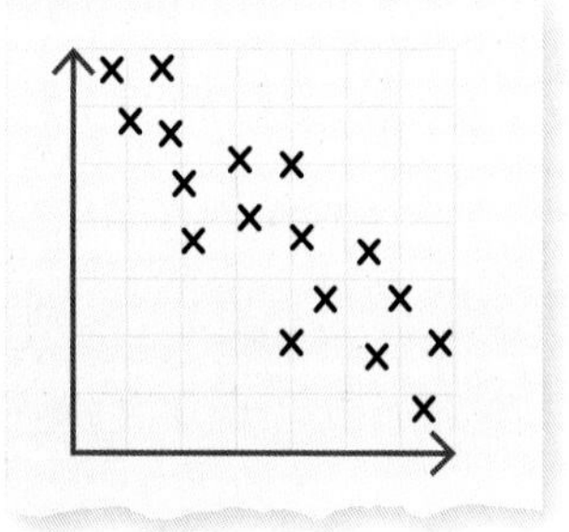

④ 强负相关
这些点呈一条走势向下的直线分布，表明当一个变量增加时，另一个变量会随之减小，两者呈强负相关。

2 线性关系和比例关系

显示相关性的图象根据其形状的不同会反映出不同的规律。具有相关性的图象，根据其形状可以反映出几种有趣的关系。

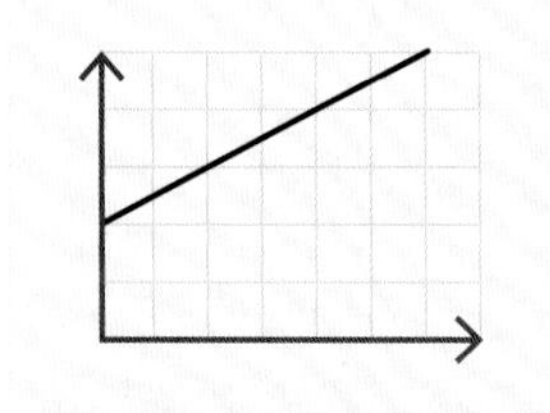

① 线性关系
如果连接数据点形成一条直线，这种相关性就叫作线性关系。

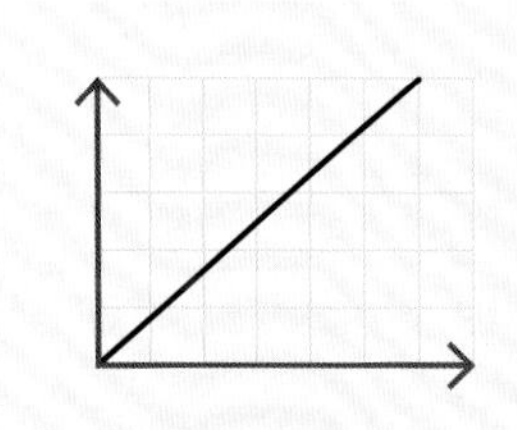

② 正比例关系
如果连接数据点形成一条过原点的直线，这种关系被称为正比例关系，这意味着一个变量翻倍时，另一个变量也翻倍。

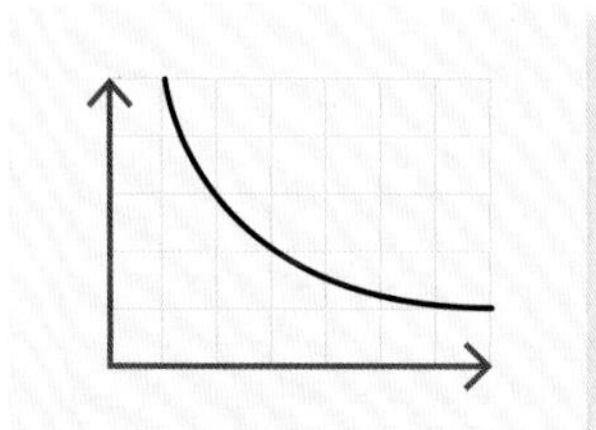

③ 反比例关系
在反比例关系中，一个变量增加时，另一个变量减少，且两个变量的乘积保持不变，此时连接数据点形成如图所示的曲线。

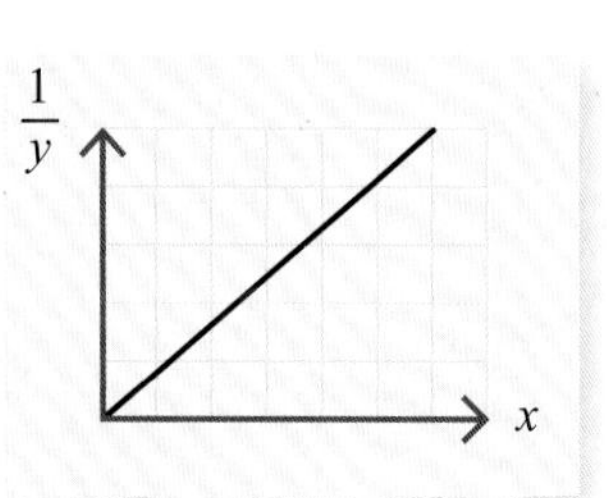

④ 验证
为了验证两个变量是否是反比例关系，可以绘制一个变量（x）和另一个变量的倒数（$\frac{1}{y}$）的图象，如果是正比例函数图象，证明原来的两个变量是反比例关系。

结论

实验的结论可以描述实验中的发现，解释所得结果，并说明实验是否符合最初的预测。

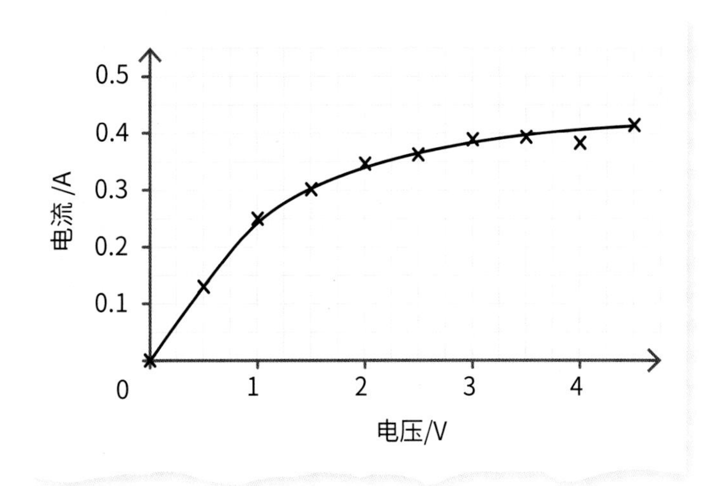

电学实验

为了验证经过小灯泡的电流与其两端的电压成正比，3位同学进行了一个实验。他们用电流表测量电流，用电压表测量小灯泡两端的电压，得到了如右图所示的实验结果及以下所列的实验结论。

1 结论1

电流随电压的增大而增大，所以预测是正确的。

一个错误的结论，这种描述不够详细，而且电压与电流在图象中并未呈现正比例关系，正比例关系的图象应该是一条过原点的直线

2 结论2

电流随电压的增大而增大，但图象是一条曲线，而正比例关系的图象应该是一条直线，所以预测是错误的。

略好一点的结论，这种描述更详细，且最终结论是正确的

3 结论3

图象表明电流随电压的增大而增大。在低电压区域，两者可能是正比例关系，因为最初的几个点落在一条直线上，且经过原点。然而，在高电压区域，每增加相等电压，电流增加得越来越少，这说明电阻在增大。预测是部分正确的，因为电流确实随电压增大而增大，但两者并不是正比例关系。

一个出色的结论，这种描述更加详细。3位同学运用电流、电阻和电压之间关系的知识，提出了引起图象变化的可能原因

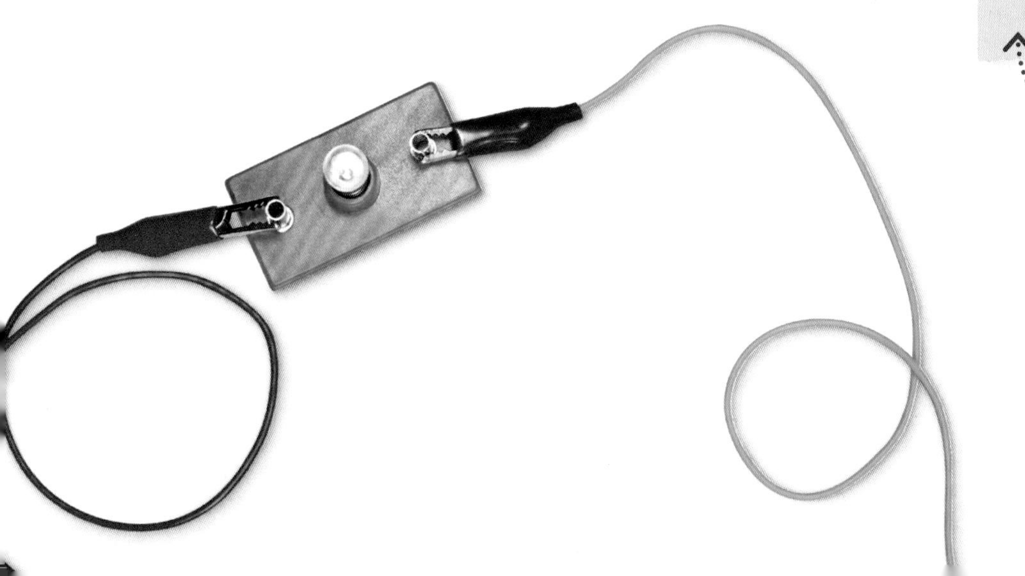

准确度与精确度

在设计和评估一个实验时，必须考虑测量的准确度和精确度。这两个词在科学中有特定的含义。

要点

- ✓ 准确的测量意味着测量结果接近真实值。
- ✓ 精确的测量意味着多次重复实验，测量结果接近。
- ✓ 测量误差有偶然误差和系统误差两种。

准确还是精确

一个测量值和其他测量值相比更接近于待测量的真实值，则认为更准确。如果多次测量，结果相同或十分接近，则认为精确。为了便于理解两者的不同，我们把测量想象成打靶。

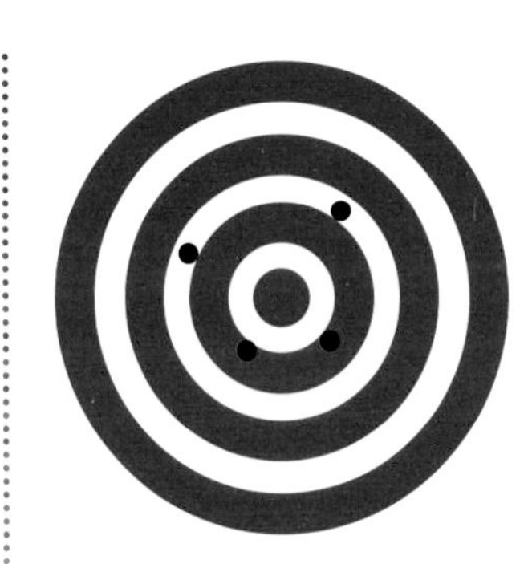

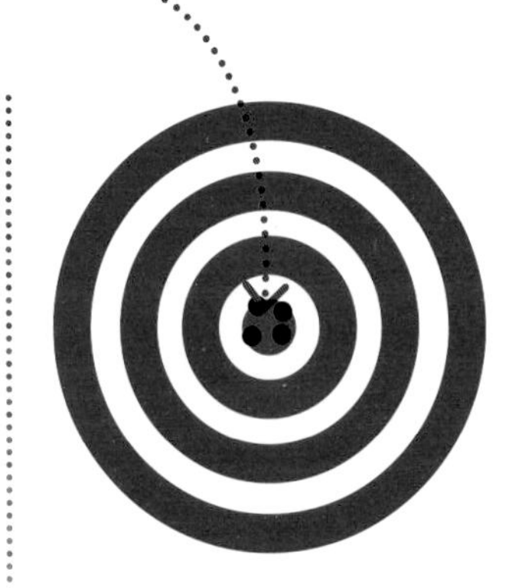
靶心代表待测量的真实值

1 不准确也不精确 这个测量既不准确也不精确，因为这些数据都远离靶心，彼此也不靠近。

2 精确但不准确 这个测量很精确但不准确，因为它们几乎是同一数值，但是并不靠近靶心。

3 准确但不精确 这些数据靠近靶心，但彼此远离，所以这个测量准确但不精确。

4 既准确又精确 这个测量既准确又精确。

误差的类型

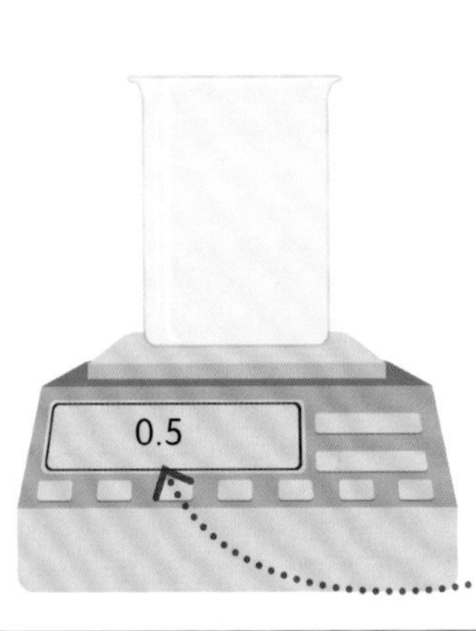
0.5
放上空烧杯后应将电子天平的读数归零

1 系统误差 有些仪器的准确度取决于使用方法。电子天平在放上容器后需要将读数归零，如果没有归零，那么所有测量都会存在一个相同量的偏差。这就是系统误差，会降低测量的准确度。

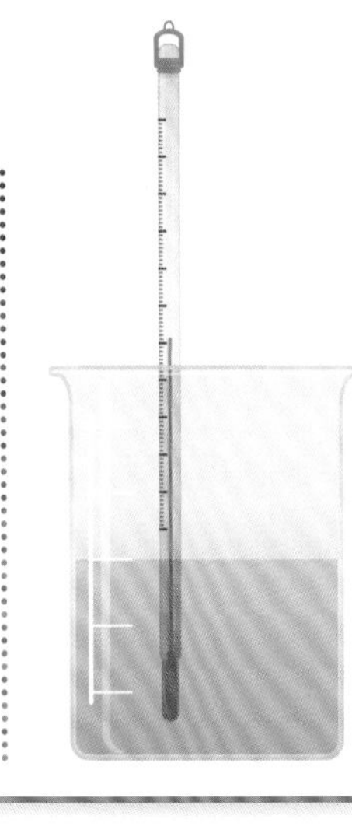

2 偶然误差 偶然误差（又称随机误差）在每次读数时都不一样。例如，在读取烧杯中水的温度时，如果将温度计放在水的不同位置，其读数可能会稍有不同，这会降低测量的精确度。

评估

我们经常对实验进行评估，它关系到研究成果的可信度。实验必须是有效且合乎规则的，其结论也必须基于高质量的数据。实验评估有助于改进实验方法。

1 实验的有效性

以下几个问题的答案如果都是“是”，那么就说明这个实验是有效的。

① 实验是否合乎规则
除了自变量之外，是否控制了所有变量？

② 实验是否可复制
如果另一个人用不同的设备进行实验，是否会得到同样的结果？

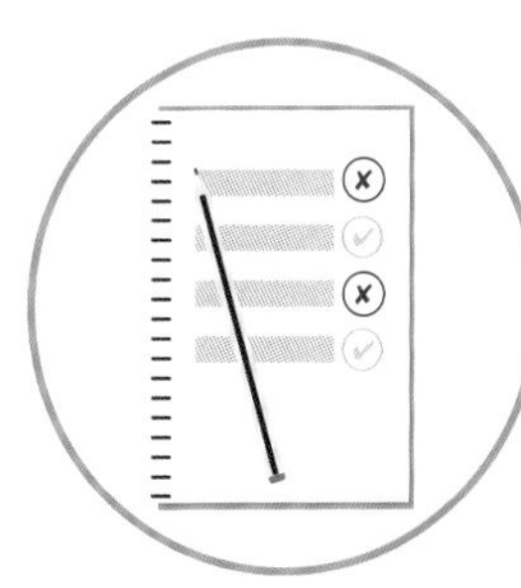

③ 实验是否可重复
如果用同样的设备重复实验，是否会得到同样的结果？

④ 实验是否验证了假设
是否根据假设进行过预测？这个实验是不是很好地验证了假设？

2 数据质量

好的数据是既准确又精确的，我们可以通过重复实验来评估数据质量，有时也可以通过对结果仔细观察来评估数据质量。下图来自测量悬挂不同质量的物体时弹簧的形变量的实验。

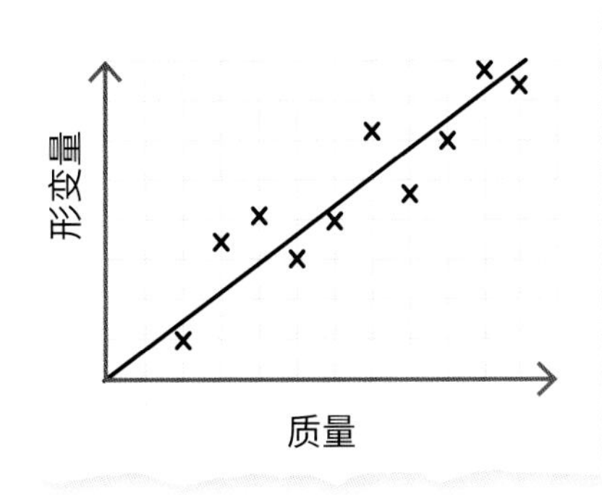

① 这组数据点松散地分布在最佳拟合直线两侧。这个测量不够精确。

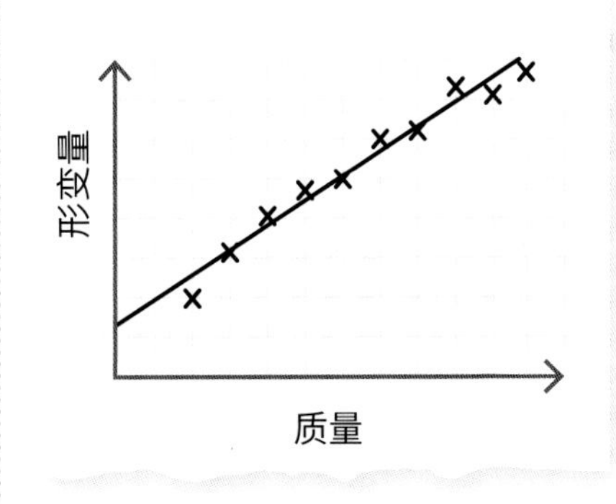

② 这组数据点靠近直线，测量很精确，但弹簧的形变量在悬挂物质量为零时也应该为零，所以直线应过原点，可能是系统误差（见第18页）导致的数据不准确。

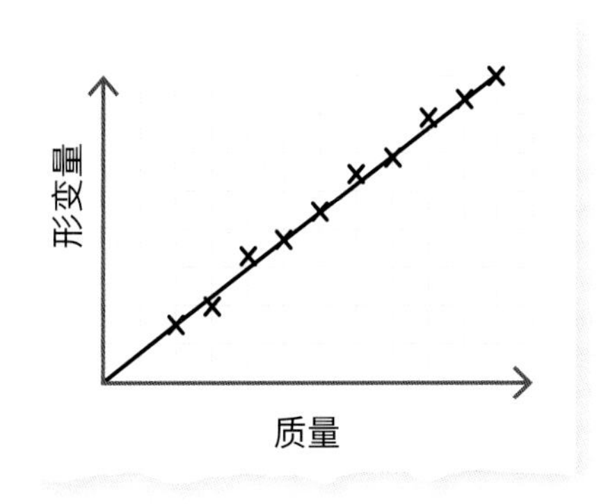

③ 这组数据点靠近最佳拟合线，而且最佳拟合线过原点，正如我们的预期，所以这组数据既准确又精确。

运用数学模型

数学模型用公式描述客观世界，有时我们可以从图象中得出一个数学模型，有时我们可以用一个公式来预测结果。

要点

- ✓ 数学模型使用公式来描述真实世界中发生的事情。
- ✓ 数学模型可以解释依照实验数据而绘制的结果图。
- ✓ 我们可以利用变形公式计算特定的物理量。

1 线性公式或公式组

如果两个变量的图象呈一条直线，则称两者呈线性关系。线性关系可以用公式$y=mx+c$表示。例如，这个图象显示的是弹簧的长度随其所挂物体重力的不同而变化。如果你知道弹簧的原长及直线的斜率，你就可以利用图象或公式求出在悬挂任意重力的物体时弹簧的长度。

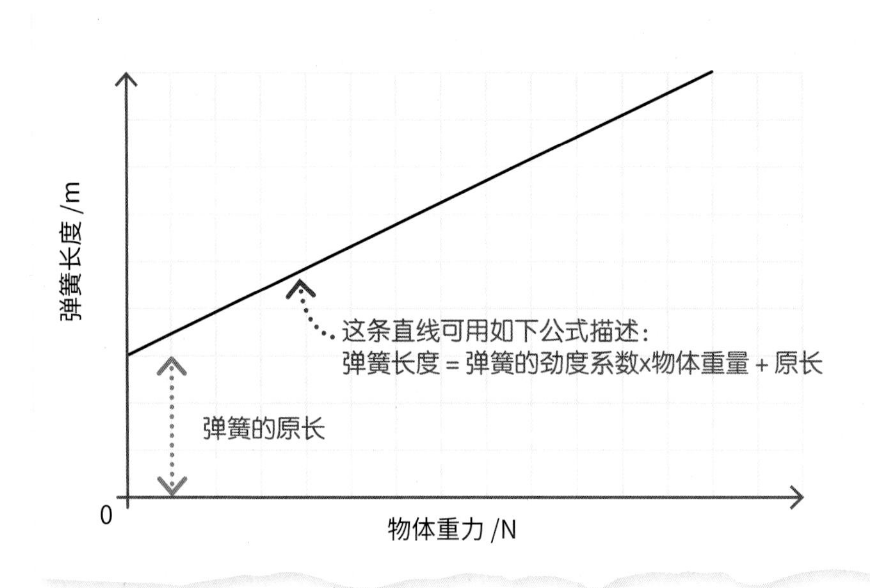

2 公式的变形

有时，在计算之前要先对公式进行变形。例如，利用公式$F = ma$，在已知质量和加速度时可计算F，但若已知F要计算a，那就需要把公式变成$a=\frac{F}{m}$。具体的过程是：公式两边同时除以m，左边变成$\frac{F}{m}$，右边m消掉，变成a，公式也就变成了已知m和F，求a。注意，变形过程中要始终保持等式成立，这也就意味着等号两边的操作必须等效。

$F = ma$

1. $F = ma$
2. $\frac{F}{m} = \frac{ma}{m}$ 两边同时除以m
3. $\frac{F}{m} = \frac{\cancel{m}a}{\cancel{m}}$ 这两个m被消掉了
4. $\frac{F}{m} = a$
5. $a = \frac{F}{m}$

3 科学记数法

土星距离太阳大约1 400 000 000 000m，一个细菌大约有0.000 001m宽，当一个数含有很多0时，计算很容易出错，所以我们把它们用科学记数法表示，把一串长数写成较短的数（1~10）乘10的次方的形式。小数点移动的次数就是10的次方数。

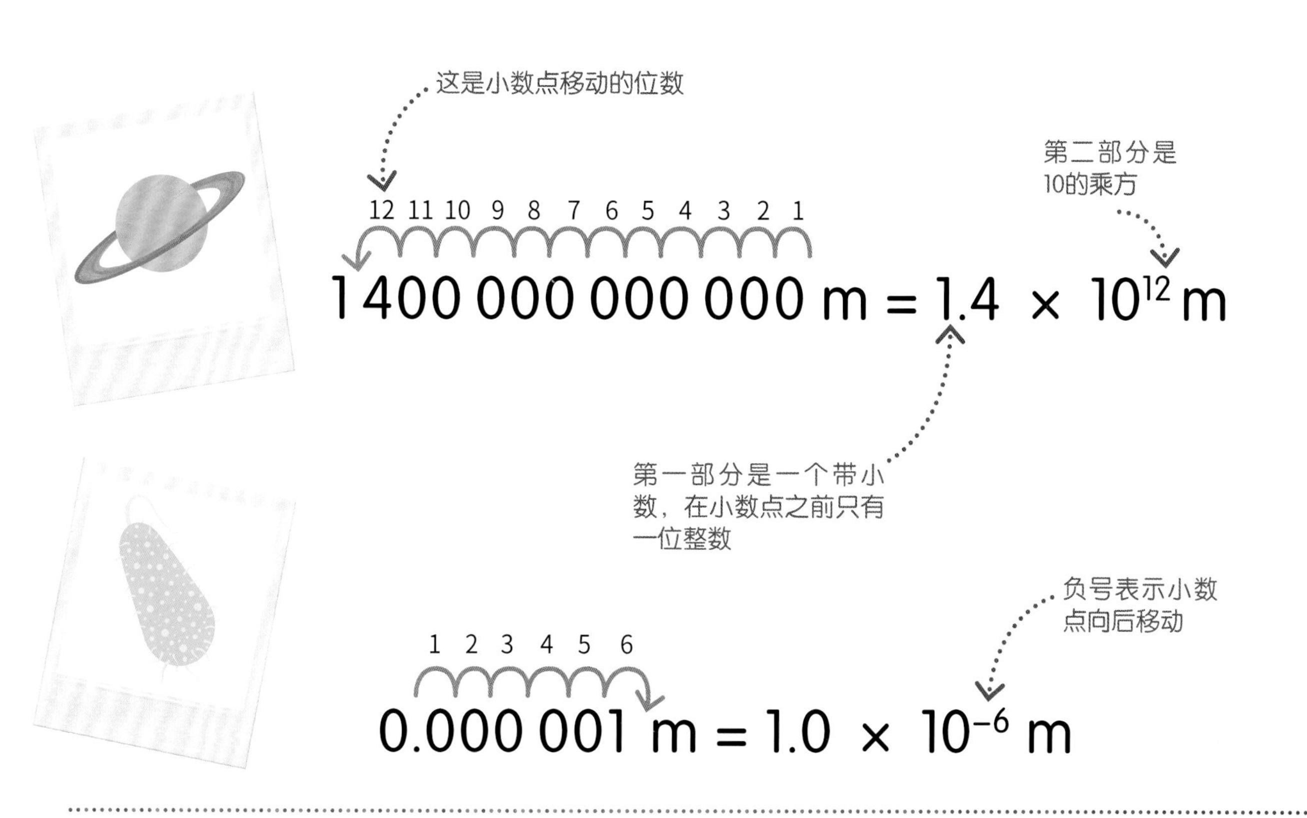
这是小数点移动的位数
第二部分是
10的乘方
12 11 10 9 8 7 6 5 4 3 2 1
1 400 000 000 000 m = 1.4 × 10¹² m
第一部分是一个带小数，在小数点之前只有一位整数
负号表示小数点向后移动
1 2 3 4 5 6
0.000 001 m = 1.0 × 10⁻⁶ m

4 计算百分数

百分数是分母为100的特殊分数。任意一个分数都可以表示成百分数：先把它表示成小数形式，再乘100，最后加上%（百分号）。例如，一盏30W的灯泡，其中18W将电能转化成光能，另外12W浪费在发热上，那么它的效率是多少？请用百分数表示。

0.6

$$
\begin{aligned}
\text{效率（\%）} &= \frac{\text{有用功率}}{\text{总功率}} \times 100\% \\
&= \frac{18\text{W}}{30\text{W}} \times 100\% \\
&= 0.6 \times 100\% \\
&= 60\%
\end{aligned}
$$

国际单位

科学是一项国际活动，来自不同国家的科学家共同研究相同的问题。因此，统一测量单位对科学活动很有意义。世界各地的科学家使用的都是国际单位制（SI）。

1 基本单位

所有的国际单位都建立在少数几个基本单位的基础上，本书中用到了以下5个基本单位。

物理量	国际基本单位	符号
时间	秒	s
长度	米	m
质量	千克	kg
电流	安培	A
温度	开尔文	K

热力学温标的1度（1K）与摄氏温标的1度（1℃）大小相同，但零点不同

2 导出单位

在国际单位制系统中，大多数单位基于基本单位而制定。例如，面积的单位平方米（m^2）是基于米（m）制定的。

物 理 量	国 际 单 位
面积	平方米（m^2）
体积	立方米（m^3）
速率和速度	米每秒（m/s）
加速度	米每平方秒（m/s^2）
频率	赫兹（Hz）
力	牛顿（N）
动量	千克·米每秒（kg·m/s）
压力	帕斯卡（Pa）
能量	焦耳（J）
功率	瓦特（W）
电荷	库仑（C）
电势差（电压）	伏特（V）
电阻	欧姆（Ω）

1赫兹 = 1次/秒

$1Pa = 1N/m^2$

1W = 1J/s

3 国际单位前缀

1m对于测量原子的大小或地球到火星的距离并不合适，所以我们给标准单位加上前缀，把它变成更大或更小的单位。

前　缀	倍数	示　　例
纳（n）	10^{-9}	1纳米（nm）= 0.000 000 001m
微（μ）	10^{-6}	1微秒（μs）= 0.000 001s
毫（m）	10^{-3}	1毫克（mg）= 0.001g
厘（c）	10^{-2}	1厘米（cm）= 0.01m
千（k）	10^{3}	1千克（kg）= 1 000g
百万/兆（M）	10^{6}	1兆赫（MHz）= 1 000 000Hz
十亿/千兆/吉（G）	10^{9}	1千兆瓦（GW）= 1 000 000 000W
万亿/太（T）	10^{12}	1太瓦（TW）= 1 000 000 000 000W

能量

能量以多种不同的形式存在，它能帮你移动胳膊和腿，给手机充电，给电视供电，也能让太阳发出光彩。能量可以以各种不同的方式存储，也可以在不同物体之间转移，但它永远不会消失。

要点

- ✓ 能量可以以不同的方式存储。
- ✓ 能量可以从一个物体转移到另一个物体。
- ✓ 能量永远不会消失。
- ✓ 运动的物体所具有的能量叫作动能。

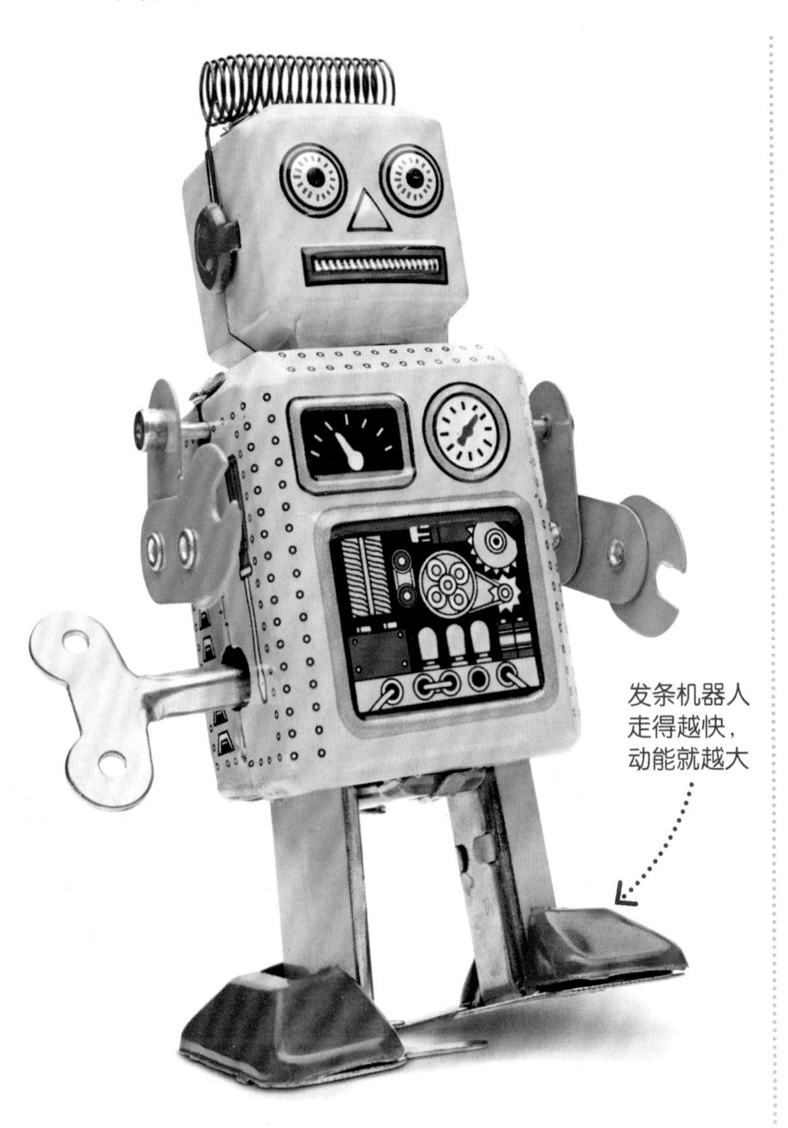
发条机器人走得越快，动能就越大

光将能量从灯泡转移到周边环境

1 能量的存储

能量可以以不同的方式存储。运动的物体所具有的能量叫作动能。物体运动得越快，动能越大。

2 能量的转移

能量可以从一个物体转移到另一个物体。当你打开一盏灯时，灯泡以光和热的形式把能量转移给周围环境。

能量与食物

食物能为身体提供能量，食物中的能量通常以千焦为单位。

要点

- ✓ 能量的单位是焦(J)。
- ✓ 食物中的能量通常以千焦为单位(1kJ=1 000J)。
- ✓ 一个人日常所需的能量取决于他的年龄、体重和身体运动水平。

不同食物中的能量

不同食物中的能量不同，有时人们将“千卡”作为食物能量的单位，但能量的科学单位是焦耳（简称焦）。食物中含有数千焦的能量，所以这里用千焦做单位，1千焦=1 000焦耳（也写成1kJ=1 000J），下表显示了通过跑步消耗掉不同食物提供的能量所需的时间。

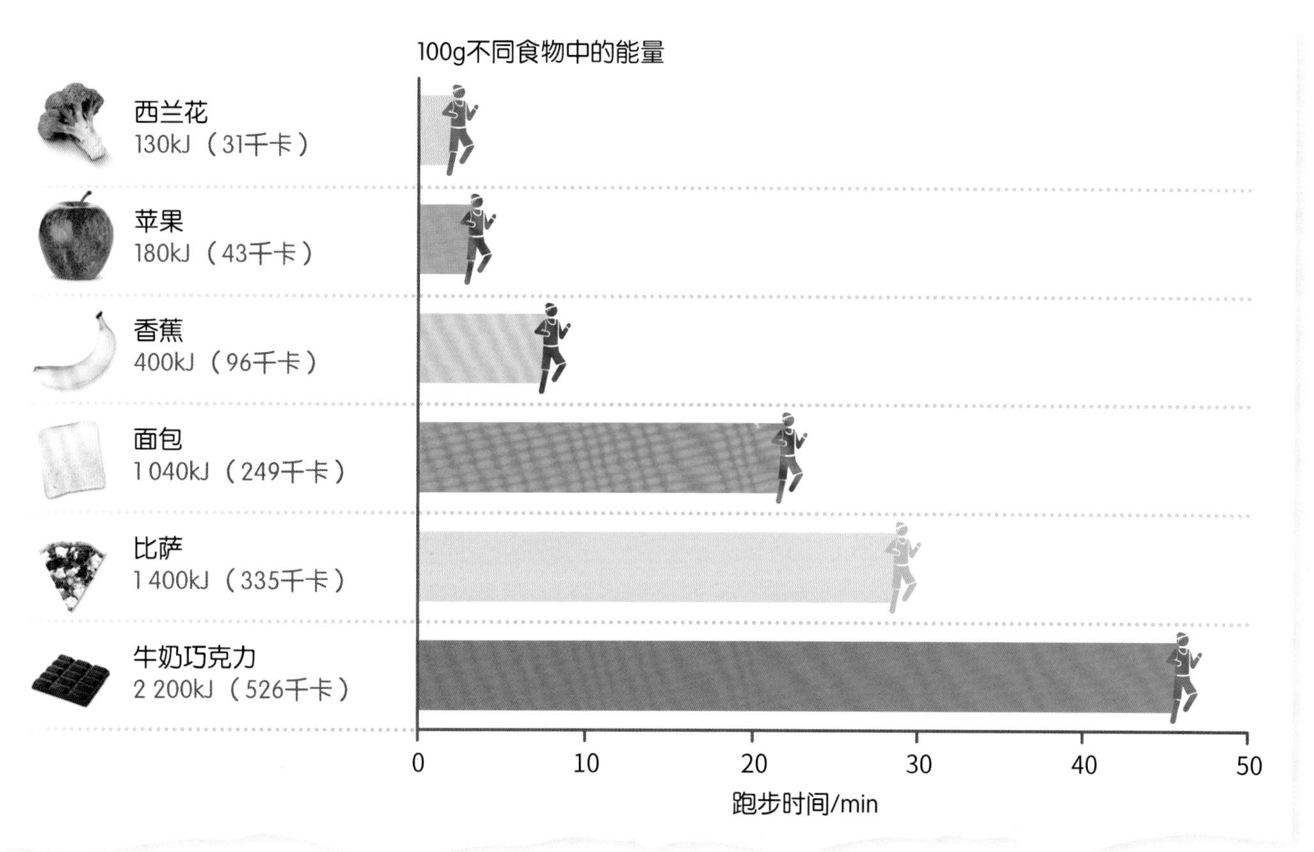

能量和运动

一个普通的成人平均每天需要大约10 000kJ的能量，但这个数值因人而异。通常来讲，人的体重越大，所需要的能量越多，所以成人比儿童消耗的能量多。人的运动量大小也会影响能量的消耗。

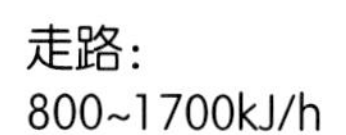

游泳：
1200~1300kJ/h

慢跑：
1900~4 000kJ/h

能量存储

能量并不只是存储在电池中，还可以以多种不同方式存储，例如存储在汽车中的动能。当能量从一个物体转移到另一个物体时，称为能量的转移和转化。

要点

- ✓ 能量可以以不同的方式存储，包括内能、化学能、重力势能、动能、弹性势能和核能。
- ✓ 能量转移是能量从一个储能物体转移到另一个储能物体。

1 内能

物体自身所具有的能量叫作内能。水在加热过程中，所存储的内能不断增加。

2 动能

运动的物体具有动能，物体运动得越快，或者质量越大，具有的动能就越大。

3 化学能

存储在化学键中的能量称为化学能。电池和食物中的能量都是以化学能的形式存储的，炸药和燃料中存储了大量的化学能，当它们燃烧时会转化成热能。

4 弹性势能

拉伸弹弓或挤压弹簧时，它们都会存储弹性势能，直到被释放为止。物体被压扁或被扭转时也会存储弹性势能。

5 核能

存储在原子内部的能量称为核能或原子能，这种能量是核反应、核弹和太阳能的来源。

6 重力势能

物体或人被举到高处时存储的能量叫重力势能，当跳水者落下时，他的重力势能转化为动能。

水力发电

水力发电站是利用重力势能发电的。在山谷中的河流上建一座大坝，大坝拦住水流从而形成一个很深的人工湖。湖里的水通过大坝中的管道落到山底，使涡轮机转动，从而驱动发电机，重力势能转化为涡轮机中的动能，并最终转化成电能，以供家庭用电。

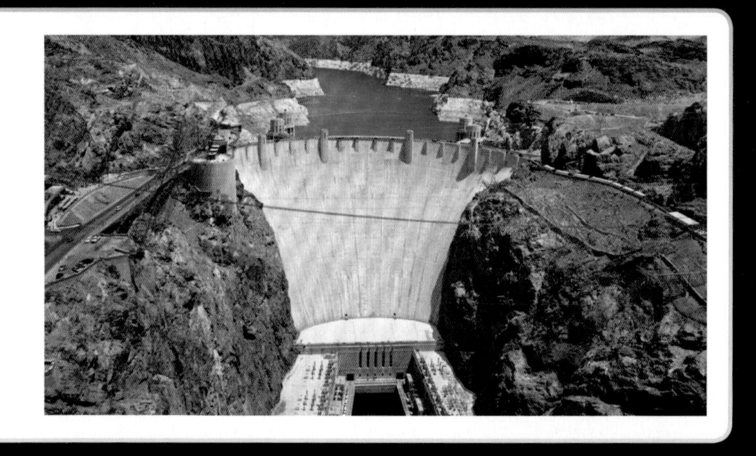

能量的转移与转化

当我们开灯、骑自行车、做饭甚至做任何事情时，都在将能量从一种形式转化为另一种形式，或从一个物体转移到另一个物体。能量的转移和转化是万事万物发生的基础。

要点

- ✓ 能量可从一种形式转化为另一种形式，或从一个物体转移到另一个物体。
- ✓ 在绝热系统中，能量转化时的总量保持不变，这是能量守恒定律。
- ✓ 能量可通过多种方式（如加热、力、电、辐射和声音）发生转化。

1 加热过程中能量的转移和转化

加热水壶时，燃料中的化学能转化为热能，转移给水壶和水。随着能量的耗散，热水最终会冷却，但燃料、炉子、水壶、水和周围所具有的能量总和保持不变，这被称为能量守恒定律。

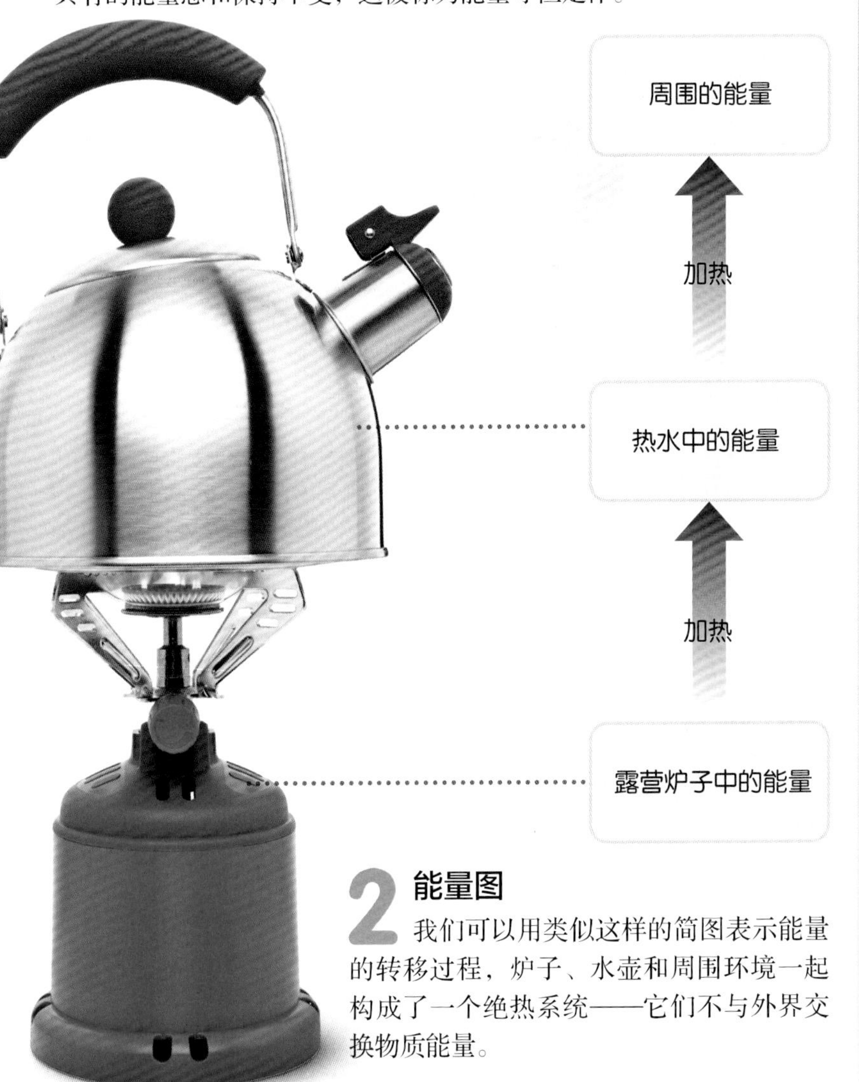

2 能量图

我们可以用类似这样的简图表示能量的转移过程，炉子、水壶和周围环境一起构成了一个绝热系统——它们不与外界交换物质能量。

其他的转化形式

加热只是能量转化的一种方式，能量还可以通过力、电、辐射和声音发生转化。

1 通过力

如果一个力作用在物体上，如推动它，这一过程就把能量转移给了物体，这种方式下的能量转化叫作做功。

2 通过电

在任何时候打开电器的开关，电器将电能转化为其他形式的能。

3 通过辐射

可见光、微波等辐射能够以惊人的速度转化能量。地球的大部分能量都是通过这种方式从太阳中获取的。

4 通过声音

如同所有类型的波一样，声波在传播过程中也在转化能量。当声音传到人耳时，能量转化为令鼓膜振动的动能。

可再生能源

用之不竭的能源称为可再生能源，这类能源的应用日益广泛，因为它们对气候的影响比化石燃料要小得多。所有的可再生能源都既有优势，也有劣势。

要点

- ✓ 用之不竭的能源是可再生能源。
- ✓ 可再生能源对气候的影响比化石燃料小。
- ✓ 可再生能源包括太阳能、生物燃料、风能、水能、潮汐能和地热能。

1 太阳能

太阳能发电站运用太阳能发电。在集中式太阳能发电站，成圈排列的镜子将太阳光聚焦在一个中央接收器上。太阳能发电站利用热能将水烧开并产生蒸汽驱动发电机，也可以直接通过太阳能电池（光伏电池）发电。太阳能发电桩和太阳能电池在阳光充足的气候下工作最佳，夜晚不能工作。

2 生物燃料

在世界上的某些地方，汽车是用生物燃料而不是汽油或柴油驱动的。生物燃料是由快速生长的作物（如甘蔗）制成的。糖通过发酵生成乙烷，从而在汽车发动机内燃烧。尽管生物燃料对全球变暖的影响比化石燃料小，但它们的生产占据了本可以种植粮食的土地，并导致了热带森林被乱砍滥伐。

3 风能

受太阳的加热驱动，地球大气层中的空气在持续不断地运动，这些动能可以被风力发电机获取，以产生电能。风力发电机需要在合适的天气工作，还必须建在高处，许多风力发电站都建在离海岸有一定距离的大海中，以避免对自然景观造成破坏。

4 水能

水坝阻挡河流形成人工湖，湖水通过管道流入水坝底部的涡轮机，涡轮机驱动发电机发电。水力发电的一个缺点是：水坝蓄水会导致山谷被淹没，破坏当地野生动植物的栖息地。

5 海浪和潮汐能

海浪和潮汐发电是利用海水的运动，驱动放置在海中的涡轮机产生电能的一种发电方式。海浪发电尚处于实验阶段。潮汐发电站的建造很复杂，也很昂贵，它虽然无法持续发电，但能在可预测的时间段里发出大量的电能。海浪和潮汐发电的不足之处在于它们改变了潮汐上流的水文环境，影响了那里的野生动物生存。

6 地热能

地热发电通过把冷水打入地下深处，利用地球内部的能量将其加热并产生蒸汽，再用这些蒸汽驱动发电机，将地热能转化为电能。地热发电站会产生少量的污染，但在火山活跃地区发电效果最好。

发电站

大多数发电站使用的发电系统是相同的。从燃料或太阳中得到的能量被用来将水转化成蒸汽；蒸汽通过管道后，驱动涡轮机的旋转叶片；涡轮机驱动发电机，进而产生电能。风力发电站、水力发电站、海浪和潮汐发电站则利用运动的水和风直接推动涡轮机。

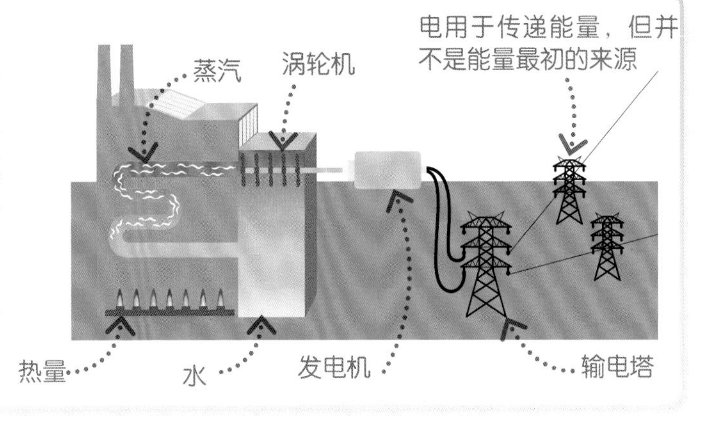

不可再生能源

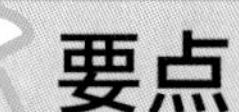

要点

- ✓ 不可再生能源终有一天会被消耗殆尽。
- ✓ 我们所用的大多数能量都来自不可再生能源。
- ✓ 化石燃料的燃烧会污染大气层，造成气候变化。

现代社会需要大量的能源为汽车、飞机、家用电器等提供动力。我们目前所用的绝大部分能量都来自不可再生能源（它们终有一天会被消耗殆尽），如化石燃料。

化石燃料

化石燃料由远古时期动植物的遗体转化而来。在几百万年前，有机体将太阳能转化为化学能存储起来，这就是化石燃料的来源。这类燃料之所以应用广泛，是因为质量很小的化石燃料存储了大量的能量。然而，燃烧化石燃料产生的二氧化碳对大气层的污染是气候变化的主要原因。

1 石油

石油来自海洋微生物化石，从地下开采的原油被制成汽油、柴油和煤油（用于飞机的喷气式发动机的液体燃料）。这些燃料便于存储、运输，也适合在发动机内燃烧。

2 煤

煤来自树和其他植物的化石，被用于火力发电，产生了世界上大部分的电力。它在燃烧过程中不仅会产生二氧化碳，还会产生二氧化硫，引起酸雨。

3 天然气

天然气在发电厂被用来发电，在家庭中被用来供暖和做饭。每千克天然气燃烧产生的能量是煤的2倍，但释放的二氧化碳只有煤的一半，对大气造成的污染更小。

核电站

核电站利用存储在放射性元素（如铀）原子核内的能量发电。核燃料是不可再生能源，但它们存储了巨大的能量，而且不会释放温室气体（如二氧化碳）。核电站的不足在于，产生的放射性废料在几千年后依然有害，所以需要将它们深埋于地下，而且核电站一旦发生事故，会对环境产生广泛的放射性污染。

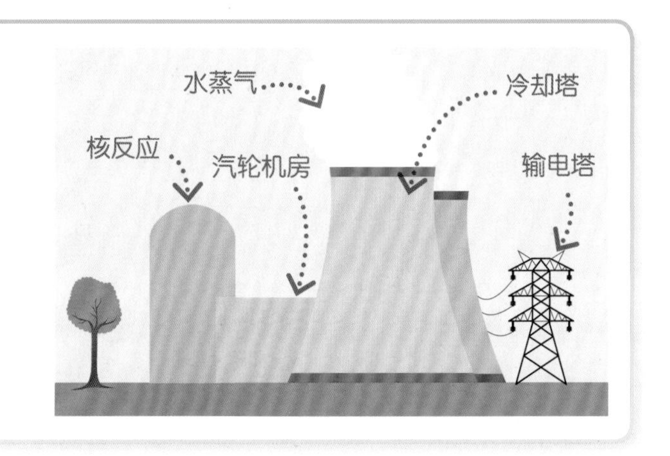

气候变化

我们使用的大部分能源来自化石燃料，化石燃料燃烧时会释放二氧化碳。二氧化碳是一种温室气体，能捕获大气层的热量，限制它们向太空辐射。随着大气层中二氧化碳浓度的升高，地球的气候会发生变化。

要点

- ✓ 燃烧化石燃料会向大气层排放二氧化碳。
- ✓ 大气层中的二氧化碳及其他温室气体浓度升高会造成温室效应，进而改变气候。

温室效应

气候变化的主要原因是温室气体对大气层的污染。温室气体（如燃烧化石燃料产生的二氧化碳和农业生产产生的甲烷）吸收地表辐射的热量，并把这些热量再次辐射给大气，造成大气层变暖（就像玻璃罩使温室保持温暖一样）。没有温室效应时，地球对大部分生命来说都太冷了，但人类活动加剧了温室效应。

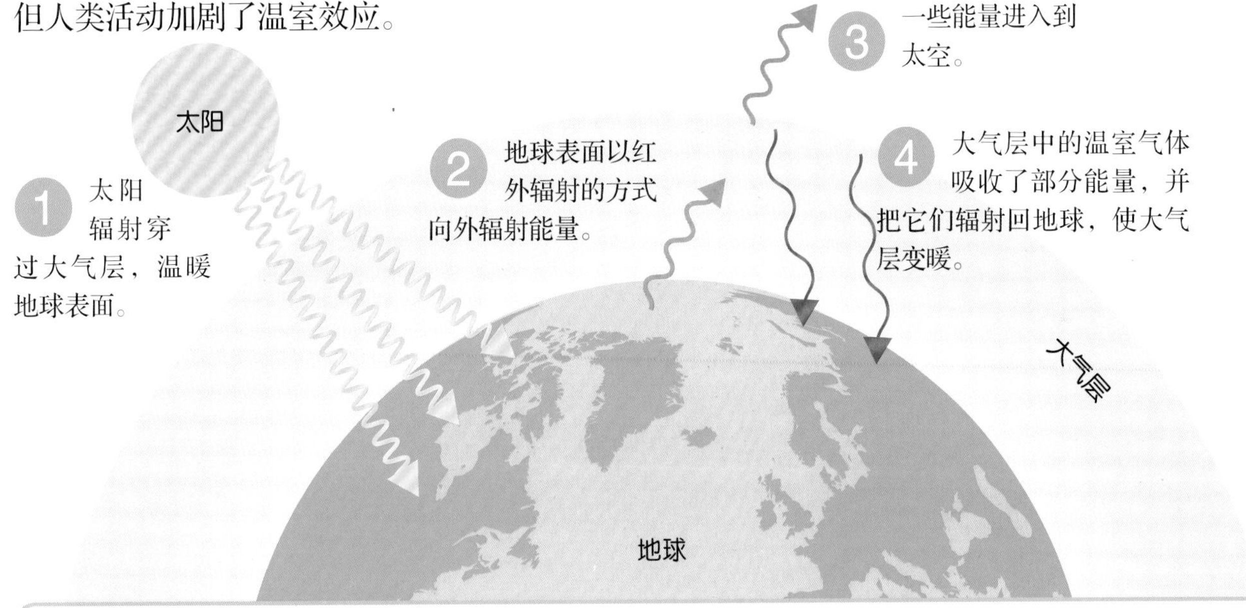

太阳
1 太阳辐射穿过大气层，温暖地球表面。
2 地球表面以红外辐射的方式向外辐射能量。
3 一些能量进入到太空。
4 大气层中的温室气体吸收了部分能量，并把它们辐射回地球，使大气层变暖。
大气层
地球

大气中的二氧化碳

大气中的二氧化碳含量正在迅速增长。远古时期的二氧化碳含量可通过古老冰山中被束缚的气泡来测得。研究表明，直到距今200年前，大气中二氧化碳含量还是稳定的，而在人类开始使用化石燃料后就急速增加。

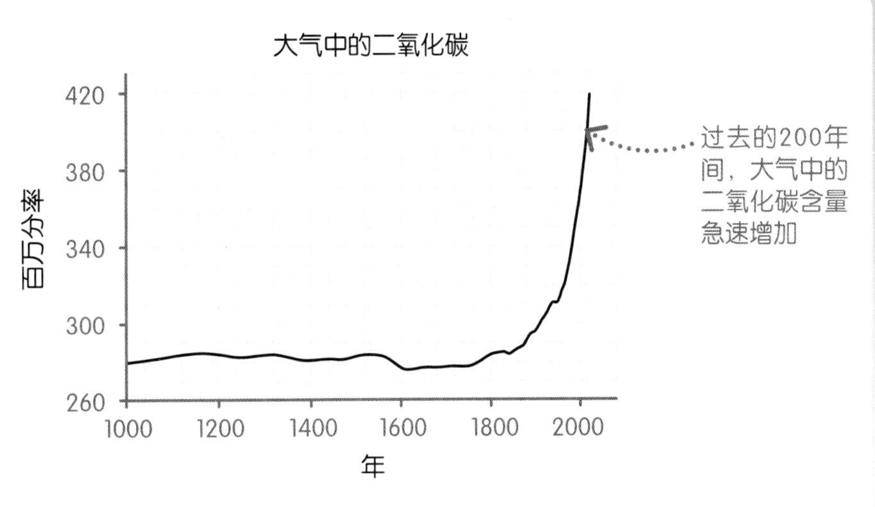

大气中的二氧化碳
420
380
340
300
260
百万分率
1000
1200
1400
1600
1800
2000
年
过去的200年间，大气中的二氧化碳含量急速增加

能量使用的趋势

在过去的200年间，我们对能源，尤其是化石燃料的消耗急剧增加。由于化石燃料是不可再生能源，而且污染环境，现在许多国家都在尝试用可再生能源代替它。

要点

- ✓ 化石燃料的使用量在过去200年间急剧增加。
- ✓ 化石燃料的使用是气候变化的主要原因。
- ✓ 许多国家尝试减少化石燃料的使用，增加可再生能源的使用。

能源消耗

下图表明，从1800年开始（世界进入工业时代以来），人类对不同能源的消耗都在增加。对化石燃料使用的增加，使大气层中二氧化碳的含量上升，这是气候变化的主要原因。

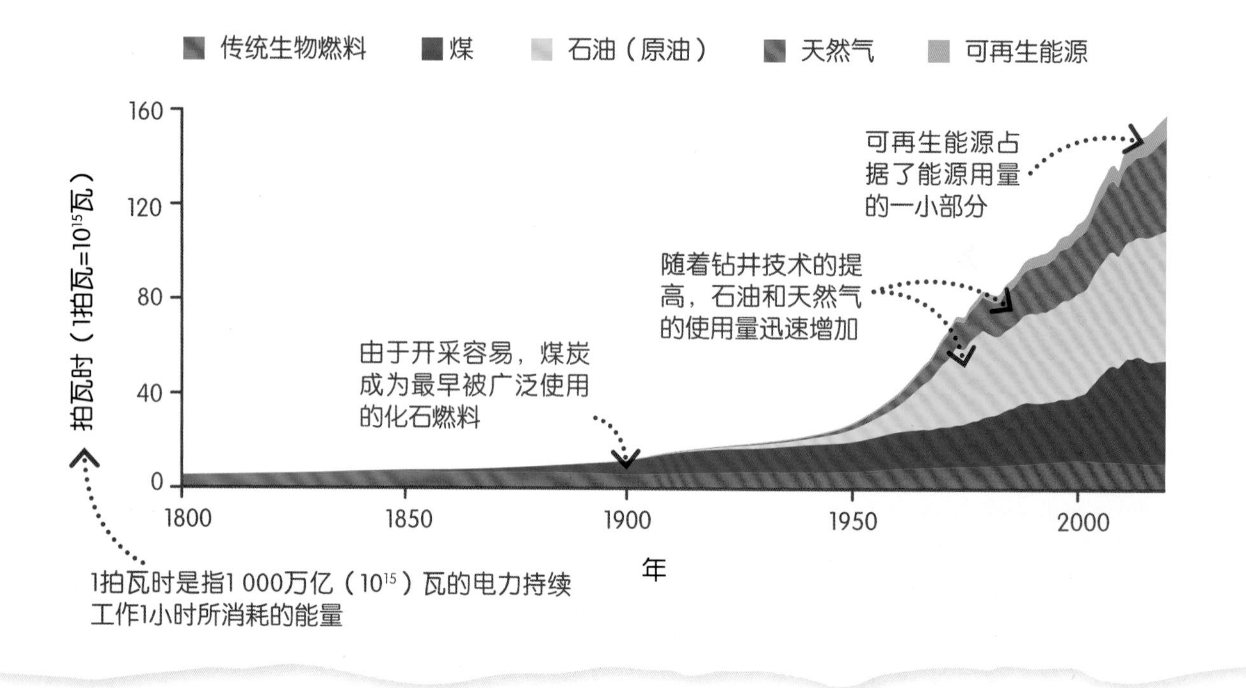
传统生物燃料
煤
石油（原油）
天然气
可再生能源
160
120
80
40
0
拍瓦时（1拍瓦=10¹⁵瓦）
1800
1850
1900
1950
2000
年
可再生能源占据了能源用量的一小部分
随着钻井技术的提高，石油和天然气的使用量迅速增加
由于开采容易，煤炭成为最早被广泛使用的化石燃料
1拍瓦时是指1 000万亿（10¹⁵）瓦的电力持续工作1小时所消耗的能量

碳的捕获和存储

化石燃料燃烧时释放的二氧化碳是气候变化的主要原因，降低其排放量的建议之一是利用碳捕获技术，将发电站排放的废气中的二氧化碳与一种胺类化学物质重新反应，生成一种可存储在地下的液体。这种方法可使发电站减少90%的二氧化碳排放，但它们生产出的电也会因此变得更贵。

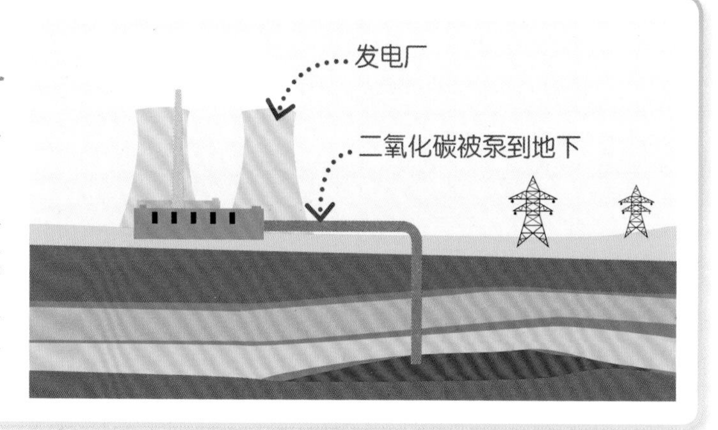
发电厂
二氧化碳被泵到地下

能量利用的效率

开灯时，并不是所有能量都转化成了周围的光，还有一部分能量以热的形式散失到空气中，这是能源的浪费。在能源利用效率高时，只会浪费一小部分能量。

要点

- ✓ 能流图显示了效率。
- ✓ 高效率的设备可以减少能源的消耗。

能流图

我们可以把一个设备的能量流动状况用能流图表示，下图表明：传统的灯丝灯泡效率很低，因为大多数能量转化成了周围的热；相反，LED灯泡把大部分电能转化成光能，只有一小部分能量以热的形式散失。

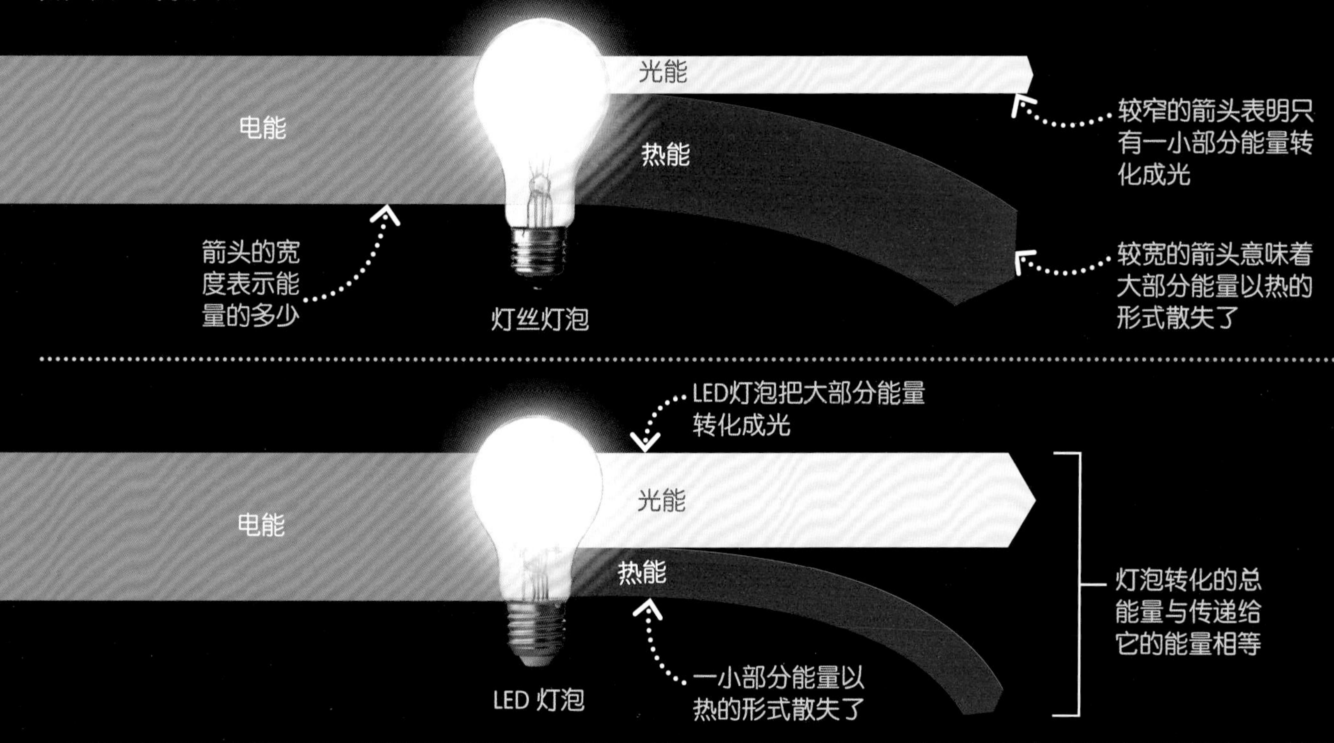
光能
电能
热能
较窄的箭头表明只有一小部分能量转化成光
箭头的宽度表示能量的多少
灯丝灯泡
较宽的箭头意味着大部分能量以热的形式散失了
LED灯泡把大部分能量转化成光
光能
电能
热能
灯泡转化的总能量与传递给它的能量相等
LED 灯泡
一小部分能量以热的形式散失了

提高效率

所有机器和设备都会浪费能量，浪费的能量最终以热的形式散失到周围环境中。例如，自行车运动部件之间的摩擦会造成能量损失，我们可以通过保持链条和其他运动部件的润滑来减少损失。使用高效节能电器，可以减少能量的浪费及对化石燃料的消耗，有利于环保。

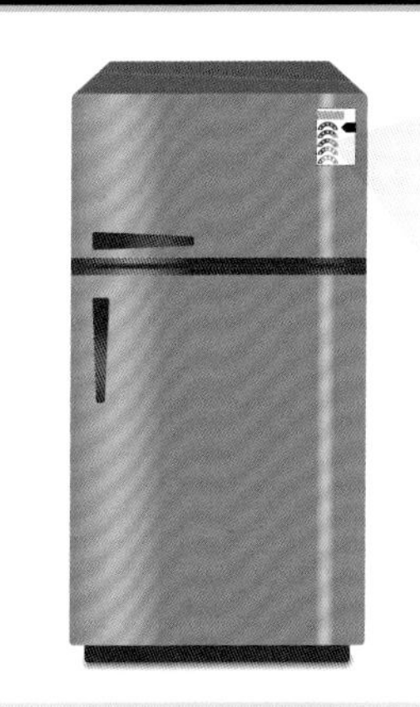

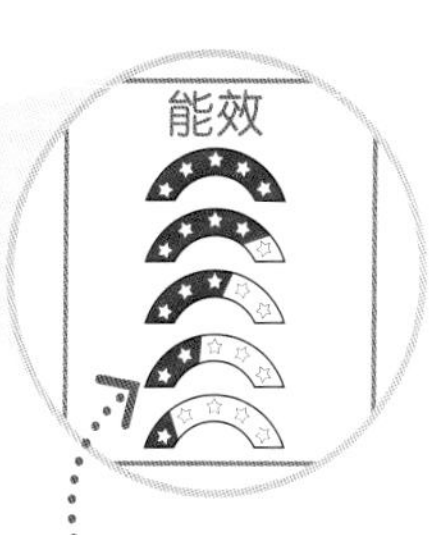
能效

许多家用电器都有能效标识，可帮助人们选购最高效的产品

热传递

为什么热饮最终会冷却？热能（热量）不会存储在一个地方不动，它总是从高温物体传向低温物体，这种传递有几种不同的方式。

要点

- ✓ 热量总是从高温物体传向低温物体，直到它们温度相等（达到热平衡）。
- ✓ 热传递有热传导、热对流、热辐射3种方式。

水的加热

当水在玻璃壶中被加热时，能量有3种传递方式：热传导、热对流、热辐射。

2 热对流

热对流是指热量通过流动介质传递的过程。壶底的水在被加热后变得膨胀，密度降低，进而上升形成对流。

1 热传导

热传导是指热能在固体之间或有物理接触的材料之间转移。燃料中的热通过玻璃传给水的过程就是热传导。

3 热辐射

热辐射是指热能以电磁波的方式传播，电磁波的速度与光速相同。与我们看到的可见光一样，炉火向外发射红外线。

热平衡

如果把一杯热水静置，它会冷却至与周围环境温度一样。同样，冷饮静置后也会升温，这是因为热量持续不断地从高温物体向低温物体传递，直至它们的温度相等。这时，我们说它们彼此达到热平衡。

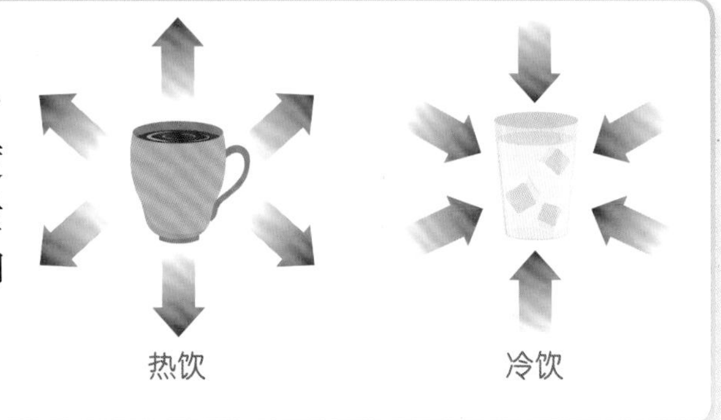

热辐射

当你把手置于一个热茶壶附近时，你会感觉到它的热量让你的皮肤变暖了。这是因为你的皮肤能感觉到你的眼睛无法看到的东西——红外辐射。所有的物体都有红外辐射，但热的物体辐射得更多。

要点

- ✓ 高温物体比低温物体发出的红外辐射多。
- ✓ 当红外辐射遇到物体时，它会把能量转化成物体的热能。
- ✓ 暗黑表面比明亮或白色表面更易于吸收和发射红外辐射。

热图

尽管我们的眼睛看不见红外辐射，但热成像照相机可以探测到它，下面这张热图显示了热茶杯和热茶壶的辐射成像。与可见光一样，红外辐射也是电磁波辐射的一种，也可以在空间中传播。当它碰到物体时，一部分红外辐射会被物体吸收，转变成物体的热并存储下来，从而让物体温度升高。当你把手放在热茶杯附近但不接触茶杯时，你的皮肤就能感到温暖。

冷的地方呈蓝色
热的地方呈白色和粉色
茶壶发出的部分红外辐射被桌面反射回来
热量通过热传导的方式传给壶的把手

吸收和反射

物体通过红外辐射吸收热量的多少取决于它的颜色和表面的质地。暗色（不明亮）和黑色表面更易于吸收和发射红外辐射。白色和明亮的物体更易于反射红外辐射，所以它们吸收的热能相对较少。

黑色物体更容易吸收和发射红外辐射

白色物体更容易反射红外辐射

热辐射的研究

这个实验的目的是比较黑色、白色、亮银色反光表面对红外辐射的吸收率。你也可以用同一套实验装置研究不同物体表面向外发射红外辐射的差异。

吸收辐射

来自太阳的红外辐射把能量传递给容器，加热容器内部的水。黑色反光表面比白色和亮银色反光表面吸收的红外辐射多，所以黑色容器中的水升温最快。

实验操作

1. 清空并洗净3个相同的容器，把它们的表面分别刷成黑色、白色和亮银色。容器的颜色是本实验的自变量。
2. 向每个容器中注入等量的水，插入一个温度计，并在瓶口周围塞上棉花。
3. 在晴天，把容器置于室外阳光下。容器中的水量和它们吸收的热量是实验的控制变量。
4. 记录每个容器中的水温，水温是实验的因变量。
5. 把容器置于阳光下90min，其间每10min记录一次水温。

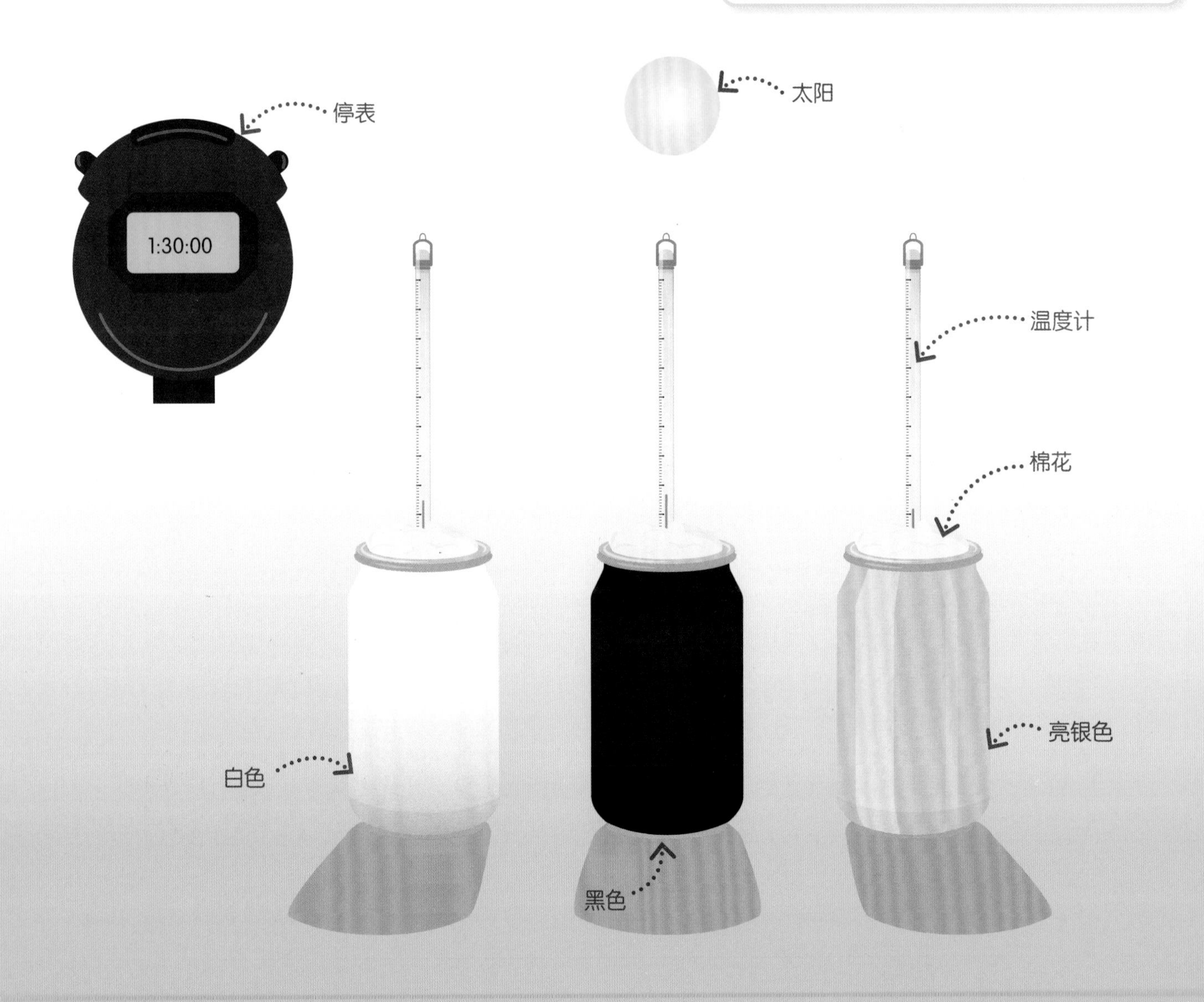

结果

把数据记录到平面直角坐标系中，并画出图象。下面图象表明3个容器中的水温都升高得很快，但黑色容器中的水温升高得最快，最终水温也最高，亮银色和白色容器显示出的结果则比较接近。

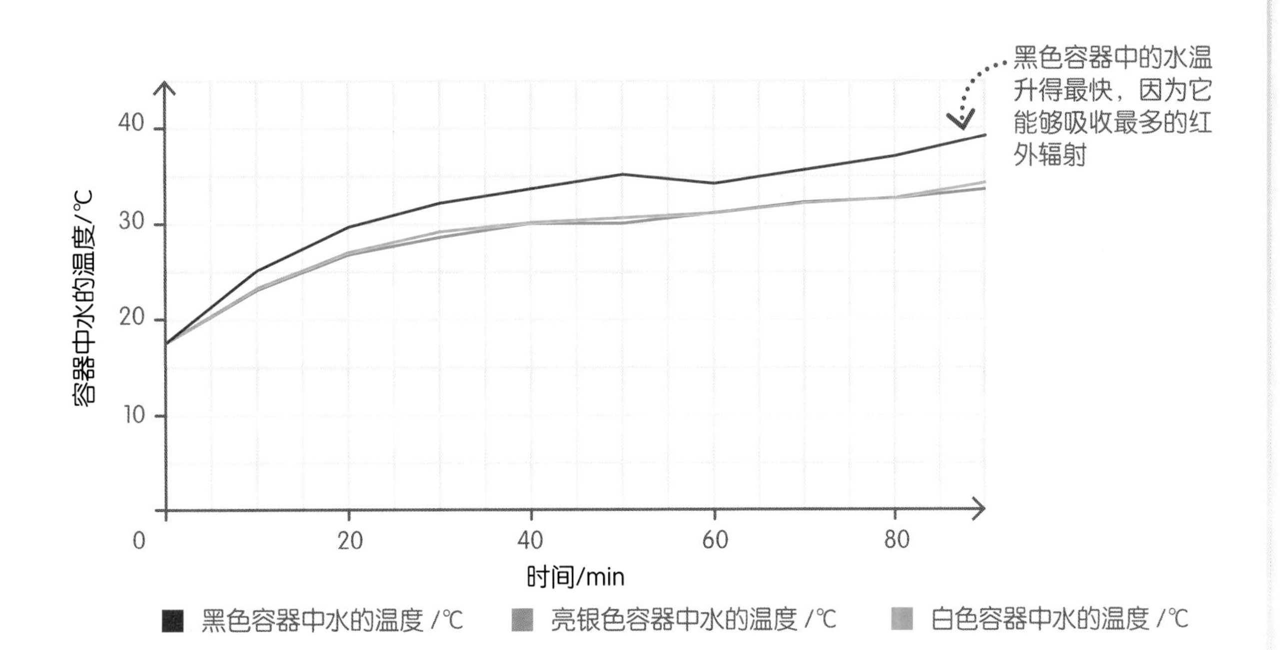

结论

黑色容器吸收的红外辐射比白色和亮银色容器更多，容器间唯一不同的变量就是颜色，这意味着黑色物体比白色和亮银色物体更容易吸收红外辐射。水温升高得并不稳定，这可能是受冷风或光照的影响。如果用室内的人造热源代替太阳，温度和容器受到的辐射量会更加可控。

向外辐射

这套装置也可用来研究热的物体如何通过热辐射来散失能量。将300mL、50℃的水灌入第一个容器中，插入温度计并在瓶口周围塞满棉花，待温度降到45℃时开始记录数据。每30s记录一次温度，持续记录10min。对其他两个容器重复以上操作，实验过程中确保室温相同，最后把结果用图象呈现出来。

热传导

金属摸起来更冷是因为金属的导热能力强。通过物理接触进行的热传递叫热传导。

要点

- ✓ 热传导是通过物理接触进行的热传递。
- ✓ 金属是良好的导热材料，因为它的原子排列成晶格结构，并且电子可自由移动。
- ✓ 热传导能力很差的材料称为绝热（隔热）材料。

金属的热传导

当一根金属棒被加热时，这些额外的能量会使其中的分子振动得更剧烈。因为金属原子都是紧密排列的，原子的振动会带动其周围原子振动，这就导致了分子动能的传递，也就引起了热量在物体内的传递。金属的导热性好，还有一个原因是它们的一些电子可以自由移动，这也可以传递分子动能。

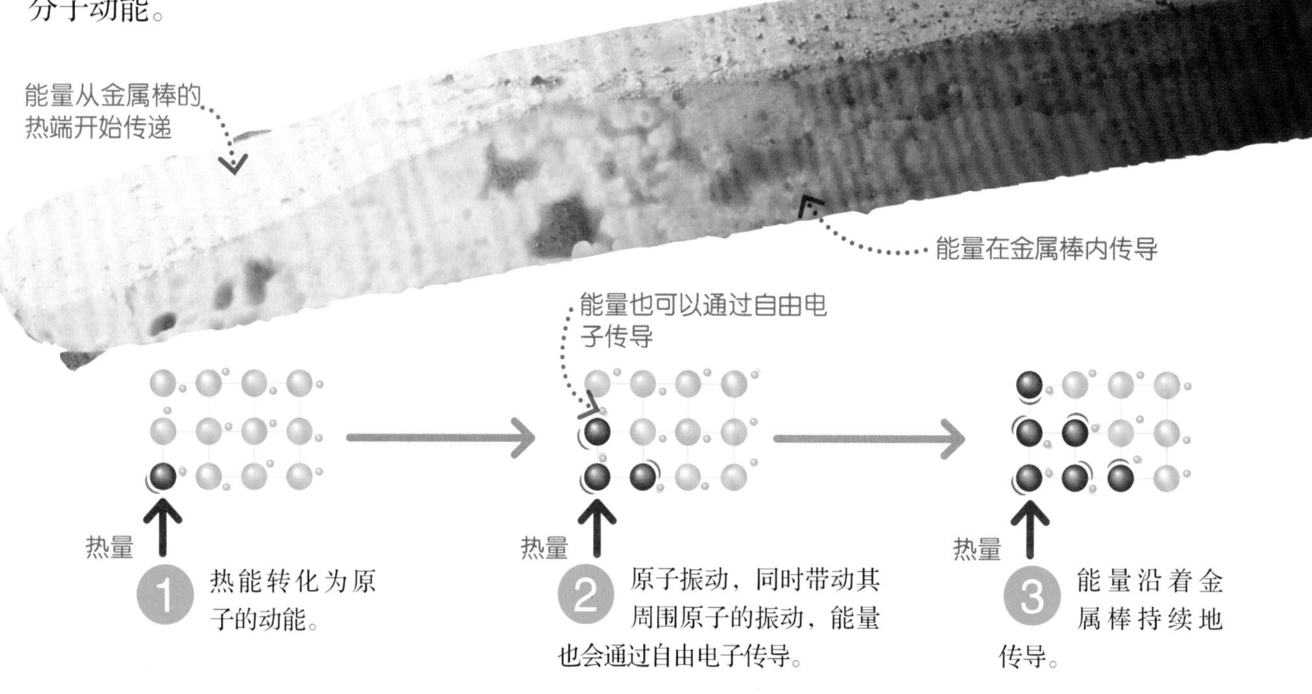
能量从金属棒的热端开始传递
能量在金属棒内传导
能量也可以通过自由电子传导
热量
热量
热量

1. 热能转化为原子的动能。
2. 原子振动，同时带动其周围原子的振动，能量也会通过自由电子传导。
3. 能量沿着金属棒持续地传导。

导体和绝缘体

金属是热的良导体，因为它的原子紧密排列形成晶格结构，这有助于它们把能量传递给周围的原子。相反，空气是热的不良导体，因为它的原子都离得非常远。内部包含封闭空气的材料，如羊毛针织套、咖啡杯里的泡沫等可以作为绝缘体，来减慢热量的传递。最好的绝缘体之一是气凝胶——一种空气含量超过99%的硅基材料。

green

气凝胶阻挡火焰的热量

隔热材料的研究

一些材料具有导热性，如金属。而另一些材料导热性较差，或称具有隔热性。这些材料可用于减少热源向其周围传递热量，或者减少冷源从周围吸收热量。

实验操作

1. 按下图所示准备器材。所有烧杯应为相同规格，各种隔热材料的厚度应相同。
2. 开始前，用水壶向每个烧杯注入等量体积的热水，在水中放入温度计，开始计时。
3. 记录开始时的水温，随后每10min记录一次每个烧杯中的水温。

隔热性的研究

为了测试不同材料的隔热能力，可以分别用它们对装有热水的烧杯进行隔热。保持水温最久的就是隔热效果最好的隔热材料。你还需要记录在没有隔热的情况下烧杯中的水温下降得有多快。

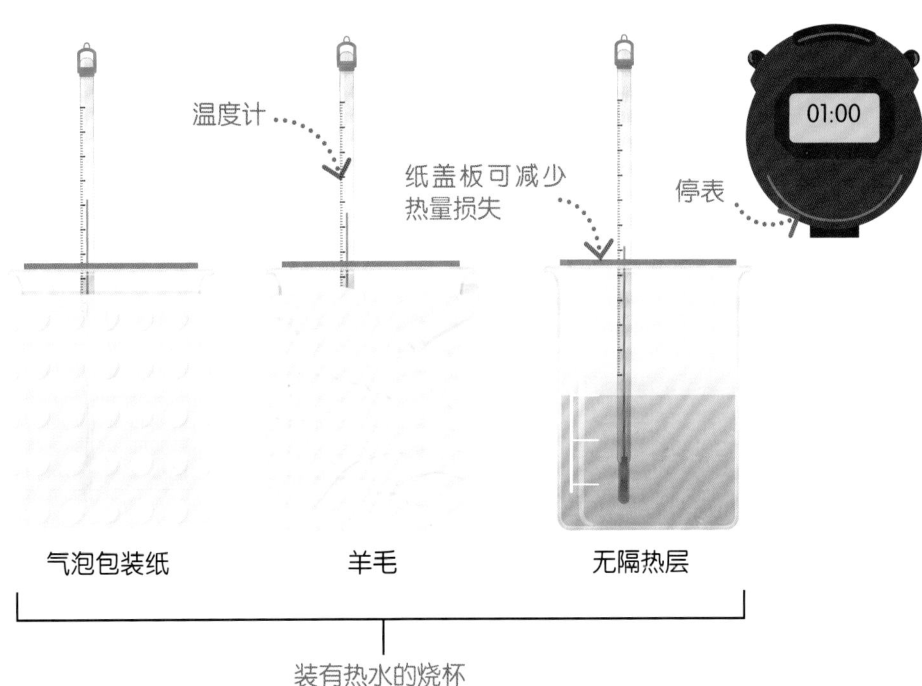

需要在教师指导下完成

结果

把3个烧杯中的水温数据画在同一幅图中，过每个烧杯的数据点画一条平滑的曲线，图象表明包裹气泡包装纸和羊毛的烧杯比没有隔热材料的烧杯更保温，气泡包装纸的保温效果更好。你也可以只记录实验开始时的水温和最终的水温，以简化实验过程，但如果你把最终水温读错了，如图中的错误读数，就会得出错误的结论：气泡包装纸和羊毛的隔热性能是一样的。

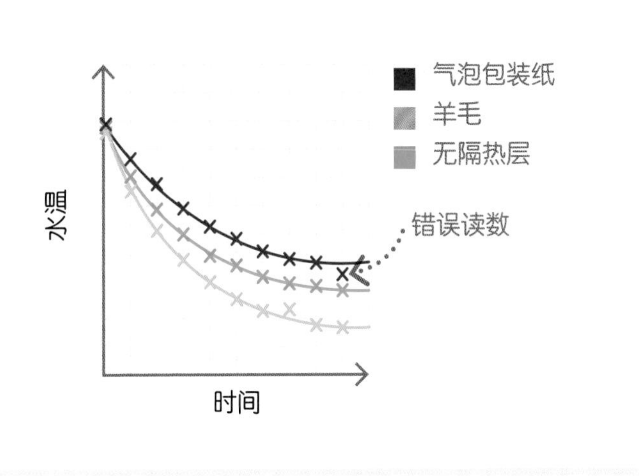

热对流

热对流是热量通过流体（液体或气体）的流动发生传递的现象。当空气或水中的某一区域被加热时，它会变得比周围密度小，从而上升，引起对流。

要点

- ✓ 热对流是流体中的热量通过流动传递的过程。
- ✓ 加热使流体中某些部分比周围的流体密度小。
- ✓ 在空气中，热气流是由对流产生的柱状上升热空气组成的。

水中的对流

加热前在水中加入1滴有颜色的染料，就可以观察到热对流的产生过程。在下面这个实验中，染料在烧杯底部并逐渐溶解，当用喷灯加热水时，这些水变得比周围的水更轻，开始上升。

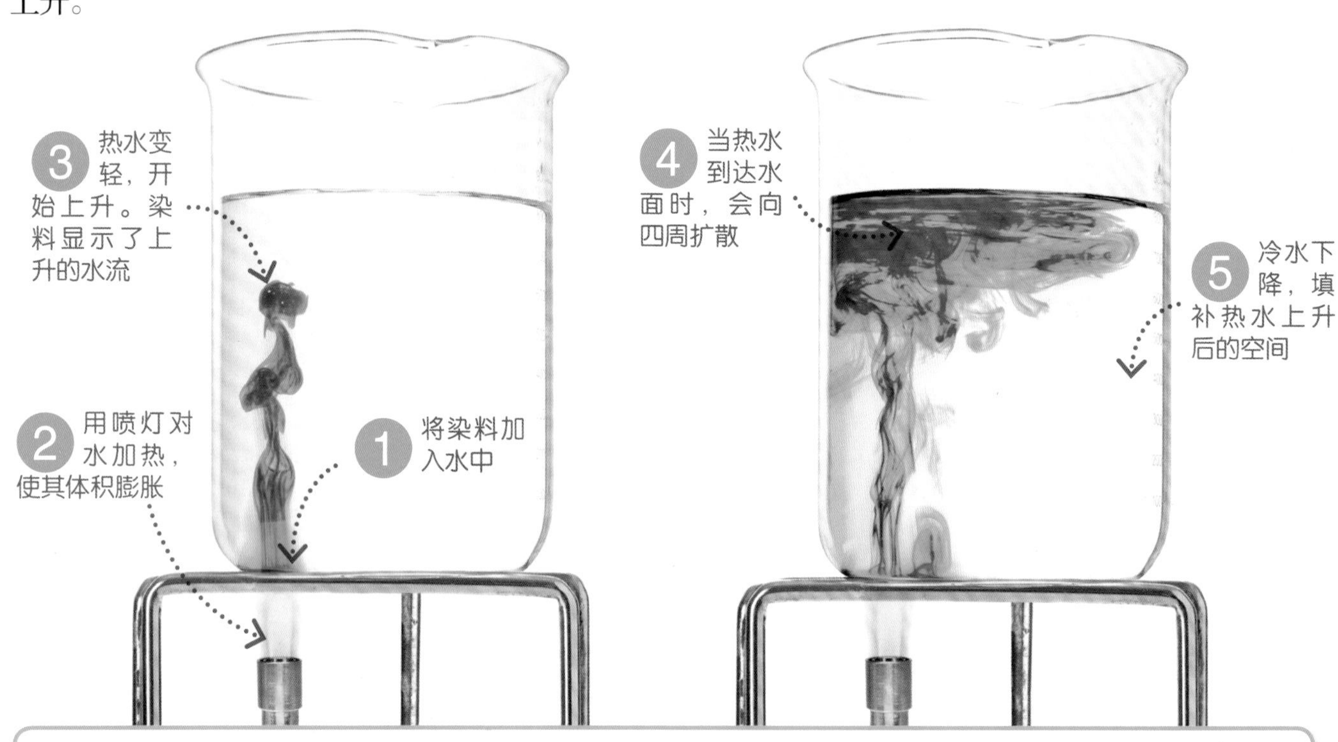
3 热水变轻，开始上升。染料显示了上升的水流
2 用喷灯对水加热，使其体积膨胀
1 将染料加入水中
4 当热水到达水面时，会向四周扩散
5 冷水下降，填补热水上升后的空间

散热器是如何工作的

现代的集中供暖系统采用对流方式对室内空气进行加热，散热器中的热水把能量传递给空气，被加热后的空气变轻，开始上升，暖空气上升后，冷空气下降取代它的位置，最终暖空气变冷重新降回，完成一个循环。这种空气的循环就是热对流。

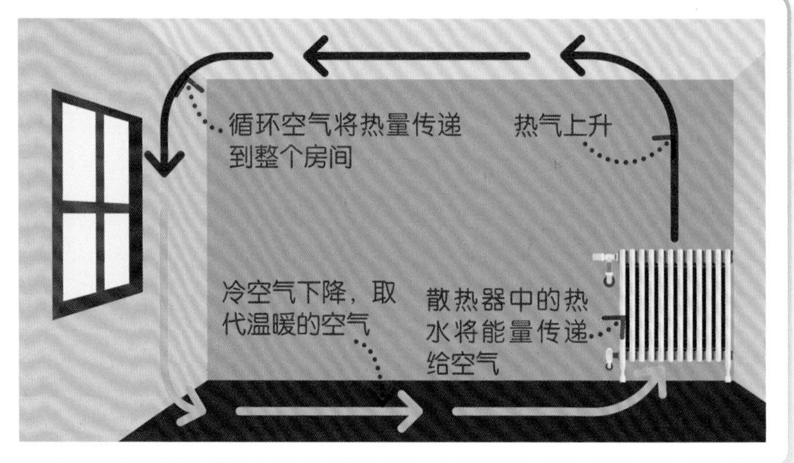
循环空气将热量传递到整个房间
热气上升
冷空气下降，取代温暖的空气
散热器中的热水将能量传递给空气

滑翔机是如何工作的

路面、建筑和较暗的地面（如被犁过的地）在阳光照射下比覆盖植被的地面升温更快。它们把热量传递给上方的空气，制造出柱状的上升热空气，称为热气流，热气流上方通常有像绒毛一样的白色积云。滑翔机可以跟随云层寻找上升热气流，通过在上升热气流中盘旋爬升，飞行于高空。

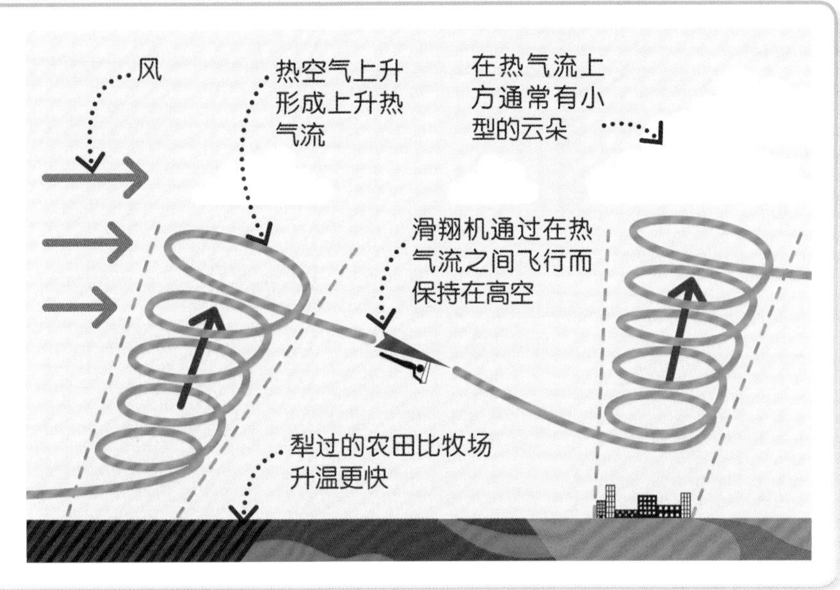
风
热空气上升
形成上升热
气流
在热气流上
方通常有小
型的云朵
滑翔机通过在热
气流之间飞行而
保持在高空
犁过的农田比牧场
升温更快

滑翔机

这种悬挂式滑翔机不需要发动机就可以在空中飞行，它所获得的升力全部来自上升热气流——从温暖的地面上升的气流。

减少热量的散失

房屋供暖的成本很高，所以现代建筑在设计上力求最大限度地减少向周围环境散热。具有良好隔热性的建筑能降低我们对化石燃料的需求。

屋顶铺上厚厚的、充满空气的隔热材料，减少了来自下方房间的热量传导

房屋保温

房子可以通过热传导、热对流、热辐射向周围环境传递热量。现代建筑设计师致力于减少这3种热传递。良好的隔热材料不仅能使房子在冬天更温暖，也能使它在夏天更凉爽，居住更舒适。

小窗户和镀膜玻璃可以减少通过热辐射造成的散热

热量散失

房屋通常会通过屋顶和墙壁散失大部分热量，通过窗户、门和地面也会散失一部分热量。室内外的温差越大，热量散失的速度越快。

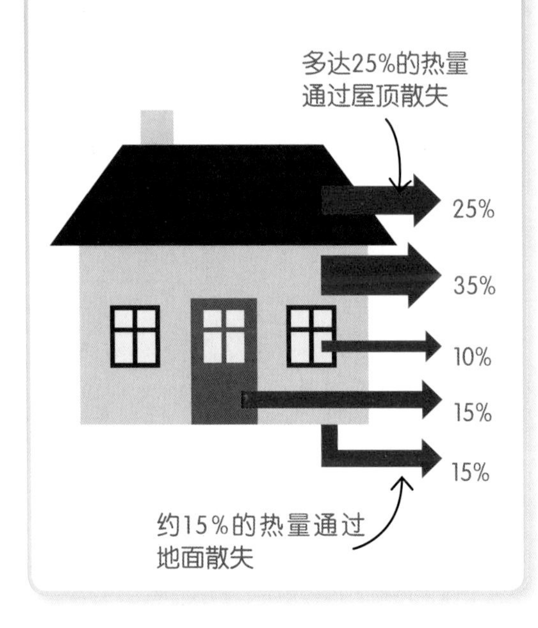
多达25%的热量通过屋顶散失
25%
35%
10%
15%
15%
约15%的热量通过地面散失

厚窗帘可以阻挡来自冰冷的窗户的对流

铺在地板和地毯下的隔热层可以减少热量向地面传递

与传统的石块或砖块相比，中空石板的导热性更差

要点

- ✓ 热量可以从房间内部通过热传导、热对流、热辐射的方式传递到周围环境中。
- ✓ 良好的隔热材料可以降低采暖费用，并减少化石燃料的使用。

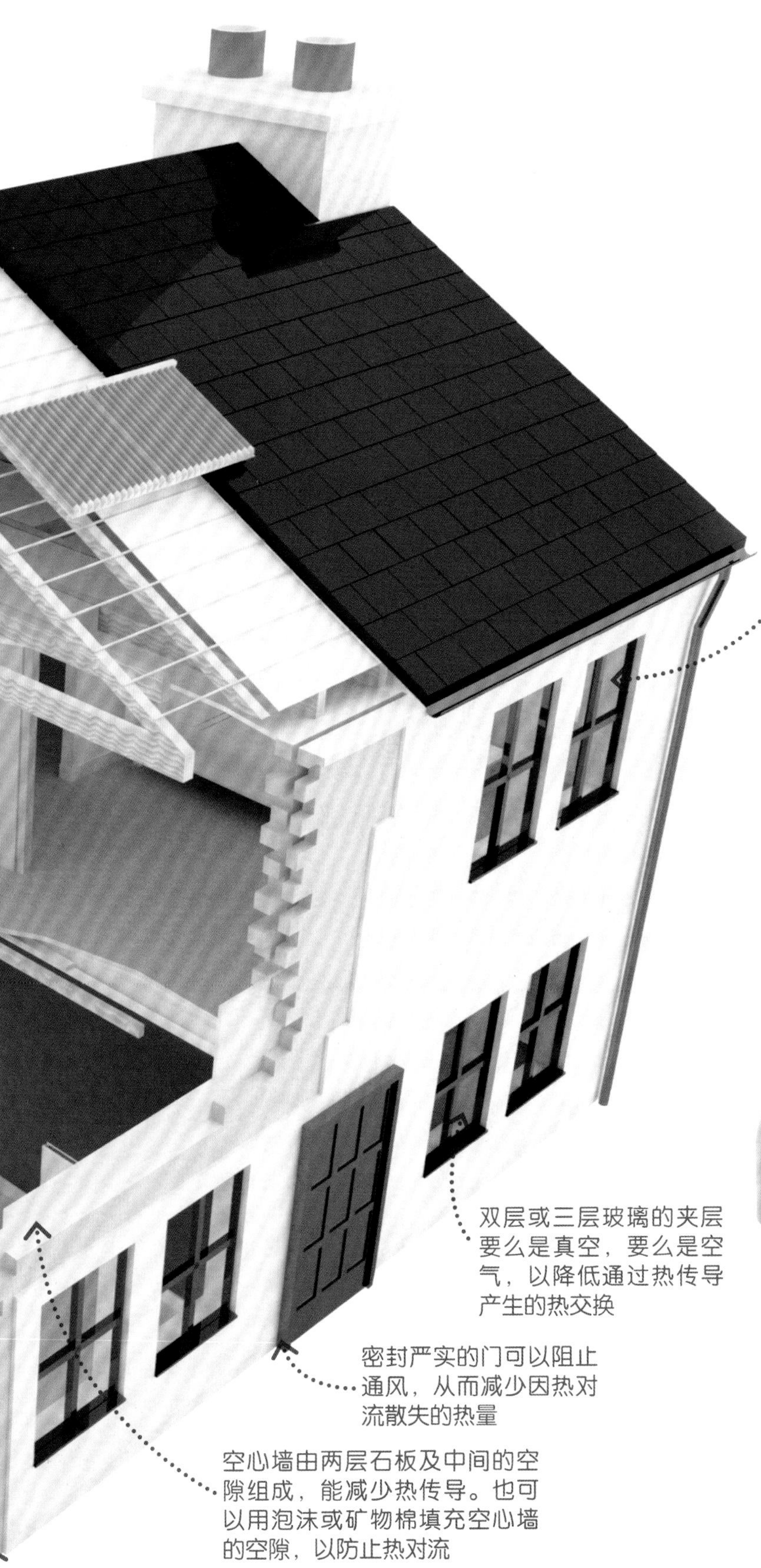
房屋向阳一侧的窗户可以设计得更大，让更多的阳光进入，以减少冬季供暖的需求
双层或三层玻璃的夹层要么是真空，要么是空气，以降低通过热传导产生的热交换
密封严实的门可以阻止通风，从而减少因热对流散失的热量
空心墙由两层石板及中间的空隙组成，能减少热传导。也可以用泡沫或矿物棉填充空心墙的空隙，以防止热对流
墙越厚，热量通过它传递的速率越低

保温瓶

保温瓶是1892年英国化学家詹姆斯·杜瓦为冷藏化学物质而发明的。今天，我们用它保温热水。瓶内有两层由玻璃或铝做成的壁，两壁之间真空，可减少热量以热对流和热传导的方式散失；内表面镀银，以反射热辐射。

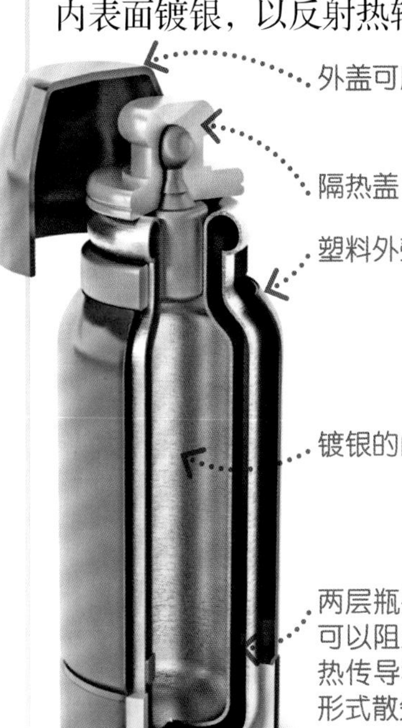
外盖可用作杯子
隔热盖
塑料外壳
镀银的内表面
两层瓶壁间的真空可以阻止热量通过热传导和热对流的形式散失

动能和重力势能

在过山车向上、向下运行时，能量来回地在动能和重力势能之间转化，以下表达式将告诉你如何计算动能和重力势能。

要点

- ✓ 物体运动得越快，质量越大，所具有的动能就越大。
- ✓ 物体所处位置越高，质量越大，所具有的重力势能就越大。当过山车的车厢向下加速时，它的重力势能转化为动能（若不计阻力和摩擦力）。

1 动能

运动的物体具有动能。物体加速时动能增加，物体减速时动能减少。物体运动得越快，质量越大，所具有的动能就越大。下式是动能表达式。

$$动能 = \frac{1}{2} \times 质量 \times 速度^2$$

$$E_k = \frac{1}{2} mv^2$$

E_k 一动能（J）
m 一质量（kg）
v 一速度（m/s）

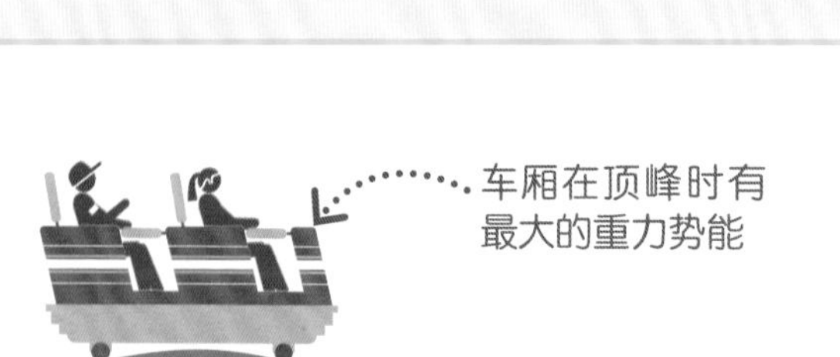

随着车厢向下滑行，重力势能转化为动能，速度增加

动能的计算

问题：纸飞机重5g，以12m/s的速度飞行，它的动能有多大？

解：$E_k = \frac{1}{2} mv^2$

$= \frac{1}{2} \times 0.005 \times 12^2$

$= 0.36$（J）

2 重力势能

当你举起一个物体时，向上的推举力做功，将能量转化为物体所具有的重力势能。物体所处位置越高，质量越大，所具有的重力势能越大。下式表示了物体所具有的重力势能如何随其高度变化而变化。

重力加速度g在地球上近似为10N/kg，在月球上的值近似为在地球上的一半

重力势能变化量 = 质量 × 重力加速度 × 高度的变化

$$\Delta E_p = mg\Delta h$$

ΔE_p—重力势能变化量（J）
m—质量（kg）
g—重力加速度（m/s²）
Δh—高度变化量（m）

希腊字母Δ表示变化量

重力势能的计算

问题：质量70kg的女子沿峭壁向上爬了30m，她增加的重力势能是多少？

解：$\Delta E_p = mg\Delta h$

$= 70 \times 10 \times 30$

$= 21\,000$（J）

车厢需要大量的动能，以通过这个回环

向上爬导致车厢减速，能量从动能转化为重力势能

空气阻力及车厢与轨道间的摩擦力始终在消耗能量，使车厢的运动速度减慢

车厢在底部时的速度最快，动能最大

能量守恒

能量守恒定律一般表述为：能量既不会凭空产生，也不会凭空消失，它只会从一种形式转化为另一种形式，或者从一个物体转移到其他物体，而在转化或转移的过程中，能量的总量保持不变。

吊钩上的摩擦力和空气阻力会使能量有所消耗，从而降低重物所能到达的高度

摆的能量转化

把一个重物用细线悬挂起来，就成为一个摆。重物在摆动过程中动能和重力势能相互转化。摆钩和空气组成一个系统，在这个系统中能量的总量保持不变。

重力势能再次最大（不计摩擦力和空气阻力）

重力势能最大（重物在最高点）

重力势能转化为动能

动能转化为重力势能

动能最大（重物的速度最快）

要点

- ✓ 能量可以转移和转化，但不会凭空产生，也不会凭空消失。
- ✓ 在转移或转化的过程中，能量的总量保持不变。
- ✓ 在重物的摆动过程中，能量在动能和重力势能之间转化。

简谐运动

如果物体的位移与时间的关系遵从正弦函数，这样的振动就是简谐运动。如果把摆动的角度作为纵轴，则它随时间运动的图线是一条正弦曲线。在同一坐标系中画出摆的动能和重力势能随时间变化的图线，两者都是正弦曲线，将两者相加形成一条水平直线，这意味着能量的总量在两者转化的过程中是守恒的。

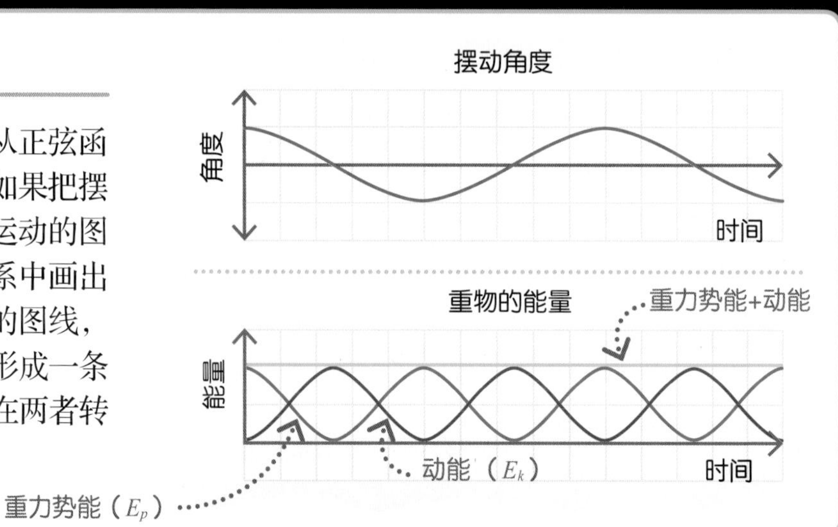

功

发动汽车、让飞机起飞或骑自行车都需要能量。如果一个力作用在物体上，物体在这个力的方向上移动了一段距离，那么就说这个力对物体做了功。

要点

- ✓ 力作用在物体上并使物体沿力的方向移动一段距离，就说力对这个物体做了功。功的单位是焦耳（J）。
- ✓ 功等于力与物体在力的方向上移动的距离的乘积。

做功

当你推物体并使它移动时，力就对物体做了功，它将你身体内的化学能转化成物体的动能。做功是能量由一种形式转化为另一种形式的过程。你可以用力乘物体在力的方向上移动的距离（位移），计算出力对物体做的功。

功 = 力 × 距离

$W = Fs$

W —功（J）
F —力（N）
s —物体在力的方向上运动的距离（m）

例如，当你持续用14N的力推动一辆满载的购物车前进了4m，你就做了56J的功。

$W = Fs$
$= 14 \times 4$
$= 56$（J）

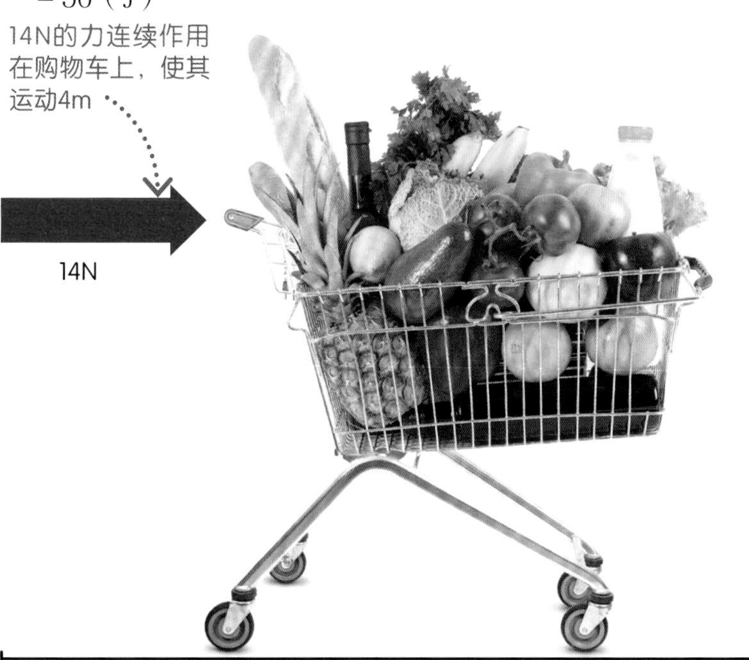
14N的力连续作用在购物车上，使其运动4m
14N
4m

做功的例子

只要做功，就会伴随能量的转移和转化。

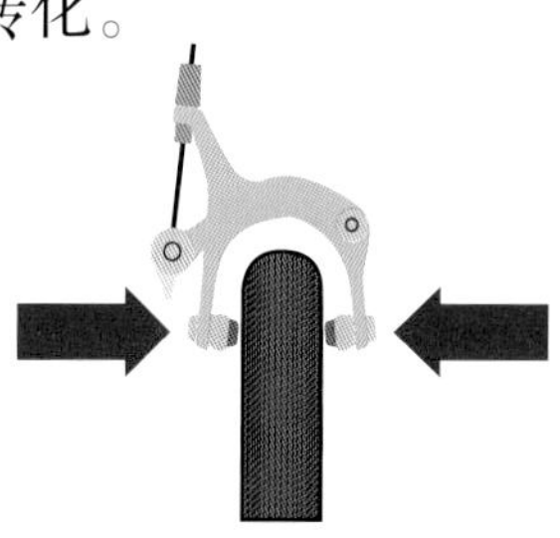

1. 当你捏紧自行车的刹车时，刹车片与车轮之间的摩擦力做负功，摩擦力将自行车的动能转化成内能（也叫热能），使自行车减速。

2. 当你放开小球时，重力做正功，将小球的重力势能转化为小球的动能，使小球加速。

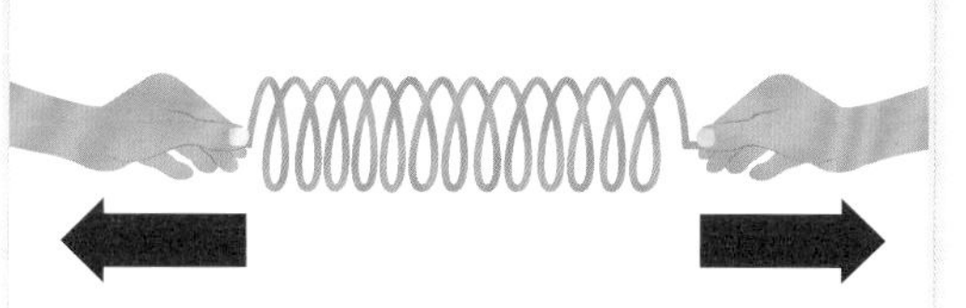

3. 当你拉弹簧时，拉力将能量转化为弹簧的弹性势能。弹簧越难拉开，所需要的力越大（见第72页）。

能量与功率

功率用来表征做功的快慢（能量转化快慢），每秒钟转化的能量越多，功率越大。

要点

- ✓ 功率表示做功的快慢，也就是能量转化的快慢。
- ✓ 功率 $= \frac{功}{时间}$。
- ✓ 功率的单位是瓦特（W），1W=1J/s。

1 提升物体的功率

使用机械滑轮组的两个塔吊，从船上向上提升货物，所提升货物的质量相同，所以将它们提升至相同的高度所需的能量也相同。如果橙色塔吊在相等时间内提升货物的高度是黄色塔吊的2倍，那么它的发动机功率就是黄色塔吊的2倍。

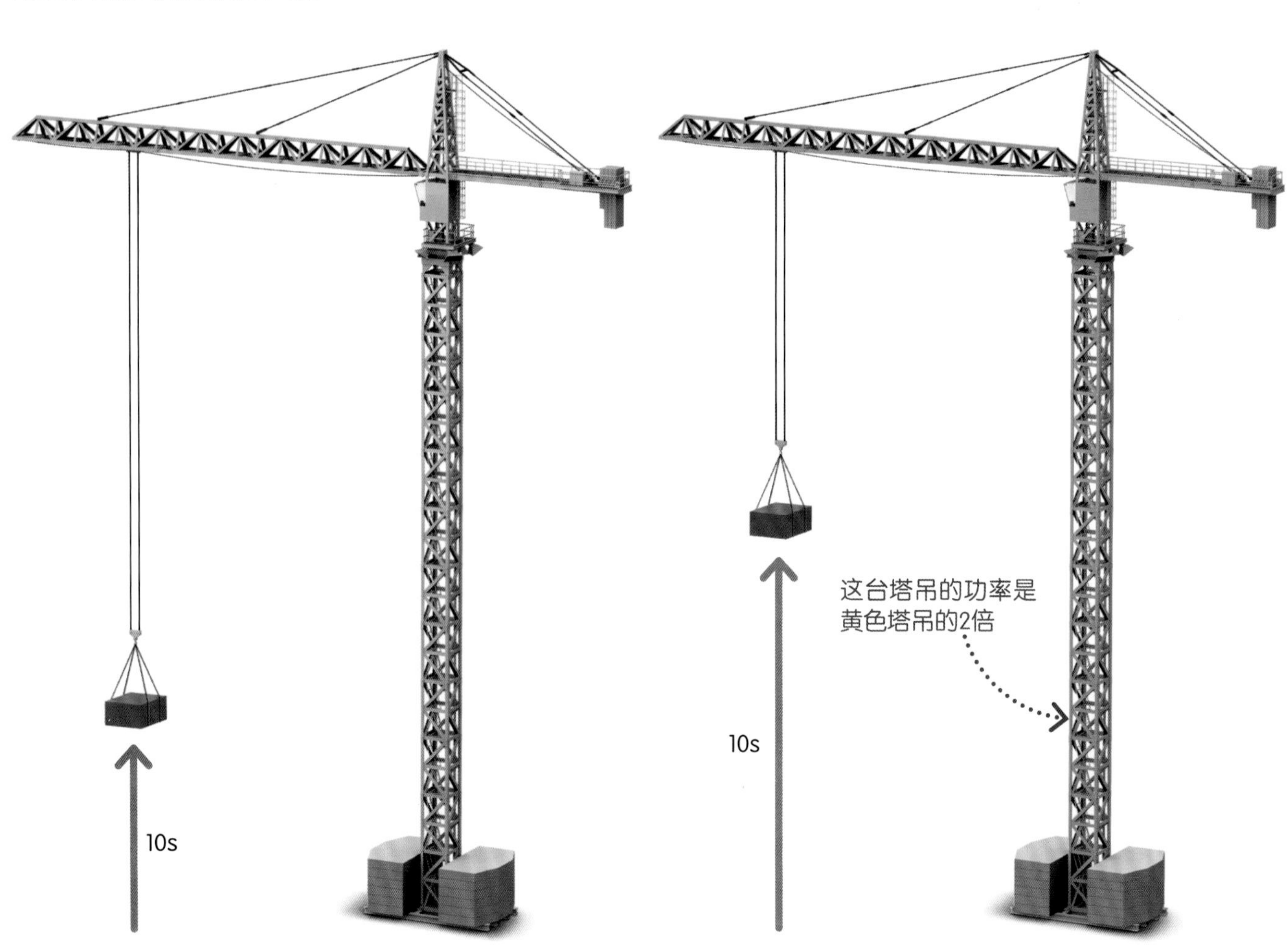
10s
10s
这台塔吊的功率是
黄色塔吊的2倍

2 功率的计算

这是计算功率的公式，功率的单位是瓦特（W），1W的功率意味着1s内转移了1J的能量。

$$P = \frac{\Delta E}{t} = \frac{W}{t}$$

P—功率（W）
W—功（J）
ΔE—能量改变量（J）
t—时间（s）

功率的计算

问题：400N重的男孩在4s内沿梯子向上爬了2.6m，计算男孩做了多少功（转化了多少能量）及其功率。

解：$W = Fs = Gh = 400 \times 2.6 = 1\,040$（J）

$$P = \frac{W}{t} = \frac{1\,040}{4} = 260\text{（W）}$$

G —重力（N）
h —距离（m）

能量的计算

问题：微波炉的功率是800W，用它加热一碗汤用时3min，求消耗了多少能量。

解：$E = Pt = 800 \times 3 \times 60 = 144\,000$（J）

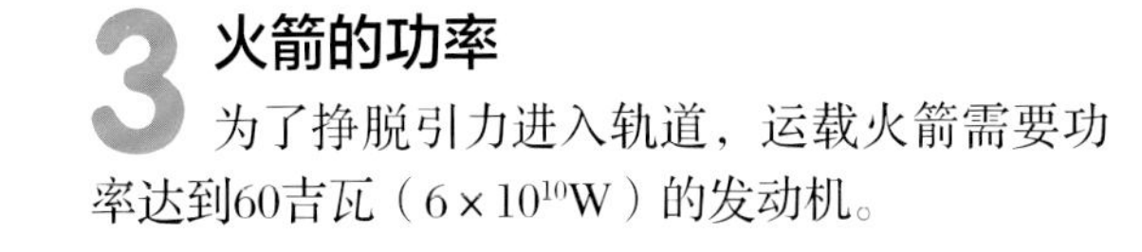

3 火箭的功率

为了挣脱引力进入轨道，运载火箭需要功率达到60吉瓦（6×10^{10}W）的发动机。

计算机械效率

高效的设备有利于把能量转化为其他有用的能量。例如，高效的灯泡把绝大部分的能量转化为光而不是转化为热浪费掉。机械效率等于有用功与总功的比值，用符号η表示。

要点

- ✓ 机械效率是有用功与总功的比值。
- ✓ 机械效率可以通过功计算，也可以通过功率计算。

1 机械效率的公式

这种噪声大的老式割草机效率低下，将获取的大部分能量转化为声和热，只有30%的能量被转化为用于割草的动能，所以它的效率只有30%。你可以用下面的公式计算它的机械效率。

$$机械效率 = \frac{有用功}{总功} \times 100\%$$

2 效率和功率

也可以用设备输入的总功率和其输出的有用功率来计算机械效率，如公式所示。

$$机械效率 = \frac{输出的有用功率}{输入的总功率} \times 100\%$$

机械效率的计算

问题：一台75W的风扇运行了1min，转化了4 500J的能量，其中，200J转化为热，700J转化为声，其余能量转化为有用的动能，其效率是多少。

解：$\eta = \frac{W_{有}}{W_{总}} = \frac{4\,500 - 200 - 700}{4\,500} \times 100\%$

$= 80\%$

总功（转化的总能量）

检查答案，注意：任何机械的效率都不可能超过100%，所以结果必须小于100%

问题：5W的灯泡效率为60%，它输出的有用功率是多少。

解：$P_{有} = P_{总} \cdot \eta = 5 \times 60\% = 3\,(\mathrm{W})$

3 提高效率

机器的运动部件会产生摩擦力，摩擦力会使能量向无用的方向转化，如声和热。添加润滑剂，如润滑油，可以减少摩擦，从而提高机器的效率。没有效率为100%的设备，因为能量总要通过声、光、热或其他形式散失一部分。

3 运动的描述

速率

速率是描述物体运动快慢的物理量，它是物体在单位时间内通过的距离，它的常用单位有米每秒（m/s）、千米每小时（km/h）或英里每小时（mph）。与速度不同，速率没有方向，它是一个标量（见第58页）。

要点

- ✓ 速率描述物体在单位时间内运动的距离。
- ✓ 速率是标量而不是矢量，所以它没有方向。

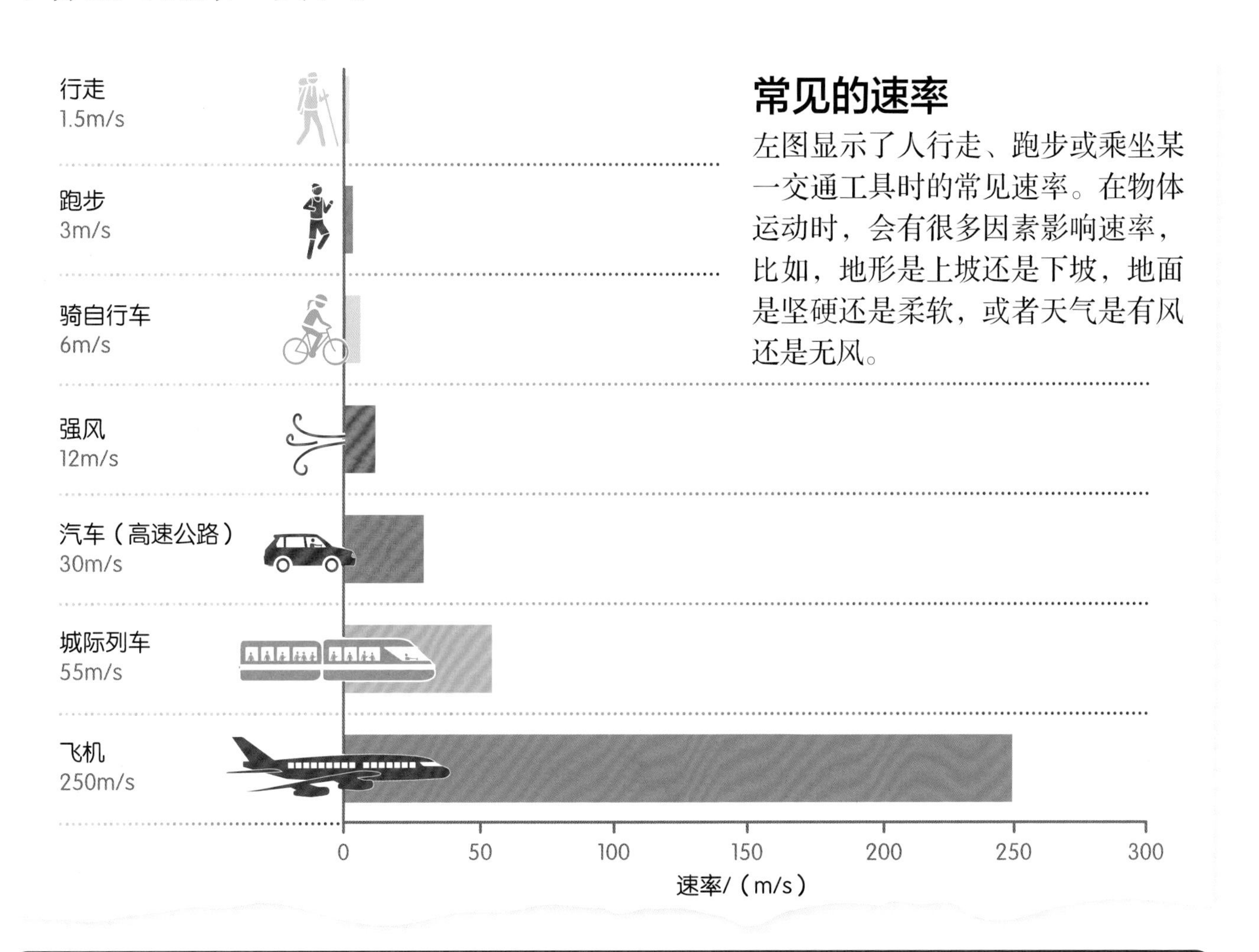

常见的速率

左图显示了人行走、跑步或乘坐某一交通工具时的常见速率。在物体运动时，会有很多因素影响速率，比如，地形是上坡还是下坡，地面是坚硬还是柔软，或者天气是有风还是无风。

速率的单位

人们通常用m/s作为速率的单位，但在其他领域也有用其他单位表示的。例如，机动车仪表盘上显示的汽车速率用km/h表示；在航海或航空领域，用“节”表示船或飞机的速率。

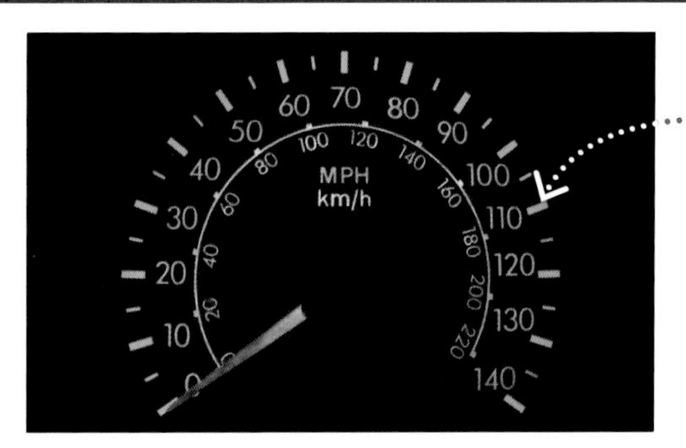

这辆汽车的仪表盘以mph（绿色）和km/h（橙色）表示汽车的速率

速率的计算

计算一个运动物体的速率，需要用物体通过的距离除以其通过这段距离所用的时间。平均速率用总路程除以总时间，表示物体在一定时间内运动的平均快慢程度，而瞬时速率表示物体在某个特定时刻运动的快慢程度。

要点

- ✓ 平均速率等于通过的总路程除以总时间。
- ✓ 瞬时速率是物体在某一时刻运动快慢的程度。

平均速率和瞬时速率

运动员跑百米，起跑时很慢，之后开始加速，接近终点时略微减速。他的瞬时速率一直在变，但可用下式计算其平均速率。

$$\text{平均速率}(v) = \frac{\text{总路程}(s)}{\text{总时间}(t)}$$

v—平均速率（m/s）
s—总路程（m）
t—总时间（s）

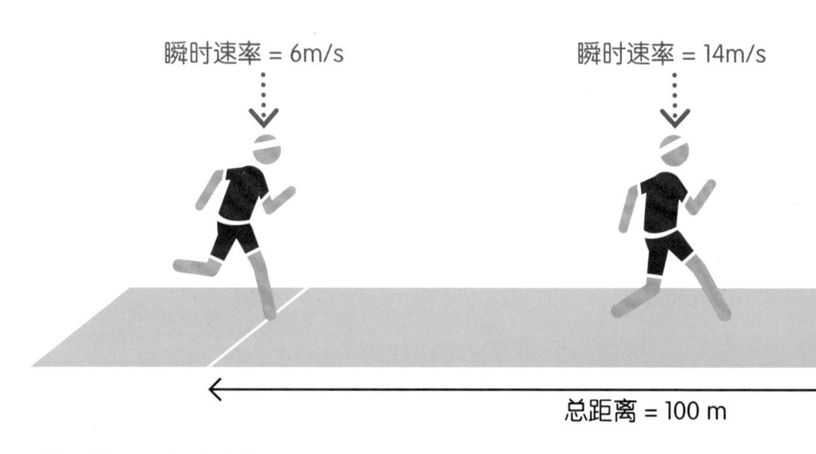

计算平均速率

问题：短跑运动员用12.5s完成了100m比赛，求运动员的平均速率。

解：$v = \frac{s}{t} = \frac{100}{12.5} = 8$（m/s）

计算距离

问题：一个骑自行车的人在一段25s的骑行中平均速率为12m/s，求他骑行的距离。

解：$s = vt = 12 \times 25 = 300$（m）

速率的测量

要测量速率，需要测量物体移动的距离和它通过这段距离所用的时间。距离通常用刻度尺和卷尺测量，测量时间常用的工具有停表和光电门。

要点

- ✓ 常用的测距工具有刻度尺和卷尺。
- ✓ 测量时间的常用工具有停表和光电门。
- ✓ 光电门用光束测量时间，精度很高。

光电门

光电门被用来计算快速移动物体的速率，对于很短的时间间隔，它比手动操作的停表测量得更精确。在下面的实验中，一辆带着遮光板的小车挡住光束的时间只有零点几秒。小车在该点的速率等于遮光板的长度除以所记录的时间间隔。

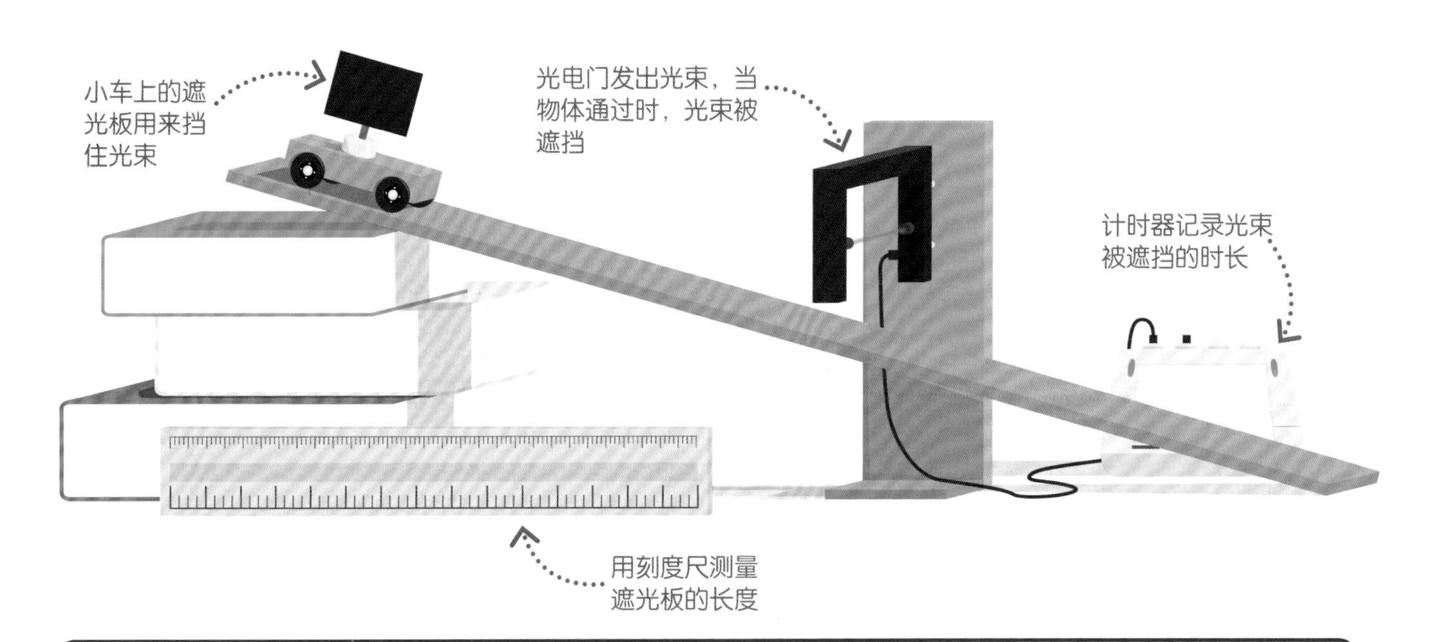
小车上的遮光板用来挡住光束
光电门发出光束，当物体通过时，光束被遮挡
计时器记录光束被遮挡的时长
用刻度尺测量遮光板的长度

测速枪

交警使用的雷达测速枪采用雷达波来检测驾驶员是否超速。当发射的雷达波被靠近的车辆反射时，它的频率和波长都会改变，车速越快，反射的雷达波频率越高，测速枪探测返回的反射波并用它们的频率计算汽车速率。

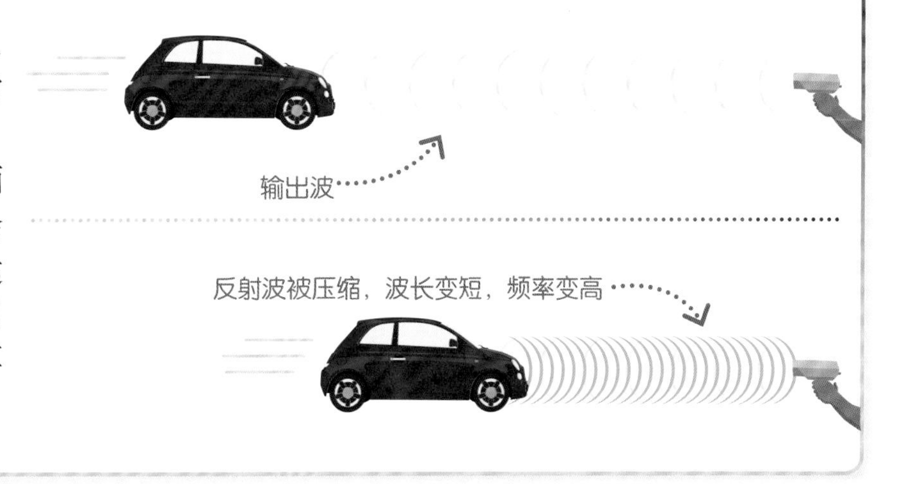
输出波
反射波被压缩，波长变短，频率变高

距离—时间图象

距离—时间图象反映了物体沿直线运动的过程，图线的斜率反映了物体的运动过程，即物体何时加速、减速或保持静止。

要点

- ✓ 距离—时间图象显示物体在不同时间内运动的距离和速率。
- ✓ 斜率表示物体的速率，斜率越大，物体运动得越快。
- ✓ 你可以用距离—时间图象来计算物体在运动过程中任意时刻的速率。

理解距离—时间图象

距离—时间图象上的每一条线分别表示一段不同的运动过程，图线越陡峭，物体运动得越快。曲线的斜率始终在变化，意味着物体的速率一直在改变。水平直线意味着物体静止。

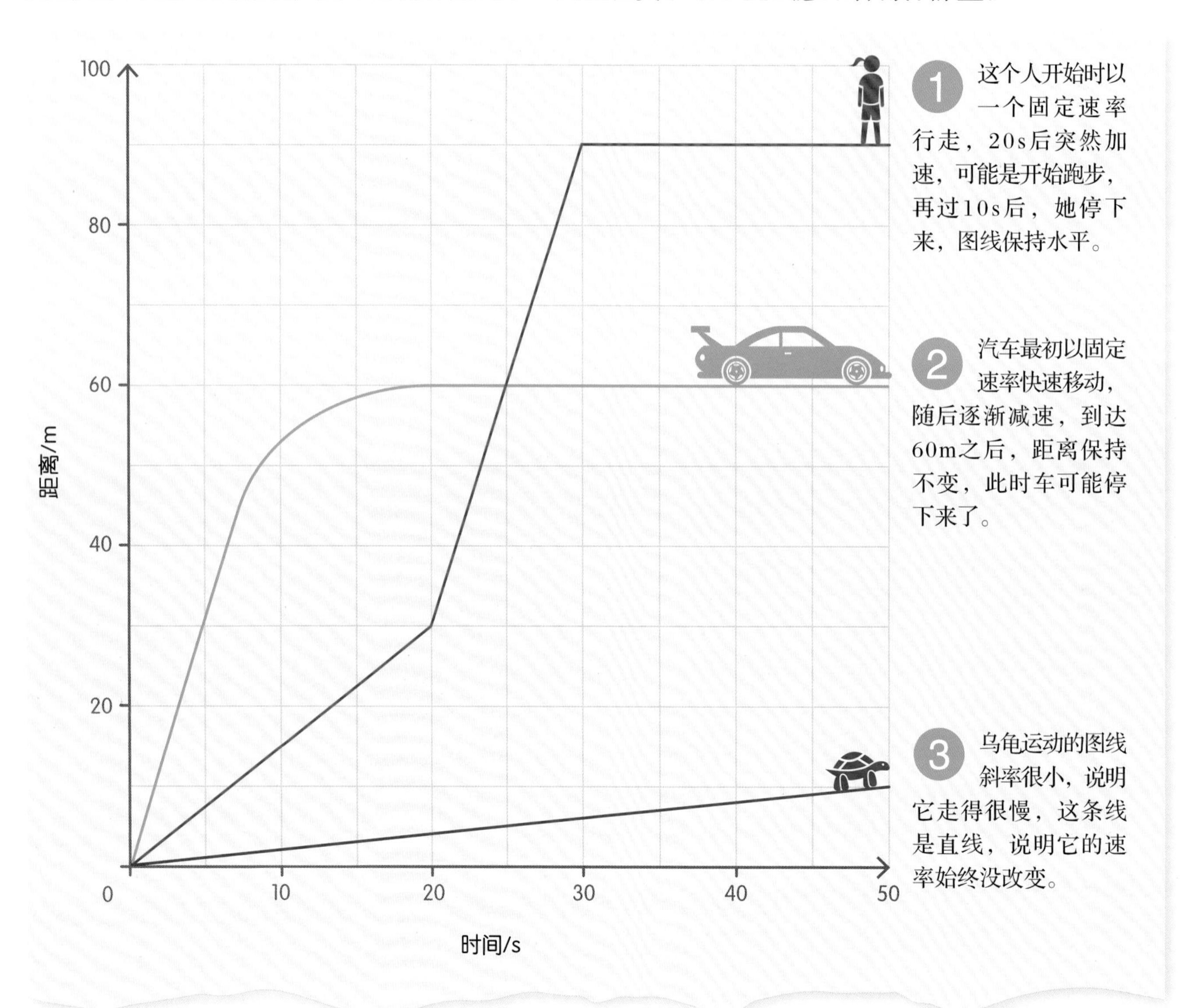

① 这个人开始时以一个固定速率行走，20s后突然加速，可能是开始跑步，再过10s后，她停下来，图线保持水平。

② 汽车最初以固定速率快速移动，随后逐渐减速，到达60m之后，距离保持不变，此时车可能停下来了。

③ 乌龟运动的图线斜率很小，说明它走得很慢，这条线是直线，说明它的速率始终没改变。

通过图线的斜率计算速率

问题：右图为一辆车的距离—时间图象，求后40s内汽车的平均速率。

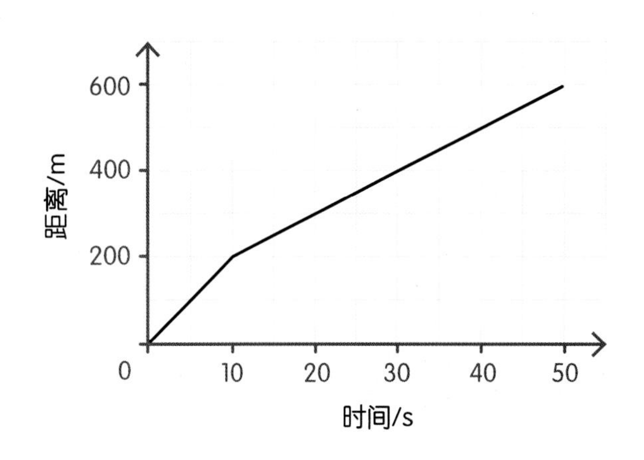

解：求速率需要计算直线的斜率，在直线上取任意两点，两点的纵坐标之差为距离变化量，横坐标之差为时间变化量。
计算出距离变化量Δx和时间变化量Δt。

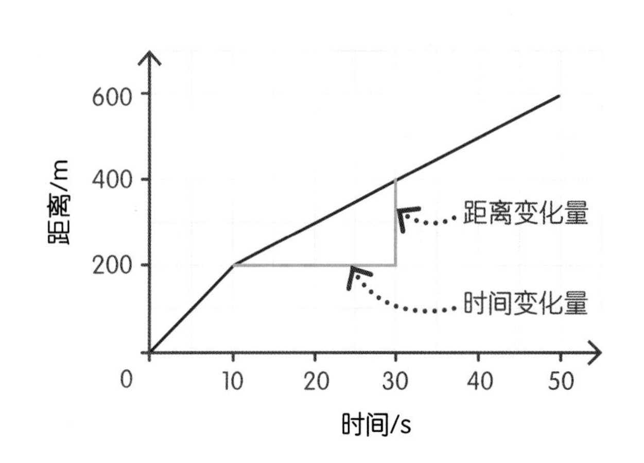

$$\Delta x = 400 - 200 = 200\ (\text{m})$$
$$\Delta t = 30 - 10 = 20\ (\text{s})$$

用Δx除以Δt计算速率。

$$v = \frac{\Delta x}{\Delta t} = \frac{200}{20} = 10\ (\text{m/s})$$

画切线

有时候，你需要计算曲线上某一点的斜率，比较方便的做法是过这一点作该曲线的切线。它的斜率与所研究点处曲线的斜率一致。作出切线之后，按照上题中的方法计算距离和时间的变化量。

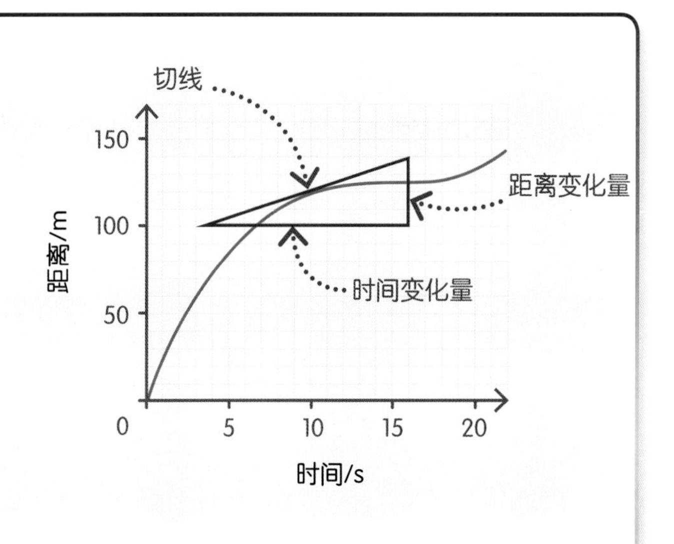

标量与矢量

科学测量的结果要么是标量，要么是矢量。标量只有大小，矢量既有大小又有方向。

要点

- ✓ 标量只有大小。
- ✓ 矢量既有大小，又有方向。
- ✓ 路程是标量，位移是矢量。

路程与位移

下面的地图显示了一位慢跑者绕着公园跑过的路程，他跑了多远？一种回答是把本次跑步的总路程测量出来，这是一个标量，因为它没有方向。另一种回答是测量他的位移，即从起点到终点的直线距离和方向。位移是矢量，因为它既有大小又有方向。

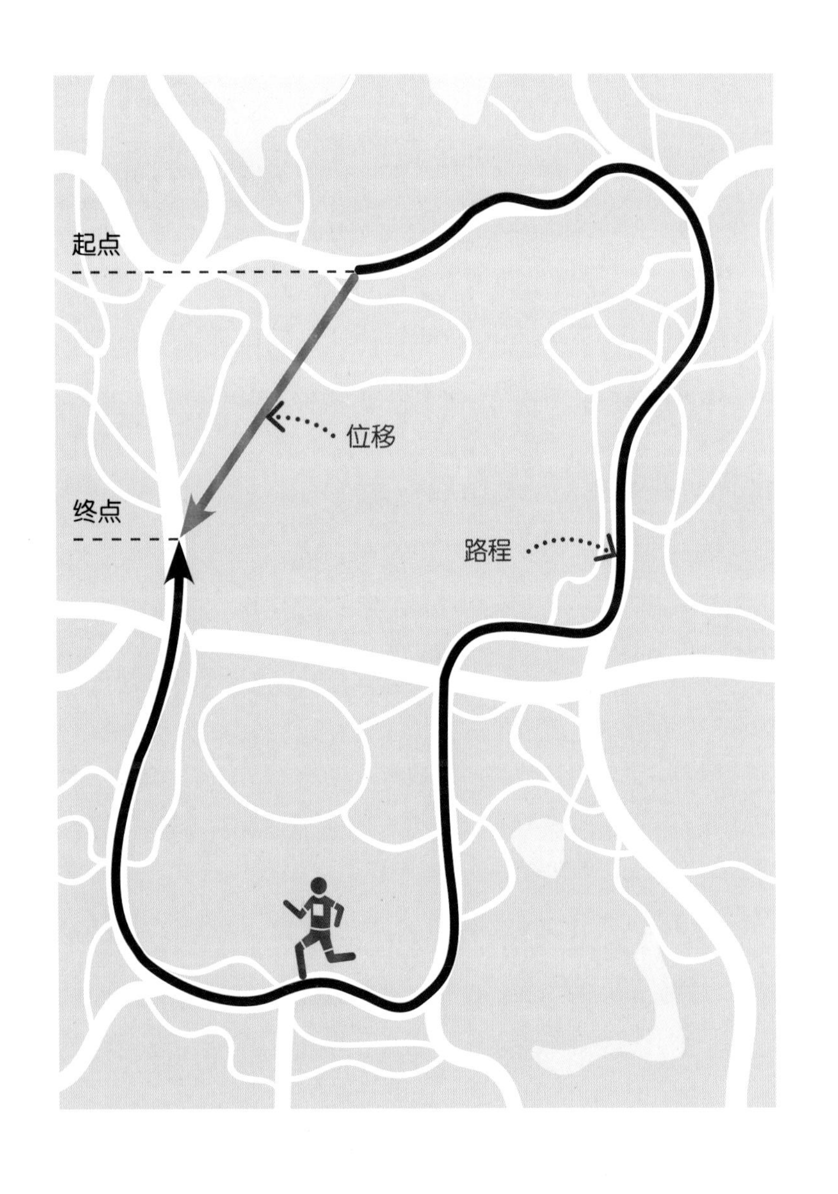

矢量

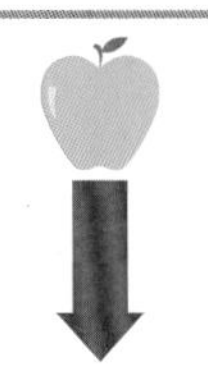

1 力有确定的方向，所有的力都是矢量。重力是指向地球的力，所以是矢量。与之相反，质量是标量。

2 物体的速度是它在某个方向上的速率，一辆汽车以50km/h的速度通过拐角，虽然它的速率不变，但方向一直在变，所以速度也一直在变。

3 加速度在日常说法中指的是速度变得更快，然而它的科学含义是速度的变化。加速度是矢量，可以表示物体在加速、减速或改变方向。

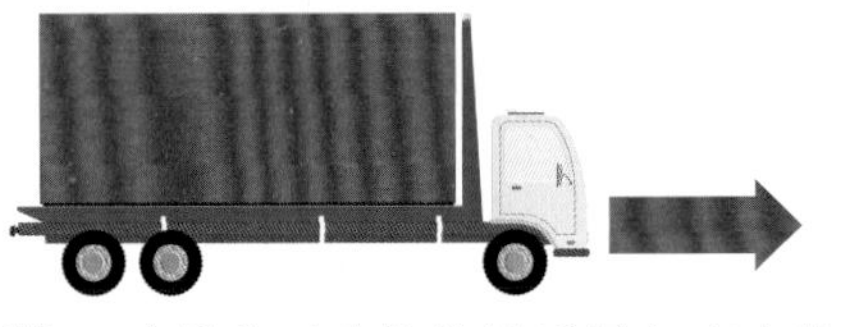

4 动量表示为物体的质量与速度的乘积，动量是根据速度计算出来的，所以也是矢量。

速度

速率和速度并不是同一个概念。速率告诉我们物体运动的快慢，而速度是物体沿某个特定方向运动的快慢。速率是一个标量。速度是一个矢量，它既有大小又有方向。

要点

- ✓ 速度是物体在某个特定方向上的速率。
- ✓ 速度是矢量，既有大小，又有方向。
- ✓ 速率是标量，没有方向。

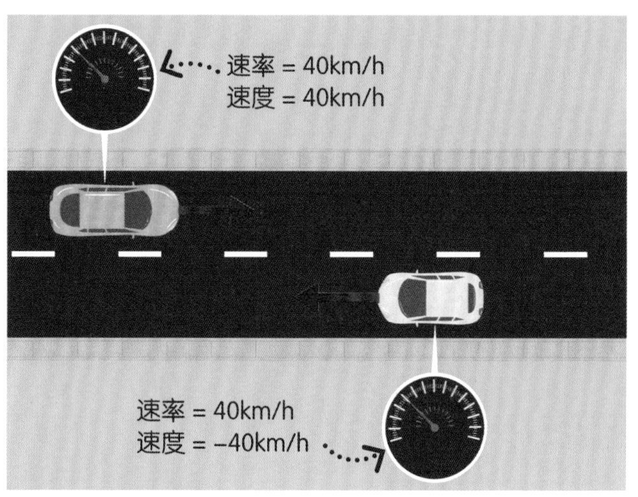

1 速率与速度

如果两辆车以相同的速率向相反的方向行驶，则它们的速度不同。例如，黄车以40km/h的速度向东行驶，而白车以40km/h的速度向西行驶，物理上，可以用一个负号表示物体在相反方向运动。在上图中，取向东为正方向，所以白车的速度为–40km/h。

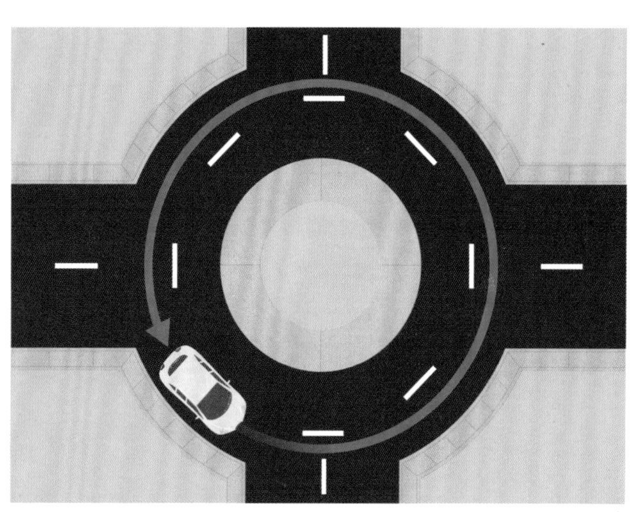

2 速度的改变

当汽车拐弯时，它的运动方向发生了改变，这也意味着速度的改变。上图中的车始终以相同的速率沿着环岛行驶，但它的速度始终在改变。每转一圈，它的平均速度为0m/s。

参考系

假设你站在一列以50m/s的速度向东行驶的火车上，以10m/s的速度向前扔出一个球，那么球的速度是多少？球相对于你的速度是10m/s，但相对于站在铁轨旁边的人，球的速度为60m/s。这些数值都是对的，因为每一个数值都是相对于不同的参照物而言的，我们称这些不同的参照物为参考系。

加速度

加速度是物体速度的变化率，用a表示。加速度并不只是意味着速度大小的增加，减速或速度方向的改变也是加速度的表现形式。

要点

- ✓ 加速度是速度的变化率。
- ✓ 加速度的单位是m/s^2。
- ✓ 在同一地点，一切物体自由下落的加速度都相同，用g表示，计算一般取$9.8m/s^2$。

1 加速度的计算公式

加速度的计算公式如下，其单位是米每二次方秒（m/s^2）。

$$a = \frac{\Delta v}{t}$$

$$= \frac{v_t - v_0}{t}$$

末速度（指向v_t）　初速度（指向v_0）

a—加速度（m/s^2）　Δv、v_0、v_t—速度（m/s）　t—时间（s）

2 计算加速度

为了计算等号右边的速度变化量，你需要知道两个量，初速度和末速度，要注意这两个量的顺序。例如，一辆汽车在10s内速度从13m/s提高至25m/s，它的加速度是多少？

$$a = \frac{v_t - v_0}{t}$$

$$= \frac{25-13}{10}$$

$$= 1.2\ (m/s^2)$$

把末速度放在前面，用它减去初速度

加速度的单位为米每二次方秒（m/s^2）

重力加速度

在同一地点，一切物体自由下落的加速度都相同，这个加速度叫作重力加速度，通常用g表示。在一般计算中，g取$9.8m/s^2$。在真实的生活中，自由下落的物体并不总是以不变的加速度加速，因为空气会对其产生一个向上的阻力。

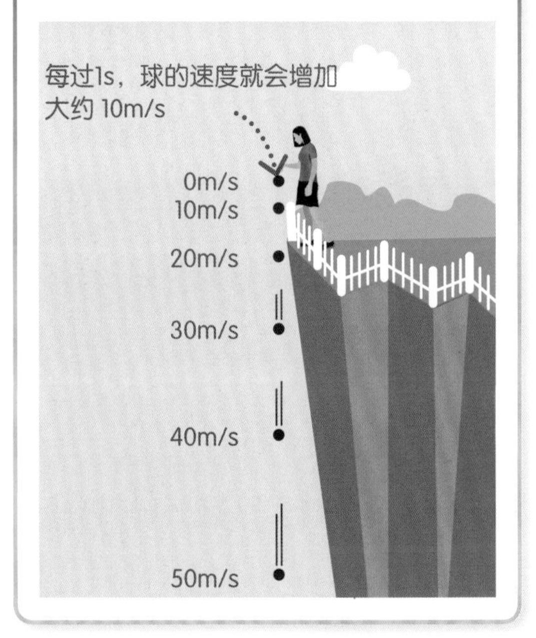

3 减速伞

一些高速飞行的飞机为了在限定的区域着陆，必须快速地让速度降下来。有一种解决方案是在飞机后方展开一个减速伞，它是一个很小的降落伞，但能大幅增加伞绳对飞机的拉力。

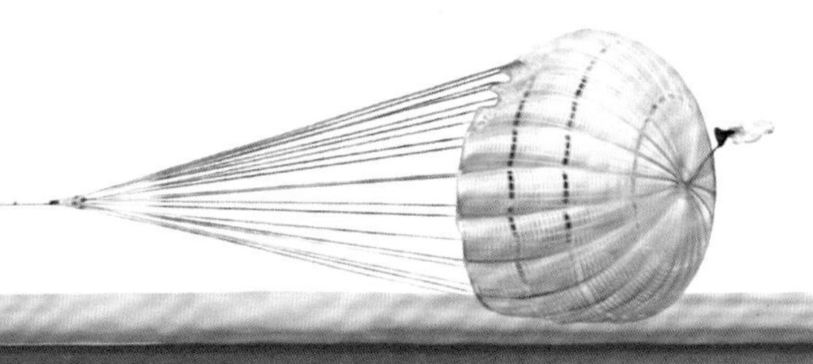

减速

问题：摩托车在乡间路上以30m/s的速度行驶，到达城镇后，骑手用了25s把速度降为10m/s，求平均加速度。

30m/s　　10m/s

25s

解：$a = \dfrac{v_t - v_0}{t}$

$= \dfrac{10 - 30}{25}$

$= -0.8$（$\mathrm{m/s^2}$）

负号代表减速

4 用距离和初、末速度计算加速度

有时，我们需要根据一定距离内速度的变化来计算加速度，而不是一段时间内速度的变化来计算加速度。

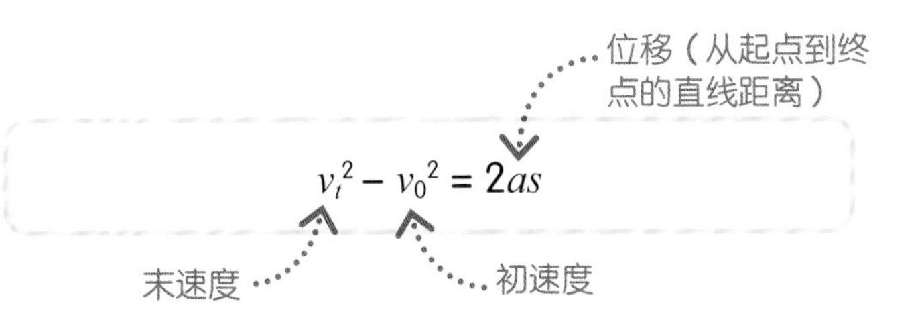

$$v_t^2 - v_0^2 = 2as$$

寻找加速度

问题：火车出站后在1 350m内做匀加速运动，速度达到55m/s，求火车的加速度。

解：$a = \dfrac{v_t^2 - v_0^2}{2s}$

$= \dfrac{55^2 - 0^2}{2 \times 1\,350}$

$= \dfrac{3\,025}{2\,700}$

$= 1.12$（$\mathrm{m/s^2}$）

速度—时间图象

速度—时间图象显示物体的速度随时间变化而变化的情况，直线的斜率代表物体的加速度（可正可负）。图象还能反映物体的加速度是否保持不变。

要点

- ✓ 速度—时间图象显示了物体的速度是如何随时间变化的。
- ✓ 横轴表示时间，纵轴表示速度。
- ✓ 从图线的斜率可以得知物体的加速度。
- ✓ 在速度—时间图象中，图线和横轴围成的区域的面积表示位移。

理解速度—时间图象

下面的速度—时间图象表示两种不同的运动，斜线表示加速度不变的运动，曲线表示加速度变化的运动，水平线表示匀速运动。

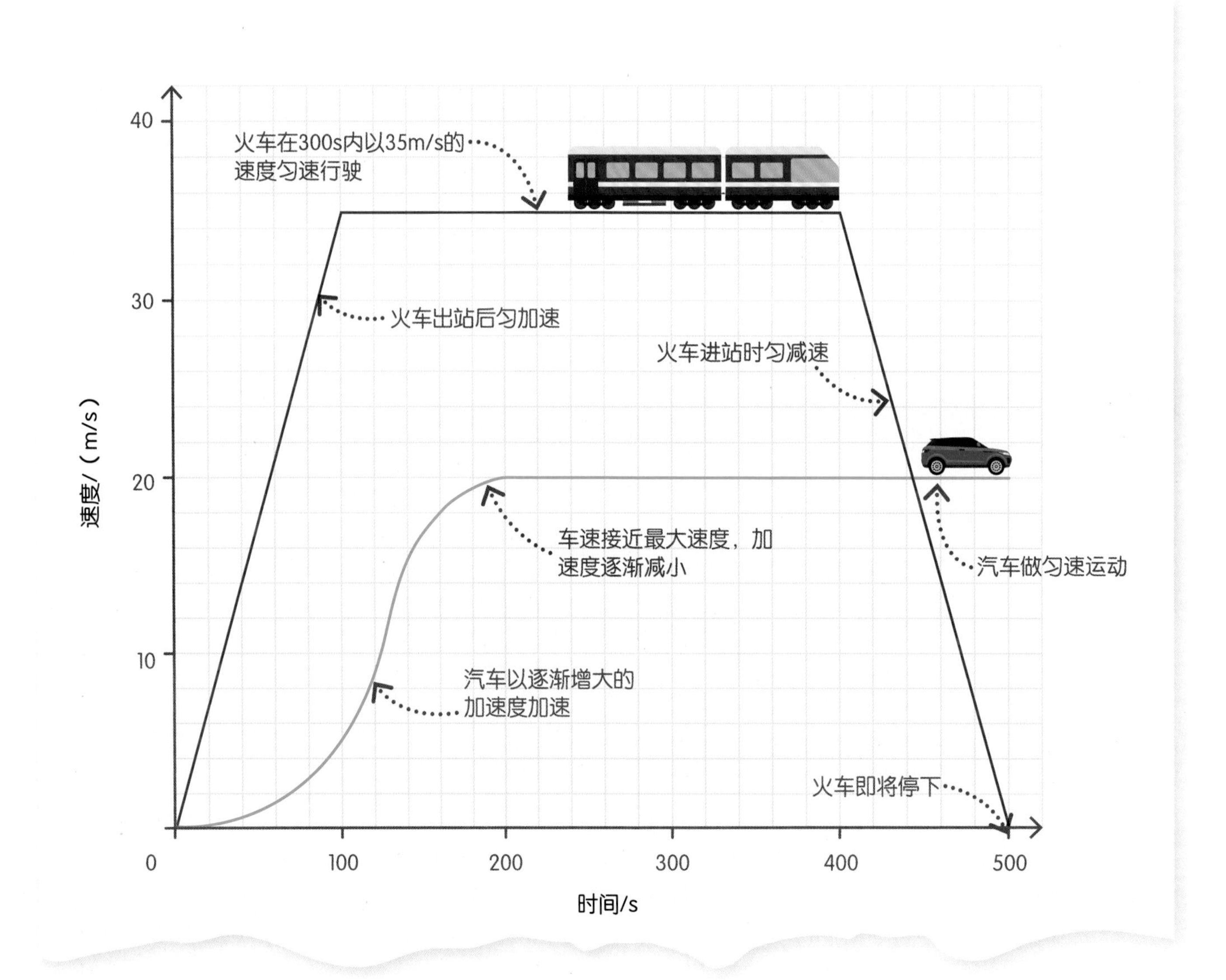

计算加速度

问题：下图是一辆汽车的运动图象，求它在10~30s内的加速度。

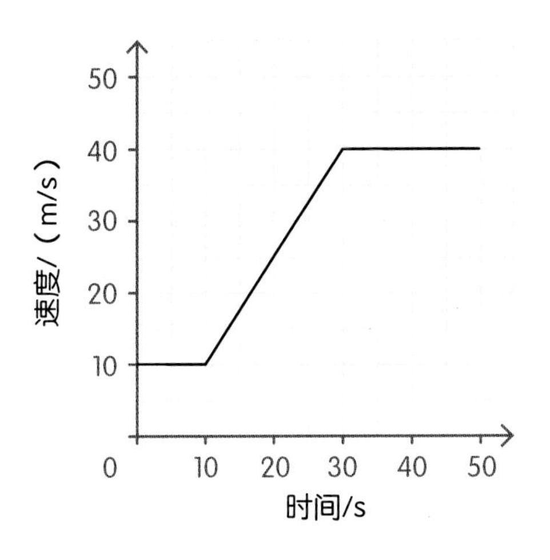

解：加速度是用速度变化量除以所用时间算出的，计算斜直线的斜率即可得到加速度。

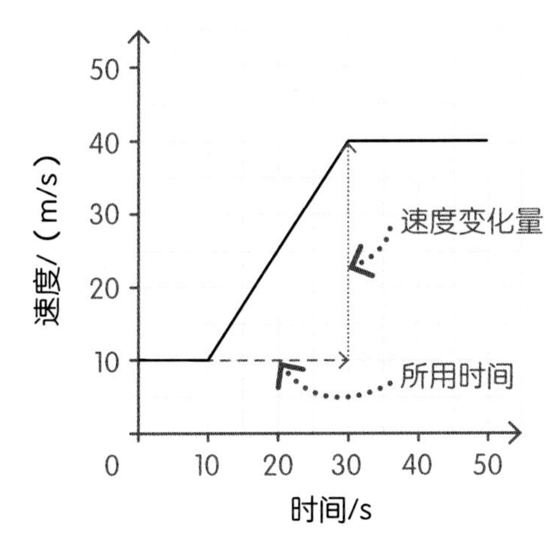

$$a=\frac{\Delta v}{t}$$
$$=\frac{40-10}{30-10}$$
$$=1.5\ (\mathrm{m/s^2})$$

计算位移

物理学中用位移描述物体位置的变化。在速度—时间图象中，图线与横轴所围成的面积表示位移。所围区域在横轴上方，位移为正；所围区域在横轴下方，位移为负。

问题：下图是火车在50s内的运动图象，求这段时间内火车的位移。

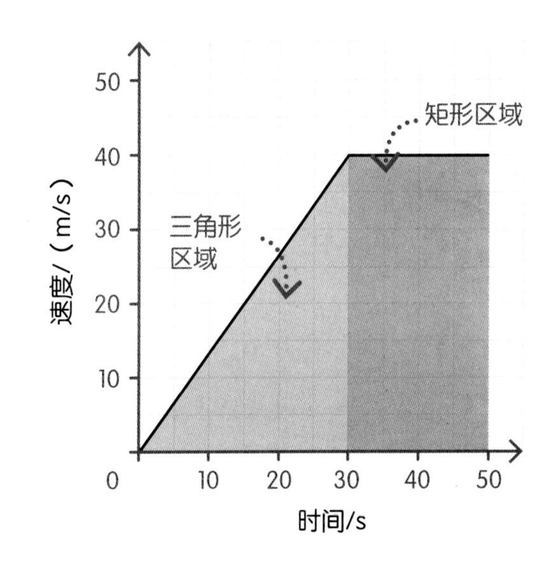

解：把图线与横轴所围区域的面积计算出来。

$$S_{梯形}=S_{三角形}+S_{矩形}$$
$$=\frac{1}{2}\times30\times40+(50-30)\times40$$
$$=600+800$$
$$=1\,400\ (\mathrm{m})$$

单位是米

所以，火车的位移为1 400m。

力
4

力

力是一个物体对另一个物体的作用，它可以改变物体的运动状态或形状。力有很多类型，有些需要物理接触，如踢球；也有一些不需要物理接触，如引力或磁力。

作用力

一个物体可能同时受好几个力。右图显示了一个正在沿峭壁用绳下降的攀岩者的受力情况，每个力都用箭头表示，箭头方向即受力方向，力是矢量（见第58页），箭头长度表示力的大小。

拉力：沿绳向上拉攀岩者

摩擦力：鞋和峭壁之间的力，能使攀岩者踩稳峭壁

弹力：当攀岩者登峭壁时，峭壁给他的反作用力

重力：向下拉攀岩者

要点

- ✓ 力是物体对物体的作用。
- ✓ 力可以改变物体的运动速度、运动方向或形状。
- ✓ 力可以通过物体接触而产生，也可以不通过物体接触而产生。
- ✓ 力的单位是牛顿（N）。
- ✓ 力是矢量。

力的作用效果

力对物体可以有几种作用效果，力可以影响物体的运动状态，例如，力可以让物体加速、减速或改变运动方向，也可以改变物体的形状。

1 施加在静止物体上的力可以使其运动。

重力使滑板加速下滑

2 当物体处于运动状态时，沿运动方向的力使其运动得更快。

3 力可以使运动的物体改变方向。

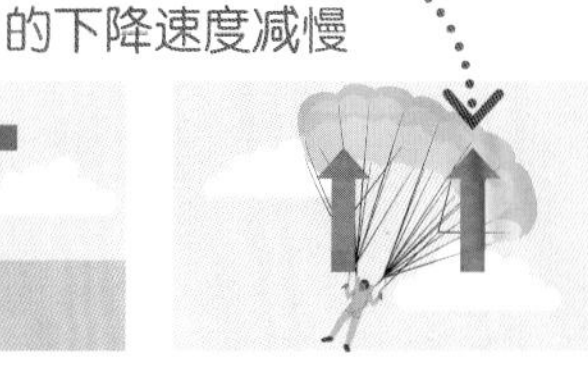
空气阻力使跳伞者的下降速度减慢

4 与物体运动方向相反的力可以使物体减速或停止运动。

弹力使弓变弯曲

5 力可以使物体发生暂时或永久的形变。

力的种类

接触力

推力和拉力都属于接触力，它使物体运动，踢足球、敲键盘都用到了这种力。

摩擦力是两个相互接触的物体在相对滑动时产生的一种阻碍相对运动的力。相互接触的两个物体没有相对运动，只有相对运动的趋势，这时的摩擦力为静摩擦力。要使物体运动起来必须先克服静摩擦力。通常认为，最大静摩擦力大于滑动摩擦力。

物体在空气或水中运动时，要受到空气或水的阻力。阻力的方向与物体相对于空气或水运动的方向相反。

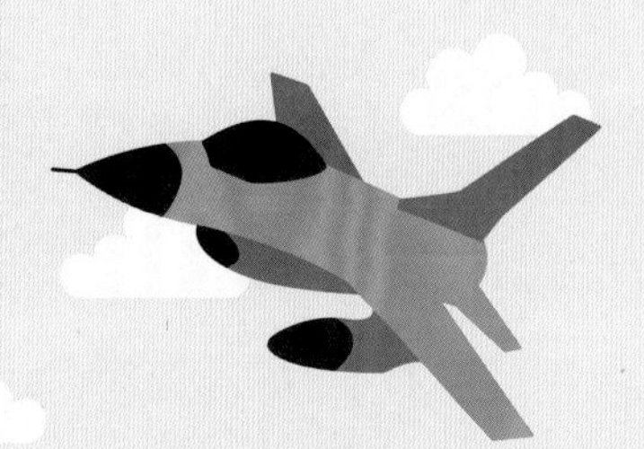

非接触力

引力存在于有质量的物体之间。例如，地球引力使物体落到地上。

静电力是带电物体之间的吸引或排斥力。

头发上的静电使头发之间相互排斥，从而使头发末端竖起来

当磁性材料放在磁铁附近时，会受到磁力的作用。

反作用力

任何一个力都有其反作用力，作用力与反作用力的方向相反。一个滑板手推另一个滑板手，会产生与推力方向相反的反作用力，两人都会动起来。

牛顿

力的单位是牛顿（N），是以英国科学家艾萨克·牛顿命名的。一个苹果的重量大约为1N，1N的科学定义是使1kg的物体产生1m/s^{2}加速度所需要的力。

平衡力与不平衡力

作用在同一物体上，大小相等、方向相反，并在同一直线上的两个力称为平衡力。平衡力的作用效果可以相互抵消。

要点

- ✓ 如果作用在一个物体上的两个力相互平衡，那么它们大小相等、方向相反。
- ✓ 平衡力相互抵消，所以不会改变物体的运动状态。
- ✓ 若作用在物体上的力不平衡，它将改变物体的运动状态。

平衡力

两个拔河队伍用相等的力向相反的方向拉一根绳子，这两个拉力就是平衡力，互相抵消，所以没有使物体发生运动（物体都保持静止）。

不平衡力

当紫队拉得更用力时，整体上会产生一个沿紫队方向的力，使两队开始运动。

当物体匀速运动时，作用在它上面的力是平衡力。这里，狗的拉力与雪橇受到雪的摩擦力平衡，它们大小相等、方向相反，狗和雪橇一起以一个恒定的速度向前运动。

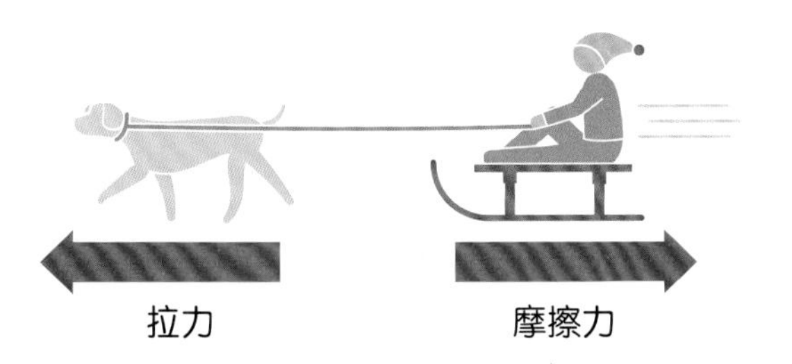

如果狗停止拉雪橇，则雪橇受到雪的摩擦力无法与狗的拉力平衡，且与雪橇运动方向相反，使雪橇减速。若作用在物体上的力不平衡，它将改变物体的运动状态。

牛顿第一定律

1687年，英国科学家艾萨克·牛顿提出牛顿第一定律：一切物体在没有受到外力的作用时，总保持静止状态或匀速直线运动状态。例如，打弹珠时，当手指停止施力之后，弹珠会继续向前滚动。

如果没有摩擦力使弹珠减速，它会永远滚动下去

合力

如果有几个力同时作用在物体上，它们共同的作用效果与一个力的作用效果相同，那么这个力就叫作那几个力的合力。可以通过在图上画矢量箭头的方式找到合力。

要点

- ✓ 若几个力共同作用的效果与一个力单独作用的效果相同，那么这个力就叫作那几个力的合力。
- ✓ 作用在物体上的力可以用力的示意图来表示。
- ✓ 两个力作用在同一直线上，方向相同时，合力大小等于两力大小之和；方向相反时，合力大小等于两力大小之差。

寻找合力

下图中的雪橇受几个力的共同作用：它向下压地面的重力与地面对它的反作用力（支持力）相互抵消；狗对雪橇有向前的牵引力（拉力），通过绳子作用于雪橇，但与地面对雪橇的摩擦力方向相反。如果牵引力大于摩擦力，那么合力就不为零，它会导致物体运动状态的改变——雪橇加速。

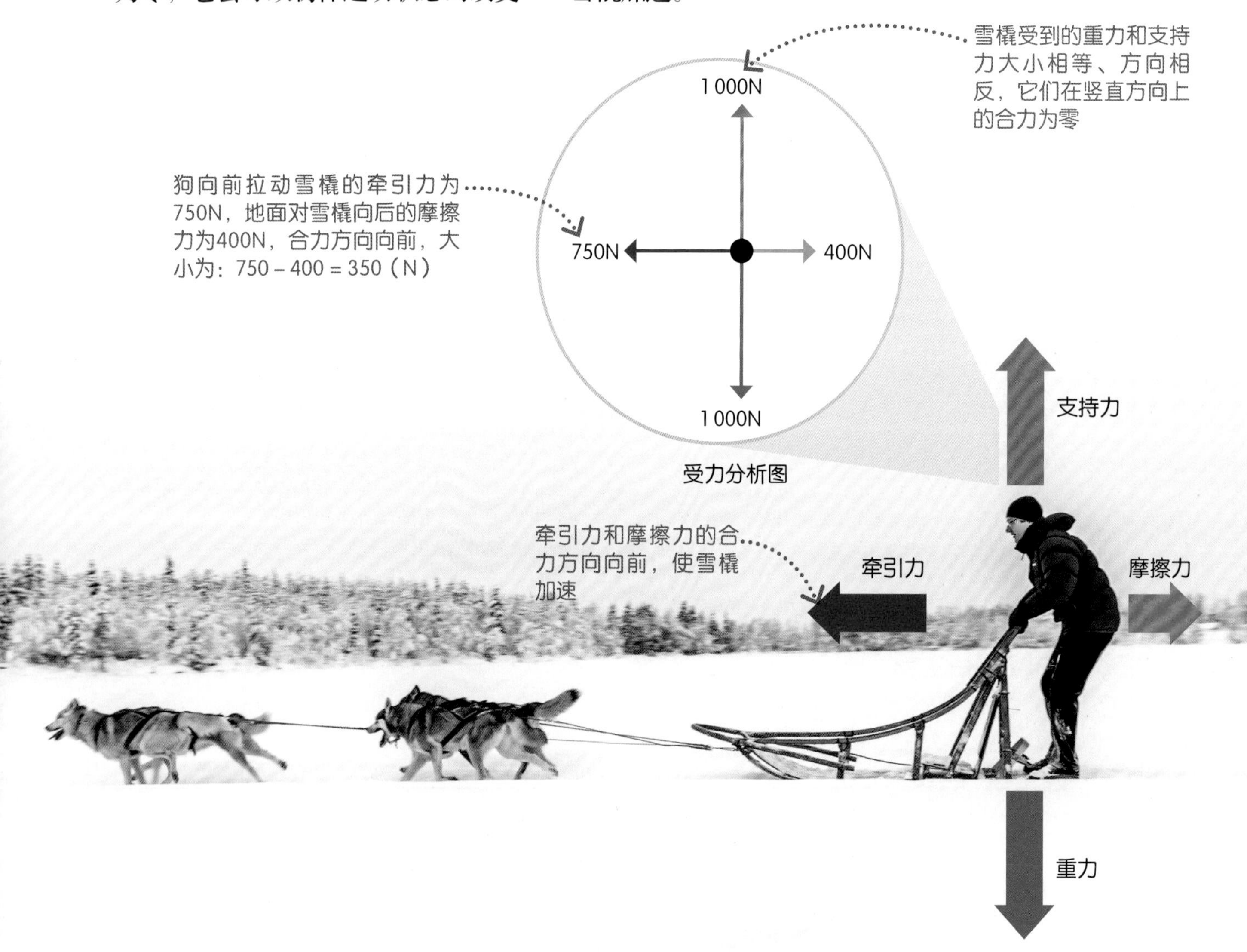
雪橇受到的重力和支持力大小相等、方向相反，它们在竖直方向上的合力为零
1 000N
狗向前拉动雪橇的牵引力为750N，地面对雪橇向后的摩擦力为400N，合力方向向前，大小为：750 – 400 = 350（N）
750N
400N
1 000N
受力分析图
支持力
牵引力和摩擦力的合力方向向前，使雪橇加速
牵引力
摩擦力
重力

受力分析图

受力分析图显示了作用在物体上的力。物体可用点或小方块表示，力用带有箭头的线来表示，箭头的方向为力的方向。如右图所示，一本书静止在桌面上，受力图仅显示书的受力情况（省略了桌子的受力情况）。

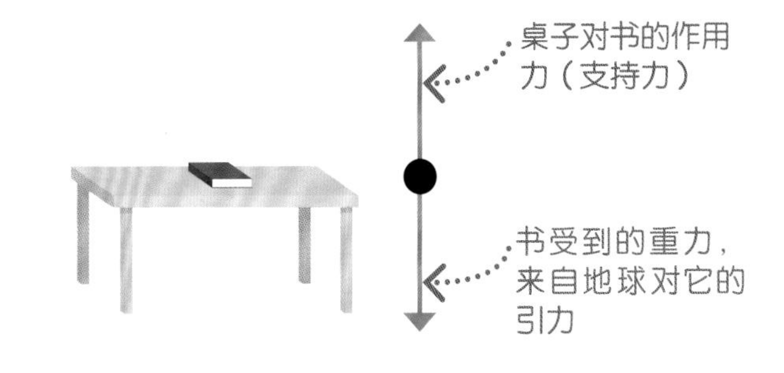

计算合力

问题：一个人用100N的力推钢琴，另一个人用150N的力在他的反方向推，求合力的大小和方向。

解：先画受力分析图，再求解合力的大小和方向。

1. 画一幅受力分析图，显示作用在钢琴上的这两个力。
2. 通过减法得到答案：合力$F=150-100=50$（N），方向向左。

问题：两个人一起推一个重箱子，一个人用100N的力推，另一个人在他的垂直方向用120N的力推，求合力。

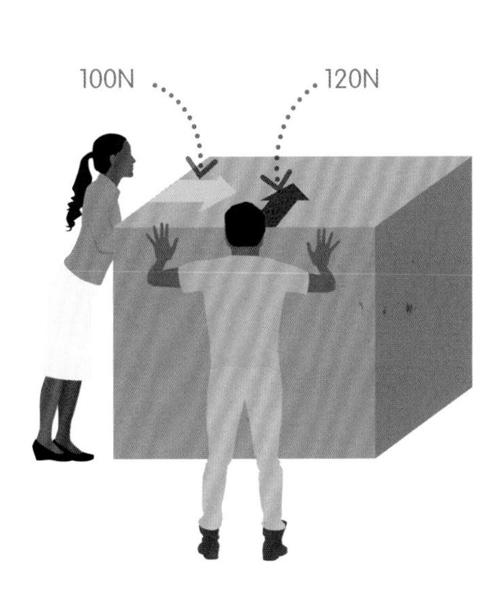

解：当几个力（或任意矢量）不作用在同一条直线时，可以通过绘制示意图来求解合力的大小和方向。

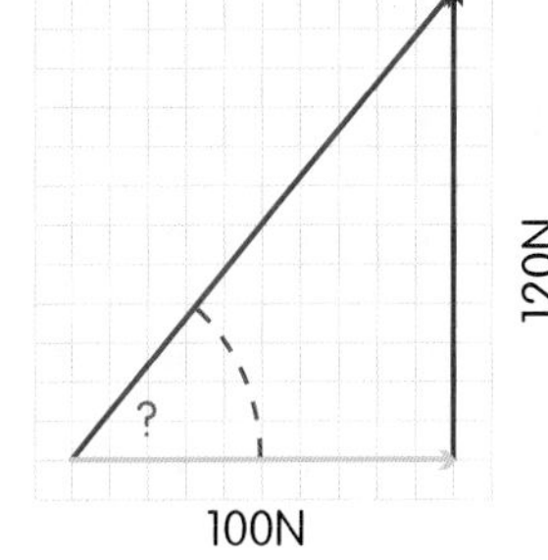

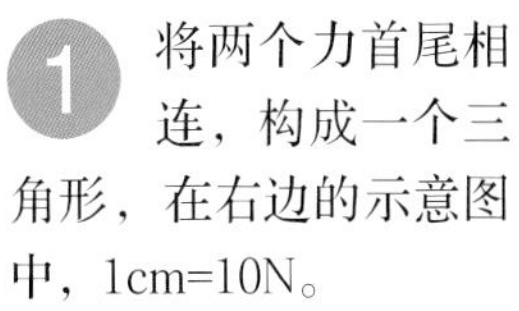

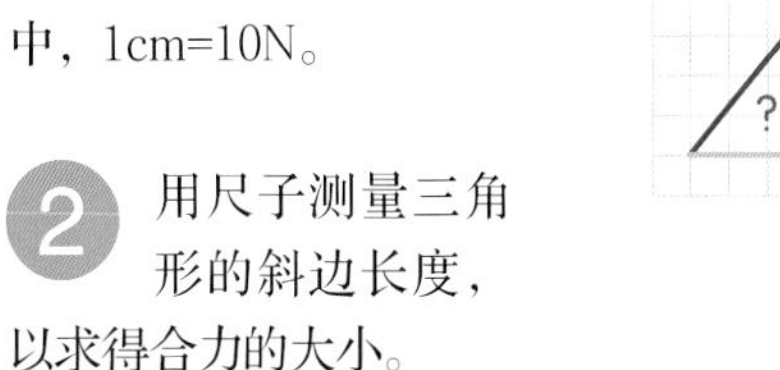

1. 将两个力首尾相连，构成一个三角形，在右边的示意图中，1cm=10N。
2. 用尺子测量三角形的斜边长度，以求得合力的大小。
3. 用量角器测量角度，以确定合力的方向。
4. 把两个结果写下来：$F=156$N，与正东方向夹角约为50°。

力的分解

力的作用效果在它们相互垂直时很容易理解，但力可以作用在任何方向上。为了解决这个问题，可以把一个力分解到两个互相垂直的方向，只要保证这两个分力合起来的作用效果与一个力的作用效果相同即可。

要点

- ✓ 一个力可被分解为两个相互垂直的分力。
- ✓ 可用力的图示或三角函数来求分力的大小。

拉力

探险者正拖着一个很重的设备包穿过冰面，他施加的拉力大小为50N，方向与地面成30°角。为了把这个力分解到水平和竖直方向，可以先在网格纸上画出力的图示（用有向线段表示力）。在右图中，拉力与它的两个分力构成了一个三角形，在这个三角形中，1cm代表10N，测量三角形水平和竖直边的长，就可以算出这两个分力。

竖直方向的箭头长2.5cm，所以竖直方向上的分力大小为2.5 x 10 =25（N）

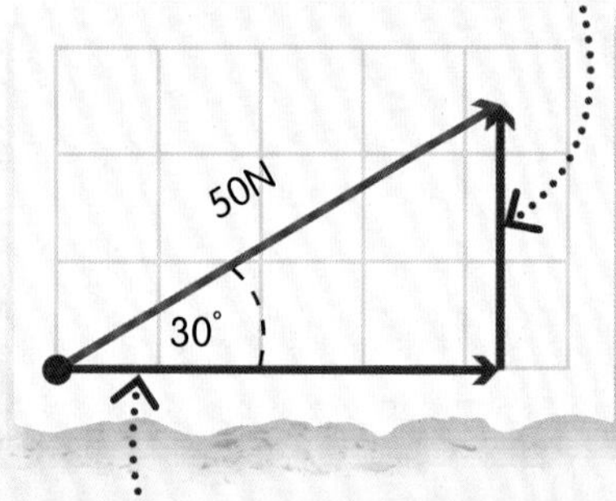

水平方向的箭头长4.3cm，所以水平方向上的分力大小为4.3 x 10 = 43（N）

拉力有向上和向前的作用效果，所以它可以在竖直和水平两个方向上分解

50 N 拉力

摩擦力

用三角函数计算分力

虽然力可以用力的图示进行分解，但用三角函数计算分力更快捷，也更精确。例如，计算绳上拉力在竖直方向的分力，可利用正弦函数。如果知道直角三角形斜边与邻边的夹角和斜边的长度，可用其计算三角形的高。

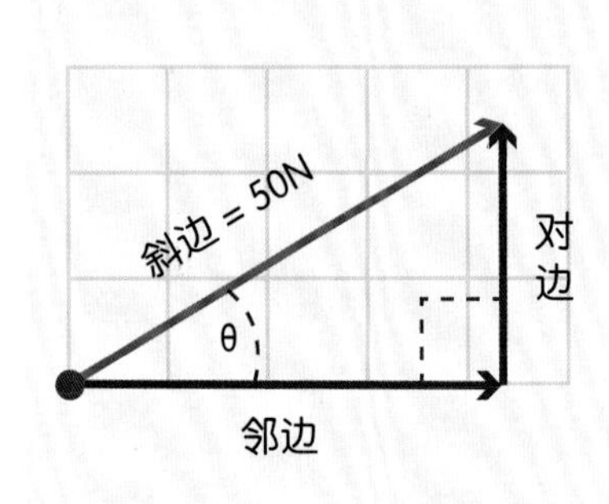

$$\sin\theta = \frac{对边长度}{斜边长度}$$

整理可得：

对边 = 斜边 × $\sin\theta$

= 50 × sin30°

= 25（N）

用计算器求30°的正弦值

质量与重力

质量是物体所含物质的多少，用m表示，单位是千克（kg）。由于地球的吸引而使物体受到的力叫作重力，用G表示，单位是牛顿（N）。

要点

- ✓ 重力是由于地球的吸引而使物体受到的力。
- ✓ 质量的单位是千克（kg），重力的单位是牛顿（N）。
- ✓ 重力可用弹簧测力计测量。
- ✓ 重力可用质量乘重力加速度来计算。

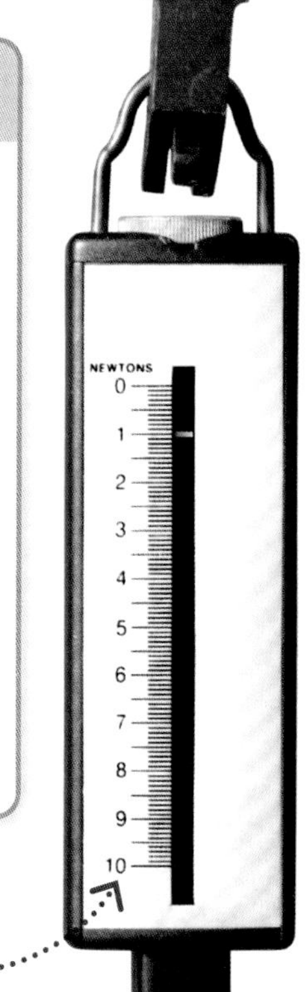

标尺显示了以N为单位的力

重力的测量

测量重力常有两种方法。一种方法是用测力计来测量一个物体所受的重力。将物体悬挂在测力计上，使它处于静止状态。这时物体所受重力与测力计对物体的拉力大小相等。另一种方法是用下述重力公式来计算重力。这个公式用到了重力加速度，它用g表示。不同地方的重力加速度不同，但物体的质量在任何地方都相同。

重力 = 质量 × 重力加速度

$$G = mg$$

G—重力（N）
m—质量（kg）
g—重力加速度（m/s^2）

地球表面的重力加速度约为$10m/s^2$

质量为0.1kg的苹果受到的地球引力为1N

计算重力

问题：好奇号是在火星巡航的火星车，它的质量为899kg，火星表面的重力加速度为$3.7m/s^2$，计算好奇号在火星所受的重力，以及它在地球所受的重力。

解：$G_{火} = m \cdot g_{火}$
$= 899 \times 3.7$
$= 3\,326.3$（N）

$G_{地} = m \cdot g_{地}$
$= 899 \times 10$
$= 8\,990$（N）

弹簧

当你拉伸或挤压弹簧时，它的长度变化与你所施加的力成正比，这个关系被称为胡克定律。

胡克定律

在弹簧上悬挂一重物，弹簧会伸长一点，所挂重物质量加倍时，弹簧的伸长量也加倍。弹簧或其他弹性物体的伸长（或压缩）量与所受的力成正比。弹簧测力计就是利用这一原理来测量力的，当你拉测力计的钩子时，内部的弹簧便会伸长。这一关系用下式表示。

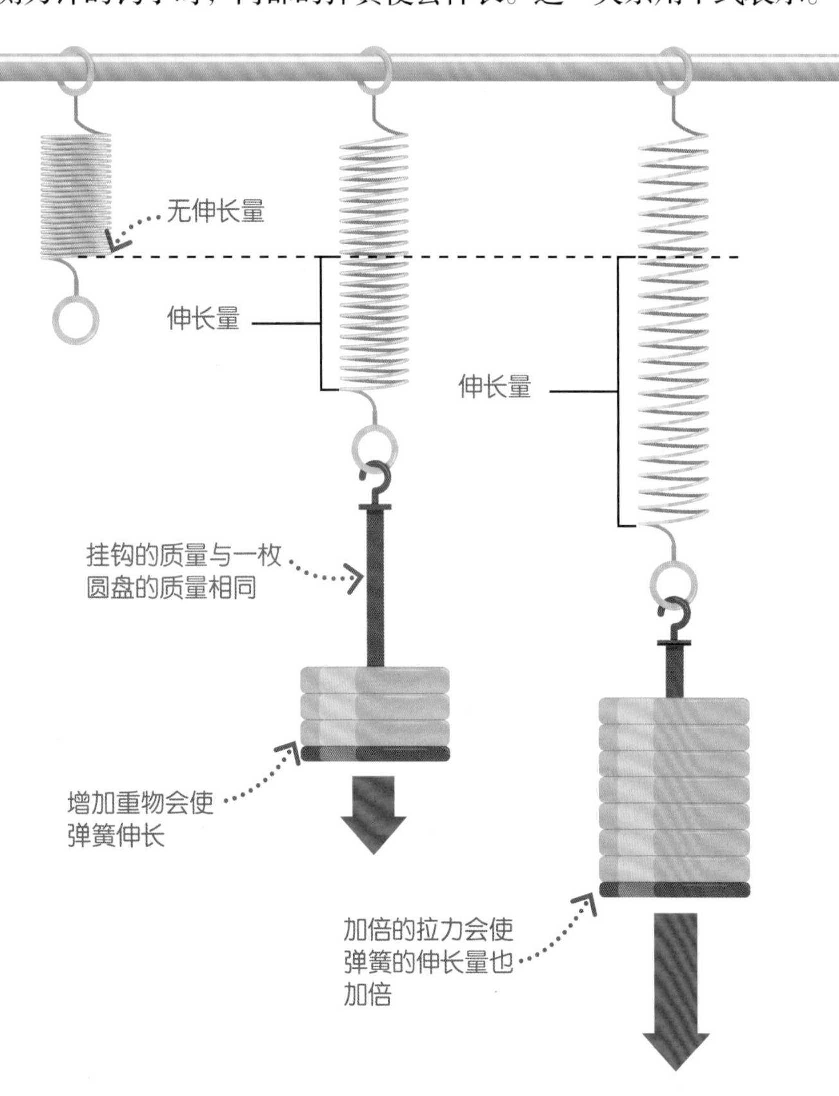
无伸长量
伸长量
伸长量
挂钩的质量与一枚圆盘的质量相同
增加重物会使弹簧伸长
加倍的拉力会使弹簧的伸长量也加倍

弹力 = 劲度系数 x 伸长（或缩短）的长度

$F = kx$

F —弹力（N）
k —劲度系数（N/m）
x —伸长（或缩短）的长度（m）

要点

- ✓ 胡克定律：在弹性限度内，弹簧发生弹性形变时，弹力与弹簧伸长（或缩短）的长度成正比。
- ✓ 弹性形变是指物体在发生形变后，如果撤去作用力能够恢复原状的形变。
- ✓ 胡克定律成立的最大范围称为弹性限度。
- ✓ 当弹簧被压缩时，外力对其做功，存储弹性势能。

计算劲度系数

k是物体的劲度系数，因弹簧而异。k值越大，弹簧越不易被拉开。

问题：用2N拉一弹簧，使其伸长5cm，求其劲度系数。

解：$k = \dfrac{F}{x}$

$= \dfrac{2}{0.05}$

$= 40$（N/m）

弹性限度

胡克定律只在形变量达到某点，即正比极限前成立。超过正比极限，力和形变量的关系是非线性的。如果形变量过大，超过一定限度，撤去作用力后物体不能完全恢复原来的形状，这个限度称为弹性限度。不同材料，其弹性限度不同。

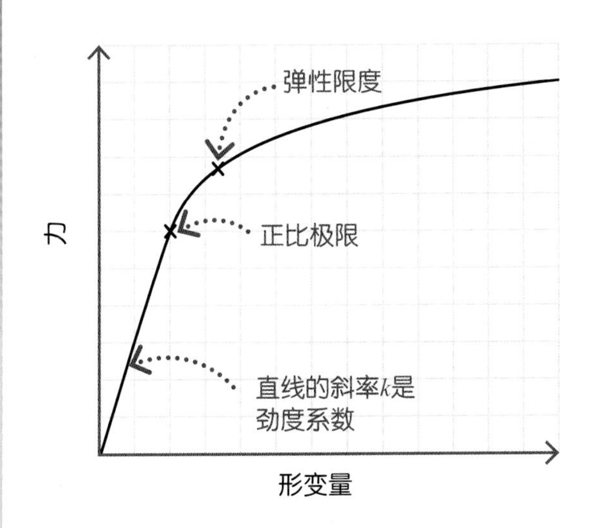

弹性形变和非弹性形变

如果你拉一个弹簧再释放它，它能回到原始状态，这就叫弹性形变。但如果你把弹簧拉过其弹性限度，它的形状会被永久改变，这就叫非弹性形变。不同材料在弹性限度内的弹性形变量不同。

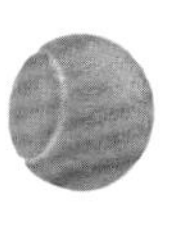
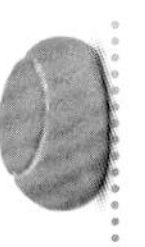

1 网球即使被挤扁也在其弹性限度内，仍可以反弹回原状。

2 易拉罐的弹性限度很小，当你用足够的力挤压它，它就会被压皱，再也无法恢复原状。

3 弹珠的弹性限度很大，但用力过大会将它打碎。

4 橡皮泥很容易突破其弹性限度，所以适合塑形。

弹性势能

用力拉伸或挤压一个弹性物体时会做功，将弹性势能存储在弹性物体中。当这个物体释放时，它将恢复原状，并把弹性势能转化成动能。这就是被拉伸的弹性皮筋被释放时会飞很远、蹦极者跳下后会被弹性绳拉回来的原因。弹性势能的计算公式如下。

$$E_p = \frac{1}{2}kx^2$$

E_p —弹性势能（J）
k —劲度系数（N/m）
x —伸长（或缩短）的长度（m）

问题：一根弹性绳的劲度系数为90N/m，当蹦极者到达最低点时弹性绳伸长了8m，求弹性绳的弹性势能。

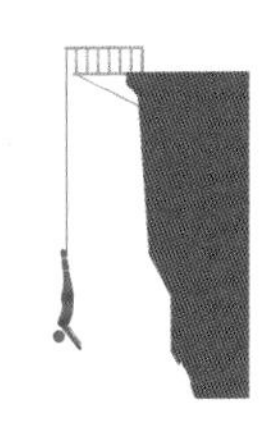

解：$E_p = \frac{1}{2} \times 90 \times 8^2$
$= 2\,880$（J）

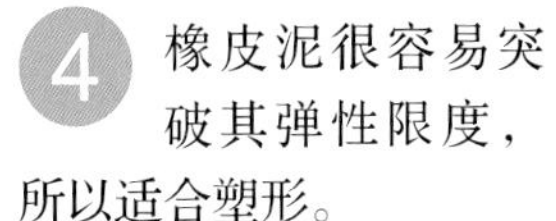

弹簧的研究

力可以改变物体的形状，如拉弹簧。对弹簧拉力效果的研究显示，弹簧的伸长量与其受到的拉力成正比。

要点

- 对弹簧施加外力，会使弹簧伸长或压缩。
- 物体长度的增加量叫作伸长量。
- 弹簧的伸长量与它所受的拉力成正比。

实验准备

在这个实验中，将弹簧悬挂于铁架台，并向其挂钩上逐渐增加重物，用刻度尺记录弹簧相对原始长度的增加量，将实验结果画成图象，根据图象研究弹簧受到的拉力和其伸长量之间的关系。

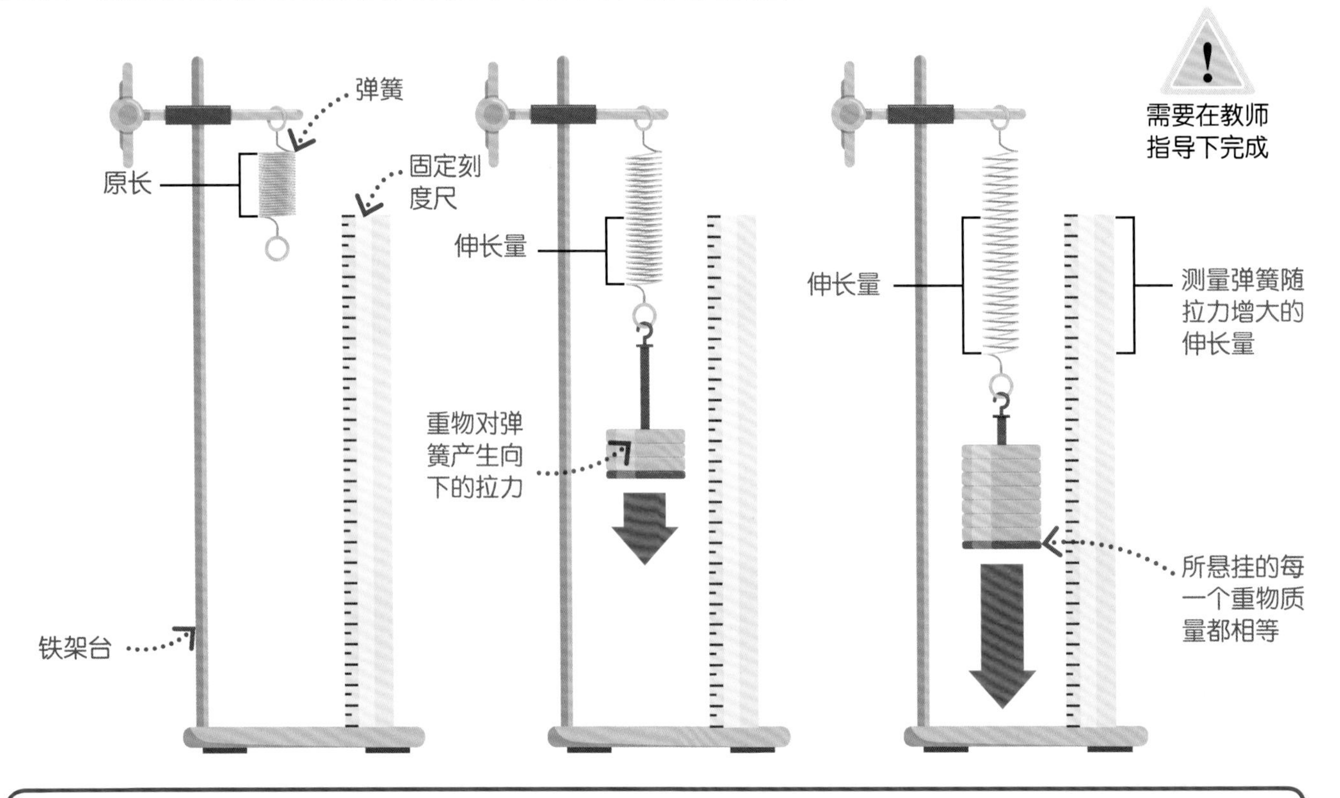

结果

纵轴表示拉力，单位是N；横轴表示弹簧的伸长量，单位是m，画出图象。连接数据点后，会得到一条直线，说明两者之间是线性关系，这条线也应该过原点。也就是说，弹簧形变与所受的力成正比例关系（力加倍，形变也加倍）。但如果所加的拉力太大（超过了弹性限度），两者就变成非线性关系，图象呈曲线。

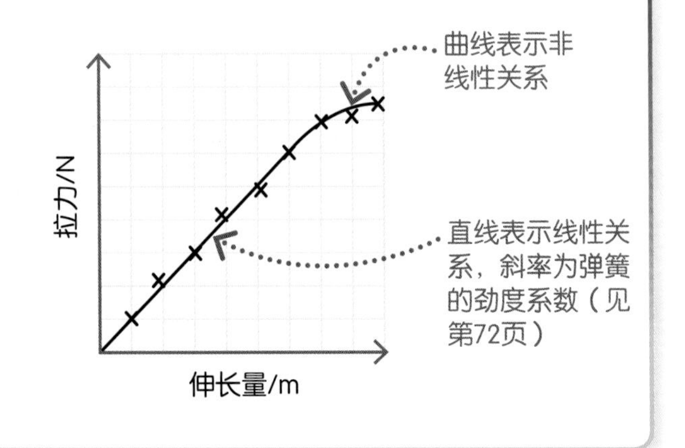

形变

物体在力的作用下除了能改变运动状态外，形状和体积也能发生改变，这种变化叫作形变。一个静止的物体若形状发生改变，它一定受到了两个或多个作用在不同方向的力。

要点

- ✓ 形变是指物体在力的作用下发生形状或体积的变化。
- ✓ 物体发生形变需要两个或多个作用在不同方向的力。
- ✓ 物体发生的形变类型取决于力的数量、方向和作用点。

形变的类型

挤压、拉伸、弯曲、扭转是物体形状变化的几种类型。形变的类型取决于力的数量、方向和作用点。

1 挤压

当用一对力沿相反方向挤压一个物体时，物体就会压缩。一个碰撞玩具，如弹跳球，在每一次碰撞恢复到原状前，都经历了一次弹性压缩。

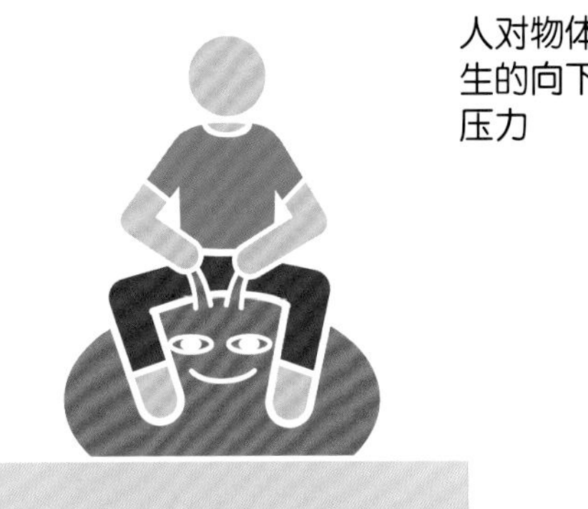

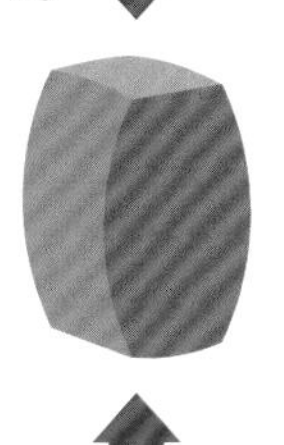

2 拉伸

当用一对沿相反方向的力拉一个物体时，产生的拉力会使物体变长。在蹦极过程中，绳子受到人向下的拉力和平台向上的拉力。

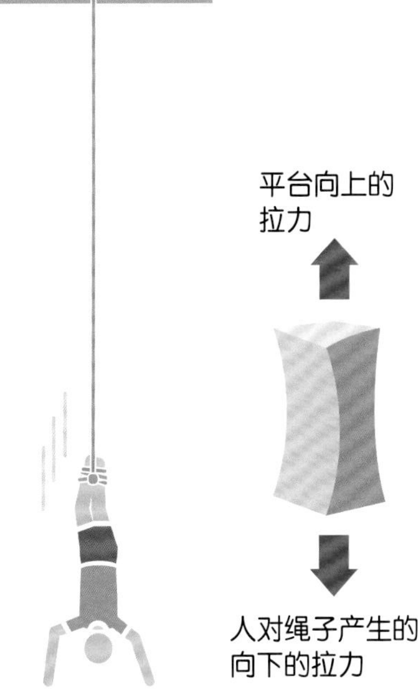

3 弯曲

当物体受多个不同方向的力作用时，会发生弯曲。例如，当体操运动员的重力作用在单杆的中间，而支架两端为单杆提供向上的力时，单杆将会发生弯曲，产生弹性形变。

4 扭转

作用在不同点、沿相反方向转动的力将使物体被扭转。

力矩

力矩描述了力使物体绕某固定点（或轴）转动的效果。我们每时每刻都在不自觉地利用力矩，如转动门把手、蹬自行车、弯曲胳膊。

要点

- ✓ 力矩描述了力使物体转动的效果。
- ✓ 力矩的公式为 $M=Fd$。
- ✓ 像扳手、杠杆一类的工具能产生一个很大的力矩。

1 扳手是如何工作的

当你用扳手拧螺母时，手上的力产生了转动的效果，从而使螺母转动，这就是力矩。扳手越长，力矩越大，越容易拧松一颗上紧的螺母。力矩的单位是N·m，用下式计算。

$$M=Fd$$

M—力矩（N·m）
F—力（N）
d—转动轴到作用力的垂直距离（m）

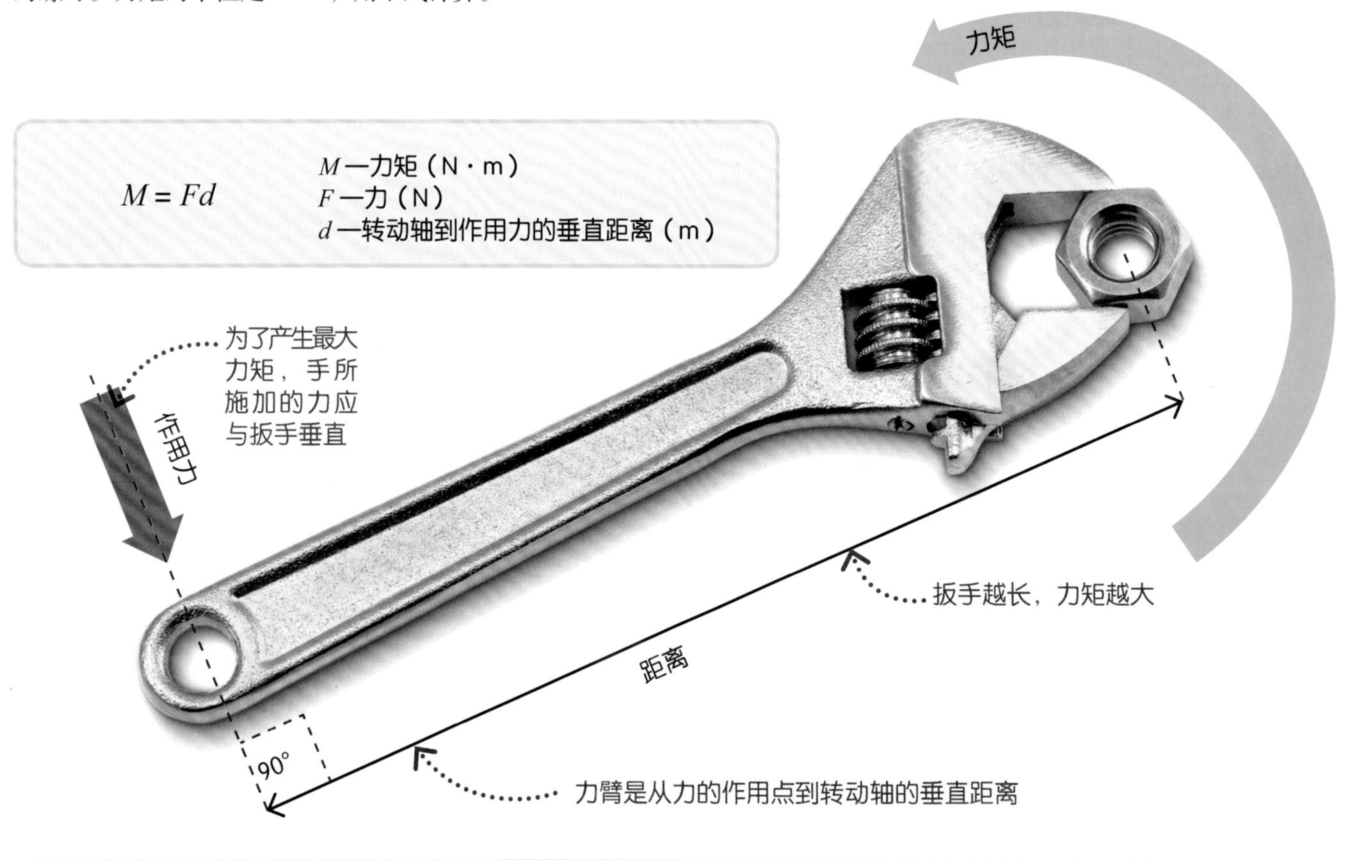
力矩
为了产生最大力矩，手所施加的力应与扳手垂直
作用力
扳手越长，力矩越大
距离
90°
力臂是从力的作用点到转动轴的垂直距离

计算

问题：一把长20cm的扳手，在其末端施加30N的力，求力矩的大小。

解：$M=Fd=30\times0.2=6$（N·m）

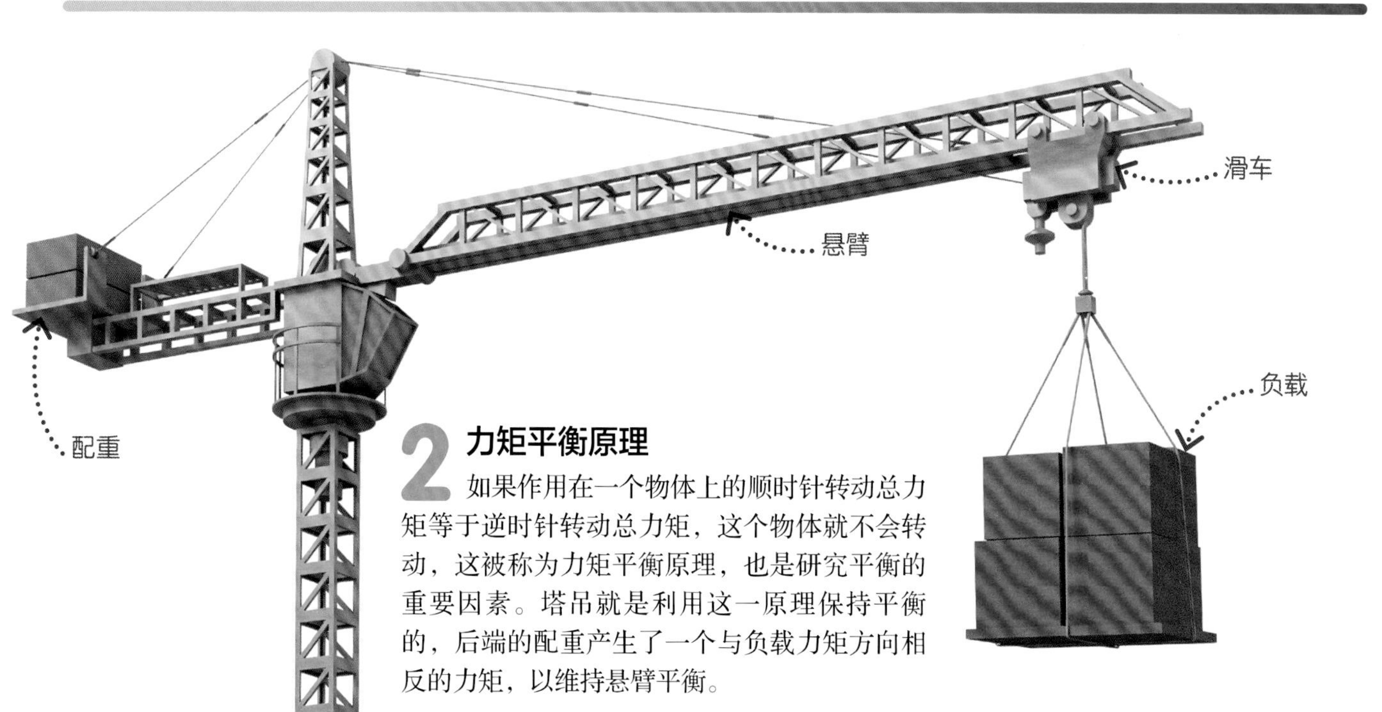

2 力矩平衡原理

如果作用在一个物体上的顺时针转动总力矩等于逆时针转动总力矩，这个物体就不会转动，这被称为力矩平衡原理，也是研究平衡的重要因素。塔吊就是利用这一原理保持平衡的，后端的配重产生了一个与负载力矩方向相反的力矩，以维持悬臂平衡。

保持平衡

问题：跷跷板平衡时，右侧人的重力有多大？

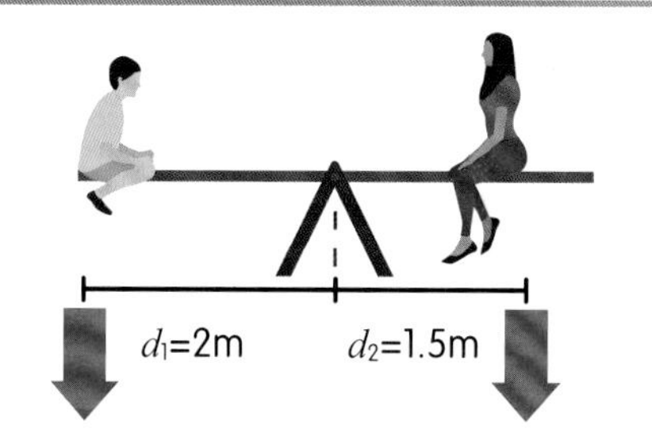

解：左侧人产生了逆时针方向的力矩。

$$M = F_1 d_1 = 600 \times 2 = 1\,200\ (\mathrm{N \cdot m})$$

因为跷跷板处于平衡状态，所以顺时针方向的力矩也要等于1 200N·m。可用公式求出右侧人的重力。

$$F_2 = \frac{M}{d_2} = \frac{1\,200}{1.5} = 800\ (\mathrm{N})$$

塔吊

重心

一个物体的各部分都受到重力的作用，从效果上看，可以认为各部分受到的重力作用集中于一点，这一点叫作物体的重心。物体能不能保持平衡，取决于重心的位置。

要点

- ✓ 物体各部分受到的重力可以被视为作用于同一点，即重心。
- ✓ 质量均匀分布的物体，它的重心取决于它的形状。
- ✓ 物体的重心在竖直方向上的投影落在支撑面或支撑点上，物体就可以放稳，否则就会倾倒。

平衡鸟

这个玩具鸟看起来不可能靠它的喙支撑而保持平衡，但因为它的翅膀是向前伸展的，所以重心恰好在喙上。沉重的翅膀和鸟身的后部受到的重力会产生力矩，两者相平衡，就像坐在跷跷板两端的人一样。

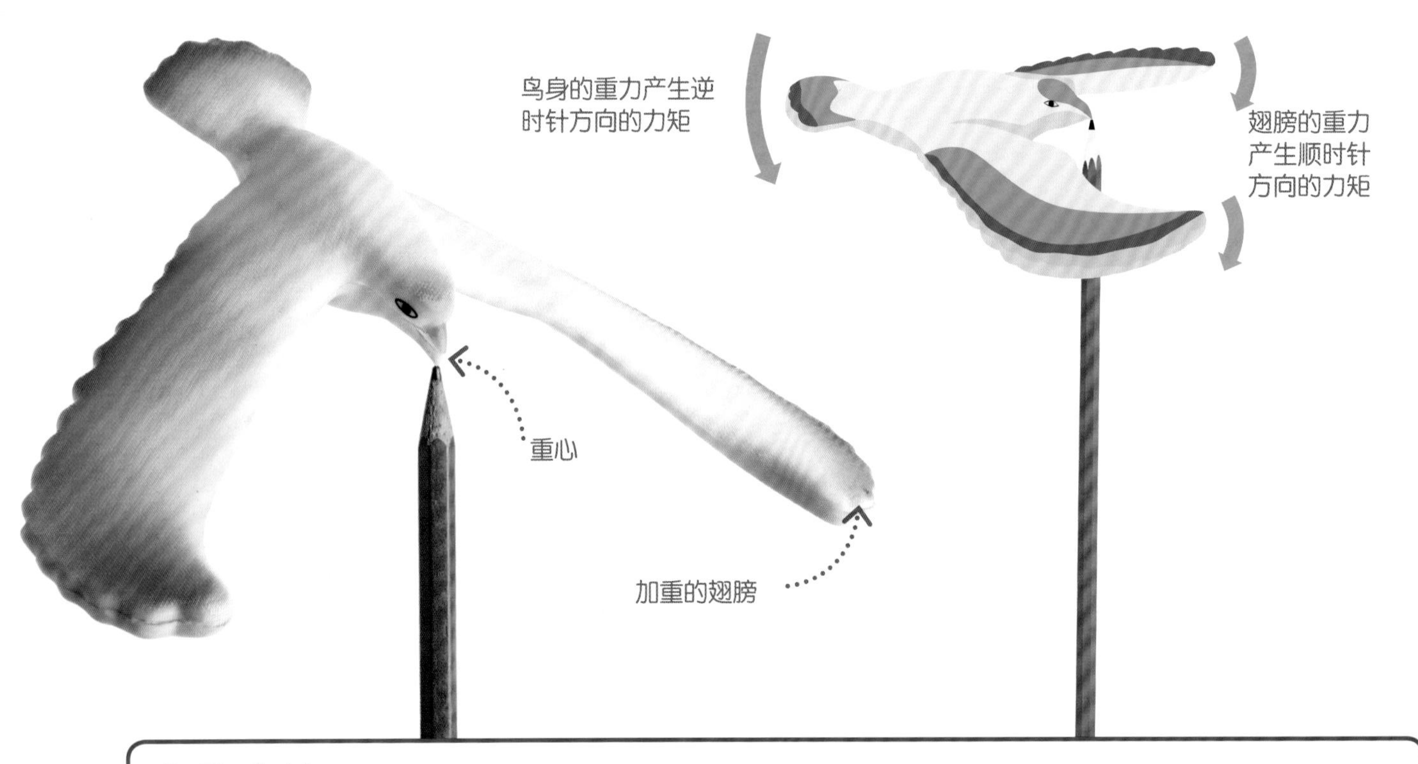
鸟身的重力产生逆时针方向的力矩
翅膀的重力产生顺时针方向的力矩
重心
加重的翅膀

稳定性

物体的重心在竖直方向的投影落在支撑面内或支撑点上，物体才可能保持平衡，且支撑面越大，稳定性越好。重心的高低也会影响物体的稳定性，重心越低，物体的稳定性越好。

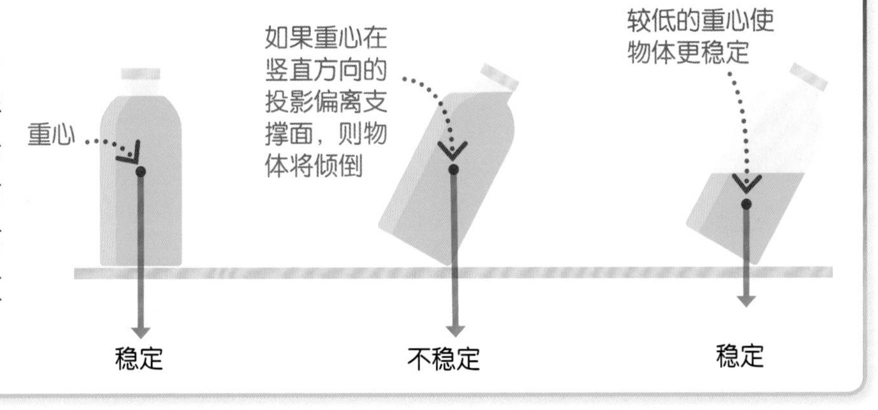
重心
如果重心在竖直方向的投影偏离支撑面，则物体将倾倒
较低的重心使物体更稳定
稳定
不稳定
稳定

寻找重心

为了寻找形状不规则物体的重心，可用大头针将其悬挂起来，待其稳定后，在大头针处悬挂一根铅垂线（末端系着重物的细线），并沿它在物体上画一条竖直线。再选择两个不同的点，把物体悬挂起来，重复上述操作，这3条线的交点就是重心。

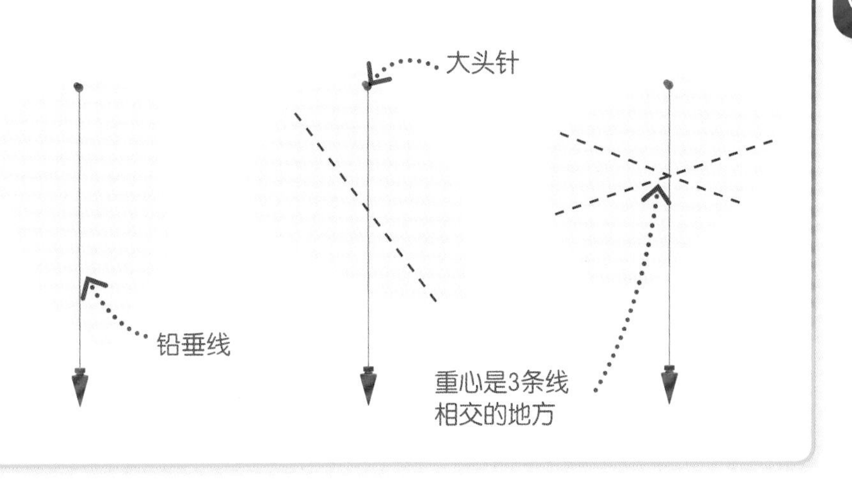
大头针
铅垂线
重心是3条线
相交的地方

越野车的稳定性

越野车的重心很低，轴距很宽，所以能稳定地在陡峭和颠簸的路上行驶。

汽车仍保
持稳定
因为重心在
两轮之间
稳定

杠杆

杠杆是一种可放大或减小力的作用效果的简单机械，在日常生活中十分常见，有时甚至会被忽视。剪刀、独轮手推车、门把手，甚至我们的胳膊和腿都像杠杆一样工作。

杠杆是如何工作的

独轮手推车是一个省力杠杆，和所有杠杆一样，它也绕着支点转动，它的支点就是轮子的中心。当有一个力（称为动力）作用在把手处，向上抬起独轮车时，就会产生一个放大的输出力以克服负载的重力（又称阻力，如箭头所示）。动力离阻力越远，输出力被放得越大。

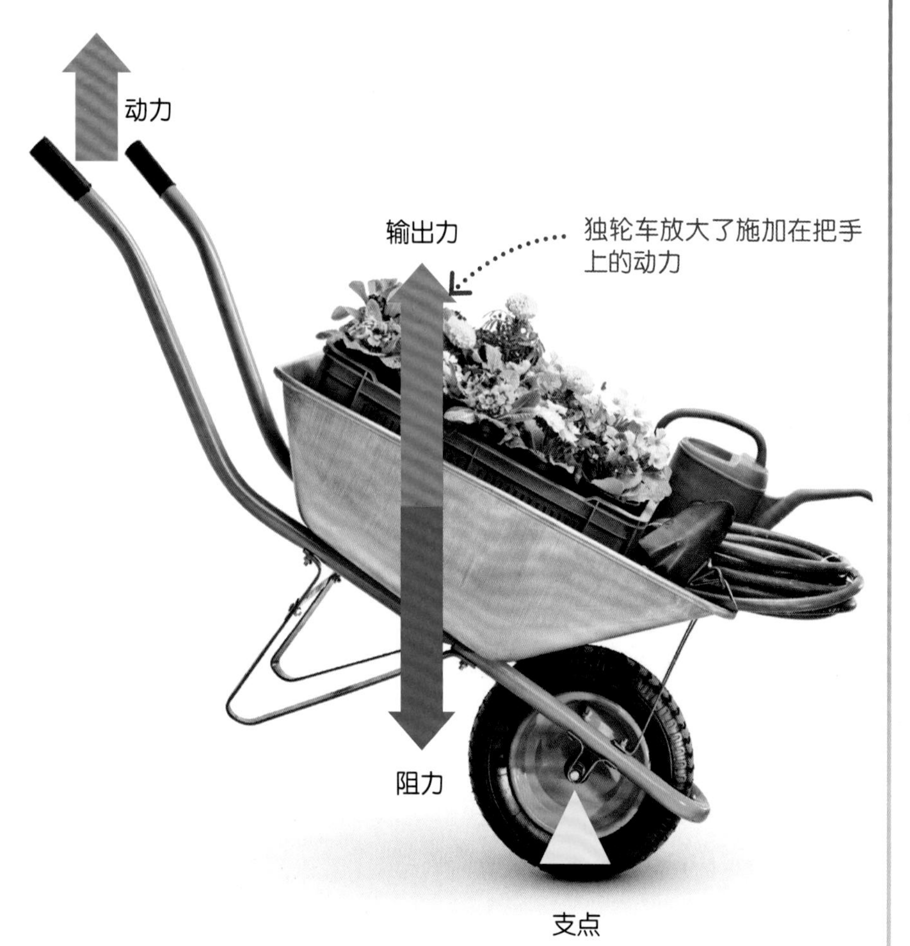

要点

- ✓ 杠杆是可绕固定点转动的简单机械。
- ✓ 杠杆可放大或减小力的作用效果。
- ✓ 省力杠杆费距离。
- ✓ 费力杠杆省距离。

计算动力

问题：一个装满沙子的独轮手推车所受的重力为450N，重心距轮子0.5m，如果车把距车轮1.8m，则抬起沙子所需的动力是多少？

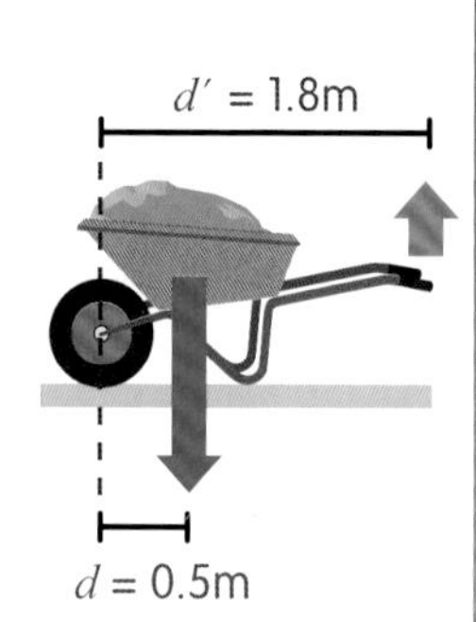

解：先用力矩公式计算阻力的力矩。

$$M = Fd = 450 \times 0.5 = 225\ (\mathrm{N \cdot m})$$

根据力矩原理，再计算把手上要施加的力。

$$M' = M = F' \cdot d'$$

$$F' = \frac{M}{d'} = \frac{225}{1.8} = 125\ (\mathrm{N})$$

杠杆的分类

杠杆根据动力作用点、阻力作用点、支点之间的不同位置关系可以分为3种类型。如果动力点比阻力点距离支点远，为省力杠杆；如果动力点比阻力点距离支点近，为费力杠杆。

第一类杠杆

第二类杠杆

第三类杠杆

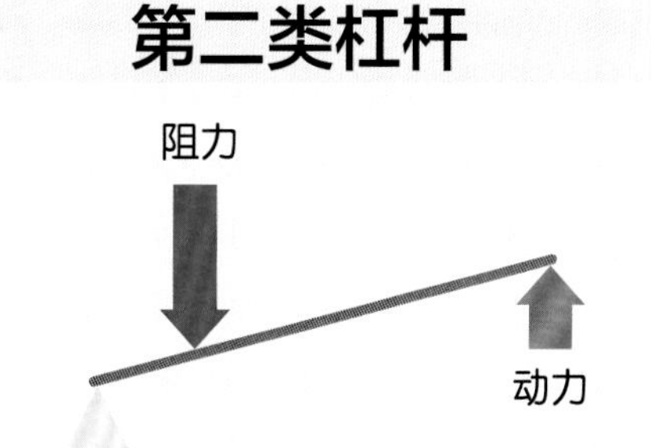

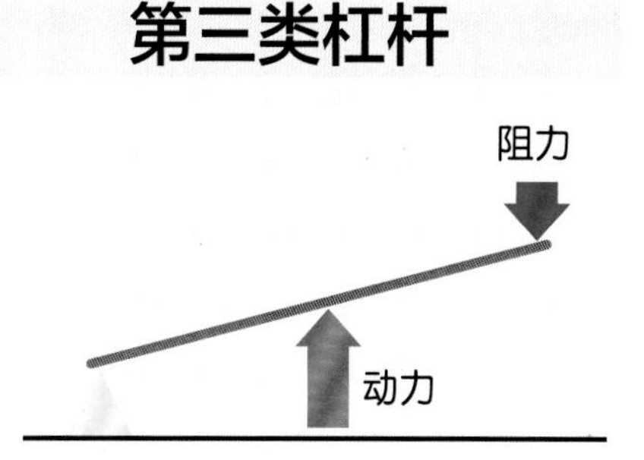

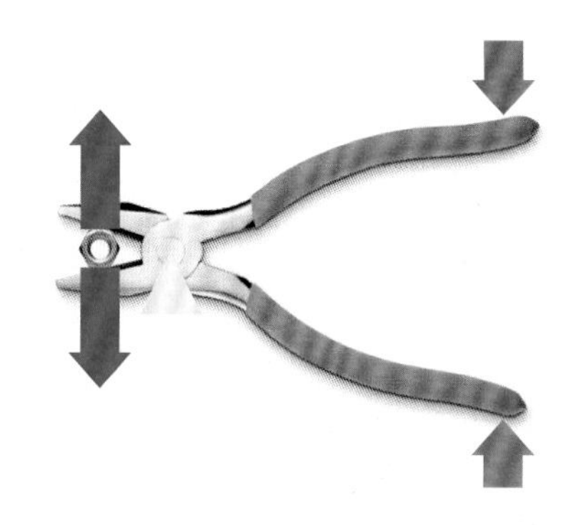

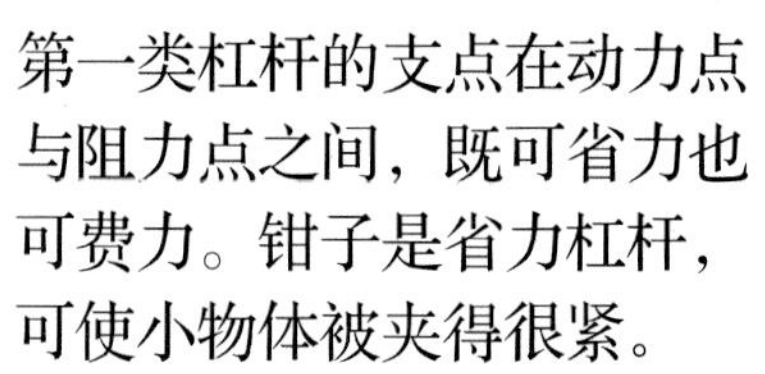

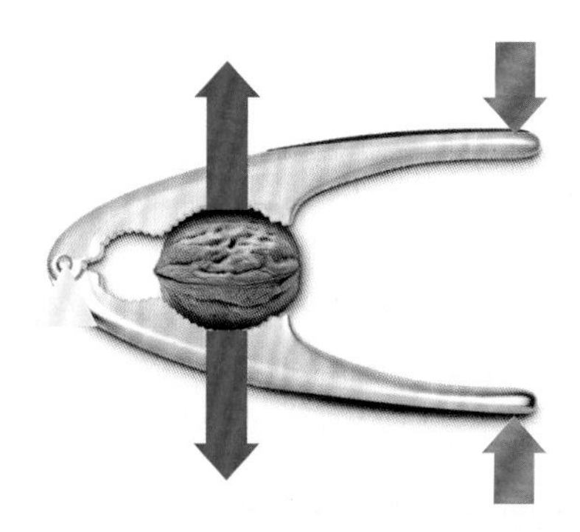

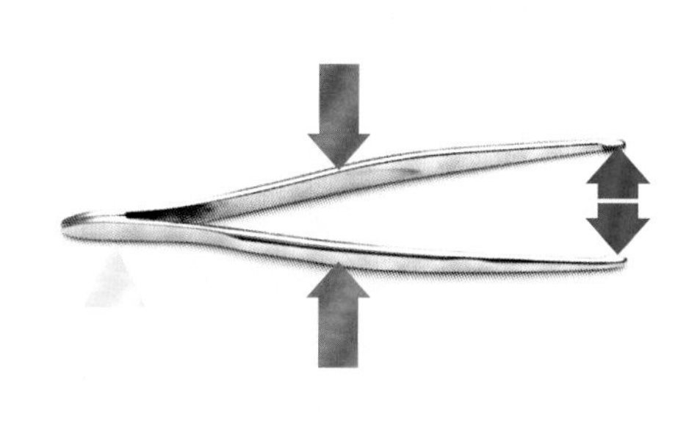

第一类杠杆的支点在动力点与阻力点之间，既可省力也可费力。钳子是省力杠杆，可使小物体被夹得很紧。

第二类杠杆的阻力点在支点和动力点之间，是省力杠杆。坚果钳是省力杠杆，可以很容易地夹碎坚果。

第三类杠杆的动力点在支点和阻力点之间，是费力杠杆。镊子是费力杠杆，可以很容易地夹起精细物体。

机械

机械是放大或减小力的设备，杠杆等简单机械往往是组成复杂机械的一部分。在右图中，杠杆通过齿轮与齿杆连接，放大了作用者的力，从而挤出橙汁。

齿轮

齿轮是有齿状边缘的轮子，它们相互咬合在一起以传递旋转力。和杠杆一样，它们也能放大或减小力的转动效果。

要点

- ✓ 齿轮是有齿状边缘的轮子。
- ✓ 齿轮传递旋转力。
- ✓ 当从动齿轮比主动齿轮更大时，从动齿轮会转得更慢，但转动力矩更大。
- ✓ 当从动齿轮比主动齿轮更小时，从动齿轮会转得更快，但转动力矩更小。

齿轮如何工作

当一个齿轮和另一个齿轮相互咬合时，它就会传递旋转力，从而带动另一个齿轮也转起来。两个齿轮作用在齿上的力是相同的，但如果两个齿轮的齿数不同，则两个齿轮的力矩也不同。

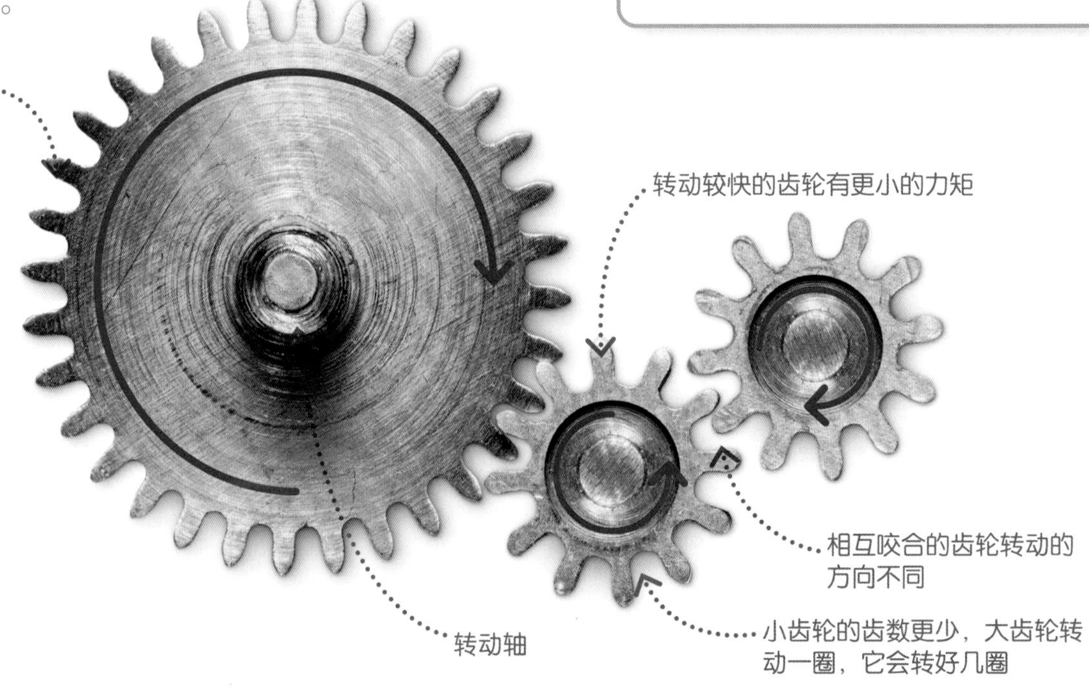
转动较慢的齿轮有更大的力矩
转动较快的齿轮有更小的力矩
相互咬合的齿轮转动的方向不同
转动轴
小齿轮的齿数更少，大齿轮转动一圈，它会转好几圈

齿轮的应用

齿轮要么能放大力，要么能加快转速，这取决于主动（驱动）齿轮比从动（被驱动）齿轮大还是小。

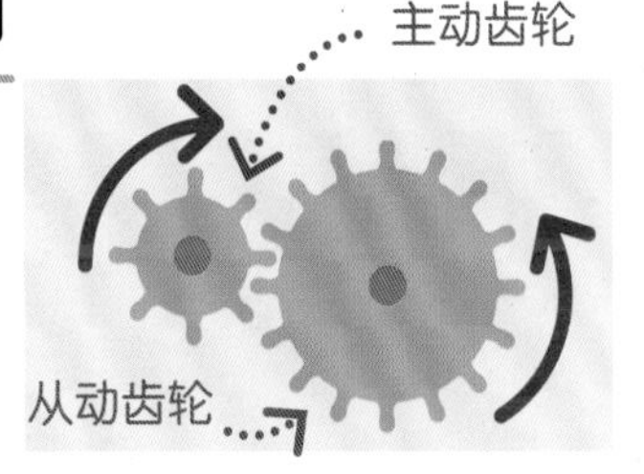
主动齿轮
从动齿轮

1 若从动齿轮比主动齿轮大，齿和轴之间的距离就更大，产生的力矩也更大，这种装置就能放大主动齿轮的力。

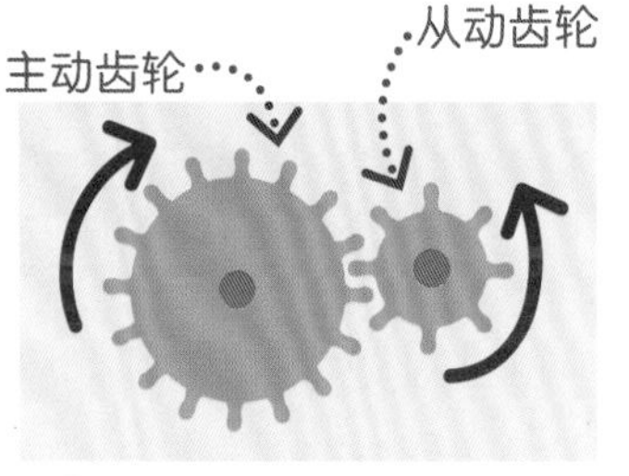
主动齿轮
从动齿轮

2 若从动齿轮比主动齿轮小，它就能产生一个更小的力矩，但会转动得更快，这种装置能加速。

从动齿轮
主动齿轮

3 变速自行车的齿轮由链条连接。当小齿轮在前、大齿轮在后时，适合爬坡。当大齿轮在前、小齿轮在后时，适合加速。

更多简单机械

杠杆和齿轮不是唯一能放大或减小力的作用效果的简单机械，本页中所有的简单机械都能通过改变力的大小或力的方向让工作变得更简单。

要点

✓ 简单机械能放大或减小力的作用效果或改变力的方向，从而便于工作。

✓ 简单机械包括杠杆、齿轮、楔形物、斜面、螺钉、轮轴、滑轮等。

1 楔形物

斧头的一端厚另一端薄，是楔形物，当有一个力向下作用在较厚的一端时，薄的一端的力（实际是压强）会增大，并向两侧产生分力，从而把物体劈开。

2 斜面

斜面能更容易地将重物移动到一定高度。斜坡越平缓，所需要的力越小，但需要移动的距离更长，所以提升物体所做的功是一样的。

3 螺钉

螺钉的螺纹是一个缠绕在圆柱体上的斜面，螺丝刀的每一次转动，虽然只使螺钉前进一点点，但旋进所用的力比螺丝刀给螺钉的力大得多。

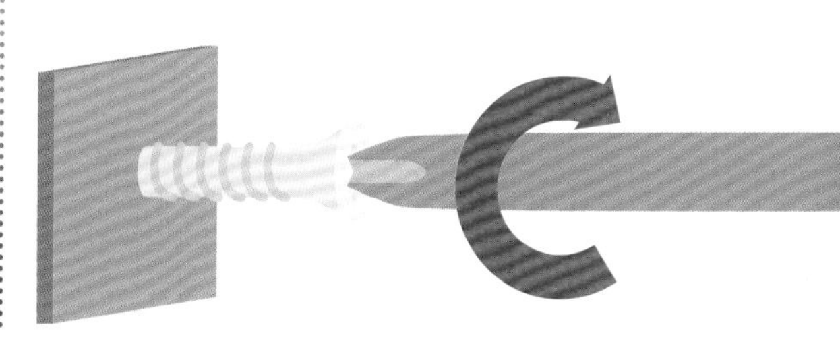

4 轮轴

轮轴和杠杆一样，也可以放大或减小力的作用效果。它由具有共同转动轴的大轮和小轮组成，通常把大轮称为轮，小轮称为轴。当动力作用在轮（如方向盘）上，轴上的旋转力就会被放大；当动力作用在轴上，轮上的力就会减小，但会比轴转动得更快，如自行车车轮。

5 滑轮或滑轮组

滑轮组是由一根绳子或钢索绕过1个或多个滑轮构成的。如果只用到1个滑轮，这个滑轮往往只改变力的方向。如下图所示，2个滑轮构成了1个滑轮组，可以将提升重物所需的力减半。利用3个滑轮组成的滑轮组，只要物重1/3的力就可以提起重物。

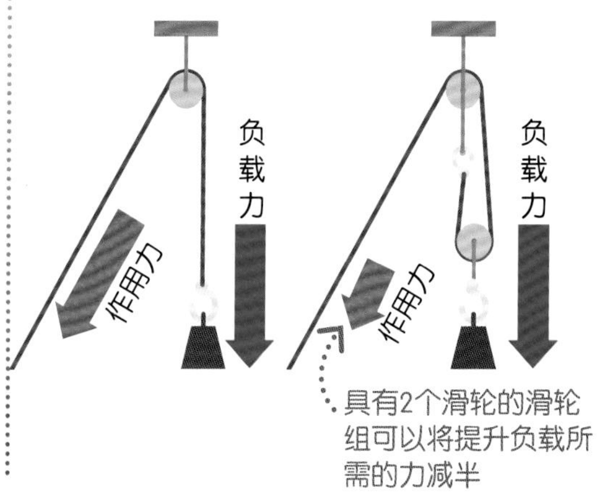
负载力
作用力
负载力
作用力
具有2个滑轮的滑轮组可以将提升负载所需的力减半

作用力与反作用力

英国科学家艾萨克·牛顿经过研究指出：两个物体之间的作用力与反作用力总是大小相等、方向相反，作用在同一条直线上。这被称为牛顿第三定律。

要点

- ✓ 牛顿第三定律说明任何一个力都存在一个与它大小相等、方向相反，作用在同一条直线上的力。
- ✓ 作用力与反作用力分别作用在两个物体上。
- ✓ 作用力与反作用力不能和平衡力混淆。

作用力与反作用力

狗正在拉毛巾，但毛巾反过来也在拉狗，这两个力是一对作用力和反作用力。无论狗是静止的还是运动的，这两个力都存在。狗还对地面有向下的压力，这个力也有它的反作用力——地面对狗向上的支持力，这也是一对作用力与反作用力。平衡力（见第67页）作用在同一物体上，作用力与反作用力作用在不同物体上。

狗正在拉毛巾

毛巾反过来也在拉狗

作用力与反作用力的效果

作用力与反作用力是真实存在的，能改变物体的运动状态或形状。例如，滑板运动员推墙时，墙也给她一个大小相等、方向相反，作用在同一条直线上的力。墙保持不动（形状有微小改变），滑板运动员向反方向运动。如果她推另一个滑板运动员，则两人都会朝着相反的方向运动。

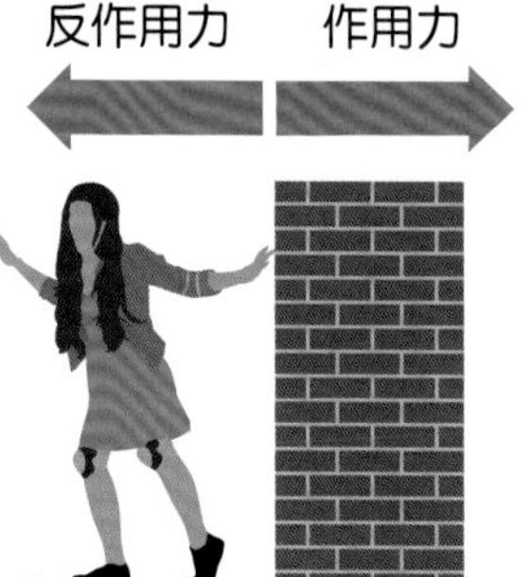

滑板运动员向反方向运动

2个滑板运动员向相反方向运动

场

不是所有的力都需要物理接触，一些力，如引力，存在于具有一定距离的两个物体间。这种非接触力是通过场来作用的，场是物体周围的一个区域，它能对区域内的其他物体施加力的作用。

超距作用

引力、磁力和带电物体间的吸引、排斥力都是通过场来作用的，所有有质量的物体周围都围绕着引力场，但引力的效果只有在质量极大的物体周围才能看出来，如地球。引力的强度取决于场的强度、物体在其中的位置及物体本身的性质。例如，地球对离它更近、质量更大的物体有更强的引力。

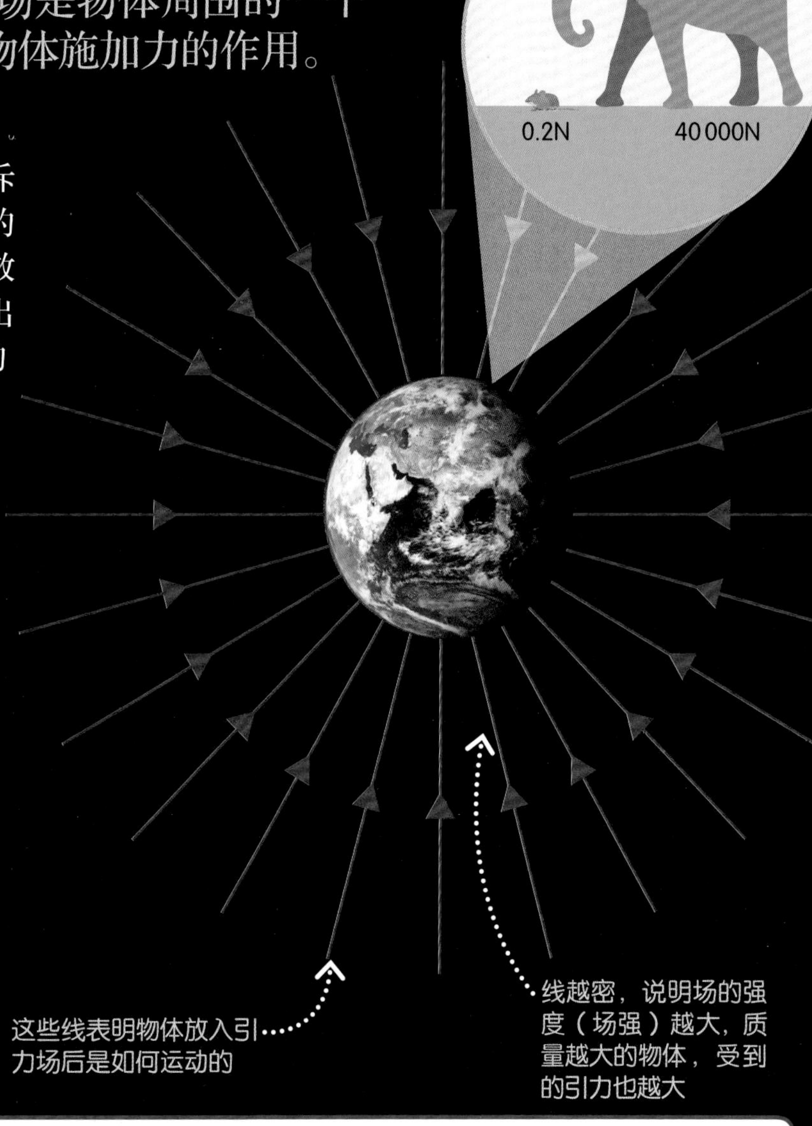
质量越大的物体受到
的引力越大
0.2N
40 000N
这些线表明物体放入引
力场后是如何运动的
线越密，说明场的强
度（场强）越大，质
量越大的物体，受到
的引力也越大

要点

- ✓ 非接触力通过场来作用。
- ✓ 场是物体周围的一个区域，能对其中的其他物体产生力的作用。
- ✓ 力的大小取决于场的强度、物体在其中的位置，以及物体的性质。

牛顿第三定律

牛顿第三定律在非接触力中也同样适用。例如，地球对站在它表面的人有一个向下的引力作用，但人也同样对地球有一个大小相等、方向相反的引力，只是因为地球的质量太大，所以这个力的作用效果几乎无法被察觉。

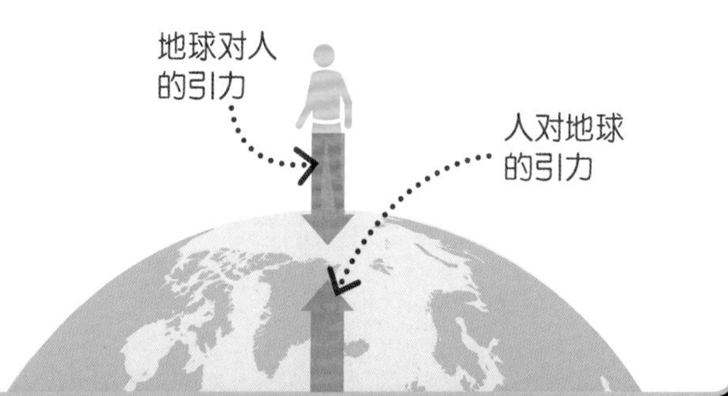
地球对人
的引力
人对地球
的引力

万有引力定律

所有有质量的物体，大到星系小到原子，都会对其他有质量的物体通过引力场产生力的作用。这种力的大小可通过万有引力定律来计算。

要点

- ✓ 所有有质量的物体都被引力场环绕，其他有质量的物体只要位于引力场中就会受到吸引。
- ✓ 两个物体之间的引力大小与它们的质量成正比。
- ✓ 两个物体间的引力大小与它们之间距离的平方成反比。

地球和月球

牛顿通过对月球和行星的观察提出了引力定律，他认识到两物体之间的引力大小与物体的质量成正比，但引力又随物体间的距离增大而减小，与距离的平方成反比。

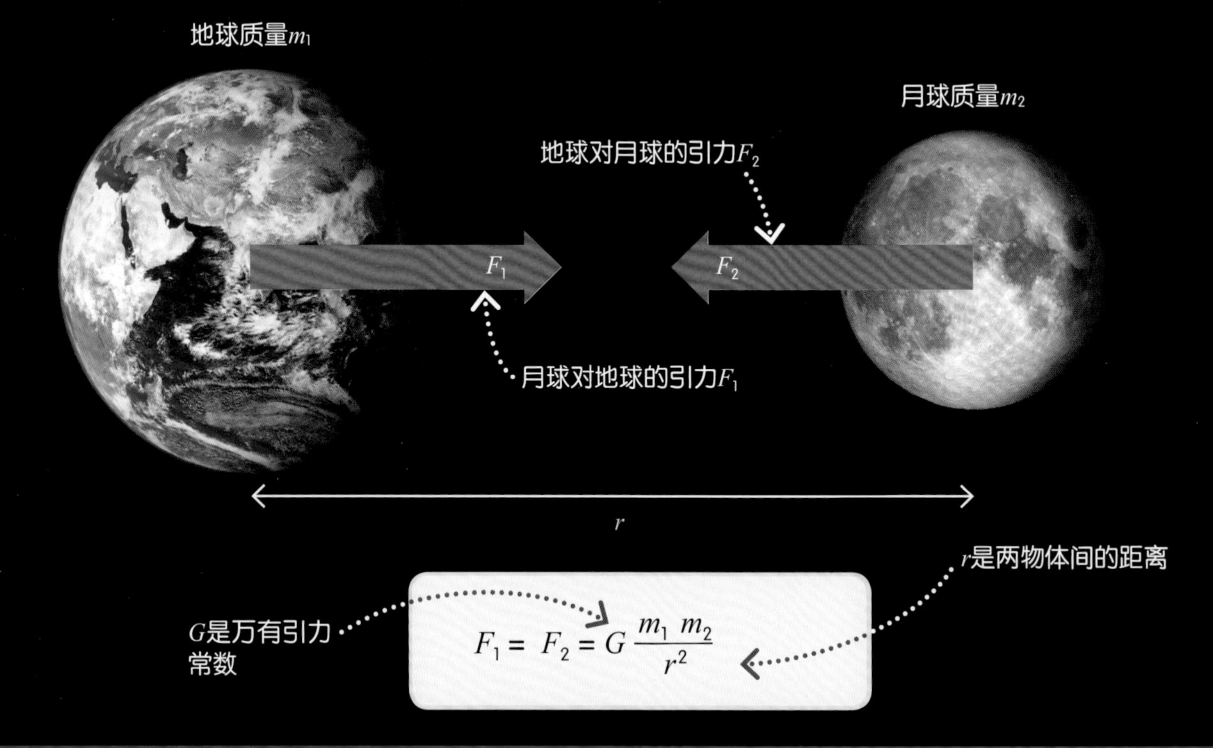

r是两物体间的距离

G是万有引力常数

$$F_1 = F_2 = G\frac{m_1 m_2}{r^2}$$

平方反比定律

牛顿的万有引力定律遵循著名的平方反比定律：物体或粒子的作用强度随距离的平方而线性衰减，即作用力与距离平方成反比关系。自然界有许多这样的例子，如光的密度和带电物体的静电力都遵循平方反比定律。

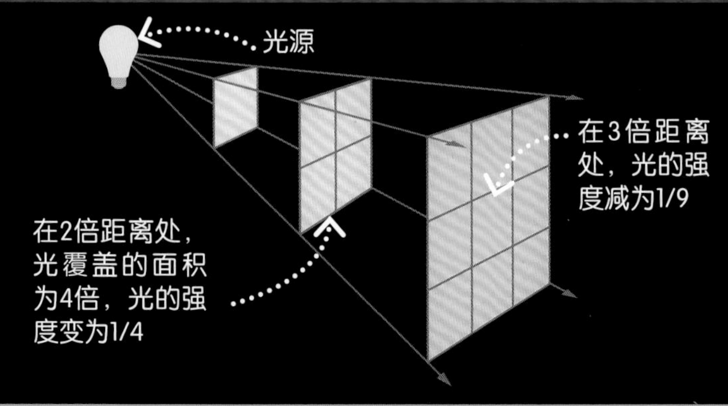

5 力与运动

圆周运动

很多物体沿圆形或曲线轨迹运动，如月球绕地球运动。当物体沿着圆周或者曲线轨道运动时，指向中心的作用力叫作向心力。

要点

- 圆周运动是因为有向心力，方向指向圆周的中心。
- 失去了向心力，做圆周运动的物体会沿切线方向运动。
- 离心力是做圆周运动的物体感受到的一种虚拟的力。
- 向心力随物体的质量和速度的增加而增加，但随运动半径的增加而减少。

向心力

在链球运动中，一个重球在释放前先绕圆周中心旋转，它的速度在旋转中一直在改变，它不仅在加速运动，而且方向也在变化。所有的加速度都是由力产生的，这里的力来自绳索的张力，这是向心力的一个例子。如果向心力突然消失，那么物体将沿切线方向飞出去。

球的速度始终在改变（速度大小和方向都在变化）
向心力随物体的质量和速度的增加而增加，但随运动半径的增加而减少
向心力永远指向圆周的中心

离心力

在旋转飞椅上，游客会感觉有一个力将他们向外拉，并将他们向上抬，这就是离心力的作用效果。但这个力并不真实存在，因为做圆周运动的物体由于惯性总有沿切线方向飞出去的倾向，但向心力在拉着它，使它与圆心的距离保持不变。

绳索的张力提供了向心力
座椅由于张力而被抬高

牛顿第二定律

当不平衡的力作用在物体上时，物体会改变运动状态。牛顿总结了物体所受的力、质量和加速度三者之间的关系，总结出了牛顿第二定律。

力、质量、加速度

拉了大量行李的货车的行驶速度比空的货车速度慢，因为它的质量更大。在力不变的情况下，质量越大，加速度越小。有更大功率的车加速起来更快，因为它产生的牵引力更大，力越大，产生的加速度就越大。力、质量、加速度三者的关系如下。

$$F = ma$$

F —力（N）
m —质量（kg）
a —加速度（m/s^2）

要点

- ✓ 作用在物体上的力越大，加速度越大。
- ✓ 在力不变的情况下，物体的质量越大，加速度越小。
- ✓ 牛顿第二定律用公式表示为力 = 质量 × 加速度（$F = ma$）
- ✓ 惯性表现为外力改变物体运动状态的难易程度。

惯性质量

质量大的物体很难被移动，动起来又很难停下，即惯性大。惯性表现为外力改变物体运动状态的难易程度，惯性质量就是描述物体惯性的物理量，是力与加速度的比值。

$$m = \frac{F}{a}$$

计算

问题：用90N的推力推动一辆质量为500kg的手推车，其加速度为多少？

解：$a = \frac{F}{m} = \frac{90}{500} = 0.18\ (m/s^2)$

加速度的研究

这个实验是利用一个悬挂的重物拉动小车沿斜面运动，来证明力或质量在运动中的作用。它表明物体的加速度与受到的力成正比，与其质量成反比。

要点

- ✓ 在物体质量不变的情况下，增大物体受到的力，可增加它的加速度。
- ✓ 加速度与物体受到的力成正比。
- ✓ 加速度与物体的质量成反比。

使小车加速

采用如下实验装置，用光电门测量小车在斜面上两处的速度，用计时器处理这两个速度及两次测量之间的时间，以计算加速度。斜坡的倾斜度用来补偿摩擦力。

需要在教师
指导下完成

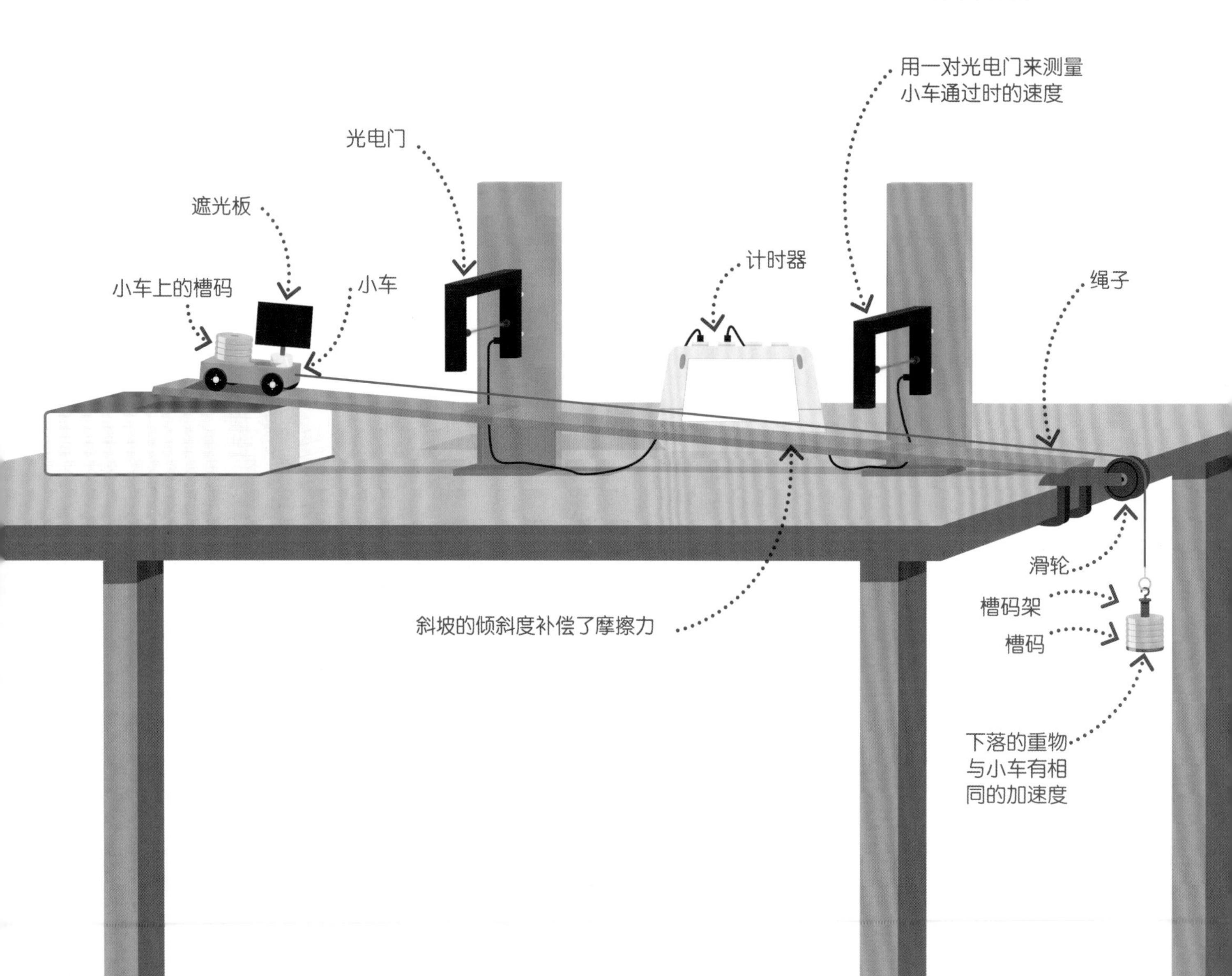
用一对光电门来测量
小车通过时的速度
光电门
遮光板
计时器
绳子
小车上的槽码
小车
滑轮
槽码架
槽码
斜坡的倾斜度补偿了摩擦力
下落的重物
与小车有相
同的加速度

实验操作

实验1 力对加速度的影响

1. 如上页图所示，搭建装置，设置计时器。
2. 调整斜面的倾斜角，使小车在不受牵引的情况下，能沿斜面匀速运动。
3. 通过增减槽码的数量改变小车所受的拉力。先在绳子的末端放1个槽码。
4. 释放小车，记录加速度，再把小车放回原位置，重复2次，求出小车3次运动加速度的平均值。
5. 保持小车的质量不变，在绳子末端增加一个槽码，以增大小车所受的拉力，重复步骤4，直到10个槽码全部放在绳子末端，将数据记录下来。

实验2 质量对加速度的影响

1. 通过在小车上增加槽码的数量来改变小车的质量。用上述实验装置，在实验初始时，在绳子末端放5个槽码，小车上则不放槽码。
2. 将小车从斜面上释放，记录总质量（小车和槽码的质量和）和加速度，再重复2次，取小车3次运动加速度的平均值。
3. 保持小车所受的拉力不变，在小车上加1个槽码，重复步骤2，直至车上有5个槽码。

结果

结果1：将数据画成加速度与力的图象，加速度是因变量，所以放在纵轴，连接所有数据点，结果呈一条过原点的直线，表明加速度与力是正比关系。

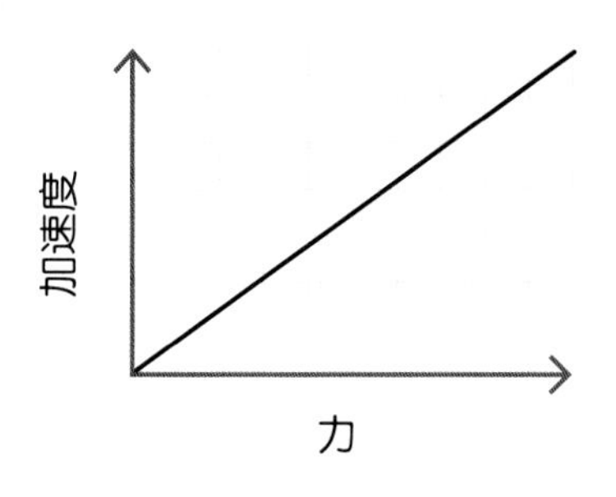

结果2：画出加速度与质量的图象，结果呈一条下降的曲线，表明两者是反比关系。

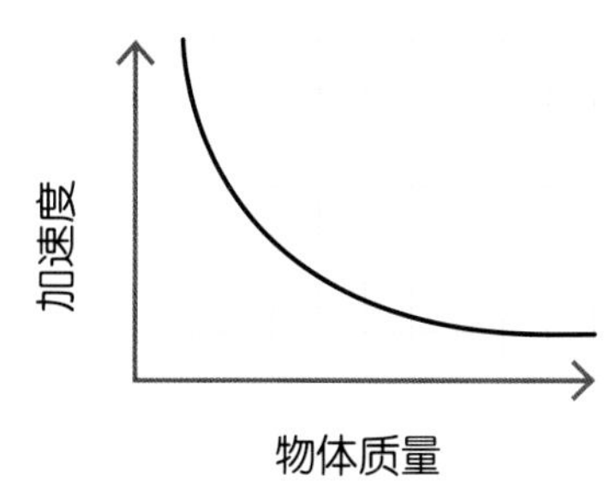

艾瑞欧原子赛车

一些赛车被设计成轻量化的样式，以便在发动机功率相同的情况下具有最大的加速度。艾瑞欧原子赛车只有一个裸车架，没有车棚、车门和车窗，质量只有普通赛车的一半。

动量

当物体碰撞时，一个物体对另一个物体的作用效果取决于一个叫“动量”的物理量，用p表示。运动物体的质量越大、速度越快，动量就越大，所产生的作用也越强。

要点

✓ 物体的质量越大、速度越快，动量就越大。

✓ 动量＝质量×速度，$p = mv$。

✓ 动量守恒定律说明，对于不受外力的系统，碰撞前后总动量保持不变。

✓ 动量是矢量，计算时要考虑物体运动的方向。

1 动量守恒

牛顿摆是一种演示动量守恒定律的装置。按照这一定律，当一个系统不受外力时，系统的总动量在碰撞前后是一样的，当一个小金属球被抬起并释放后，它会与其他小球发生碰撞，把动量从一个小球传到另一个小球，直至把最后一个小球弹起来，再重复这个循环。

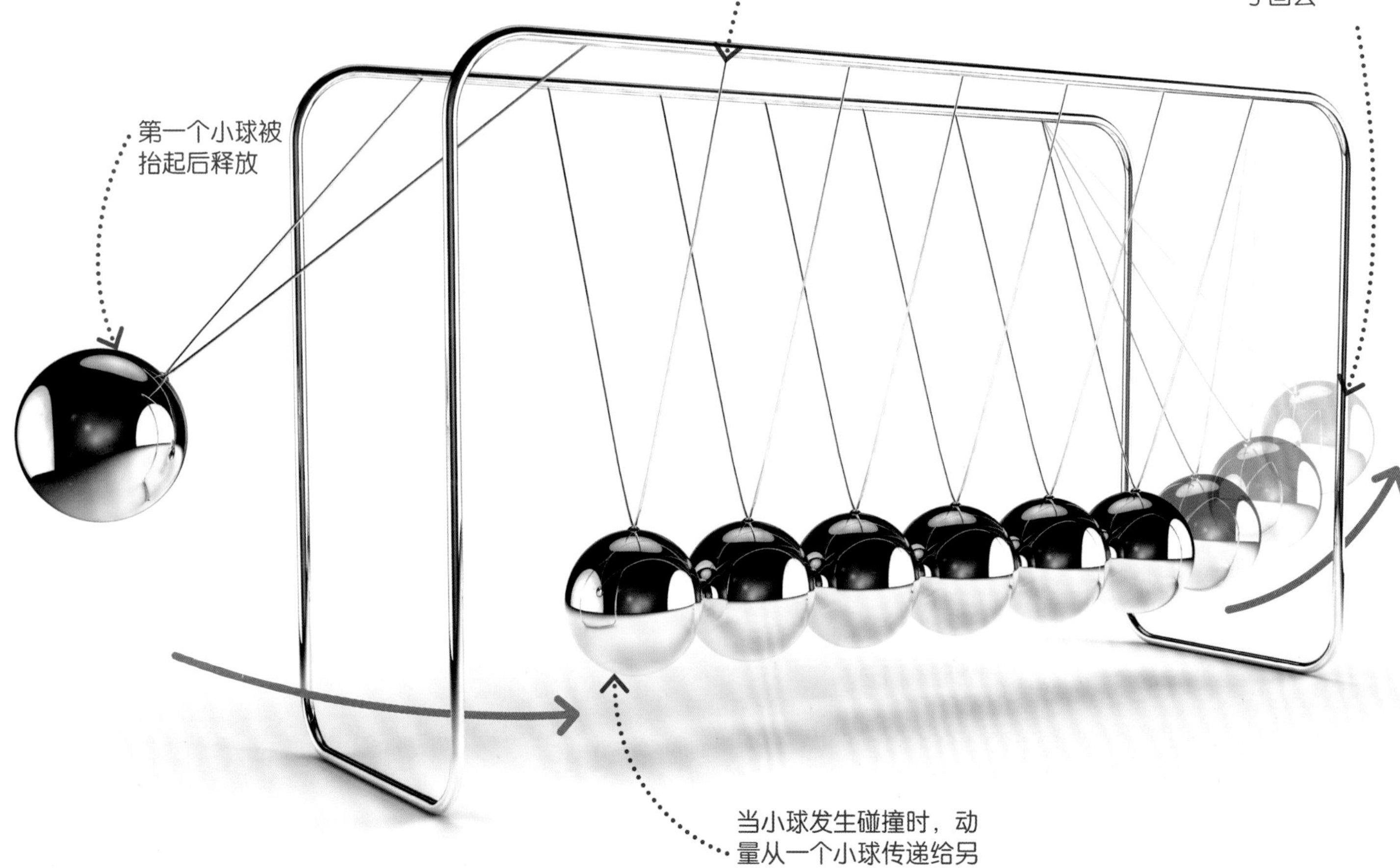
每个小球都由一对绳悬挂，所以它们能在同一条直线上摆动
最后一个小球被推起，又摆了回去
第一个小球被抬起后释放
当小球发生碰撞时，动量从一个小球传递给另一个小球

2 动量公式

一个物体的动量与其质量和速度有关，如下述公式所示。质量不大的流星有巨大的动量是因为它的速度很快。货运火车等大型交通工具动量巨大，则是因为它的质量很大，即使在速度很慢的时候，它也能造成危险的碰撞。动量是矢量，所以计算时要考虑物体的运动方向。

$$p = mv$$

p —动量（kg · m/s）
m —质量（kg）
v —速度（m/s）

计算

问题：一头质量为1 000kg的犀牛，以15m/s的速度前进，它的动量是多少？

解：$p = mv$
$= 1\,000 \times 15$
$= 15\,000$（kg · m/s）

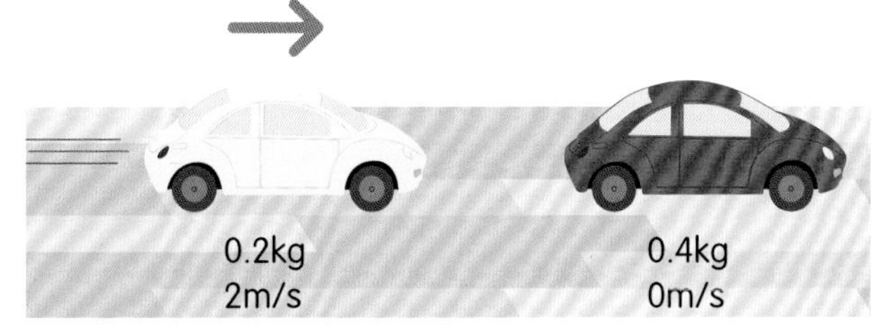

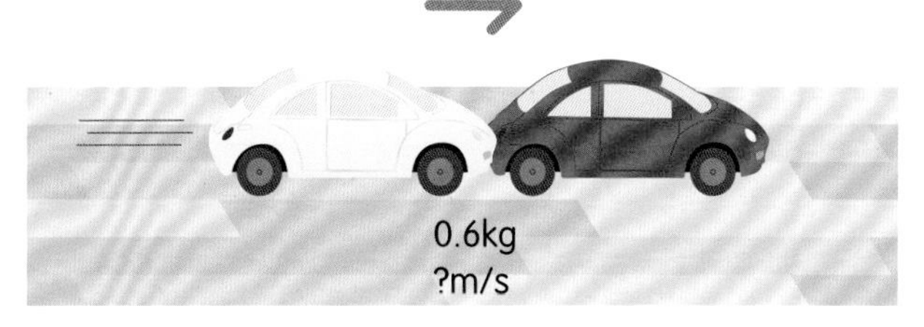

问题：一辆质量为0.2kg的玩具车，以2m/s的速度撞击另一个质量为0.4kg的静止小车。碰撞后两车以相同的速度同向运动，求该速度的大小。

解：因为总动量是守恒的，所以
碰撞后总动量 = 碰撞前总动量
$= 0.2 \times 2 + 0.4 \times 0$
$= 0.4$（kg · m/s）

$$v = \frac{p}{m}$$
$$= \frac{0.4}{0.2+0.4}$$
$$\approx 0.67\text{（m/s）}$$

弹性碰撞与非弹性碰撞

当物体发生碰撞时，总动量在碰撞前后是守恒的（见第92页），但动能却不一定。总动能是否守恒取决于碰撞是弹性的还是非弹性的。

要点

- ✓ 碰撞可以是弹性的，也可以是非弹性的。
- ✓ 在弹性碰撞中动能守恒，在非弹性碰撞中动能有损失。
- ✓ 碰撞前后物体的总动量是守恒的。

1 弹性碰撞

在一次弹性碰撞中，2个相互碰撞的物体会发生形变，但在碰撞后就恢复原状并分离。运动物体的总动能在碰撞前和碰撞后保持不变。现实生活中极少有完全弹性碰撞，因为动能通常会损失一些。例如，踢足球时，一些动能转化为声能。

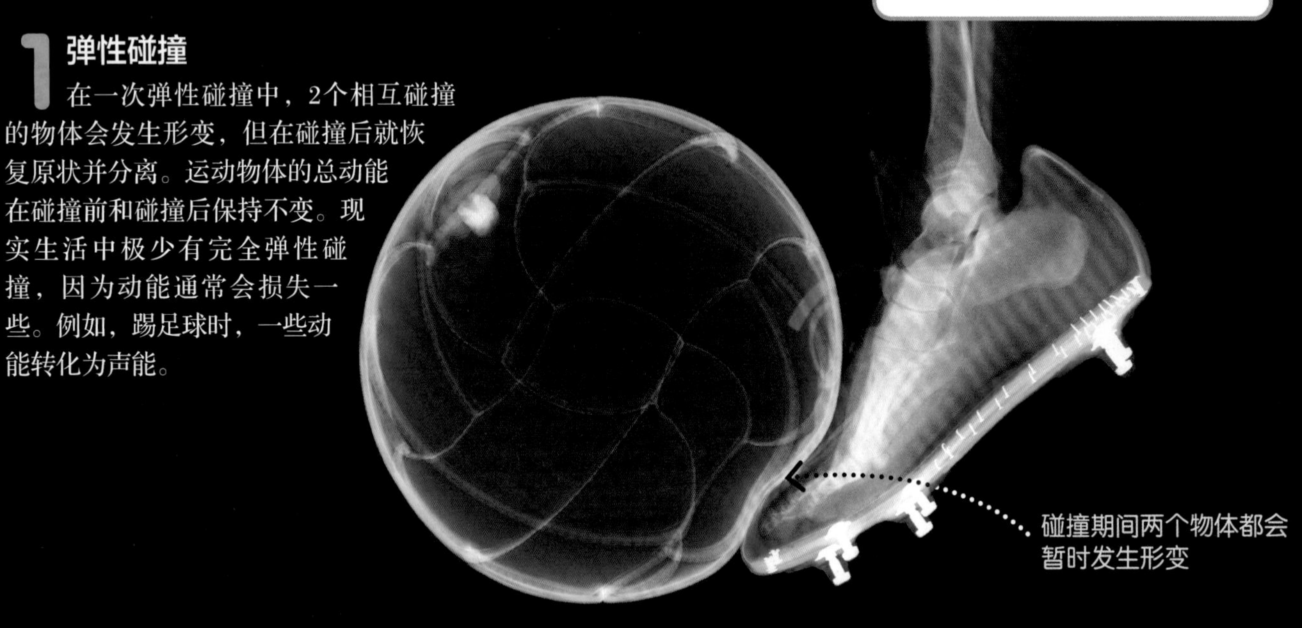

计算动能

多数碰撞都会损失动能，我们可以通过计算碰撞前和碰撞后的总动能来计算其损失量。

问题：在一场斯诺克比赛中，一个质量为0.17kg的白球以1.5m/s的速度撞击一个质量为0.16kg的静止的红球，碰撞后红球以1.2m/s的速度向前运动，白球以0.37m/s的速度向前运动，求这个过程中动能损失了多少。

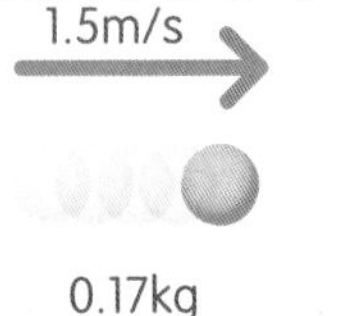

解：利用第44页的动能公式（$E_k=\frac{1}{2}mv^2$）计算碰撞前后的动能。

$$E_{k前}=\frac{1}{2}\times0.17\times1.5^2\approx0.19\ (\text{J})$$

$$E_{k后}=\frac{1}{2}\times0.17\times0.37^2+\frac{1}{2}\times0.16\times1.2^2\approx0.13\ (\text{J})$$

$$\Delta E_k=0.19-0.13=0.06\ (\text{J})$$

2 非弹性碰撞

在非弹性碰撞中，两个相撞的物体发生永久形变，甚至可能连成一体，动能转化为声能、内能和其他形式的能。如下图所示，汽车相撞是非弹性碰撞，和踢足球时足球离开脚后恢复形变不同，汽车损失了动能并停下来，两车都发生了永久形变。

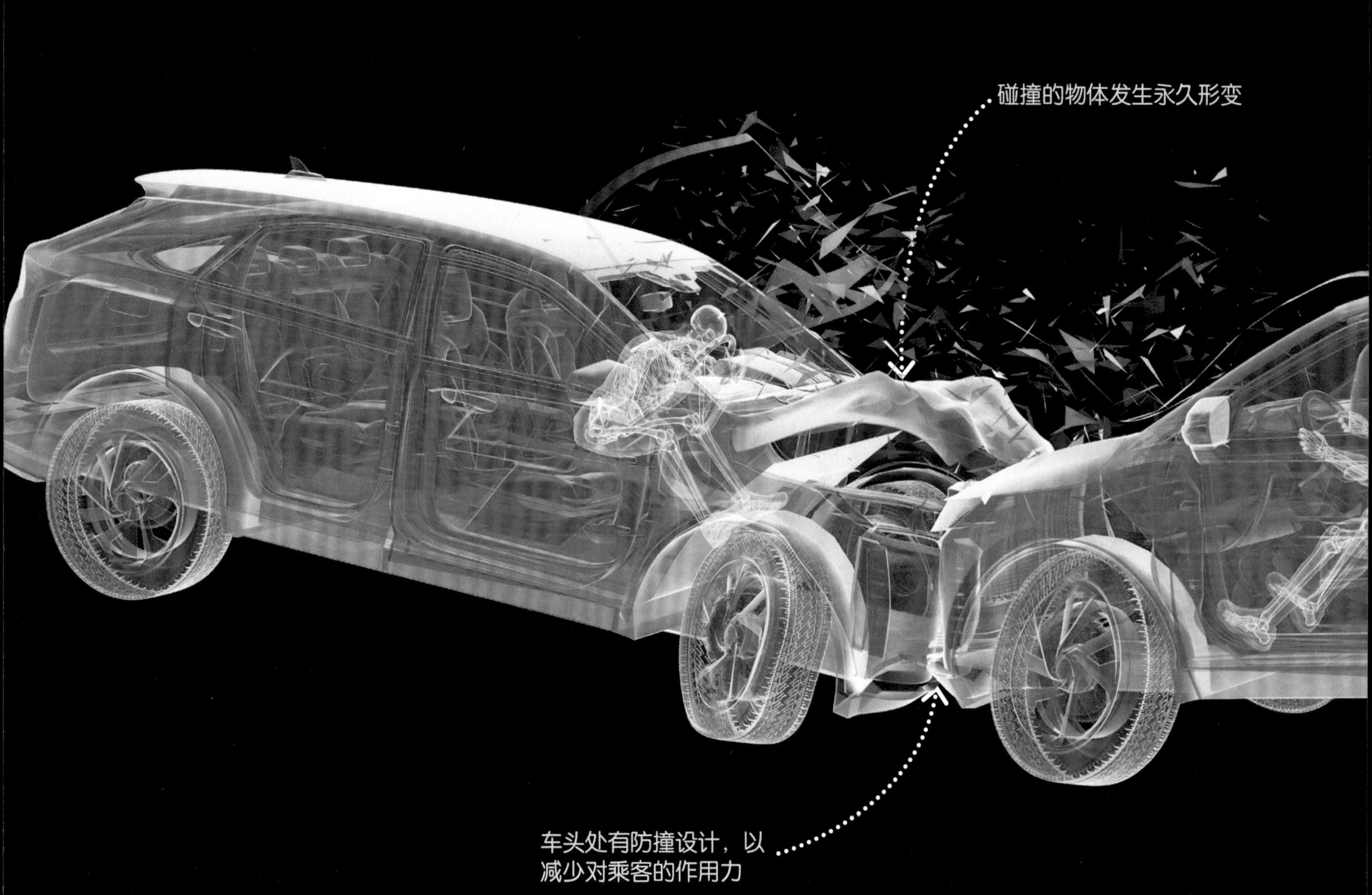
碰撞的物体发生永久形变
车头处有防撞设计，以
减少对乘客的作用力

爆炸

在炸药爆炸过程中，动量仍然守恒，但动能不守恒。未爆炸前的炸药在静止时动能等于零，但爆炸后的碎片具有巨大的动能，而动量仍和以前一样。爆炸前静止炸药的总动量为零，爆炸后各部分的总动量也是零（动量是矢量，爆炸后的碎片向外飞时其动量方向各异）。

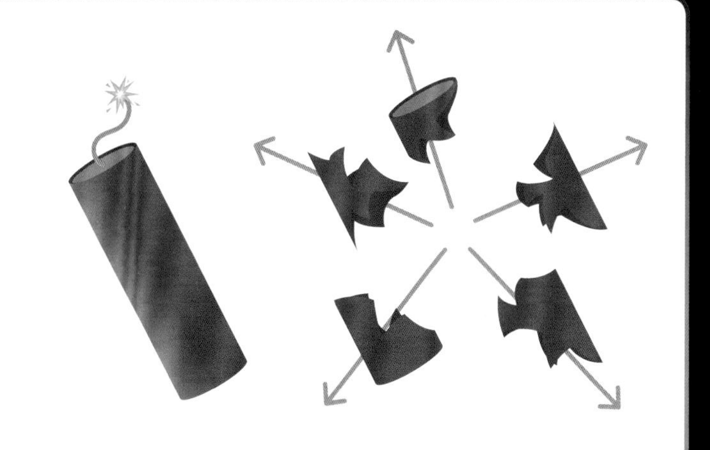

动量的改变

要点

✓ 改变物体的动量，需要力的作用。

✓ 想让一个运动的物体停下来时，它的动量越大，需要用的力就越大，或者让力作用的时间越长。

改变一个运动物体的动量，不论是让车停下还是击打网球，都需要力。动量变化量越大，或其变化越快，所需的力就越大。汽车碰撞是十分危险的，因为它的动量变化极快，会产生巨大的力。

力和动量

当车停下来时，它的动量逐渐降为零。这一动量变化所需的力可用下面的公式计算。

$$F=\frac{mv_t-mv_0}{t}$$

F 一力（N）
m 一质量（kg）
v_t 一末速度（m/s）
v_0 一初速度（m/s）
t 一时间（s）

如下图所示，让汽车突然停下所需的力比让汽车慢慢停下所需的力更大。

14m/s
0m/s

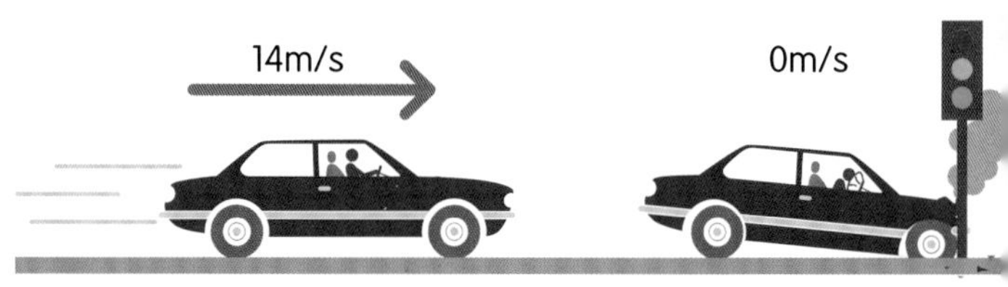
14m/s
0m/s

1 慢慢停下

质量为1 000kg的汽车以14m/s的速度行驶，驾驶员要在10s内让车速减到0m/s，作用在车上的力是多少？

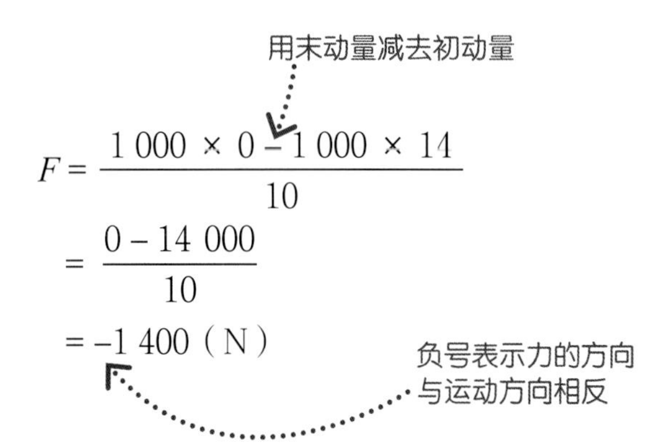
用末动量减去初动量
负号表示力的方向与运动方向相反

$$F=\frac{1\,000\times 0-1\,000\times 14}{10}$$
$$=\frac{0-14\,000}{10}$$
$$=-1\,400\ (\mathrm{N})$$

2 突然停下

同样质量同样速度的汽车，撞到了交通灯，在0.07s内停下来，作用在车上的力是多少？

$$F=\frac{1\,000\times 0-1\,000\times 14}{0.07}$$
$$=\frac{0-14\,000}{0.07}$$
$$=-200\,000\ (\mathrm{N})$$

这个力是大象重力的5倍

停车距离

当驾驶员在驾驶途中发现危险时，必须尽快把车停下。从驾驶员发现危险到车停下来这段时间内行驶的距离称为停车距离，它取决于车速、车的质量和其他因素。

要点

- ✓ 停车距离是从驾驶员发现危险到汽车停下这段时间内汽车行驶的距离。
- ✓ 总停车距离是反应距离和制动距离的和。
- ✓ 影响反应距离的因素有疲劳驾驶、注意力不集中、吸食毒品或饮酒，以及车速等。
- ✓ 影响制动距离的因素有车速、车的质量、车的状态、路况、天气等。

反应距离

总停车距离包括两部分：反应距离和制动距离。反应距离是驾驶员从看到危险到做出反应，再到开始刹车这段时间内，汽车向前行驶的距离；制动距离是从开始刹车到车停下来这段时间内汽车行驶的距离。

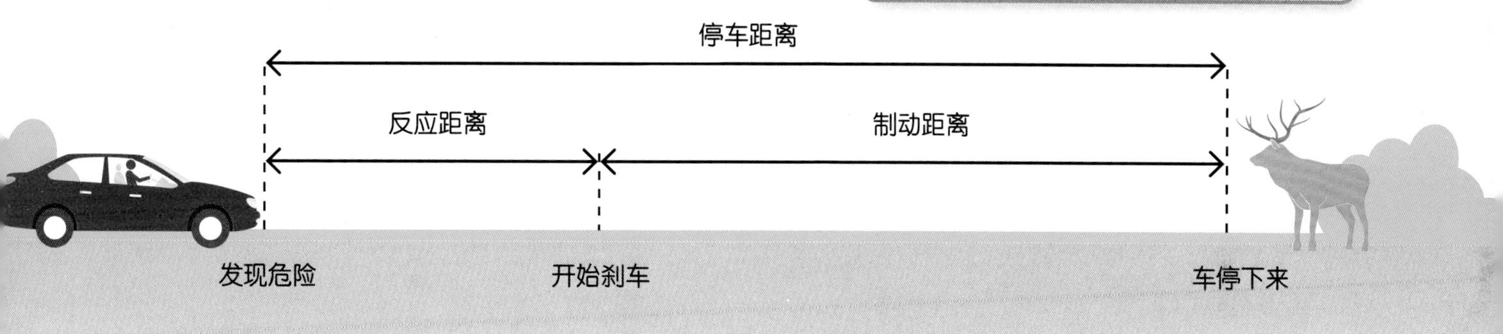

停车距离和车速

影响停车距离最主要的因素是车速。一辆汽车行驶得越快，它安全停下所需的制动距离就越长。这是因为快车比慢车动能更大，制动器需要做更多的功让它停下。

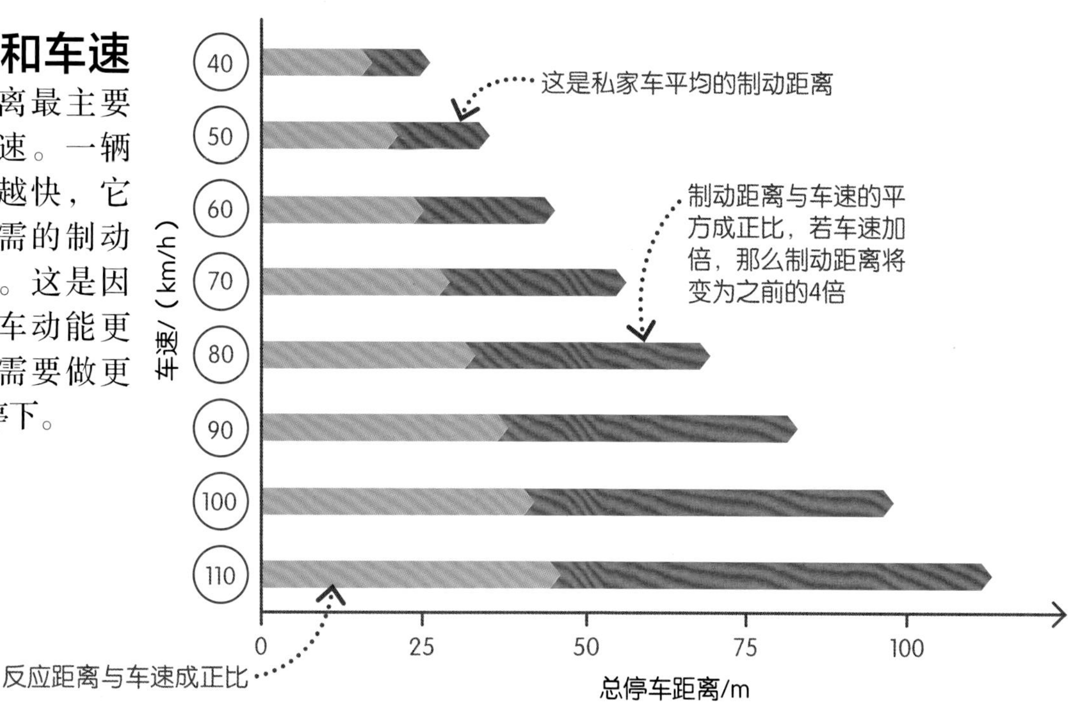

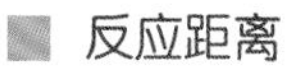

反应时间

大多数驾驶员的反应时间约为0.7s，但在某些情况下可能是这个值的3倍以上，如喝酒、吸毒、看手机等。反应时间因人而异，而且与驾驶员的疲劳程度有关。你可以通过一个简单的小实验测试自己的反应时间。请一个助手在不通知你时间点的情况下释放一把尺子，看你能多快地抓住它。

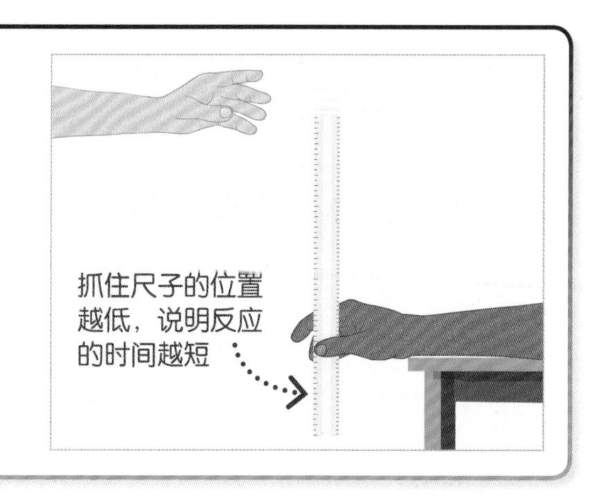

抓住尺子的位置越低，说明反应的时间越短

影响制动距离的因素

1 满载的货车比小汽车有更大的动能，所以需要更长的制动距离。

2 速度快的车比速度慢的车有更大的动能，所以需要更长的制动距离。

3 轮胎也会影响制动距离，如果轮胎坏了或保养不善，它们产生的摩擦力更小，用于减小动能的力也就更小。

4 潮湿或结冰的路面使摩擦力减小，导致制动力减小，此时车辆还容易发生侧滑。

超音速汽车的制动距离

制动距离与速度的平方成正比。所以，保持地面速度最高纪录的超音速汽车Bloodhound LSR，即使使用了制动降落伞，其制动距离仍大约有7.2km。

Bloodhound LSR的流线型“鼻子”有助于减少空气阻力

汽车安全装置

在汽车碰撞过程中，车和车内一切物体都经历了动量从大到小的变化。车内的人受到的力与动量变化有关，为了减少这个可能造成致命伤害的巨大的力，汽车会设计一些能减慢动量变化的安全设施。

要点

- ✓ 汽车碰撞会产生动量的极端变化，并带来极大的危险。
- ✓ 减缓动量变化，可以减少碰撞中的力。
- ✓ 汽车安全装置包括安全带、安全气囊和前后碰撞缓冲区。

碰撞测试

工程师通过模拟汽车碰撞来测试车内的人在汽车受到撞击时身体不同部位的受力情况，从而保证安全设施是有效的。最主要的汽车安全装置是安全带、安全气囊和前后碰撞缓冲区。安全气囊和前后碰撞缓冲区会增加人的身体完全停下所用的时间，从而减慢动量变化，减小乘客受到的作用力。

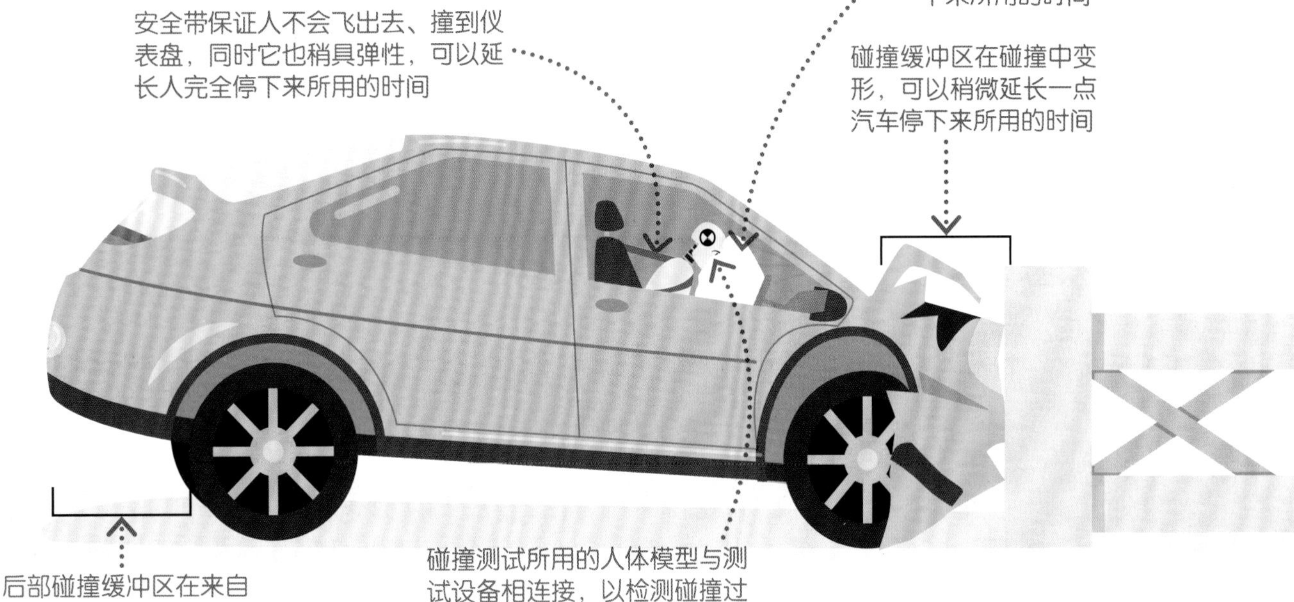
气囊在碰撞瞬间被弹出，形成一个枕状气垫，以延长人的头部停下来所用的时间
安全带保证人不会飞出去、撞到仪表盘，同时它也稍具弹性，可以延长人完全停下来所用的时间
碰撞缓冲区在碰撞中变形，可以稍微延长一点汽车停下来所用的时间
后部碰撞缓冲区在来自后面的碰撞中保护车辆
碰撞测试所用的人体模型与测试设备相连接，以检测碰撞过程中人体模型所承受的力

安全厢

现代汽车的很多部位都被设计成在碰撞中能安全形变的结构，以减小乘客所受的力。但有一些部分还需要特别保护，包括乘客所在的驾驶室、油箱或电池。这些地方由坚硬的钢制框架包裹着，称为安全厢，它可以承受巨大的力而不发生明显形变。

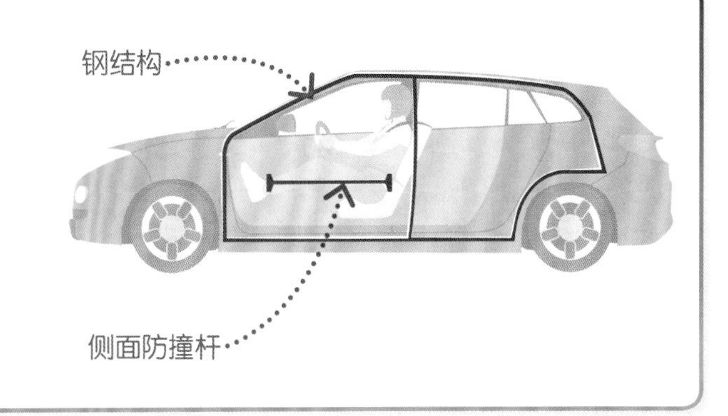
钢结构
侧面防撞杆

制动距离与能量

要使汽车停下来，必须将它的动能转化为其他形式的能量。汽车速度越快，它要转化的动能就越大，制动距离也越长。

要点

- ✓ 刹车时，制动力可以改变汽车的运动状态。
- ✓ 制动所做的功等于动能的变化。
- ✓ 安全停下一辆车所需的制动距离与车速的平方成正比。

动能定理

运动的汽车具有动能，可利用第44页介绍的公式$E_k=\frac{1}{2}mv^2$来计算。当通过刹车使汽车减速时，刹车对汽车产生一个力并且做（负）功，因为刹车做的功与动能的变化量相等，可将第47页做功的公式与第44页动能的公式联立，推导出一个新的公式。

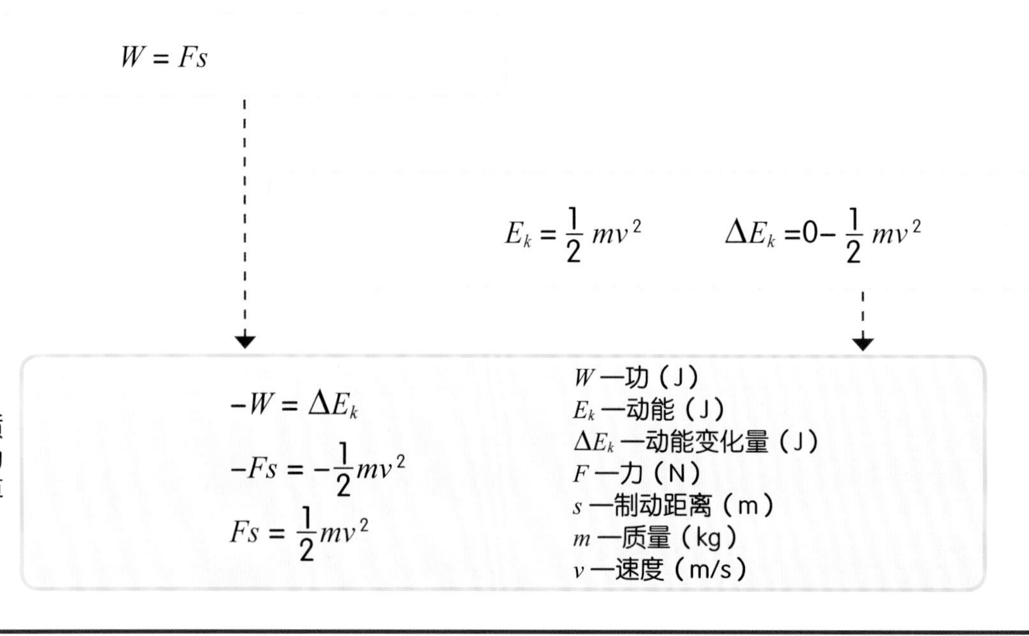

利用这个公式，在已知汽车的质量、速度和制动力时，就能计算出制动距离。

计算

作用在轮子上的制动力为2 000N，汽车质量为1 100kg，行驶速度为13m/s，求汽车的制动距离。若汽车速度加倍，那么制动距离为多少？

解：（1）$s=\frac{\frac{1}{2}mv^2}{F}$

$=\frac{\frac{1}{2}\times 1\,100\times 13^2}{2\,000}$

≈ 46（m）

解：（2）$s=\frac{\frac{1}{2}mv^2}{F}$

$=\frac{\frac{1}{2}\times 1\,100\times 26^2}{2\,000}$

≈ 186（m）

速度加倍时，制动距离是之前的4倍，制动距离与速度的平方成正比

速度与安全性

推导出的新公式告诉我们，制动距离与速度的平方成正比。当速度变成之前的2倍时，制动距离是之前的4倍；若速度变成之前的3倍，则制动距离是之前的9倍。这是高速行车危险的原因之一。速度快的车，不仅有更大的动能，也需要更长的距离才能停下来。

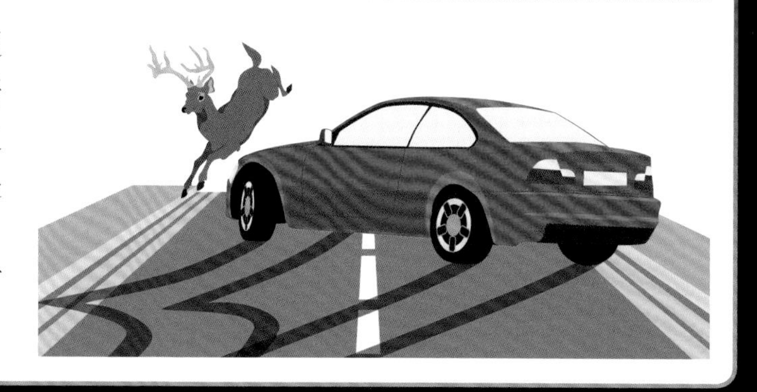

刹车盘

刹车时，汽车的动能转化成热能，从而使刹车盘变热。F1方程式赛车可极快地加速和减速，刹车时产生大量的热，使刹车盘发热变红。

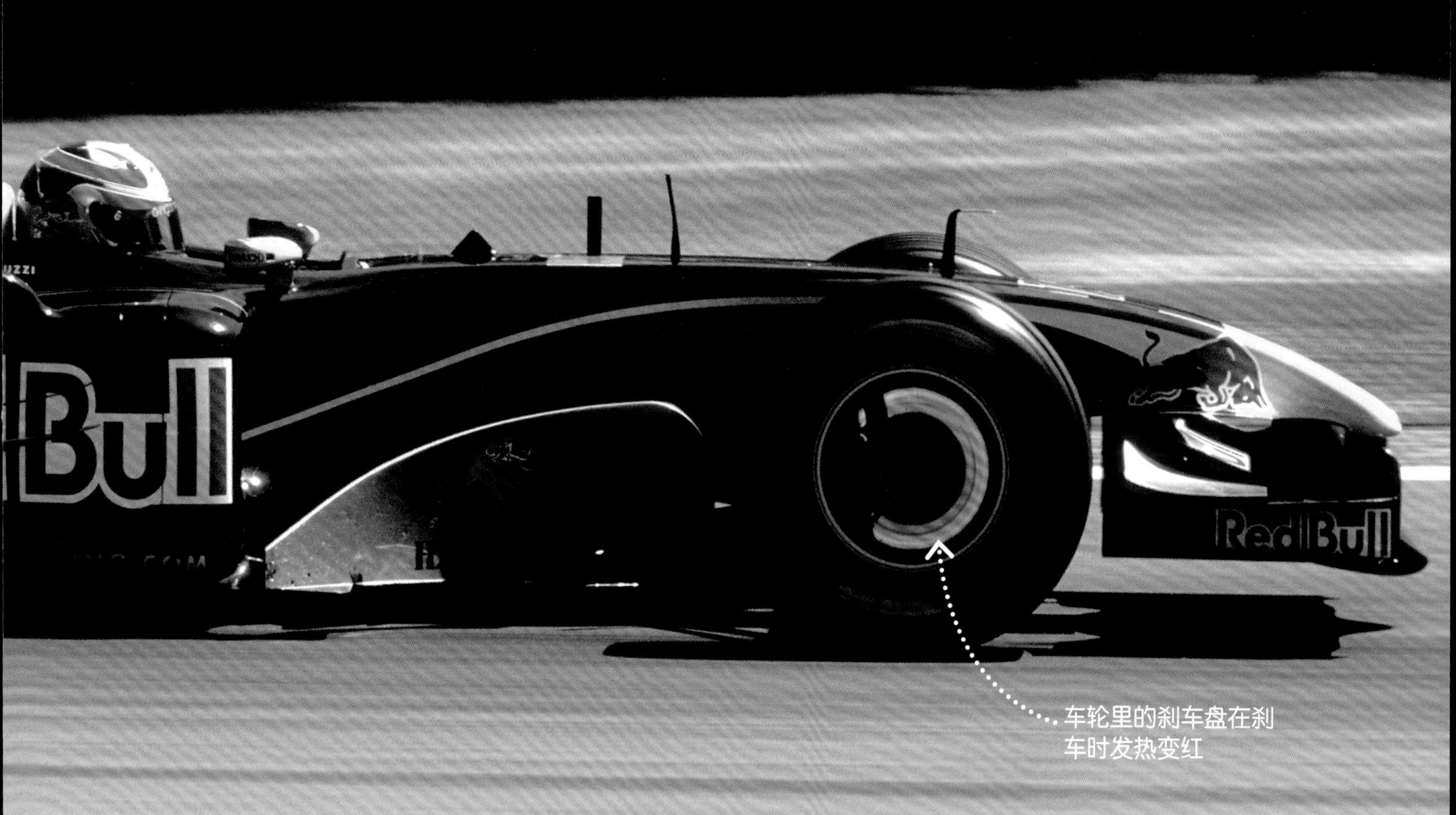

车轮里的刹车盘在刹车时发热变红

收尾速度

自由下落的物体因受地球向下的引力而加速，但当达到收尾速度时就不再加速。此时，物体向下的重力与向上的空气阻力平衡。

要点

- ✓ 空气阻力是一种摩擦力，与物体在空气中的运动方向相反。
- ✓ 物体在流体（气体或液体）中的运动速度越快，所受的阻力越大。
- ✓ 收尾速度是下落的物体在竖直方向上受力平衡时所达到的恒定速度。

特技跳伞运动员

特技跳伞运动员通常在跳出飞机大约12s后达到35m/s的收尾速度。他们会在开伞前的一段时间保持这个速度，并在开伞后几秒的时间里剧烈减速。剧烈减速能使他们的速度低于8.3m/s。

当特技跳伞运动员头朝下竖直降落而非呈大字形平落时，收尾速度可达到300km/h

空气阻力的利用

物体的空气阻力与其在空气中的运动方向相反。飞机和鸟的身体呈流线型以减小空气阻力，但降落伞与它们的工作方式恰好相反。降落伞较大的面积产生了尽可能大的空气阻力，从而使从空中落下的人以一个极小的收尾速度落地。

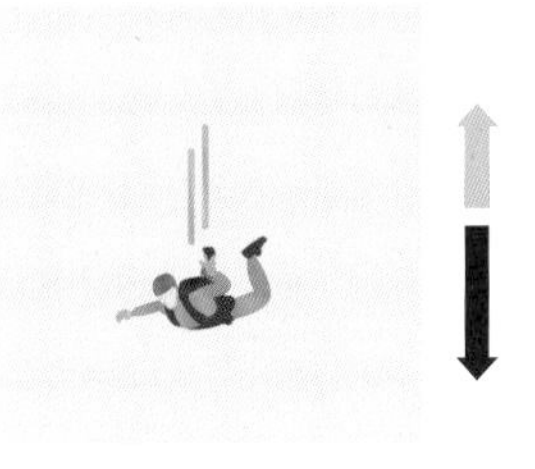

1 当特技跳伞运动员刚从飞机上跳下时，空气阻力较小，特技跳伞运动员的重力大于空气阻力，所以合力方向向下，特技跳伞运动员加速。

2 随着特技跳伞运动员速度的增加，空气阻力也不断增大，直到与特技跳伞运动员的重力相等。两者达到平衡后，特技跳伞运动员不再加速，他将以恒定的速度降落，这个速度就叫作收尾速度。

3 当特技跳伞运动员打开降落伞时，空气阻力明显增大，远大于特技跳伞运动员的重力，此时合力向上，特技跳伞运动员开始减速，但仍向下运动。

4 随着特技跳伞运动员的速度逐渐减小，空气阻力也随之减小，最终再次和其重力相等，特技跳伞运动员达到一个新的、更小的收尾速度，以保证其安全着陆。

空气阻力
重力

速度—时间图象

特技跳伞运动员从飞机到地面的旅程可以用速度—时间图象来表示，两个水平区域代表了两个收尾速度，速度的骤降表示特技跳伞运动员将降落伞打开时突然减速。

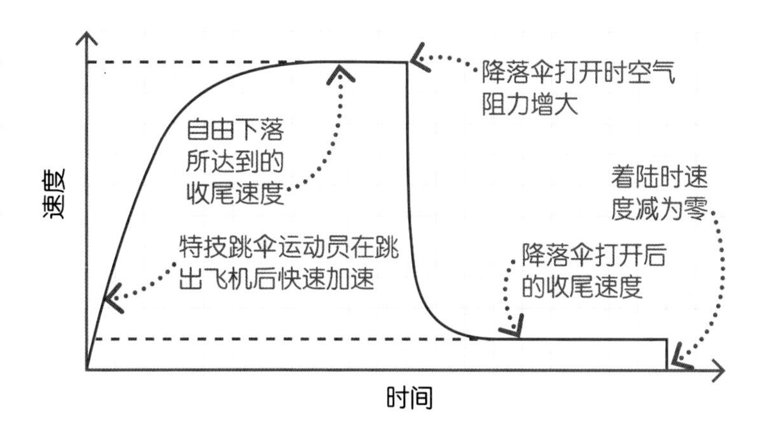
降落伞打开时空气阻力增大
自由下落所达到的收尾速度
速度
着陆时速度减为零
特技跳伞运动员在跳出飞机后快速加速
降落伞打开后的收尾速度
时间

6 波

波

振动的传播称为波动，简称波。一类波必须要有介质才能传播，如水面上的涟漪和空气中的声波。另一类波可以在真空中传播，如光波。

要点

- ✓ 波是振动的传播。
- ✓ 波长是相邻两波峰之间的距离。
- ✓ 波的振幅是波峰比平衡位置高出的高度。
- ✓ 波的频率是单位时间内通过固定点的波的次数。

水波

往水池中扔一颗石子，水面会形成一圈一圈的水波纹并向外传播，看起来似乎是水在向外流动。实际上，当波的能量通过时，水只是在原地上升或下降，漂浮在水面上的物体此时会上下快速浮动。

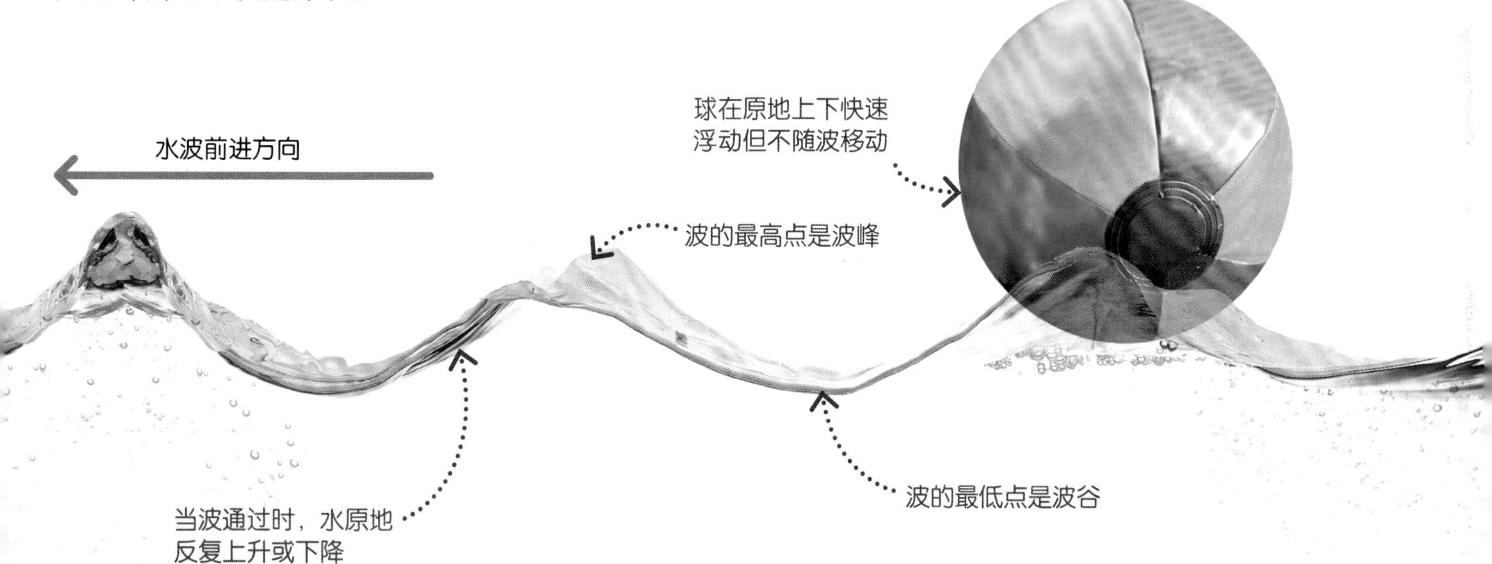

球在原地上下快速浮动但不随波移动
水波前进方向
波的最高点是波峰
当波通过时，水原地反复上升或下降
波的最低点是波谷

波的描述

所有类型的波都可以用3个物理量来描述：波长、频率和振幅。波长是单个波的长度。频率是单位时间内通过某固定点的波的次数，频率越低，波长越长。振幅是波峰比平衡位置高出的高度，振幅越大，波传递的能量越大。

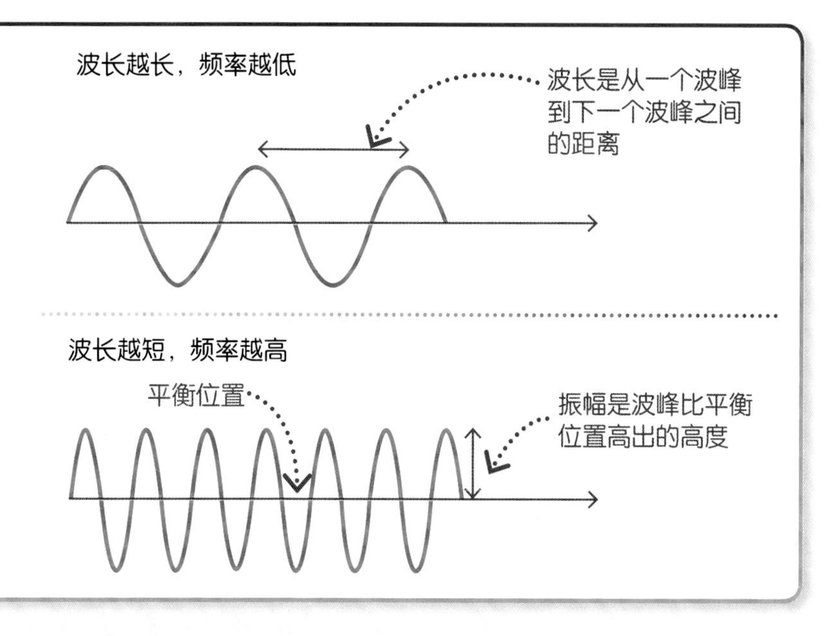

波长越长，频率越低
波长是从一个波峰到下一个波峰之间的距离
波长越短，频率越高
平衡位置
振幅是波峰比平衡位置高出的高度

声音

声音是由物体的振动产生的，声音的传播需要介质。传声的介质可以是气体、液体和固体。例如，拨动吉他弦或敲鼓引起振动，这种振动传递到空气中，产生向四面八方传播的波。

要点

- ✓ 声音在介质中传播。
- ✓ 声音由物体的振动产生。
- ✓ 声波是纵波，振动方向和波的传播方向在同一直线上。
- ✓ 光波是横波，振动方向与波的传播方向垂直。

声波

当扬声器播放音乐时，它的表面会前后快速运动，又叫振动。空气中的粒子被周期性地振动拉在一起或分隔开，并带动周围粒子一起振动，于是产生向周围传播的波，即声波。声波在固体和液体中的传播方式与在空气中相同。

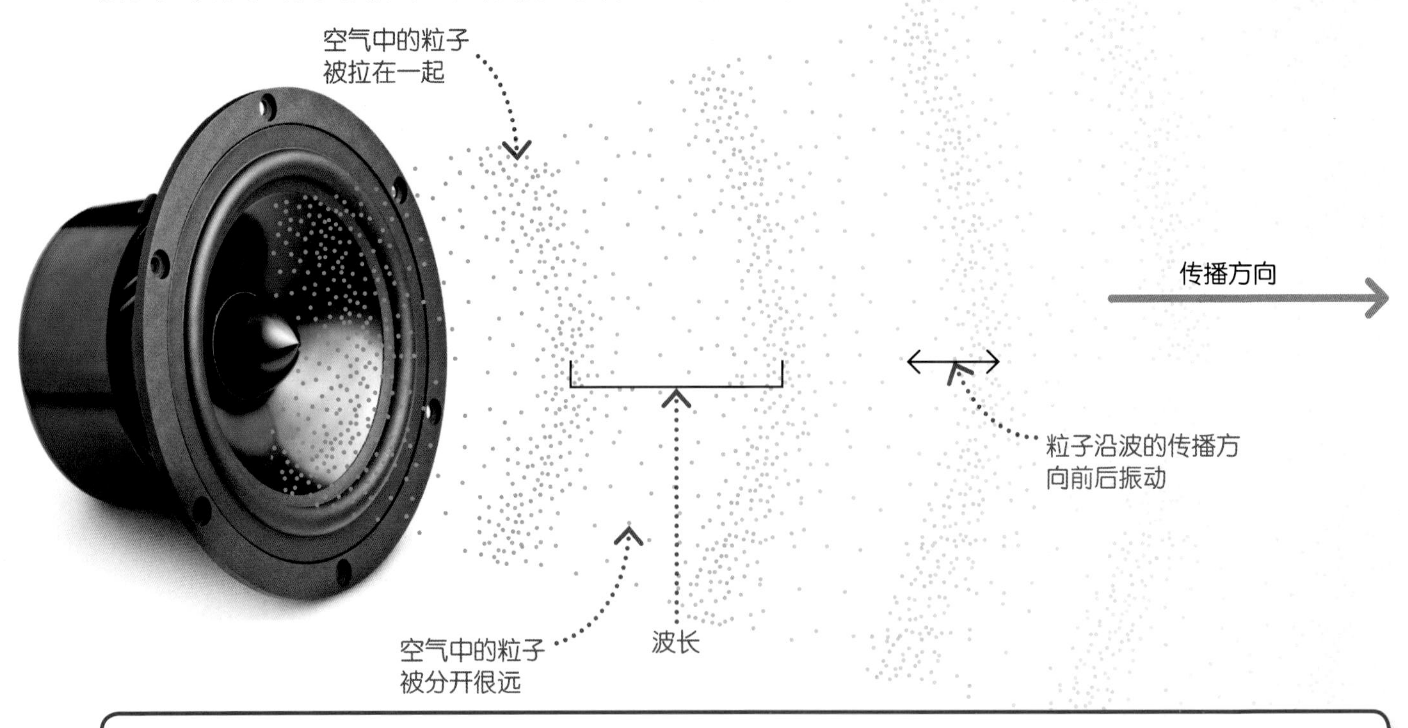
空气中的粒子被拉在一起
传播方向
粒子沿波的传播方向前后振动
空气中的粒子被分开很远
波长

纵波和横波

所有的波都有一种振动方式。振动方向与波的传播方向在同一直线上的波，叫作纵波，如声波。振动方向与波的传播方向相互垂直的波，叫作横波，如水波、光波。

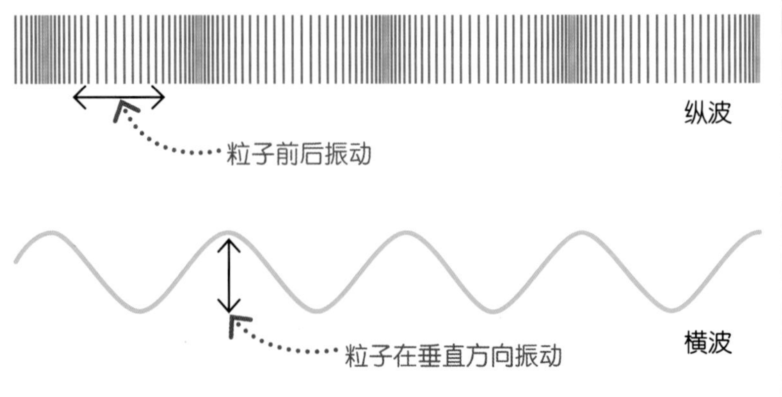
粒子前后振动
纵波
粒子在垂直方向振动
横波

示波器

声音有大有小，有高有低。声的响度取决于声波的振幅，音调取决于声波的频率，这些特点我们可以通过示波器来进行研究。示波器是一种把波以屏幕上移动的波形图的形式显示出来的设备。

要点

- ✓ 声波的振幅越大，声的响度越大。
- ✓ 声波的频率越高，声的音调越高。
- ✓ 示波器可以帮我们看见声波。

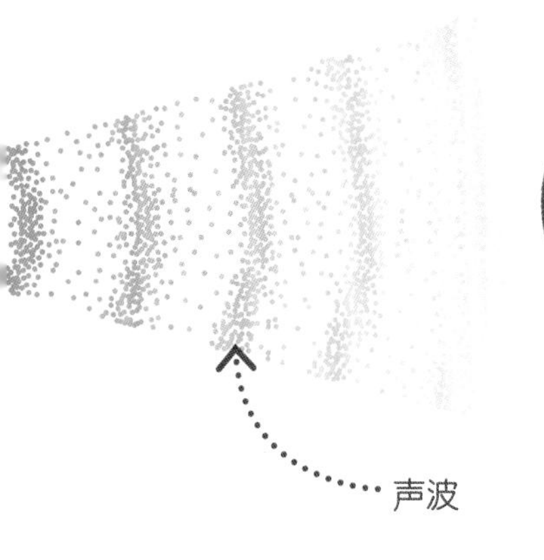

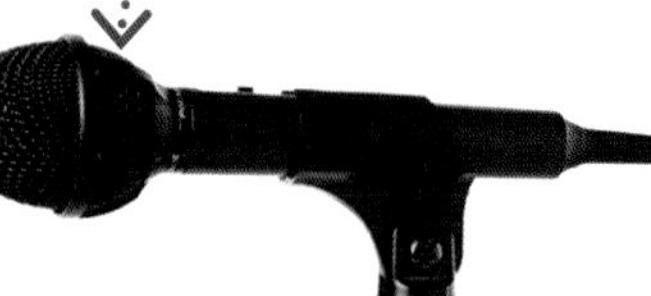

麦克风探测声音，并将声波转化成电信号

声波

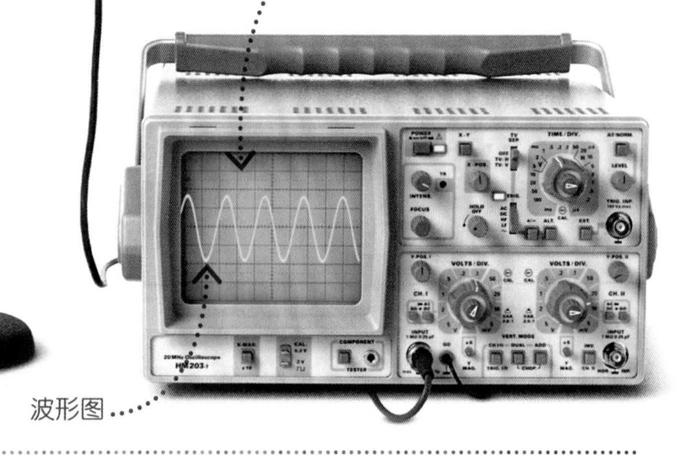

示波器将信号展示成动图，形成的图案叫作波形图

波形图

“看见”声音

尽管声波是纵波，但它在示波器上呈现的形式是横波，以便于理解。屏幕的水平方向表示时间，垂直方向通常表示振幅。

不同的声音

不同的声音在波形图上有各自独特的波形，以便于我们看到波的振幅、频率和特征（音色）。

复杂的波形表示乐器的特征，每一种乐器都有自己独特的波形特征，也叫作音色或音质

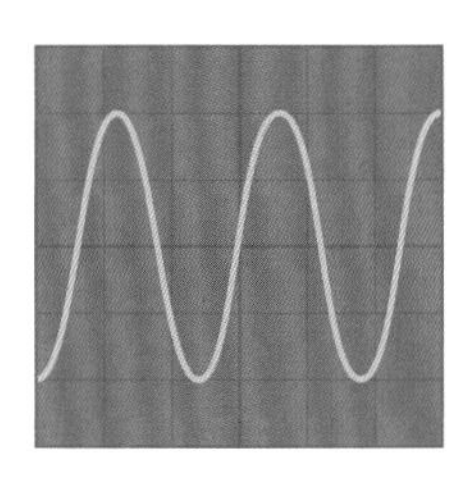

1 响亮的声音振幅较大，所以波形很高。

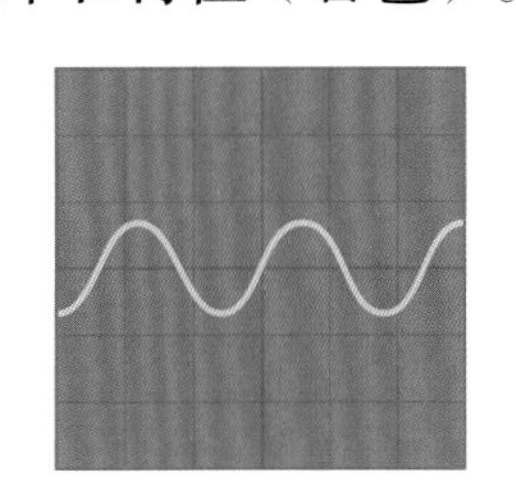

2 微弱的声音振幅较小，波形较低。

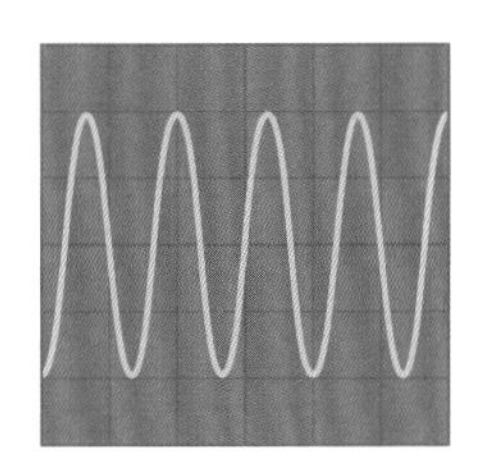

3 高亢的声音频率较高，所以波形上很多波峰紧密相邻。

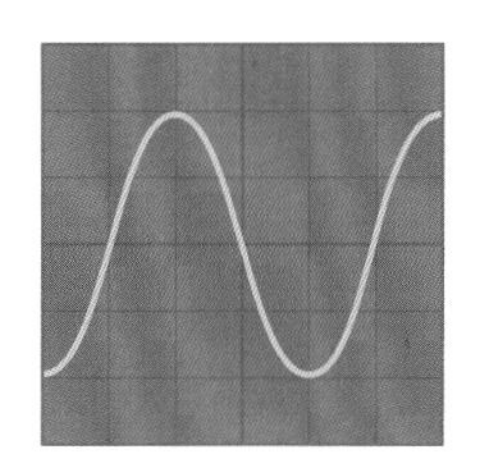

4 低沉的声音频率较低，所以波形在很长距离上只有少数几个波峰。

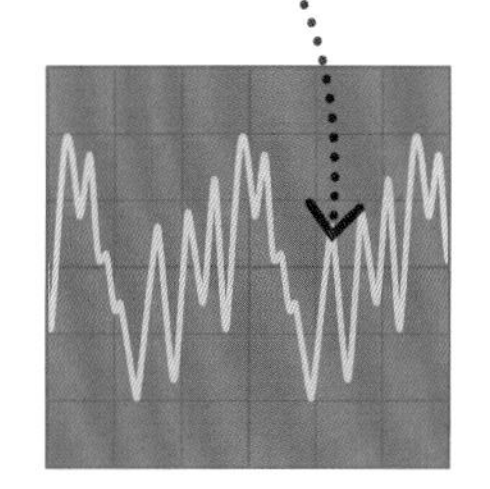

5 生活中的大部分声音产生复合的声波，所以会形成形状较复杂的波形。

波的公式

波传播的速度、波长、频率和周期（波走一个波长所用的时间）这几个物理量是相关的，其关系如下。

要点

- ✓ 波走一个波长所用的时间称为周期。
- ✓ 波的频率等于1除以波的周期。
- ✓ 波速等于波长乘波的频率。

1 频率和周期

本书中大部分波形图表示的是波形与传播距离的关系，但下图表示的是振动情况与时间的关系。波每走一个完整的波长需0.25s，这是波的周期。每秒有4个波长经过，这是波的频率，它的单位是赫兹（Hz），1Hz表示每秒经过1个周期。

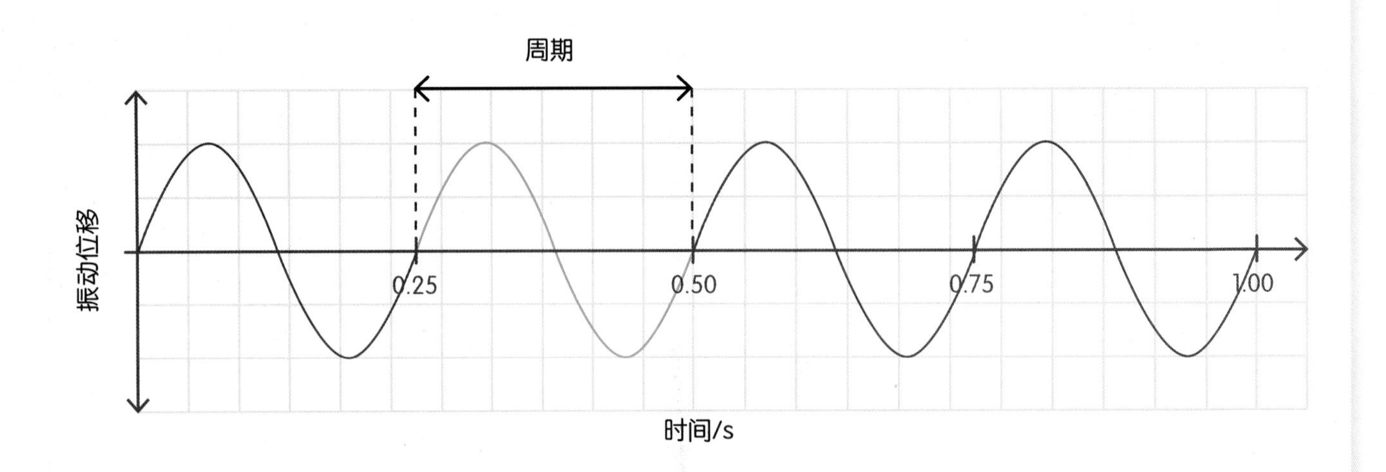

2 频率公式

下式是波的频率与周期的关系，两者成反比关系，一个减半，另一个就加倍。

$$f=\frac{1}{T}$$

T—周期（s）
f—频率（Hz）

计算

问题：钢琴中央C键发出的声音的周期为0.003 82s，求该声波的频率是多少？

解：$f=\frac{1}{T}=\frac{1}{0.003\ 82}\approx 262$（Hz）

3 声波

右边的公式是波速、频率、波长之间的关系，波长的符号用希腊字母λ表示。

$v = \lambda f$

v 一波速（m/s）
λ 一波长（m）
f 一频率（Hz）

计算

问题：小提琴家演奏乐曲的频率为880Hz，声音在空气中的传播速度为343m/s，求这个旋律的波长。

解：$v = \lambda f$

$\lambda = \frac{v}{f}$

$= \frac{343}{880}$

≈ 0.390（m）

4 声速

声音在空气中的传播速度为343m/s，在水中比在空气中传播得快，为1 480m/s，在固体中又比在气体、液体中传播得快，如声音在钢中的传播速度为5 000m/s。而光在空气中的传播速度大约是声音的100万倍，所以，在观赏烟花或雷雨天时，人们往往先看到烟花或闪电，后听到爆竹声或雷声。

如果记录从看到光到听到声音的时间间隔，就可以利用声音在空气中的传播速度计算出人距烟花或闪电的距离

听到声音

人耳可以把声波携带的能量转化为电信号，传入大脑，从而使人听到声音。

要点

- ✓ 耳朵能把声波转化成电信号，传入大脑，产生听觉。
- ✓ 一些声音的频率对人耳来讲太高或太低，人听不见。
- ✓ 年龄增长和耳朵损伤都会影响听力。

耳朵内部

声波以空气振动的形式进入人耳，由鼓膜转化为固体的振动。固体受声波影响，振动的方式取决于固体的特性，如硬度。鼓膜和耳内其他结构只能在某个特定频率范围内振动，这也是我们听不到频率太低或太高的声音的原因。随着年龄的增长，耳朵会失去探测高频声音的能力，听太响的音乐也会降低耳朵对某些声音的灵敏度。

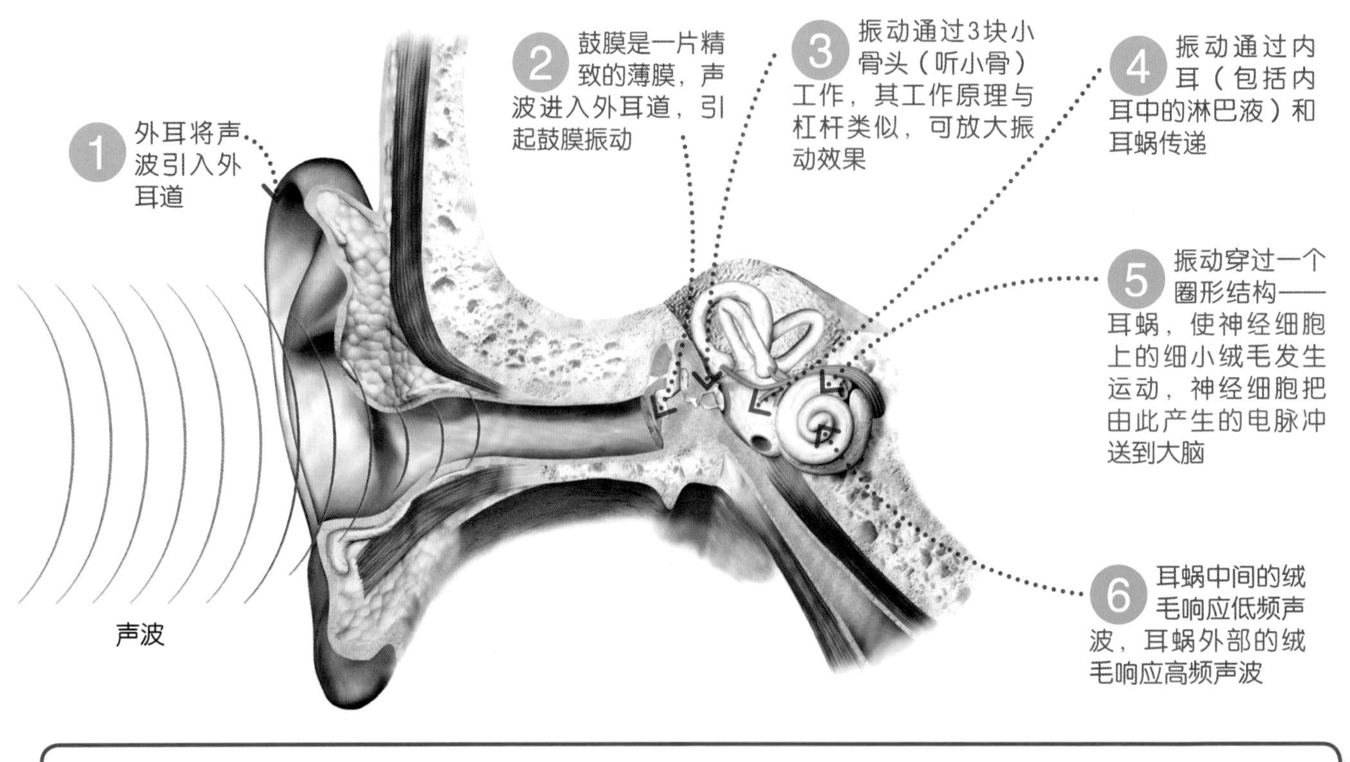
1 外耳将声波引入外耳道
2 鼓膜是一片精致的薄膜，声波进入外耳道，引起鼓膜振动
3 振动通过3块小骨头（听小骨）工作，其工作原理与杠杆类似，可放大振动效果
4 振动通过内耳（包括内耳中的淋巴液）和耳蜗传递
5 振动穿过一个圈形结构——耳蜗，使神经细胞上的细小绒毛发生运动，神经细胞把由此产生的电脉冲送到大脑
6 耳蜗中间的绒毛响应低频声波，耳蜗外部的绒毛响应高频声波
声波

超声波与次声波

人耳可听到的声音频率范围为20~20 000Hz，高于20 000Hz的声称为超声波，低于20Hz的声称为次声波。不同的动物有不同的频率范围，如海豚和蝙蝠能听到很高的超声波，大象能听到很低的次声波。

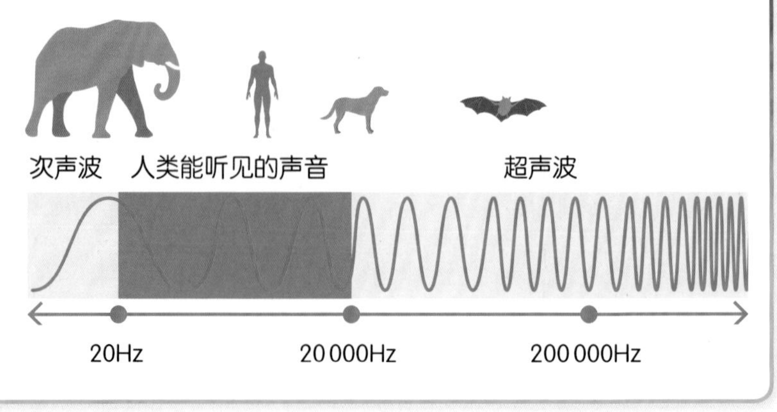
次声波
人类能听见的声音
超声波
20Hz
20 000Hz
200 000Hz

波速的研究

本实验告诉我们一种用水槽中的波纹来估算水中波速的方法，即先用水槽测出水波的波长和频率，再用波速公式求出波速。

发波水槽

发波水槽由一个具有透明底座的浅托盘和盘中的水组成。电机驱动短杆产生水波，水箱上方的灯光将水波的阴影投射到下方的白纸上，以便于观察水波。

需要在教师指导下完成

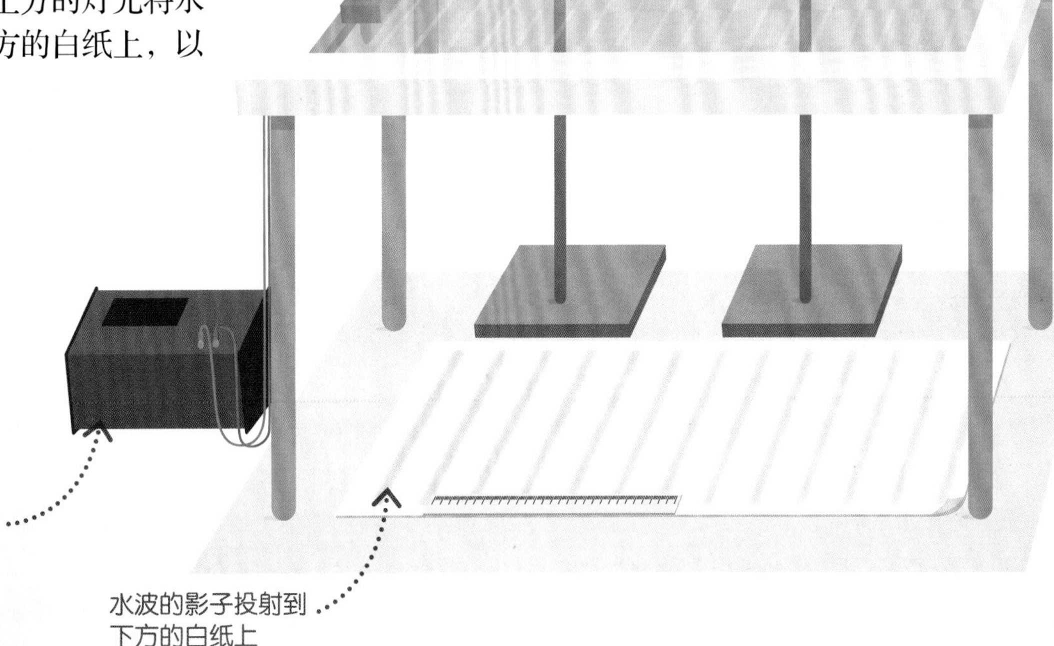
电机让短杆上下运动，制造水波
水
灯
透明底盘
调节电源提供的电压可改变水波的频率
水波的影子投射到下方的白纸上

实验操作

1. 安装水槽，调节电源提供的电压，使短杆产生的水波波长大约是水槽长的一半。

2. 在白纸上放一把尺子，拍摄一张水波影子的照片，用尺子测量照片中水波的波长。

3. 测量频率。在白纸上做一个标记点，用计时器记录10s内通过该点的水波的数量，用这个数除以10，就是水波的频率。

4. 利用波速公式 $v = \lambda f$ 计算波速。

5. 为了检验这个结果，可以在白纸上沿水波的传播方向标记两点，测量这两点间的距离x，记录水波通过这两点所用的时间t，使用波速公式$v = \frac{x}{t}$计算波速。

测量声速

声音可以在固体、液体、气体中传播，这里介绍两种测量声速的方法：一种是在空气中；另一种是在固体中。

要点

- ✓ 声音可以在固体、液体、气体中传播。
- ✓ 空气中的声速可以用停表来测量。
- ✓ 固体中的声速用声的频率和物体的长度来计算。

1 空气中的声速

两个人分别站在场地的两端，相距一定距离。一人敲锣制造声音，另一人在看到敲锣的动作时开始计时，在听到锣声的时候停止计时。用下面的公式计算声速。这个方法不是特别准确，因为它涉及人的反应时间。为了改进实验，对面的人可以拍摄下第一个人的动作，再重复播放，记录时间间隔。

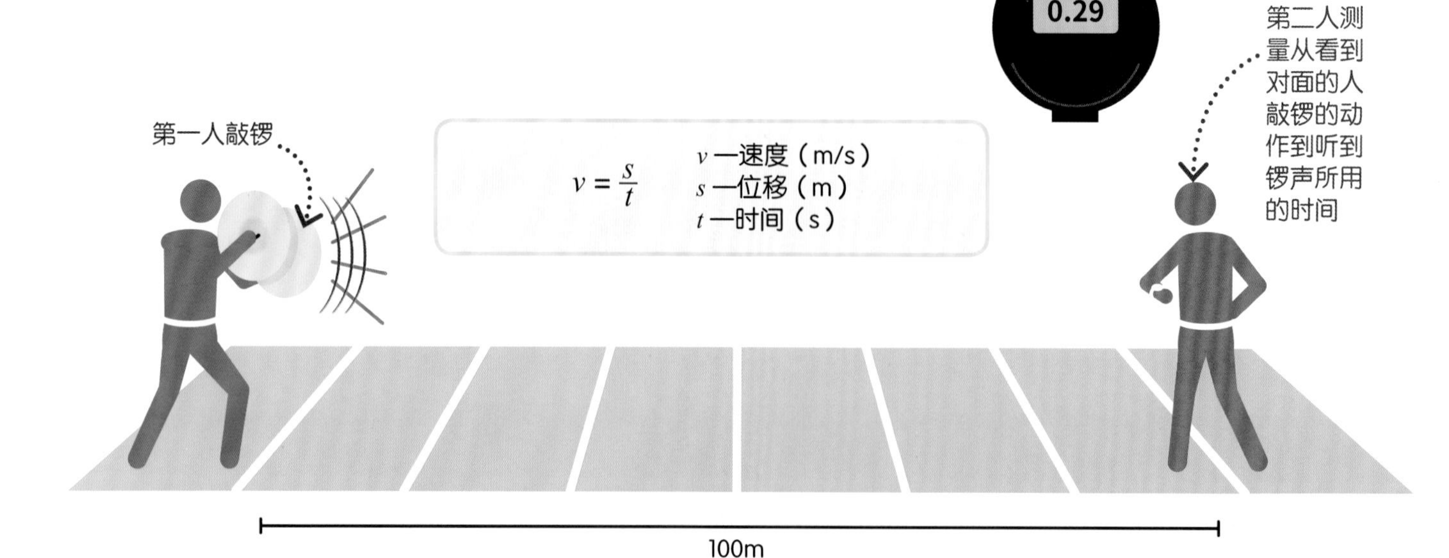
0.29
第二人测量从看到对面的人敲锣的动作到听到锣声所用的时间
第一人敲锣
100m

$$v = \frac{s}{t}$$

v—速度（m/s）
s—位移（m）
t—时间（s）

2 固体中的声速

把一根金属棒用橡皮筋悬挂在铁架台的支架上，用来测量固体中的声速。用锤子敲击金属棒的一端，用智能手机靠近金属棒的另一端，并利用智能手机上的App测量声音的频率。金属棒的振动会产生声波，其波长是金属棒长度的2倍，用下列公式计算波速。

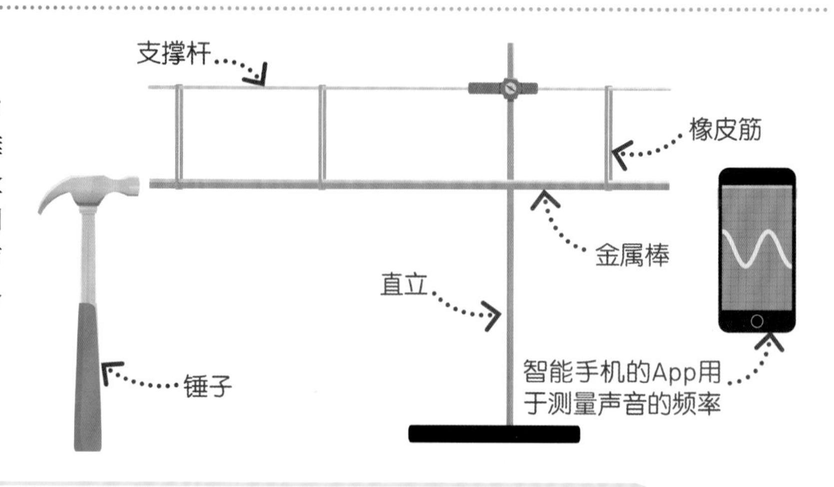
支撑杆
橡皮筋
金属棒
直立
锤子
智能手机的App用于测量声音的频率

$$v = \lambda f$$

v—速度（m/s）　λ—波长（m）　f—频率（Hz）

超声波的应用

频率高于人耳听觉范围的声波叫作超声波，超声波有许多用途：观察人体内部、清洗精致珠宝上的污垢、发现石油管道和铁轨内部的细小裂缝。

要点

- ✓ 超声清洗是利用超声波产生的振动除去物体上的污垢。
- ✓ 超声扫描仪可以帮助医生获得母体内胎儿的图像。
- ✓ 超声波能探测金属内部的缺陷。

超声扫描

超声扫描仪帮助医生获取胎儿在母体内发育情况的图像，扫描仪的工作频率通常在2~18MHz，其最高频率比人类听力上限高出数千倍。

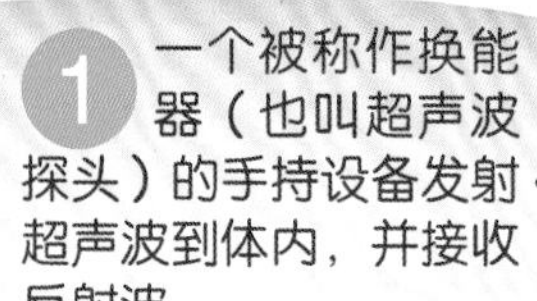

1 一个被称作换能器（也叫超声波探头）的手持设备发射超声波到体内，并接收反射波

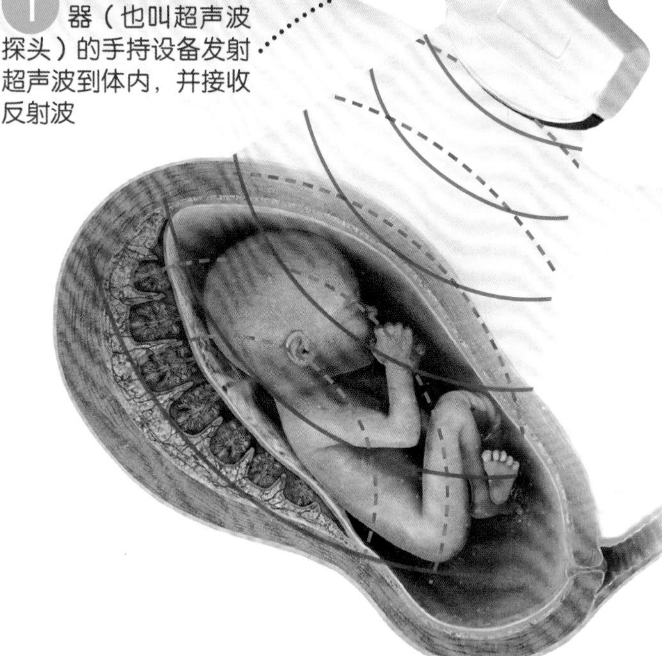

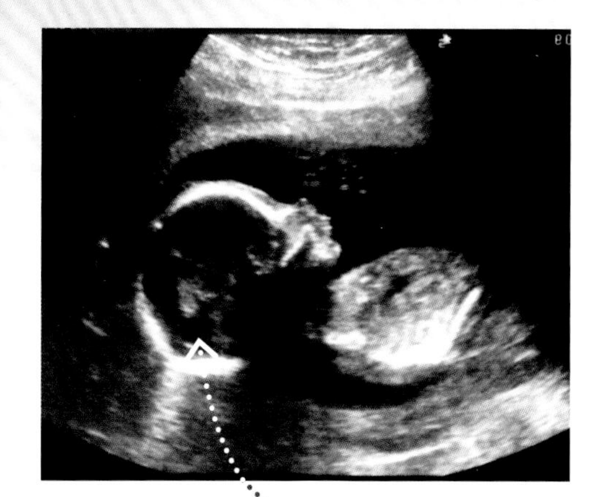

2 用计算机对信息进行处理，产生一个叫作声谱图的实时动图，并将其呈现在屏幕上

超声探伤

超声波可用于检测金属、石油管道、铁轨内部隐藏的缺陷。当超声波到达金属边界时，一部分被反射，另一部分则透过金属。内部的缺陷使金属产生了额外的边界，超声波到达这些边界时便会被额外反射，在图像上显示为尖峰。

声呐

声波可在水下传播很远的距离。声呐是一种利用声波在水中传播和反射的特性进行水下探测的技术。

> **要点**
>
> ✓ 声呐用超声波探测水下物体。
>
> ✓ 声波在海水中传播的速度大约为1 500m/s。
>
> ✓ 蝙蝠利用回声定位来导航和捕食。

用声波进行探测

声呐诞生于第一次世界大战期间，最初被用来寻找潜水艇，现在也被用于定位鱼群和绘制海底地形。它通过测量声波到达物体及被反射回船上所用的时间进行探测。声波在海水中传播的速度大约为1 500m/s，如果声波返回需用1s，则反射声波的物体位于距声呐750m处。

1 发射器发射超声波
3 船上的接收器探测回声并计算物体的距离
2 水下物体反射声波

回声定位

蝙蝠和海豚等动物用一套类似于声呐的系统在黑暗中导航和捕食。蝙蝠从嘴里发出超声波，利用回声定位捕获正在飞行的飞蛾，接收到回声的时间反映了飞蛾的位置，回声的频率反映了飞蛾是飞向还是远离蝙蝠。

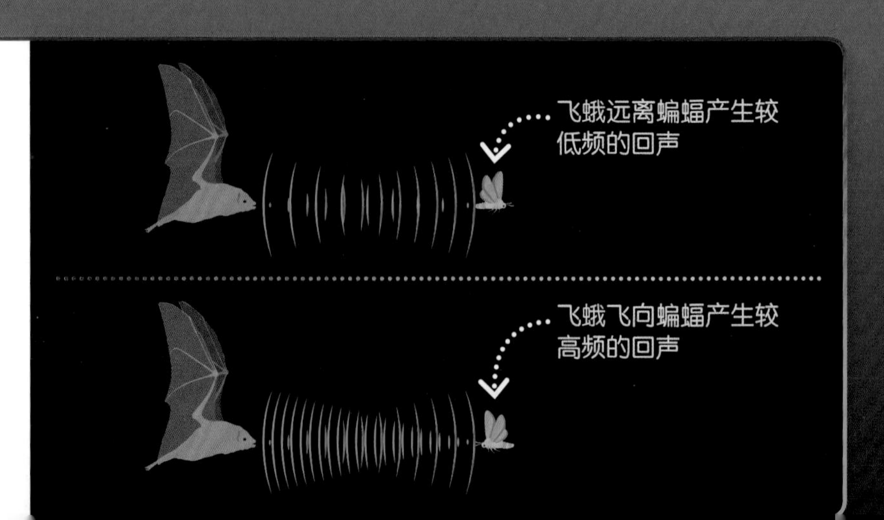
飞蛾远离蝙蝠产生较低频的回声
飞蛾飞向蝙蝠产生较高频的回声

地球内部的研究

地震能够引起规模巨大的地震波，它可以穿透地球内部。研究地震波的特点可以帮助我们建立起地球内部的图像。

要点

- 地震产生了能在地球内部传播的地震波。
- 纵波（P波）能在固体和液体中传播。
- 横波（S波）只能在固体中传播。
- 地震波的阴影区是没有P波和S波的，这能帮助科学家探索地球内部的结构。

地球内部

有两类地震波能帮助我们研究地球内部的结构：纵波（P波）和横波（S波）。

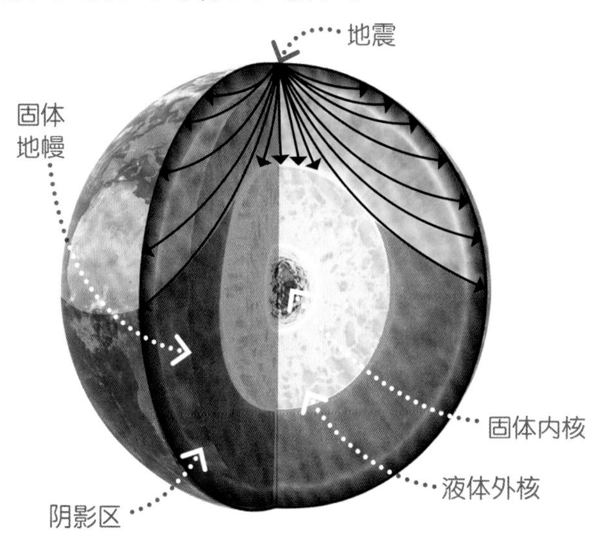

1. S波只能在地震的同一半球被探测到，它只能在固体中传播。因此，在地球另一侧探测不到S波，这意味着地球内部有液体成分。

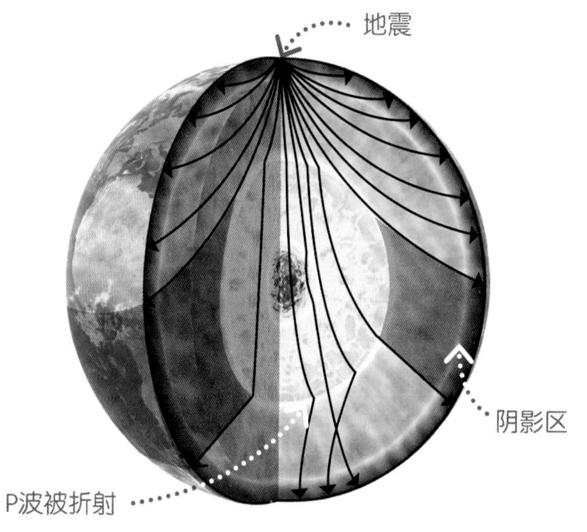

2. P波能在地震的另一半球被探测到，但存在探测不到P波的阴影区。这种高速传播的地震波可以穿过液体，但P波在不同介质的界面处会发生折射，阴影区的大小反映了地球内部液体外核和固体内核的尺寸。

P波和S波

P波和S波的传播方式不同，P波和声波一样，是通过压力传播的纵波，能在固体和液体中传播；而S波是横波，只能在固体、岩石等坚硬材料中传播，当它们进入外核的液态熔岩时就会消失。

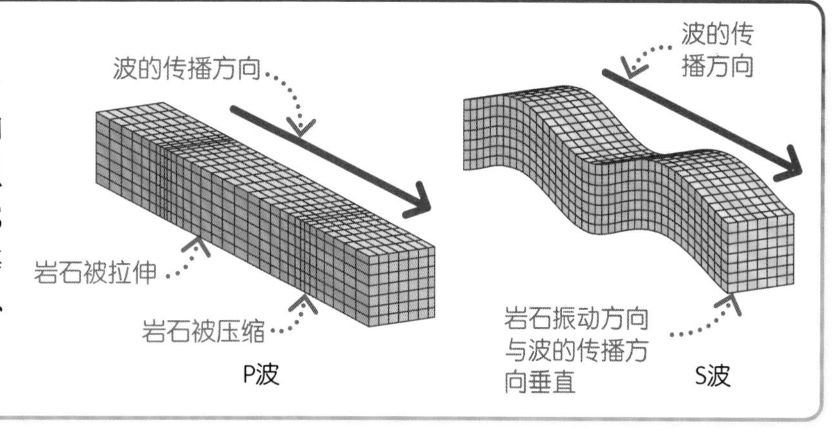

干涉

当频率相同、相位差恒定、振动方向相同的两列波相遇时，它们会产生相互干涉的现象。一切波都具有干涉的特性。例如，肥皂泡上的彩色条纹就是由于光波干涉而产生的。

要点

- ✓ 两列波在发生干涉现象时，波峰与波峰或波谷与波谷相遇，振幅相互叠加，振动增强；波峰与波谷相遇，若振幅相等，则振动相互抵消。
- ✓ 波具有独立性，在相遇并穿过后，仍保持各自的运动特征，继续传播。

干涉图样

干涉图样是两列波在发生干涉现象时形成的稳定图样。可以在发波水槽中用两个小球上下振动敲击水面来形成干涉图样。两列波的波峰与波峰或波谷与波谷相遇时，会互相叠加，振动增强；两列波的波峰和波谷相遇时，会相互抵消，振动减弱。

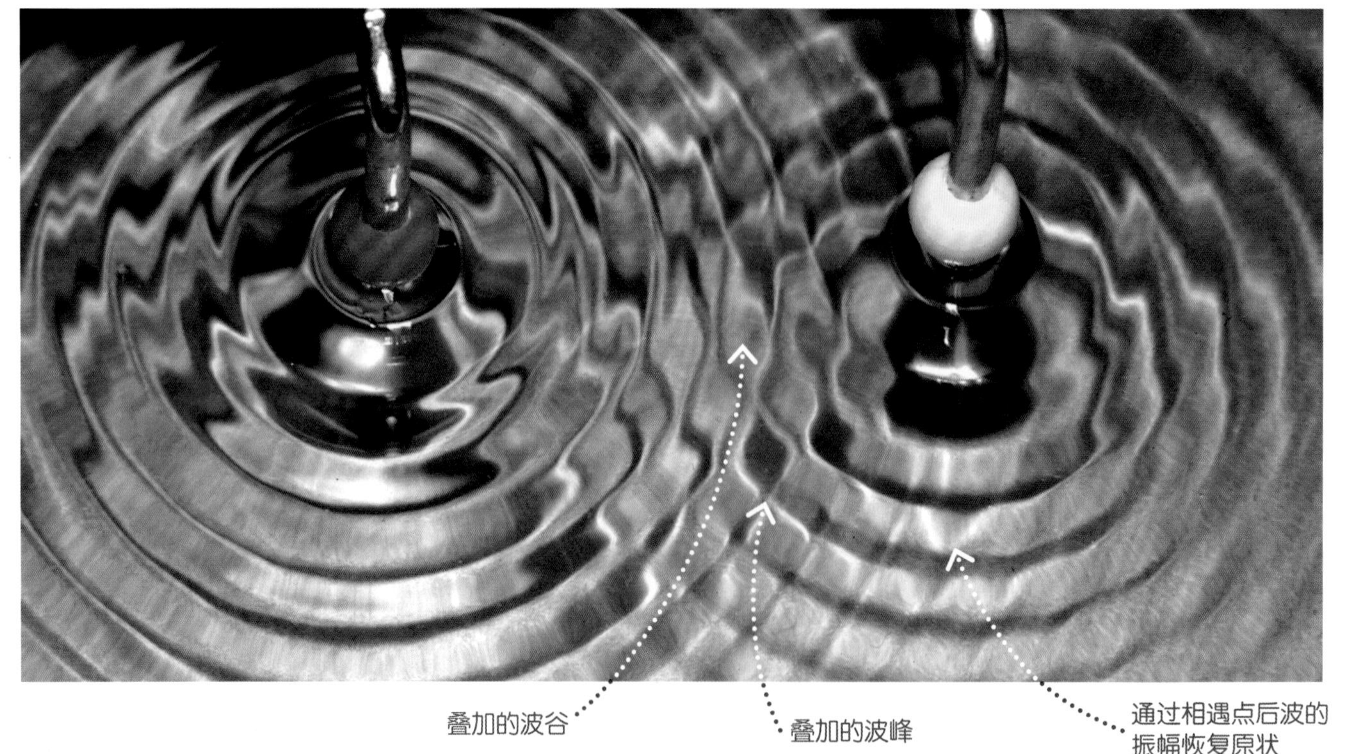
叠加的波谷
叠加的波峰
通过相遇点后波的振幅恢复原状

振动增强

发生干涉现象的两列波的波峰与波峰或波谷与波谷相遇，它们的振幅相互叠加，两列波引起的振动相互加强，叠加后波的振幅更大。

+ =

叠加波形

振动减弱

发生干涉现象的两列波的波峰与波谷相遇，若它们的振幅相等，则引起的振动相互抵消。降噪耳机就是利用这种原理来消除背景噪声的。

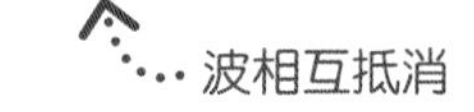
波相互抵消

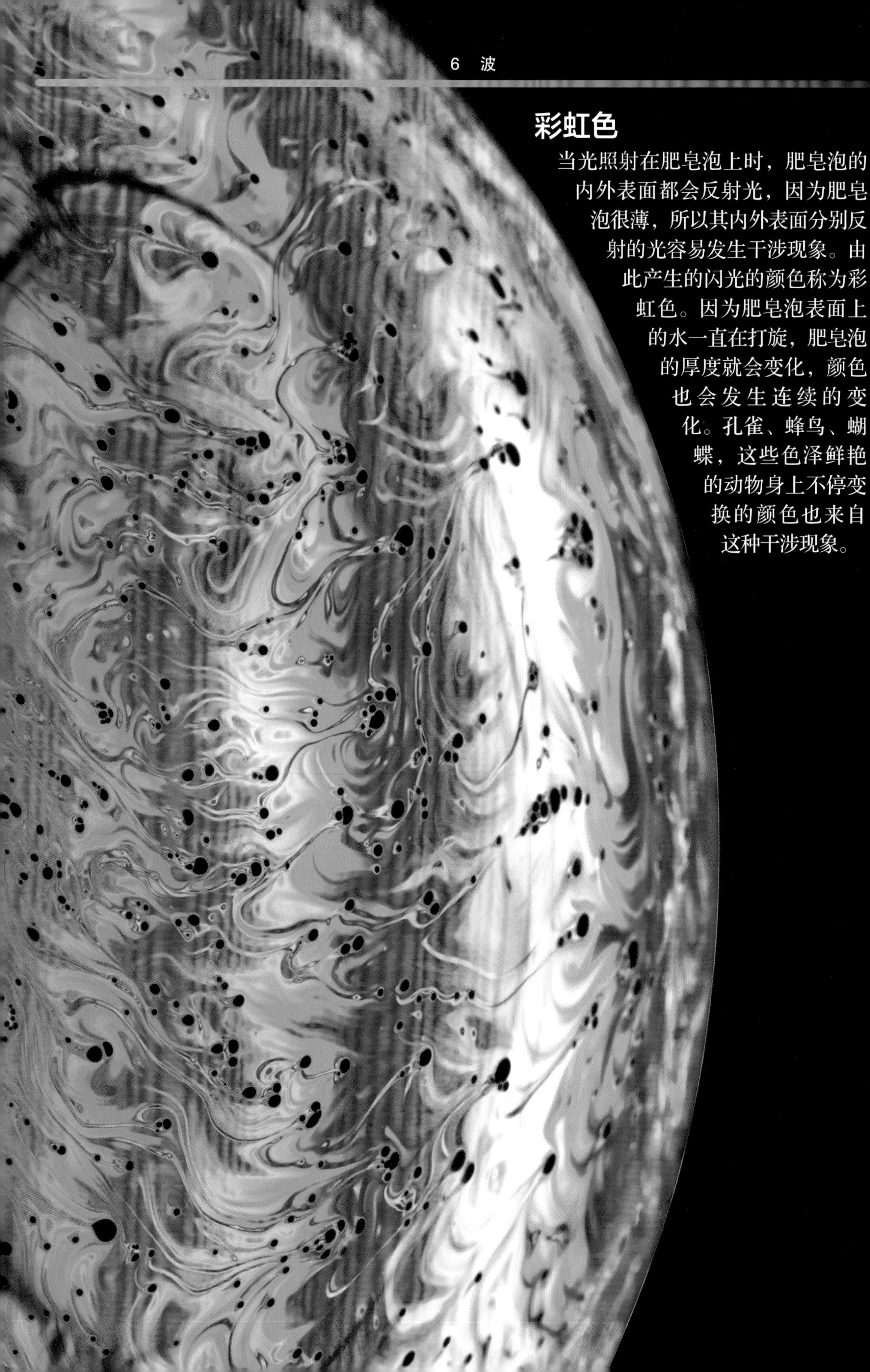

彩虹色

当光照射在肥皂泡上时，肥皂泡的内外表面都会反射光，因为肥皂泡很薄，所以其内外表面分别反射的光容易发生干涉现象。由此产生的闪光的颜色称为彩虹色。因为肥皂泡表面上的水一直在打旋，肥皂泡的厚度就会变化，颜色也会发生连续的变化。孔雀、蜂鸟、蝴蝶，这些色泽鲜艳的动物身上不停变换的颜色也来自这种干涉现象。

光
7

光与视觉

太阳或电灯等光源会向外辐射光能。光以波的形式传播，能穿过任何透明的东西，包括空气、水、玻璃和真空。光在真空中传播的速度最快。从太阳到地球大约1.5×10^{11}m的距离，光只需走约8′19″。

要点

- ✓ 光以波的形式传播。
- ✓ 太阳等光源会对外发光。
- ✓ 非光源只有通过反射光才能被看到。

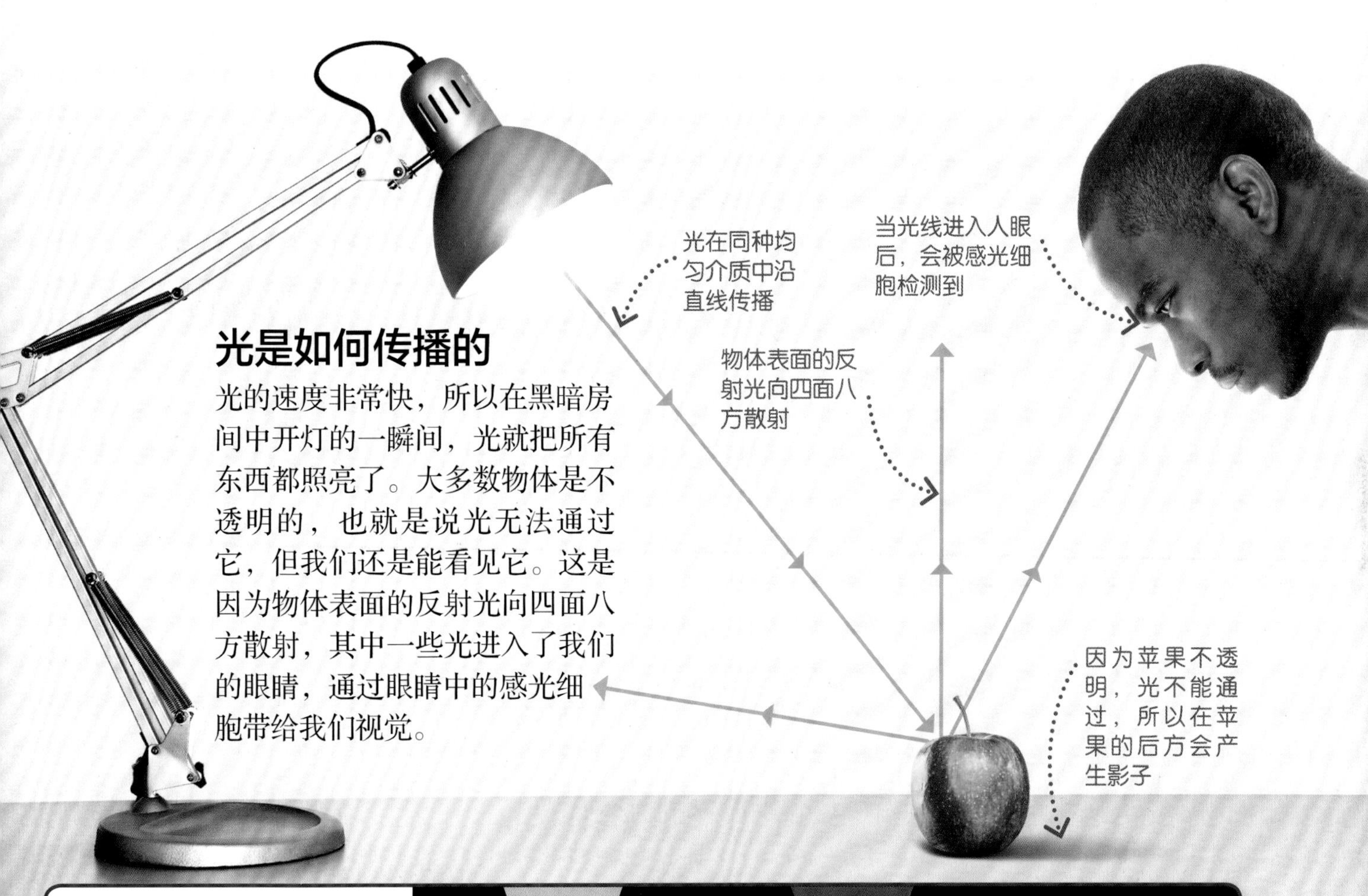
光在同种均匀介质中沿直线传播
当光线进入人眼后，会被感光细胞检测到
物体表面的反射光向四面八方散射
因为苹果不透明，光不能通过，所以在苹果的后方会产生影子

光是如何传播的

光的速度非常快，所以在黑暗房间中开灯的一瞬间，光就把所有东西都照亮了。大多数物体是不透明的，也就是说光无法通过它，但我们还是能看见它。这是因为物体表面的反射光向四面八方散射，其中一些光进入了我们的眼睛，通过眼睛中的感光细胞带给我们视觉。

透明材料、半透明材料、不透明材料

大多数固体能挡住光，但也有一些材料能让光通过。

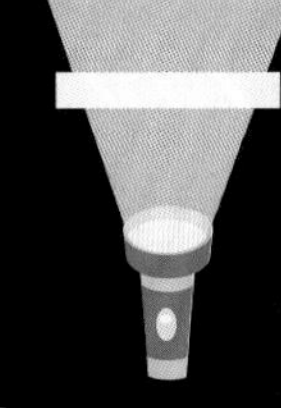

1 透明材料，如玻璃，可以让光通过，然而它们也会反射少量的光，所以我们能看到它们。

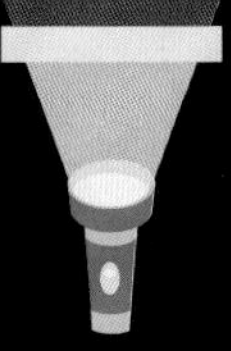

2 半透明材料，如磨砂玻璃，可以让一部分光通过，但也会让光略微分散。

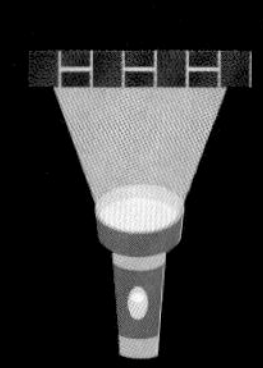

3 不透明材料，不允许光通过，所以会产生明显的影子。

光与声的对比

声和光都以波的形式传播，而且都能传递能量。它们有一些共性，也有一些重要的不同之处。

声	光
1 声波通过物质中粒子的振动传播，所以它能在固体、液体、气体中传播，但不能在真空中传播。	1 光波通过电磁场的振动传播，所以它能在真空中传播，也能在固体、液体、气体中传播，但大多数固体会阻挡光的传播路径。
2 声波是纵波，粒子在传播方向上前后振动。	2 光波是横波，其振动方向与传播方向垂直。
3 声波的振幅决定了声音的响度，振幅越大，声音越响。	3 光波的振幅决定了光的亮度，振幅越大，光越亮。
4 声波的频率决定了声音的音调，频率越高，音调越高。	4 光波的频率决定了它的颜色，低频可见光偏红色，高频可见光偏紫色。
5 声在空气中的传播速度约为343m/s，有些喷气式飞机的飞行速度比声速更快。	5 光在空气中的传播速度为3×10^8m/s，大约是声速的100万倍，这就是在雷雨天时，人们总是先看到闪电后听到雷声的原因。
6 声波可被反射、折射、吸收，被反射回来的声波叫作回声。	6 光波可被反射、折射、吸收，我们看到的镜子中的像就是由光反射形成的。

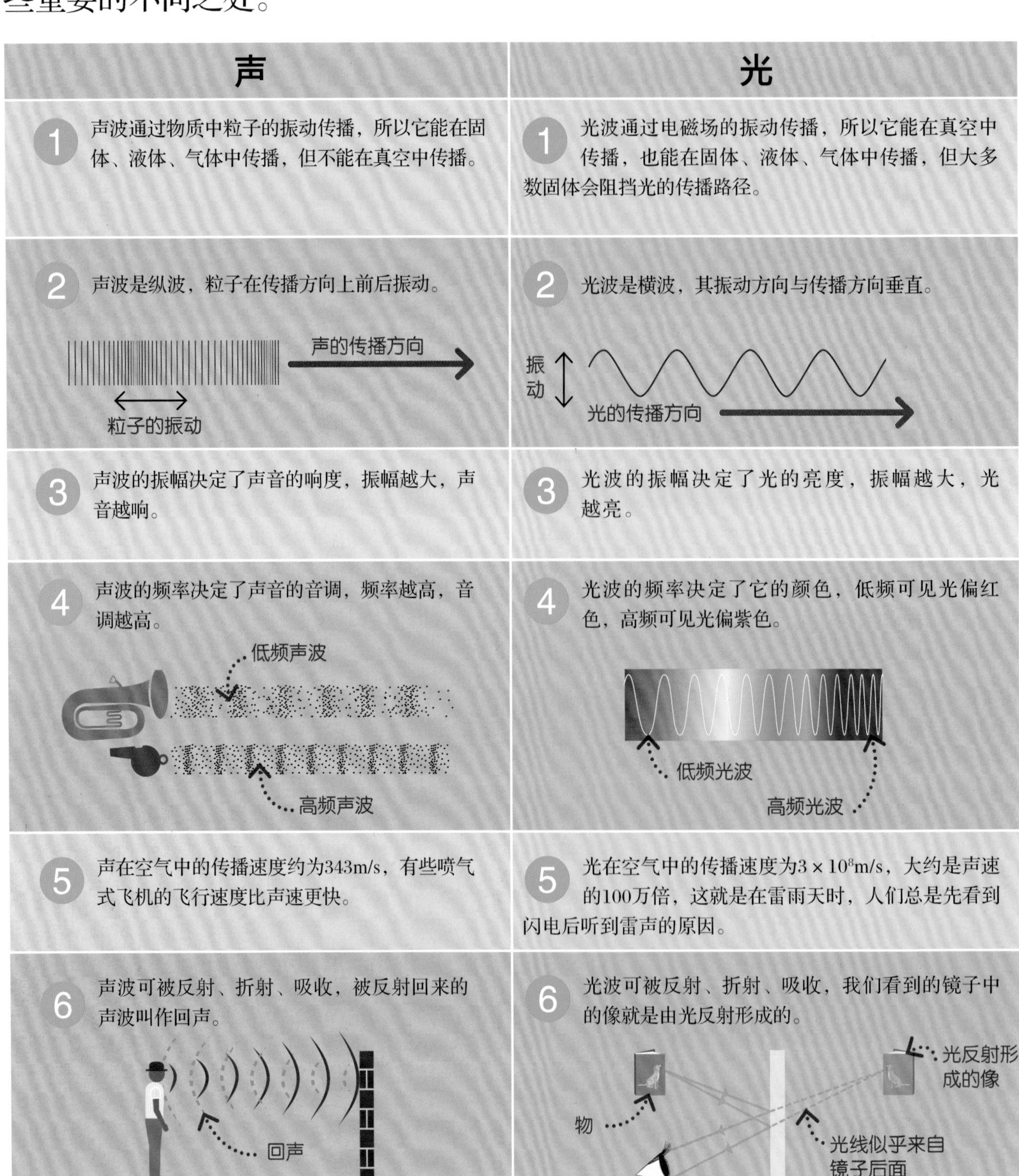

针孔照相机

针孔照相机是正面有一个非常小的孔，背面有光屏的盒子，将其朝向一个明亮的场景时，屏幕上就会呈现一个缩小的像，这个简易装置就是照相机的前身。

要点

- ✓ 针孔照相机不需要透镜。
- ✓ 如果小孔太大，像就会模糊。
- ✓ 小孔成像表明光沿直线传播（在同种均匀介质中）。

光路图

我们可以用光在同种均匀介质中沿直线传播的特征绘制光路图，以理解针孔照相机的工作原理。光可用带箭头的线表示，箭头表示光的传播方向。这张图显示了光通过小孔后，在光屏上形成了一个倒立的像。光路图非常有用，可以表示光的反射、折射和通过透镜后的会聚。

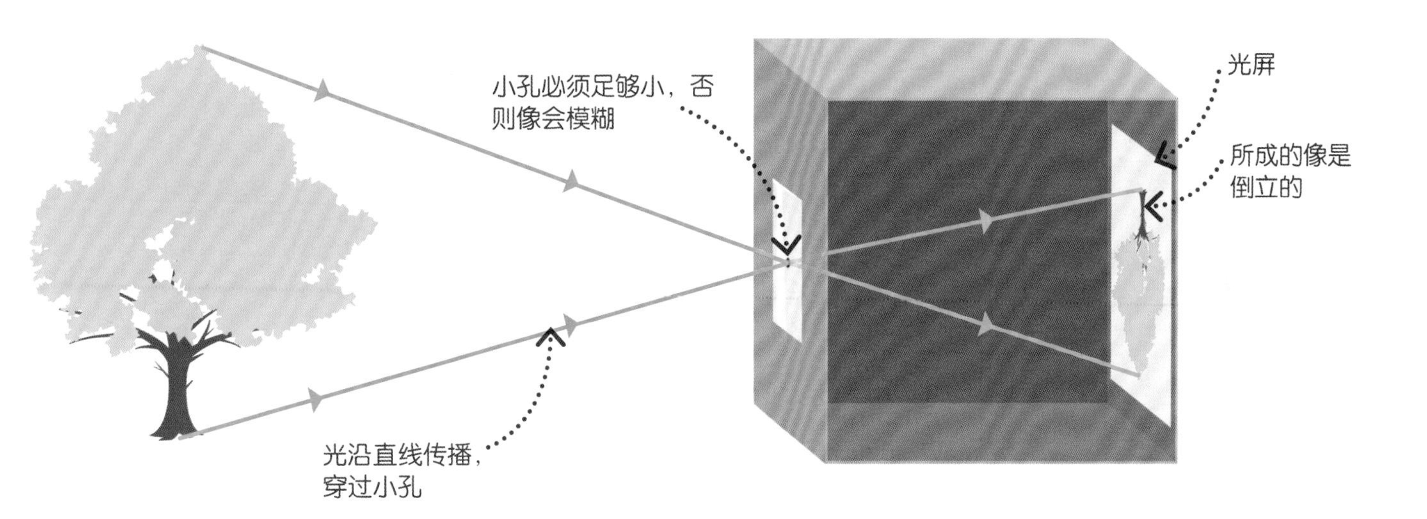
小孔必须足够小，否则像会模糊
光屏
所成的像是倒立的
光沿直线传播，穿过小孔

实像和虚像

针孔照相机成的像是实像，它可以投射到屏幕上，所以人们在任何地方都能看到这个像。反之，通过放大镜呈现的放大的像是虚像，它只有在某个特定的位置才能被看到。与实像不同，虚像不能投射到屏幕上。

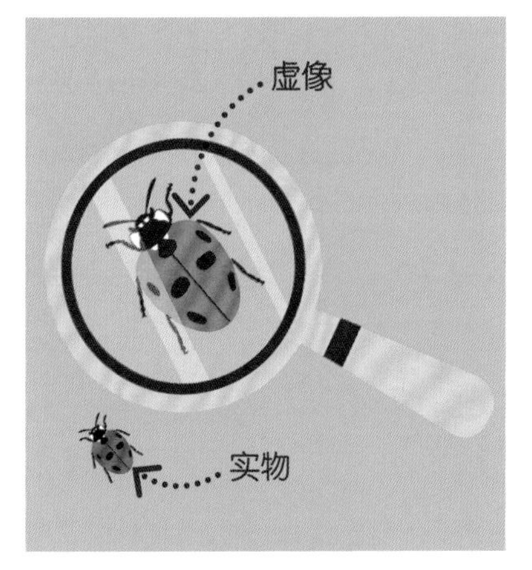
虚像
实物
用放大镜观察瓢虫

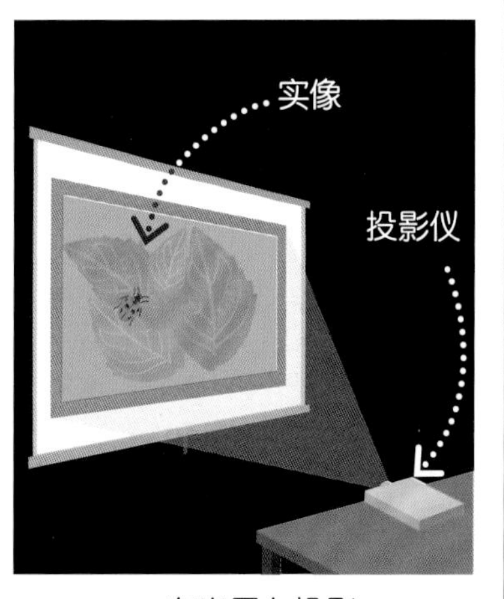
实像
投影仪
在光屏上投影

反射

光遇到桌面、水面及其他许多物体表面都会发生反射。大多数物体的表面是粗糙的，所以反射光会射向各个方向（漫反射）；而表面十分光滑的物体，如镜子，反射光就比较规律（镜面反射）。

要点

- ✓ 镜面反射只在光照射到光滑表面时发生，如光在镜面上发生的反射。
- ✓ 漫反射是光在粗糙表面上发生的反射。
- ✓ 当光发生镜面反射时，反射角等于入射角。

反射定律

下图反映了镜面反射的过程。法线是过入射点与物体表面垂直的直线。在反射现象中，反射光线、入射光线和法线都在同一平面内；反射光线、入射光线分别位于法线两侧；反射光线与法线的夹角（反射角）等于入射光线与法线的夹角（入射角）。这就是光的反射定律。

入射角 = 反射角

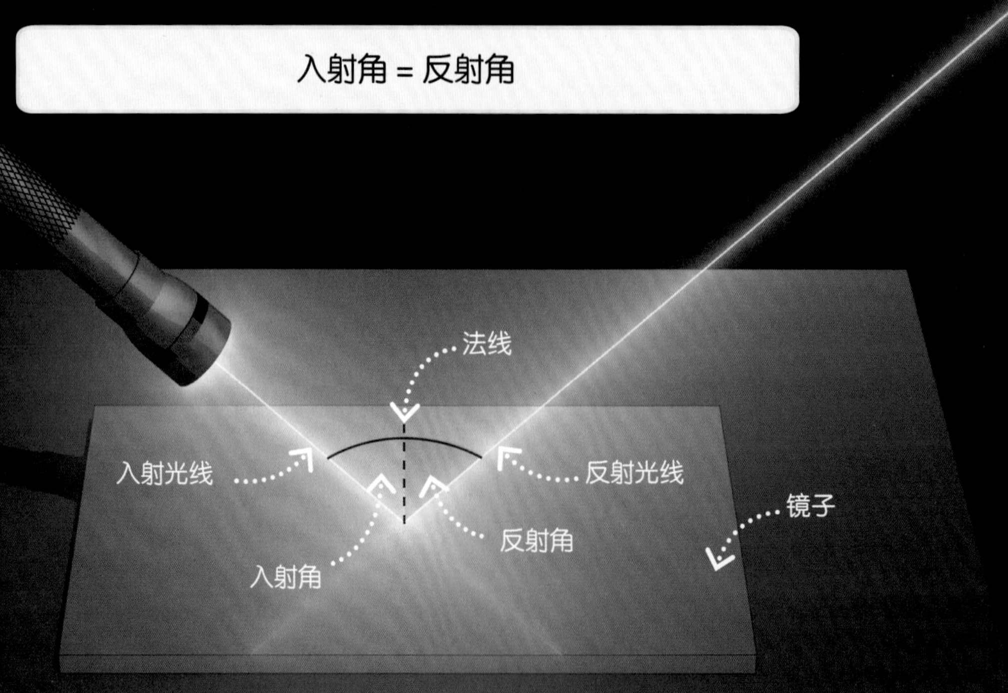

平面镜成像

我们在照镜子时，会看到镜子后面有一个虚像，右侧的光路图反映了平面镜成虚像的原理。平面镜不会把物体左右颠倒，我们在镜子中看到的字是反的，是因为我们需要把书翻转过来正对着平面镜，但平面镜能把物体的像前后颠倒，这里的“前后”指垂直平面镜的方向。

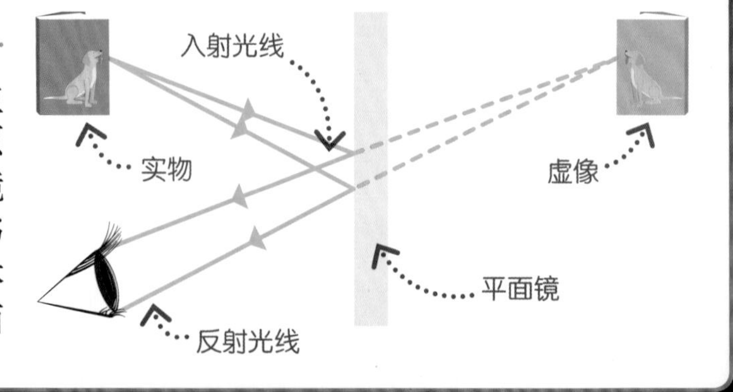

折射

当光从一种介质射向另一种介质（如从空气射向水中）时，传播方向会发生偏折，这种现象叫作光的折射。透镜就是利用折射来弯曲和会聚光线的。

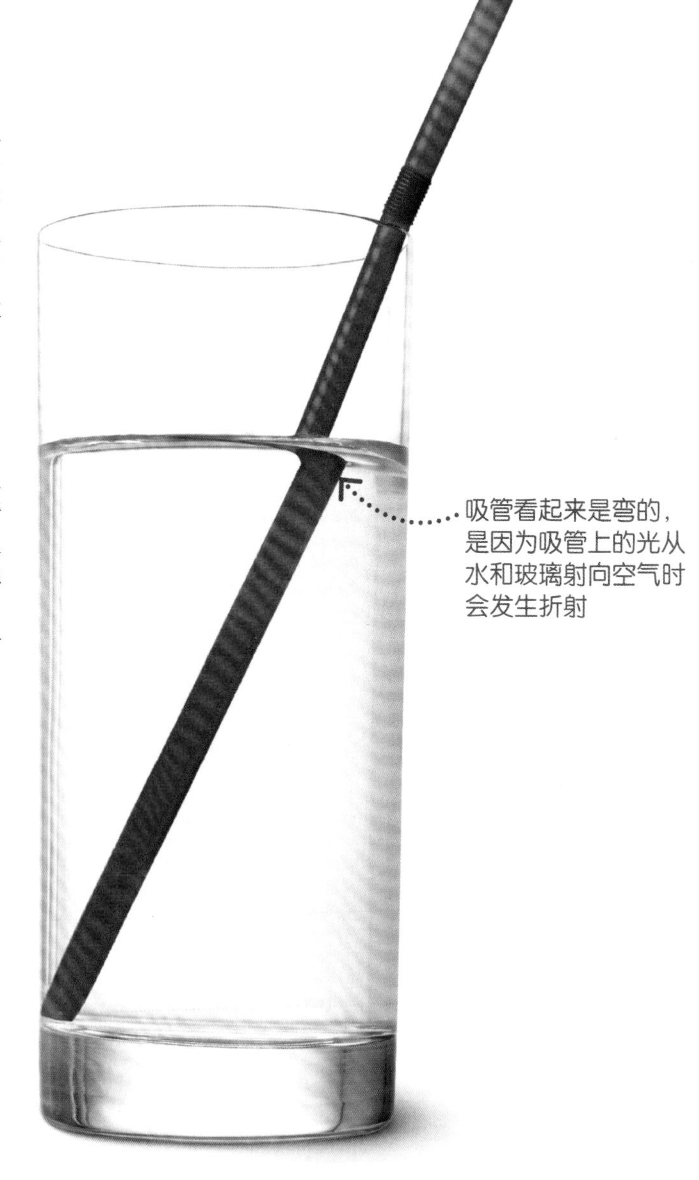

吸管看起来是弯的，是因为吸管上的光从水和玻璃射向空气时会发生折射

光的折射

在水中放入一根吸管，吸管看起来像弯曲或折断了一样，这是因为吸管上的光在进入人眼前分别经过水、玻璃和空气，发生了折射。大脑默认光沿直线传播，所以吸管在水中看起来是弯曲的。

要点

- ✓ 光的折射是光从一种介质进入另一种介质时，传播方向发生偏折的现象。
- ✓ 光速减小，折射光线向靠近法线的一侧偏折；光速增大，折射光线向远离法线的一侧偏折。

折射光路图

光路图能帮助我们更直观地理解光的折射。光路图中的虚线是法线，它与介质的界面垂直。当光从空气斜射入水和玻璃的边界时会减速，折射光线向靠近法线的一侧偏折。当光返回到空气中时又会加速，折射光线向远离法线的一侧偏折。

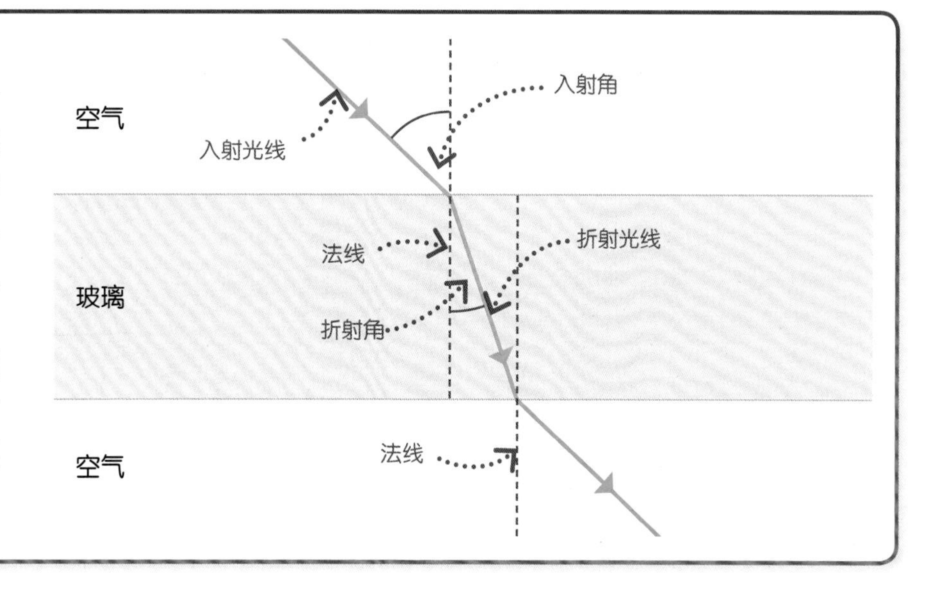

光的研究

激光器能帮助我们依据真实光线描绘光路图，按下面的指南操作可研究光的反射和折射。

光的反射研究

1. 在一张白纸上画一条直线。
2. 画一条与其垂直的直线，作为光路图的法线。
3. 将镜子沿这条直线竖直放置，用激光器照射直线与法线的交点（关灯可使光线更易于观察）。
4. 用铅笔描绘出入射光线和反射光线。
5. 用量角器测量入射角和反射角。
6. 改变入射角的大小，重复步骤5，会发现入射角始终等于反射角。

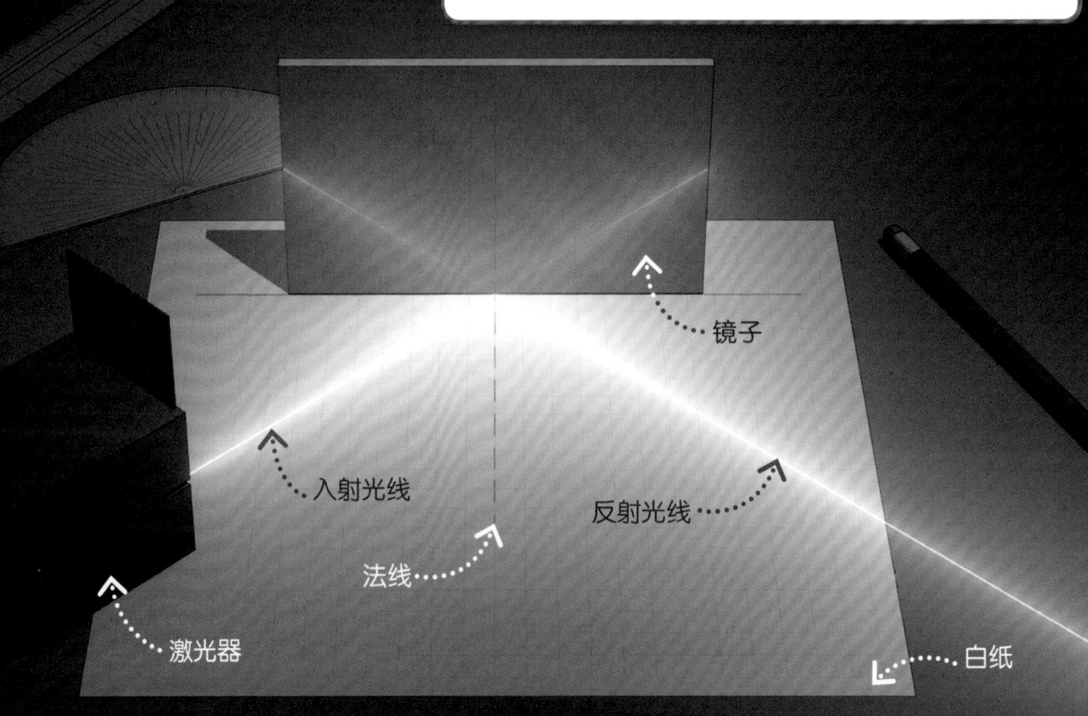

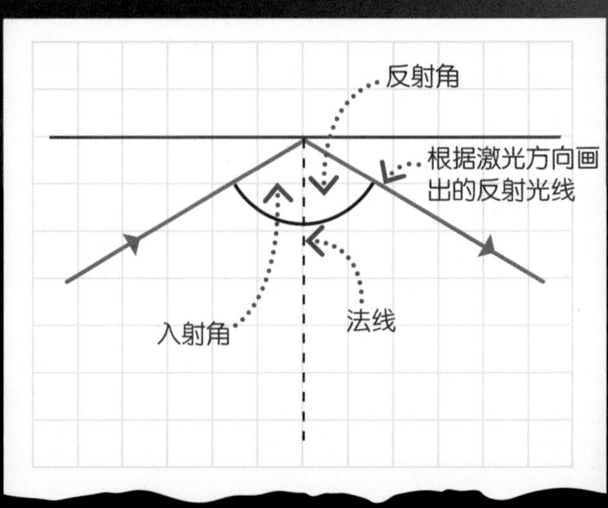

光的反射定律

不论激光器放在什么位置，反射角总是等于入射角，这是光的反射定律。

光的折射研究

1 在一张白纸上放置一块玻璃砖，用铅笔画出其边界。画一条垂直于边界的直线，作为光路图的法线。

2 将房间变暗，用激光器向玻璃砖与法线的交点处斜射一束光。用铅笔分别在光线的入射、折射路径上标记两点，以确定光的方向。

3 移走玻璃砖，将两标记点分别与法线和边界的交点连接，画出激光通过玻璃砖的光路图，并用量角器测量入射角和折射角。

4 改变入射角大小，重复实验。光从空气射入玻璃会向靠近法线处偏折，此时入射角大于折射角。

5 测量光离开玻璃砖处的入射角和折射角。光从玻璃射入空气会向远离法线处偏折，此时折射角大于入射角。

玻璃内部光的反射研究

1 将一块半圆形玻璃砖放置在白纸上，用铅笔勾勒出其轮廓。

2 移走玻璃砖，找到玻璃砖直径的中点并用铅笔标记。然后通过该点画一条垂直于直径的线，作为光路图中的法线，再把玻璃砖放回原处。

3 用激光器经过玻璃砖的曲线轮廓向步骤2中标记的中点发射一条光线。

4 光在射出玻璃砖时会向远离法线的一侧偏折，同时也有一部分光线被玻璃砖的平直表面反射回来。

5 移动激光器，增大入射角，则折射角也会随之增大；继续增大入射角，直到玻璃砖上方的折射光线与玻璃砖的直径重合，即折射角达到90°，这时的入射角叫作临界角。

6 此时光将被全部反射，折射光线完全消失，这种现象称为全反射。

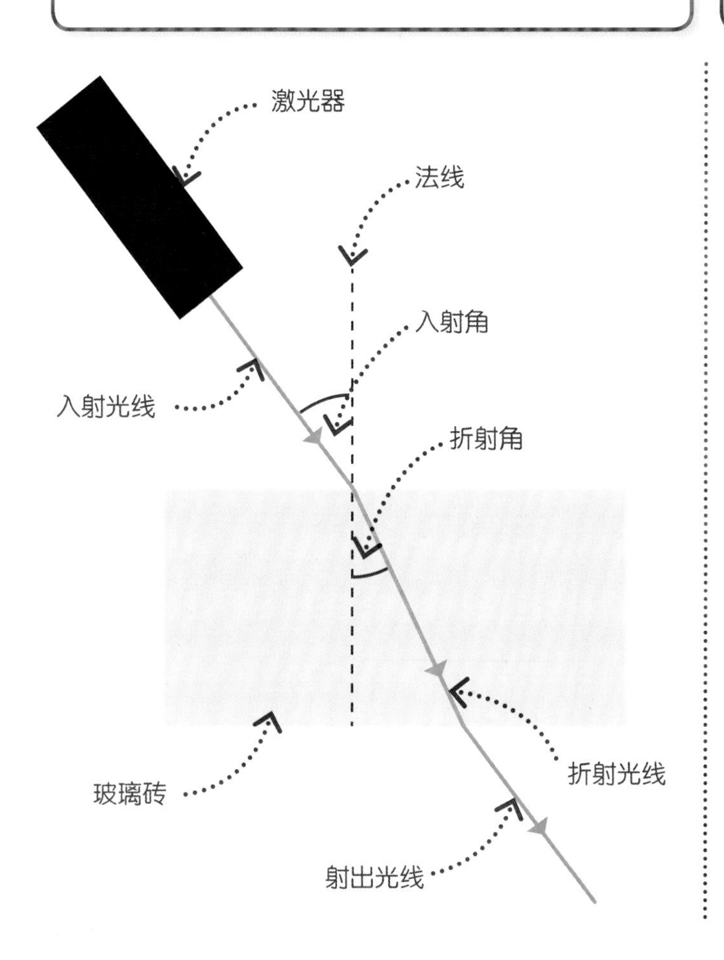

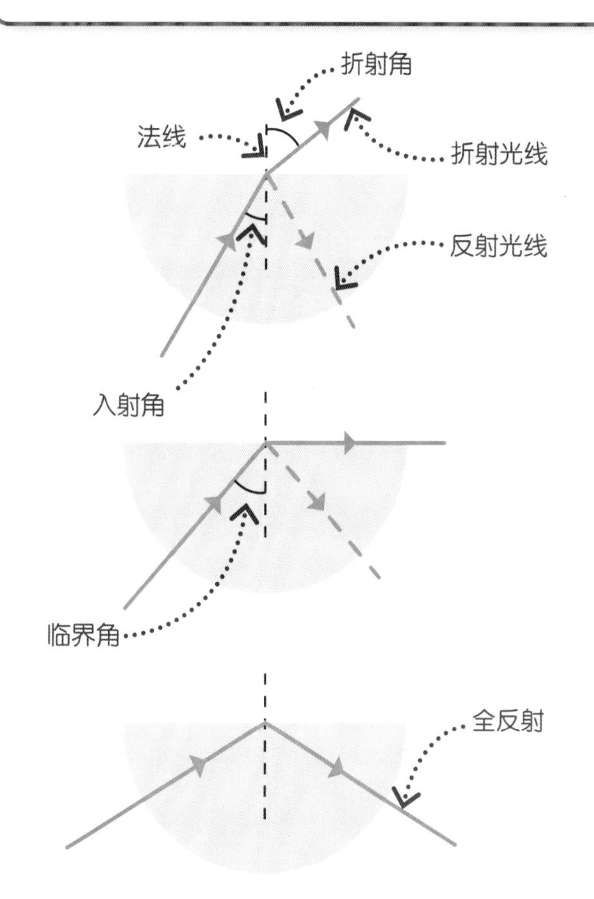

全反射

当光从一种介质（光密介质）射入另一种介质（光疏介质）时，例如光从玻璃射入空气或从空气射入水中，会同时发生折射和反射。如果入射角比较大，会使折射光线完全消失，那么光将被全部反射，这种现象叫作全反射。

要点

- ✓ 当光从光密介质射入光疏介质时，如果入射角大于临界角，那么就会发生全反射。
- ✓ 光纤用全反射传递数字信息。

光纤

光导纤维（简称光纤）是一种像发丝一样细的有机玻璃。如果从光纤射入空气的入射角大于临界角，激光就会发生全反射，在光纤中沿锯齿形路线传播，直到它到达光纤的另一端。携带数字信息（如互联网数据）的激光从总光纤一端输入就可以传到千里之外的另一端，实现光纤通信。

全反射
光线
玻璃

⚙临界角

全反射是光从光密介质射入光疏介质，在入射角大于某个特定值（临界角）时才发生的。不同介质（如玻璃、水、有机玻璃）的临界角不同。光从水射入空气的临界角为49°，如果从水中射向空气的入射角小于49°，则一部分光线会穿过水面发生折射，另一部分光线会被水面反射回来；但如果入射角大于49°，则所有光线都会被水面反射回来。

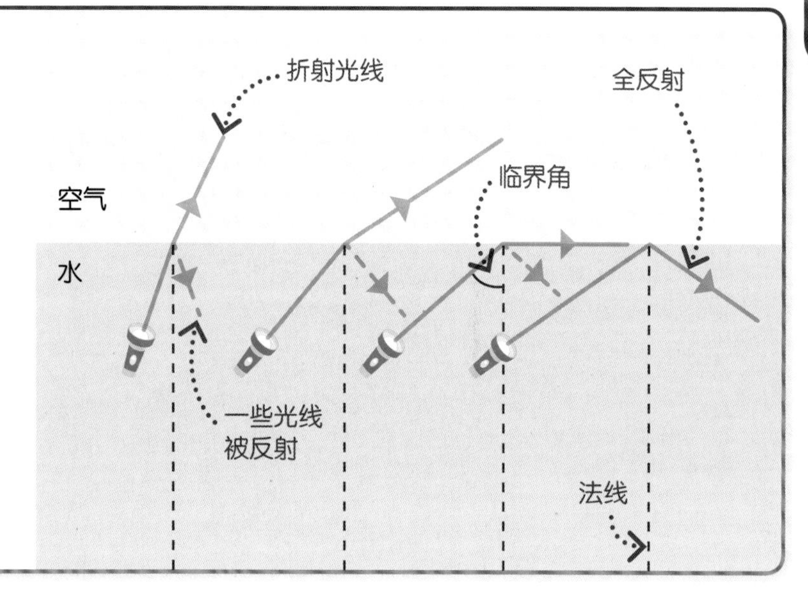

水下反射

从水下看，水面因全反射看起来像镜子一样。下图中的海豚在两个不同波浪的下面被反射了两次。

透镜

透镜由一种曲面的透明物质制成，可以折射光线。眼睛和照相机内部都有凸透镜——中间厚、边缘薄的透镜，可使光线会聚于一点。

要点

- ✓ 透镜由一种曲面的透明物质制成，可以折射光线。
- ✓ 眼睛通过睫状体改变晶状体形状，使光会聚在视网膜上成像。
- ✓ 照相机通过改变凸透镜的位置调焦，从而达到成像的目的。

眼睛内部

眼睛内的晶状体将光折射，使它们会聚成像，叫作聚焦。远处物体的发散光线聚焦到视网膜上同一点，形成一个倒立的像。视网膜是位于眼球后部的感光细胞层，会依据接收到的光信号产生神经脉冲信号，并把这些神经脉冲信号传输至大脑，从而使人产生视觉。

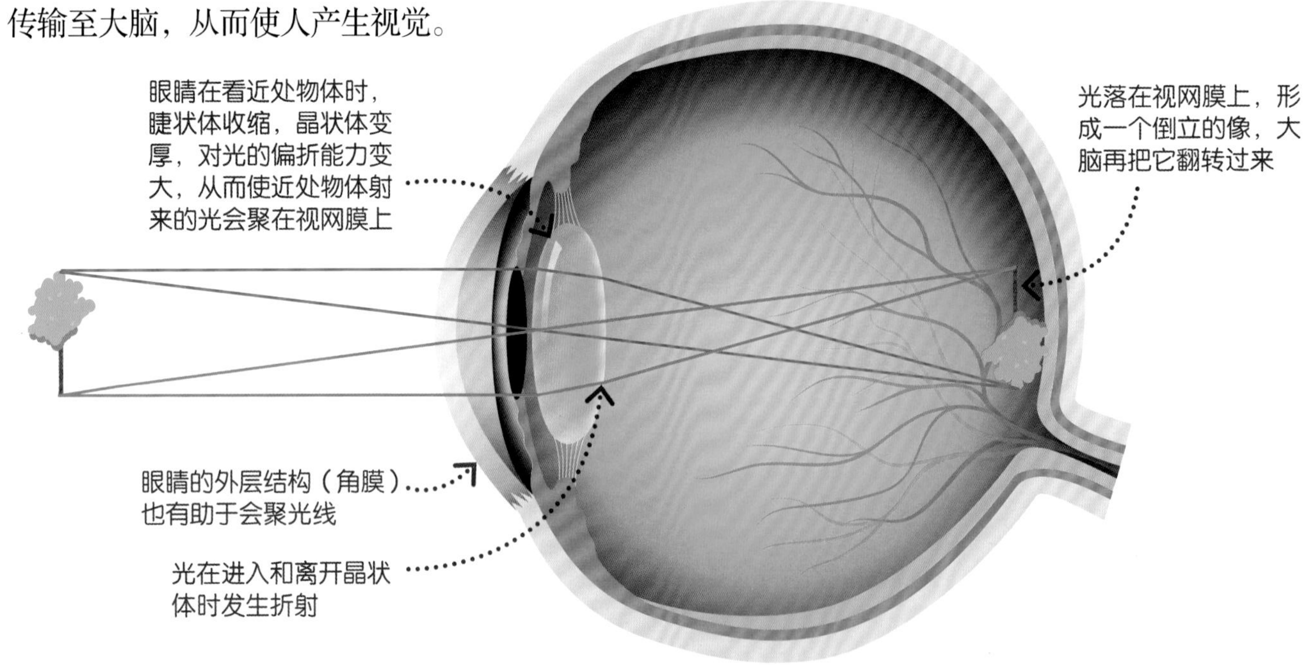
眼睛在看近处物体时，睫状体收缩，晶状体变厚，对光的偏折能力变大，从而使近处物体射来的光会聚在视网膜上
光落在视网膜上，形成一个倒立的像，大脑再把它翻转过来
眼睛的外层结构（角膜）也有助于会聚光线
光在进入和离开晶状体时发生折射

照相机

照相机的工作原理与眼睛相似。入射光线由凸透镜聚焦后，在照相机后面的感光底片上成像，影像被保存在存储芯片上。不同于人眼，照相机的透镜不能通过改变形状来调整聚焦能力，而要通过向前和向后移动镜头来调整。

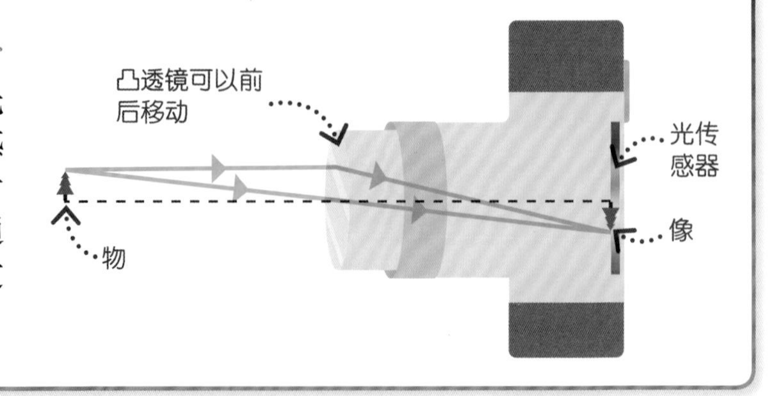
凸透镜可以前后移动
光传感器
像
物

波与折射

波在加速或减速时改变传播方向的现象叫作折射。光波在经过不同介质间的界面时会发生折射。水波从浅水传向深水时也会发生折射。

要点

- ✓ 折射是由波速的改变引起的。
- ✓ 波的频率在折射前后保持不变，但波长和波速发生变化。
- ✓ 如果波速减小，波就向靠近法线的一侧偏折。
- ✓ 如果波速增大，波就向远离法线的一侧偏折。

水的折射

我们可以用发波水槽来观察水波的折射。用光照亮发波水槽可以使水波看得更清楚。在水槽底部放置一块玻璃砖，从而制造出一个浅水区，以减小水波的速度。当水波速度减小时，水波向靠近法线的一侧偏折；当水波速度增大时，水波向远离法线的一侧偏折。波的频率在折射前后保持不变，所以当波速降低时，波长变短。

需要在教师指导下完成

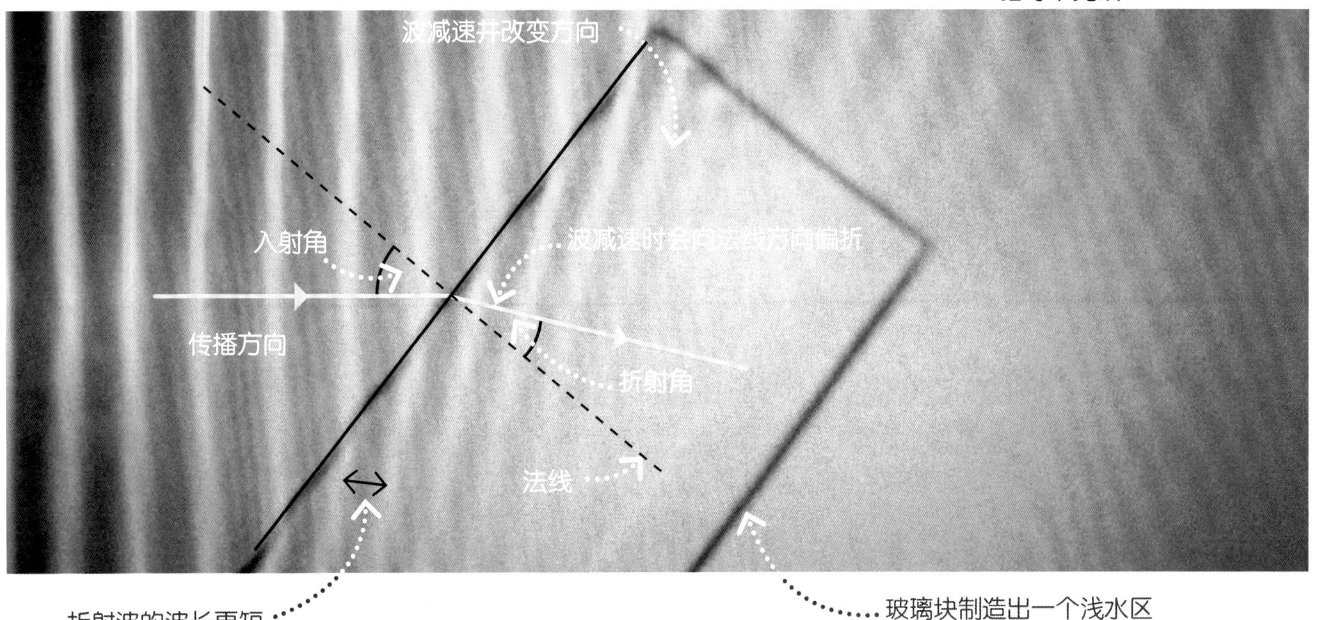
波减速并改变方向
入射角
波减速时会向法线方向偏折
传播方向
折射角
法线
折射波的波长更短
玻璃块制造出一个浅水区

折射发生的原因

为了理解波速减小会改变其传播方向，可以想象一支行军队伍在从坚实的地面行进到泥泞的地面时，如果队伍以一定的夹角通过边界，先通过边界的一侧会减速，另一侧则会继续保持较快的速度前行一段，直至整个队伍通过边界，此时，行军方向发生改变。

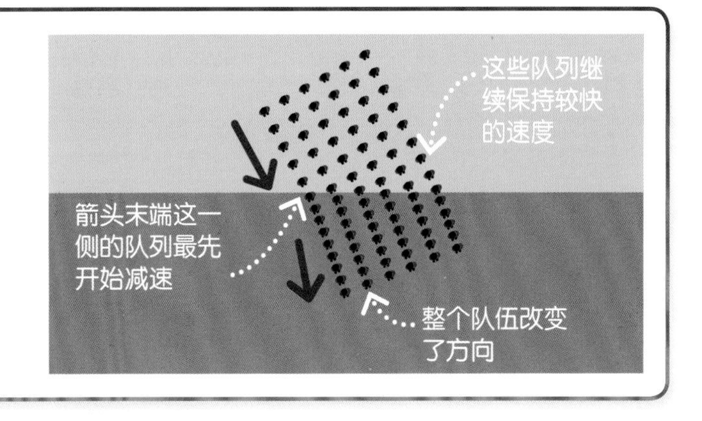
这些队列继续保持较快的速度
箭头末端这一侧的队列最先开始减速
整个队伍改变了方向

折射率

要点

- ✓ 介质的折射率是反映介质对光减速程度的物理量。
- ✓ 某种介质的折射率等于光在真空中的传播速度与光在该种介质中的传播速度之比。
- ✓ 折射定律可以用于在已知入射角和折射角的情况下计算折射率。

光在真空中的传播速度约为3×10^8m/s，光在空气中的传播速度与其接近，但在水中、玻璃中或者其他透明介质中的传播速度会明显减慢，介质的折射率能够反映该介质使光减速了多少。

1 折射率的计算

光在不同介质中的传播速度不同，所以每种介质的折射率也不同。折射率越大的介质，对光的减速效果越强，对光线的偏折程度也越强。下面的公式是利用光速来定义折射率的。

$$n = \frac{c}{v}$$

c 一光在真空中的传播速度（m/s）
v 一光在介质中的传播速度（m/s）

折射率是两个速度的比值，所以没有单位

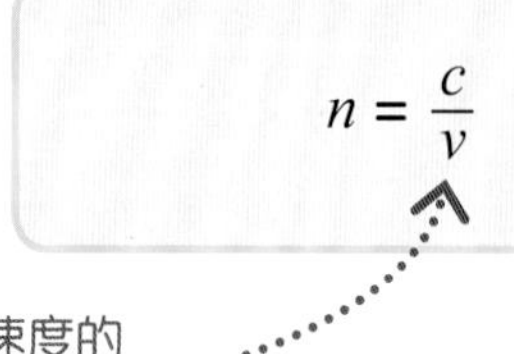

介　质	光速/ (m/s)	折射率
空气	2.997×10^8	1.000 3
有机玻璃	2×10^8	1.5
玻璃	$(1.8\sim2)\times10^8$	1.5 ~ 1.7
钻石	1.25×10^8	2.4

水的折射率

问题：光在真空中的传播速度为3×10^8m/s，在水中的传播速度为2.3×10^8m/s，求水的折射率。

解：$n=\dfrac{3\times10^8}{2.3\times10^8}$

≈ 1.3

2 折射定律

当光从空气射入一个折射率更大的介质（如玻璃）时，它会向靠近法线的一侧偏折，从而使折射角比入射角小。折射定律反映了折射率与入射角、折射角之间的关系。

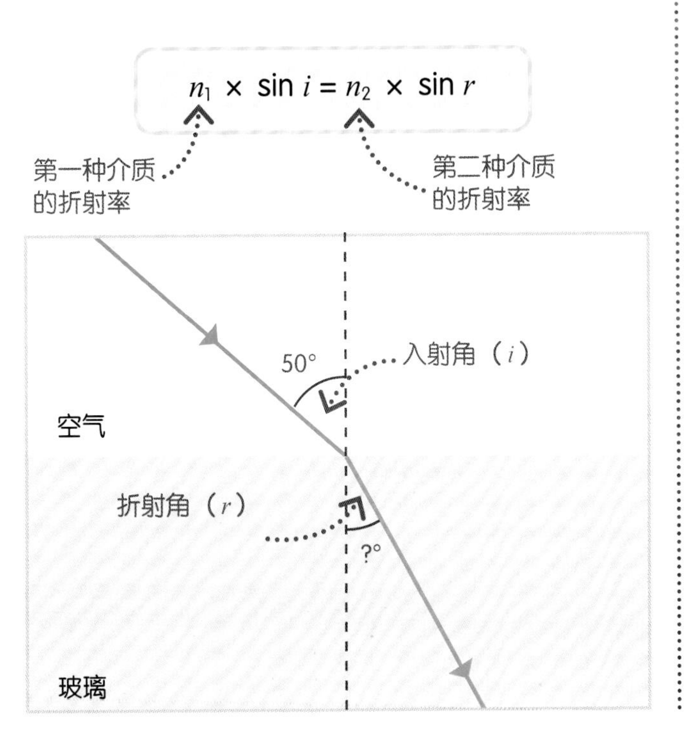

3 全反射

当光从一个折射率大的介质（光密介质）射入一个折射率小的介质（光疏介质），如从玻璃射入空气时，它会向远离法线的一侧偏折。当入射角大于或等于临界角时，会发生全反射现象。下面的公式反映了临界角和折射率之间的关系。

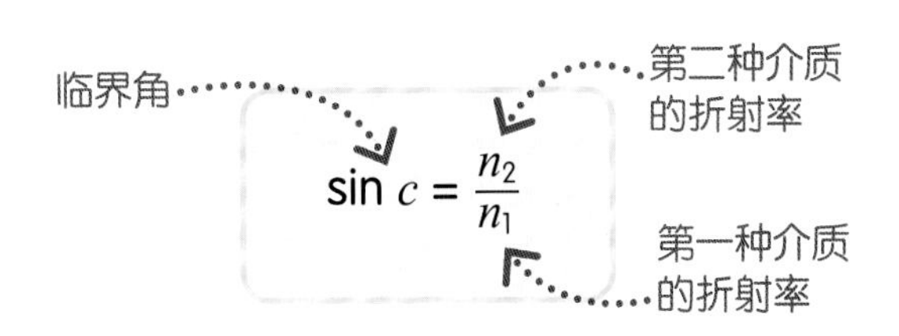

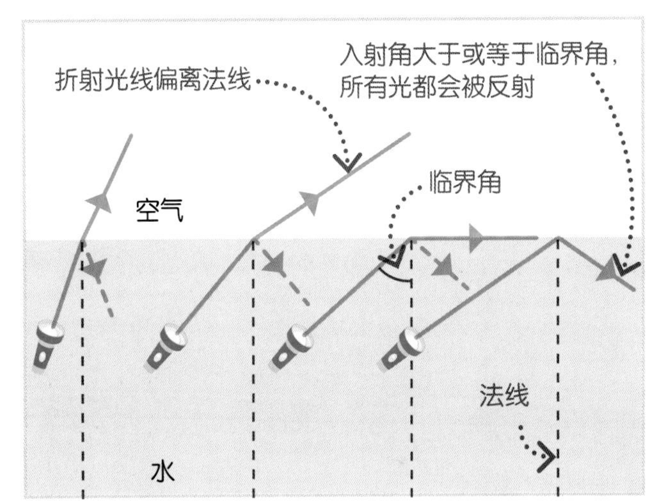

计算折射角

问题：一束光以50°的入射角射入一块玻璃，已知空气的折射率为1，玻璃的折射率为1.6，求折射角的大小。

解：$\sin r = \frac{n_1 \cdot \sin i}{n_2}$

$= \frac{1 \times \sin 50°}{1.6}$

≈ 0.479

由正弦函数可知，$\angle r = 29°$。

计算临界角

问题：钻石闪闪发亮是因为它的折射率大而临界角小，导致光在钻石表面发生大量全反射。如果钻石的折射率为2.4，求它的临界角大小。

解：$\sin c = \frac{n_2}{n_1}$

$= \frac{1}{2.4}$ （空气折射率）

≈ 0.42

由正弦函数可知，$\angle c = 25°$。

凸透镜与凹透镜

被打磨成特定形状的透镜，可以利用光的折射改变光的传播方向。凸透镜中间厚、边缘薄，对光有会聚作用；凹透镜中间薄、边缘厚，对光有发散作用。

要点

✓ 凸透镜中间厚，对光有会聚作用。

✓ 凹透镜中间薄，对光有发散作用。

✓ 透镜有焦点，对凸透镜来说，它是平行光线会聚的交点；对凹透镜来说，它是发散光线反向延长线的交点。

1 凸透镜

凸透镜也叫会聚透镜，当平行光线通过凸透镜时会聚于一点，该点便是凸透镜的焦点。凸透镜的曲度越大，对光的会聚作用越强，焦点越靠近透镜。

平行光线
光在焦点处会聚
焦点和透镜光心之间的距离称为焦距

2 凹透镜

凹透镜也叫发散透镜，当平行光线通过凹透镜时会向外发散。这些发散光线的反向延长线交于一点，该点为凹透镜的焦点。凹透镜的曲度越大，对光的发散作用越强，焦点越靠近凹透镜。

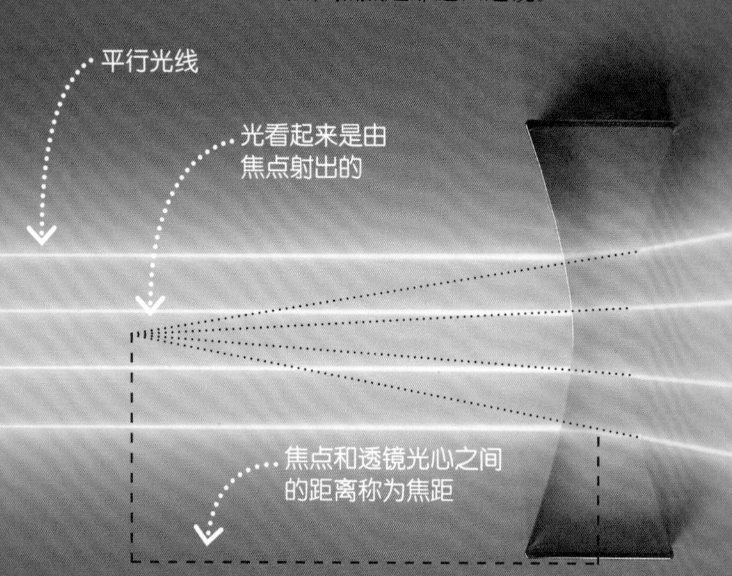
平行光线
光看起来是由焦点射出的
焦点和透镜光心之间的距离称为焦距

视力矫正

凸透镜和凹透镜可用于制作眼镜，以帮助人们矫正视力。最常见的视力问题有两类：远视和近视。

要点

- ✓ 凸透镜和凹透镜可用于制作眼镜，以帮助人们矫正视力。
- ✓ 凸透镜用来矫正远视眼，凹透镜用来矫正近视眼。

1 远视眼

对远视眼而言，近处物体在视网膜后方成像，从而导致人们看不清近处物体。形成远视眼的原因是晶状体太薄，折光能力太弱，或者眼球在前后方向上太短。凸透镜可以让光在进入人眼前提前会聚，从而矫正视力。

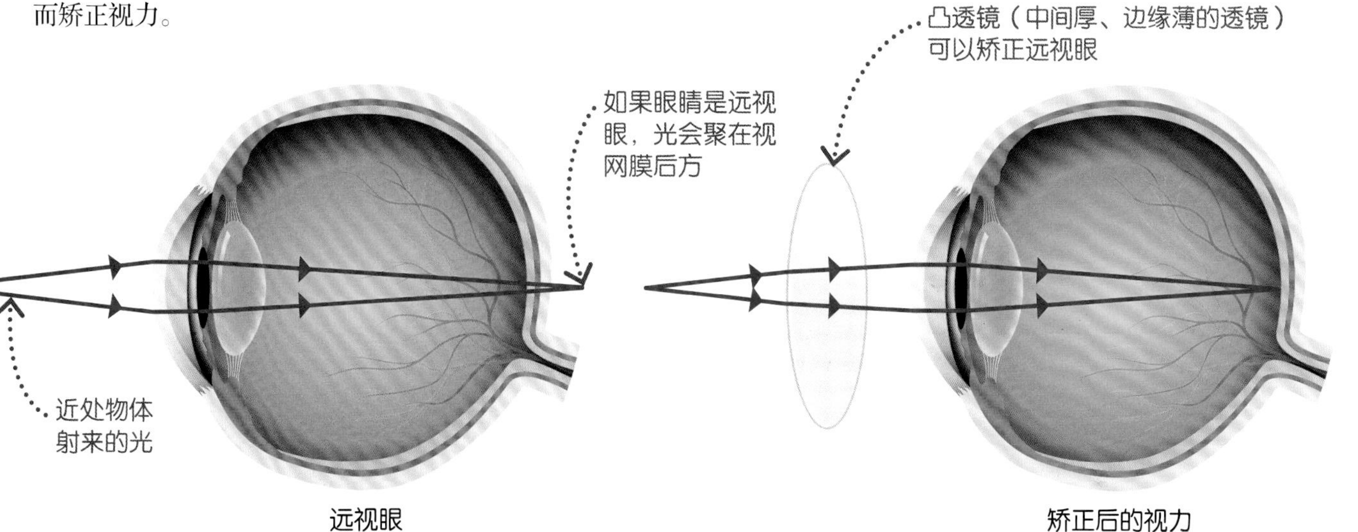
凸透镜（中间厚、边缘薄的透镜）可以矫正远视眼
如果眼睛是远视眼，光会聚在视网膜后方
近处物体射来的光
远视眼
矫正后的视力

2 近视眼

形成近视眼的原因是晶状体太厚，折光能力太强，或者眼球在前后方向上太长。凹透镜可以让光在进入人眼前提前发散，从而矫正视力。

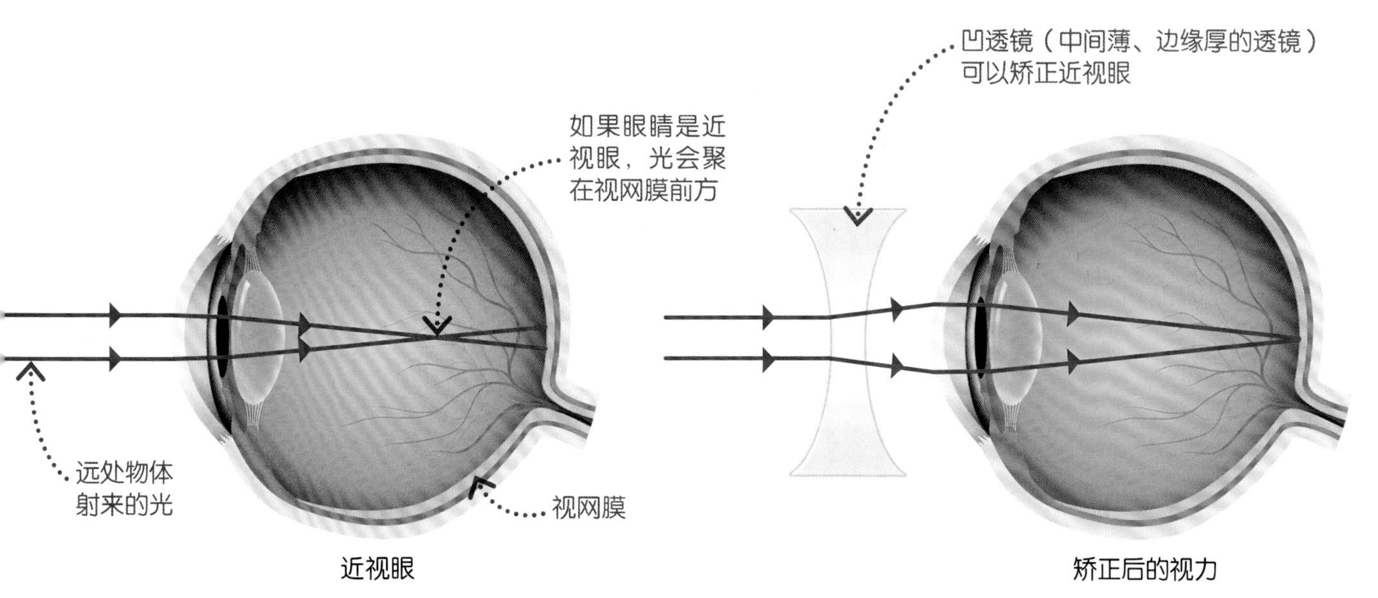
凹透镜（中间薄、边缘厚的透镜）可以矫正近视眼
如果眼睛是近视眼，光会聚在视网膜前方
远处物体射来的光
视网膜
近视眼
矫正后的视力

凸透镜的光路图

我们可以利用光路图，找到光经凸透镜后成像的位置。下图显示当物距（物体与透镜光心之间的距离）大于2倍焦距时，光经凸透镜成一个倒立、缩小的实像（见第121页）。

要点

- ✓ 光路图可用来研究透镜成像的位置。
- ✓ 平行于光轴的入射光线经透镜折射后通过焦点。
- ✓ 过焦点的入射光线经过透镜折射后与光轴平行。
- ✓ 通过透镜光心的入射光线不改变方向。

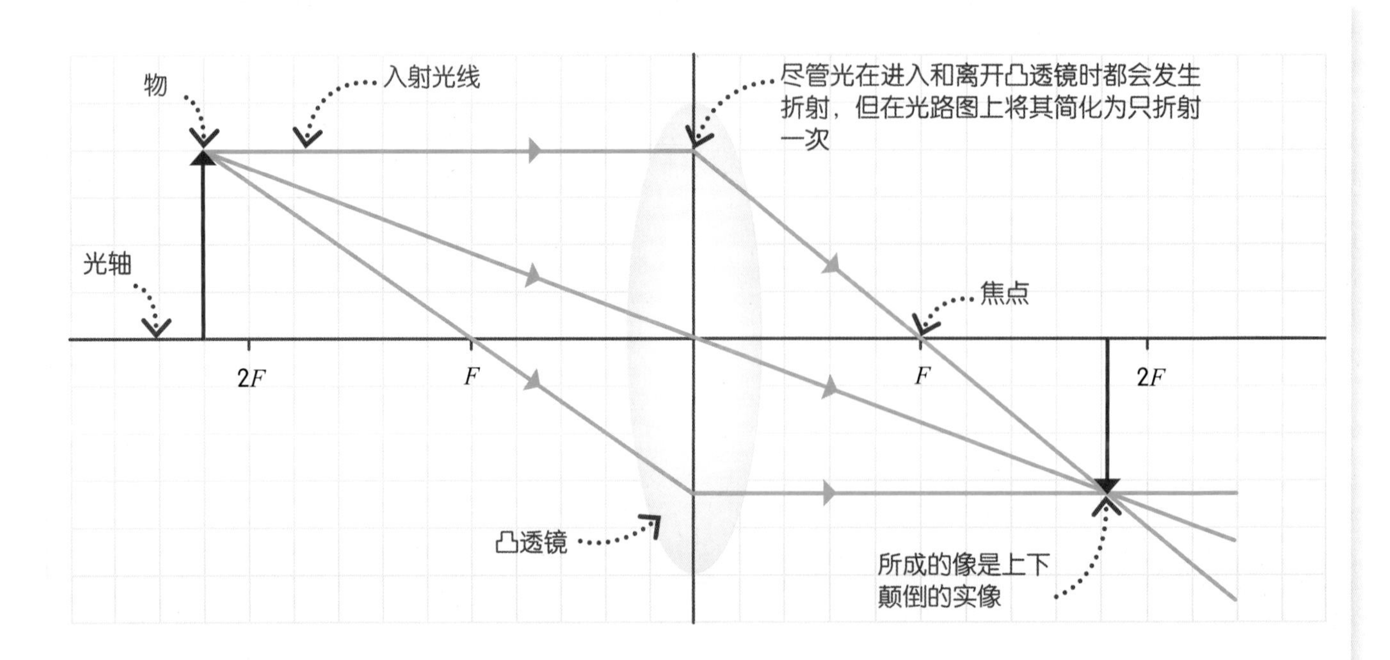

如何画凸透镜的光路图

1. 画1条过凸透镜光心的水平光轴。在凸透镜两侧标记距光心距离相等的2个焦点。
2. 在凸透镜一侧画1个向上的箭头表示物体。从物体顶端画1条平行于光轴的入射光线，再画出它经过凸透镜另一侧焦点的折射光线。
3. 从物体顶端过光心画1条光线，经凸透镜后不改变方向。
4. 2条光线相交于一点，即像的顶端。像的底端在光轴上（成像不一定在焦点处）。
5. 为检验光路图的正确性，从物体顶端过与物同侧焦点画1条光线，其折射光线与光轴平行，同时应经过像的顶端。

放大镜的光路图

当物距小于焦距时，凸透镜可起到放大镜的作用，所成的像是放大的、正立的虚像（见第121页），人只有透过凸透镜才能看到它所成的像。

要点

- ✓ 放大镜是凸透镜。
- ✓ 放大镜成正立、放大的虚像。
- ✓ 当物距小于焦距时，凸透镜才能成正立、放大的虚像。

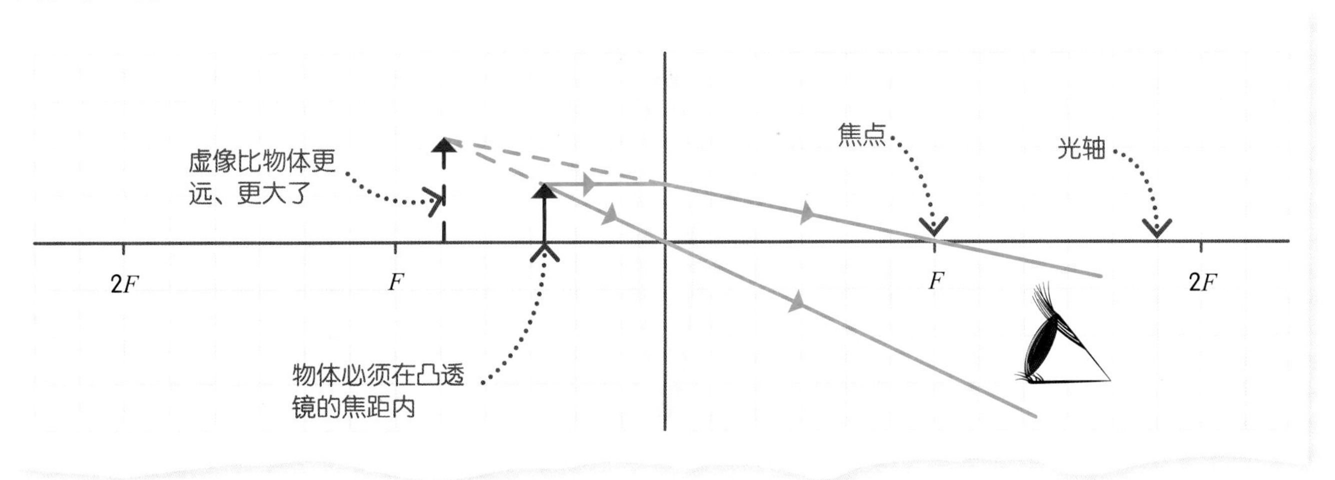

如何画放大镜的光路图

1. 过放大镜中心画1条水平光轴。
2. 在放大镜两侧标记焦点，2个焦点距凸透镜光心距离相等。
3. 在放大镜的焦距内画1个向上的箭头表示物体。
4. 从物体顶端画1条平行于光轴的入射光线，再过放大镜另一侧的焦点画出其折射光线。
5. 从物体顶端过放大镜中心画1条光线，这条光线经过放大镜后不改变方向。
6. 用一把直尺，把这2条光线用虚线反向延长，反向延长线的交点即虚像的顶端，虚像的底端在光轴上。

计算放大倍数

可用下面的公式计算像的放大倍数。

$$放大倍数 = \frac{像的高度}{物体高度}$$

问题：一只9mm长的甲虫在放大镜下成28mm的虚像，求放大倍数是多少？

解：放大倍数 $= \frac{28}{9}$

≈ 3.1

放大倍数是一个比值，没有单位

凹透镜的光路图

物体射出的光经凹透镜后成正立、缩小的虚像。绘制凹透镜的光路图可帮助我们研究像的位置与大小。

要点

✓ 平行于光轴的入射光线被凹透镜折射后，折射光线的反向延长线过与入射光线同侧的焦点（就像光从那个焦点射出一样）。

✓ 通过光心的入射光线不会发生折射。

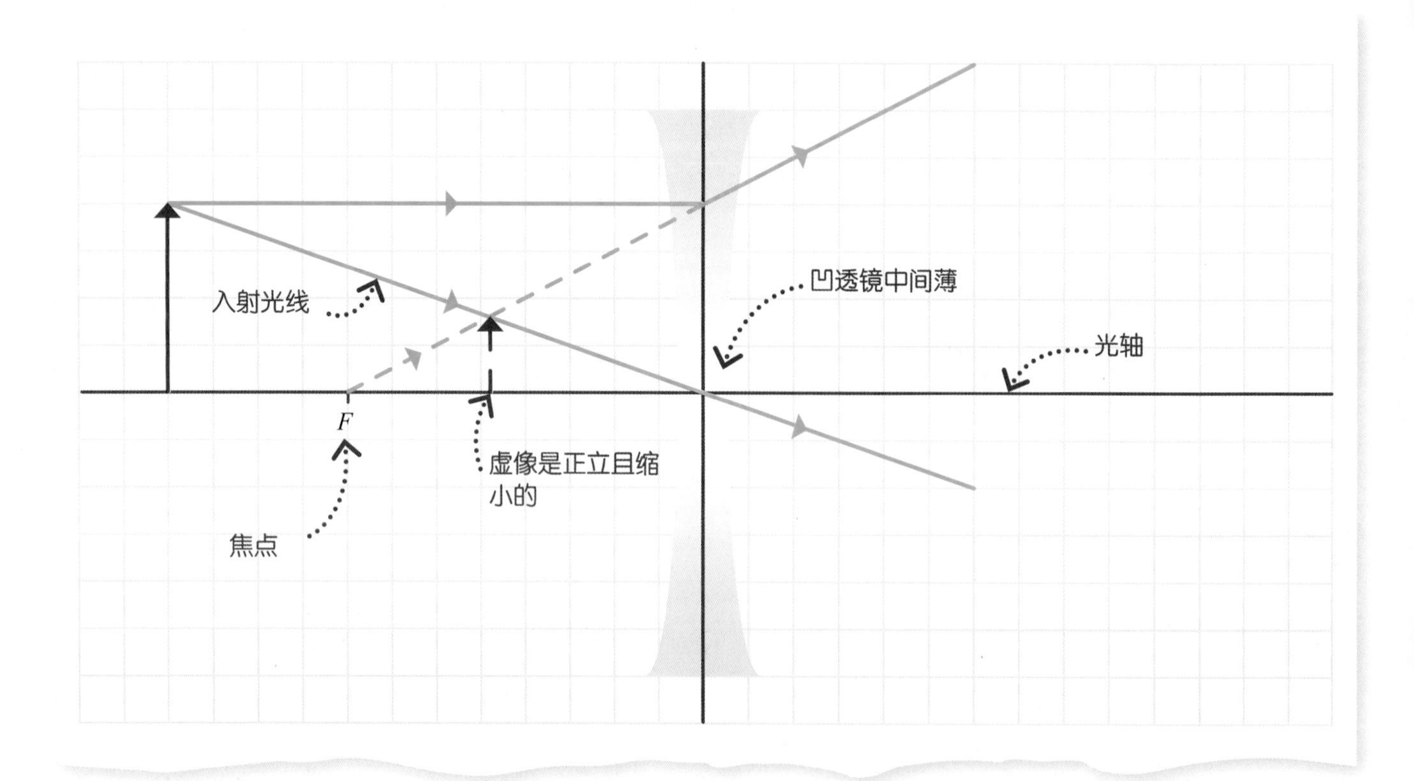

如何画凹透镜的光路图

1. 过光心画1条水平的光轴。
2. 在凹透镜左侧标记焦点。
3. 在凹透镜左侧画1个向上的箭头表示物体。
4. 从物体顶端画1条平行于光轴的入射光线，标记它到凹透镜上的点。
5. 用虚线连接标记点与焦点，即折射光线的反向延长线，用实线画出过凹透镜的折射光线。
6. 从物体顶端过光心画1条光线，这条光线不改变方向。
7. 虚线与过光心的光线的交点就是虚像的顶端，虚像的底端在光轴上。

光与颜色

太阳光的频率范围也叫作光谱范围。我们能看到的光的频率（即可见光谱）只是太阳光谱中极小的一部分。不同频率的可见光进入眼睛时会呈现不同颜色，所有频率的可见光混合在一起时，呈白色。

要点

- ✓ 不同频率的可见光进入眼睛后呈现的颜色不同。
- ✓ 白光是不同频率的光的混合体。
- ✓ 玻璃棱镜可以折射白光，并把它分解成不同颜色的光。

可见光谱

三棱镜可以把白光分解成不同颜色的光。玻璃对不同频率的光的折射能力不同，对高频色光（如紫色）的折射能力比对低频色光（如红色）的折射能力强，所以一束白光会被分解成彩色光。虽然可见光谱一直被分成7种颜色，但由于很多人分不清靛蓝和蓝色，所以只能看出6种颜色。

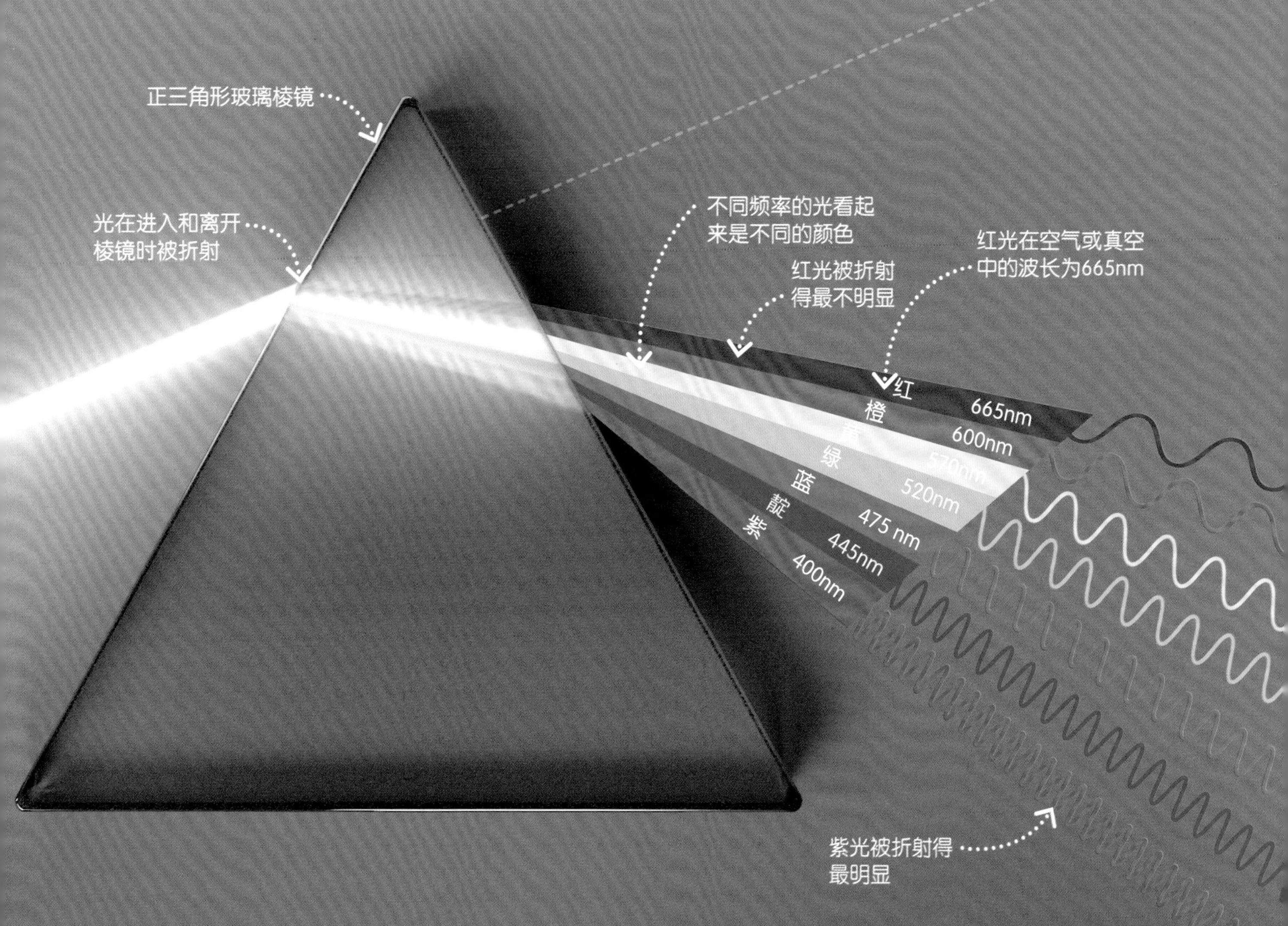

彩虹

美丽的彩虹是光的折射和反射共同作用的结果，如果光射入水滴的角度合适，就会在进入水滴时被折射一次，随后在其内表面被反射，离开水滴时再次被折射。如果你站在合适的位置，就能看到这些折射光线形成的彩虹。

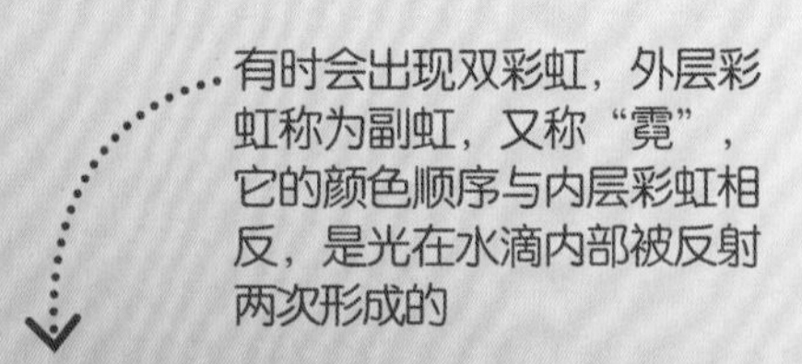

有时会出现双彩虹，外层彩虹称为副虹，又称“霓”，它的颜色顺序与内层彩虹相反，是光在水滴内部被反射两次形成的

反射与吸收

白光是可见光谱中所有颜色的光的混合。当光照射在物体表面时，一些波长的光会被吸收而另一些波长的光会被反射，物体的颜色取决于它反射的光的颜色。

要点

- ✓ 白光是可见光谱中所有颜色的光的混合。
- ✓ 物体有颜色是因为它吸收了一部分光，反射了另一部分光。
- ✓ 有颜色的滤光片吸收了大多数光，但允许与自身颜色相同的光通过。

吸收和反射

台球的颜色不同，是因为它们吸收了不同波长的光，而不能被吸收的光则被反射了，这些反射光的颜色就是物体看起来的颜色。

① 红球看起来是红色，是因为它的表面吸收了除红色以外其他所有波长的可见光，只反射红色的光。

② 黑球看起来是黑色，是因为它吸收了所有颜色的光，几乎不向外反射光。

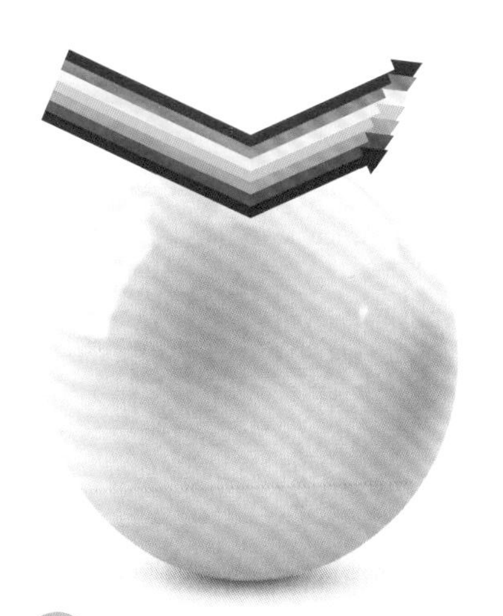

③ 白球反射了所有可见光。

彩色滤光片

透明物体的颜色取决于被吸收和被透射的光的颜色。彩色滤光片如彩色玻璃，不仅不会给光添加颜色，还会减弱光的颜色。例如，红色滤光片会吸收除红光以外的所有光。

红色滤光片吸收除红光以外的所有光

绿色滤光片吸收除绿光以外的所有光

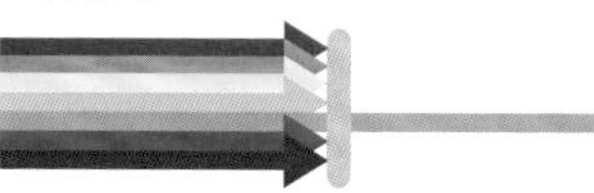

蓝色滤光片吸收除蓝光以外的所有光

电磁辐射

可见光只是巨大电磁波谱中的一小部分。电磁波不需要介质也能传播，它在真空和空气中的传播速度约为3×10^8m/s，与光速相等。

要点

- ✓ 可见光只是电磁波谱中的一小部分。
- ✓ 电磁波是由电子跃迁导致的。
- ✓ 电磁波以光速传播，且无需介质。

电磁波谱

从无线电波（波长从几毫米到几十千米）到伽马（γ）射线（波长小于一个原子的直径）都是电磁辐射。电磁辐射的波长越短，其频率越高，所传递的能量越大。

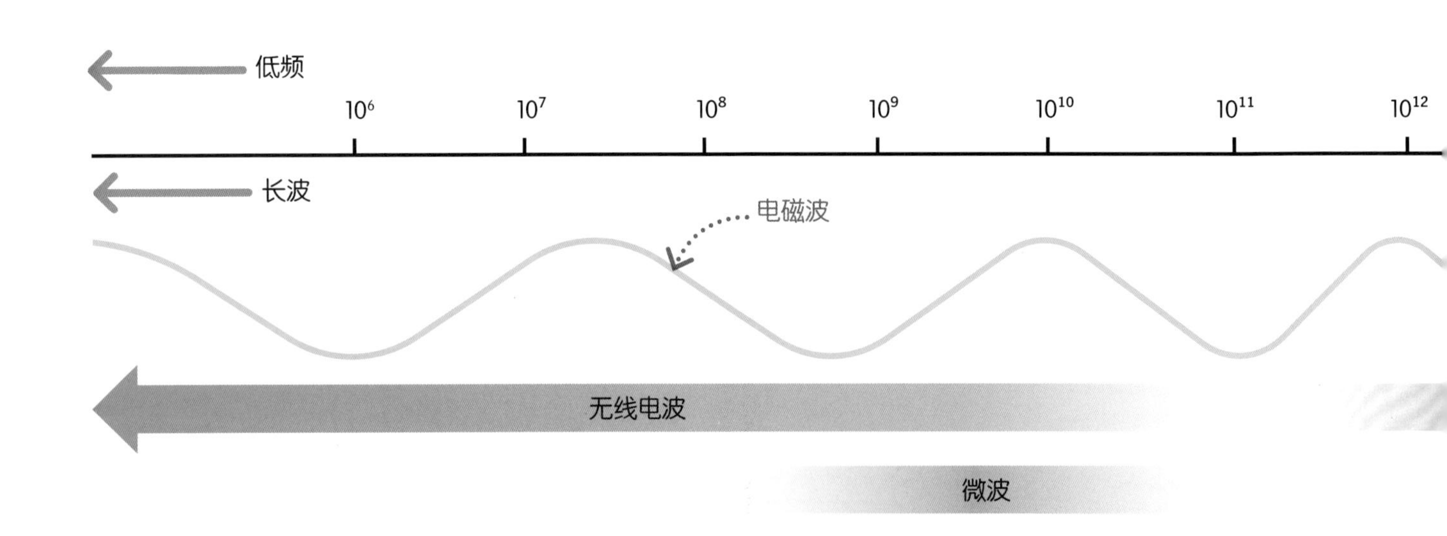

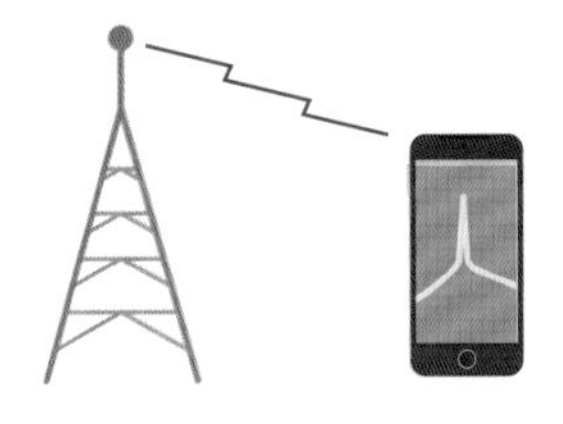

① 无线电波被用于通信，比如手机通话、电视广播传播和互联网数据传输。它的波长较长，能绕过山峰和地球弯曲的表面。

② 微波是波长较短的无线电波，也被用于通信。微波能被食物中的水分子吸收，可用于加热食物。

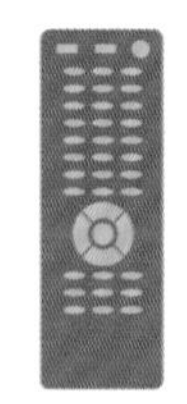

③ 红外线是当人们用火烤手或在晒太阳时感到温暖的来源。电视遥控器利用红外线给电视机发信号，夜视镜通过探测红外线让人们看清黑暗中的物体。

电磁波

电磁波可由电子跃迁产生。例如，当电子从高能级跃迁到低能级时就会发出光。光的波长和频率取决于电子运动的快慢。在地球两极附近，大气层中的氧原子在被来自太阳的高能带电粒子撞击后，发生电离，释放能量，从而产生绿光，引起极光。

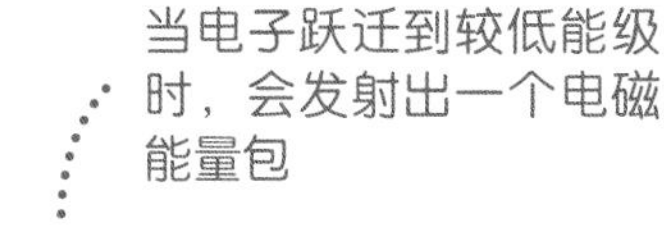

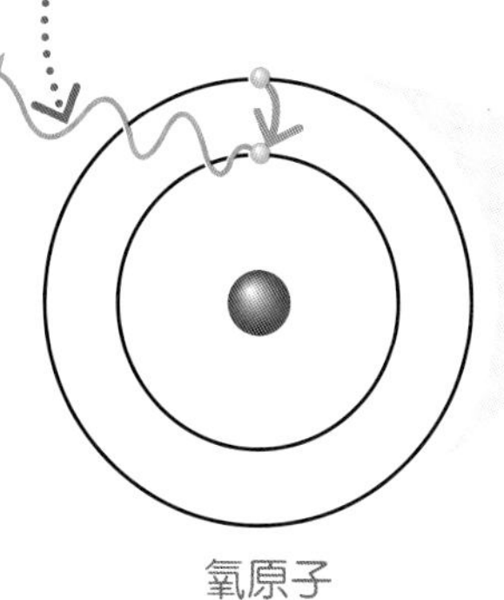

氧原子

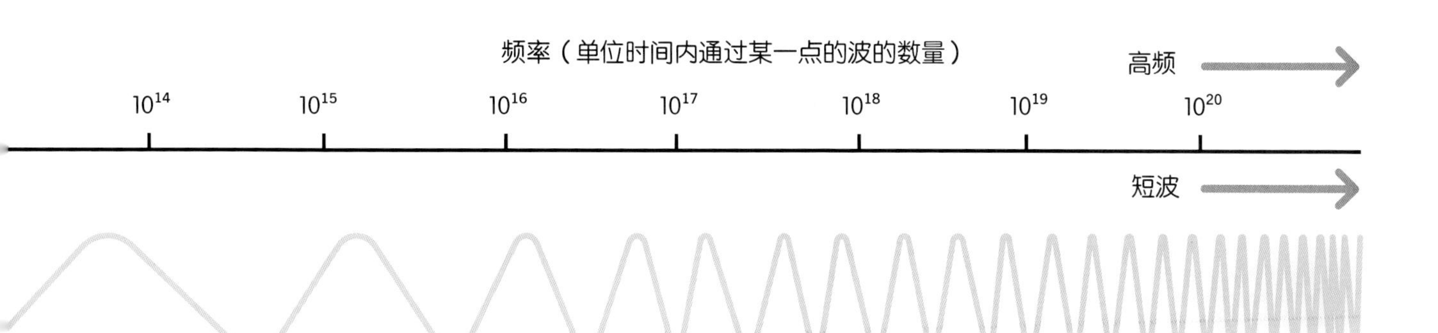

4 可见光是我们在电磁波谱中能看到的一小部分，可用于照明、在电视和手机屏幕上成像。

5 紫外线能引起晒伤和疼痛，紫外线灯可用来灭菌、验钞，它能使荧光物体发光。

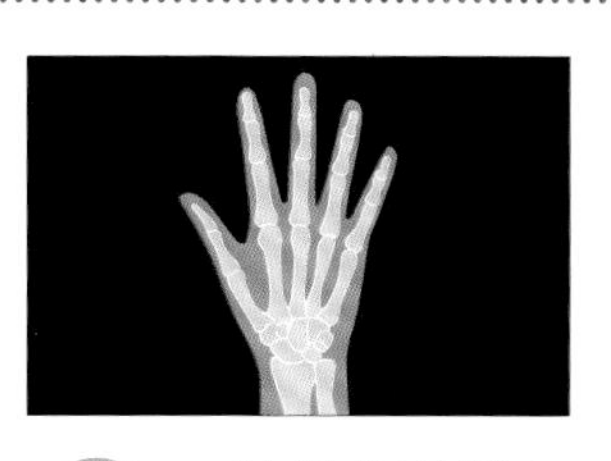

6 X射线是高频电磁波，能穿过人体的软组织，但不能穿过骨骼和牙齿，可用于医学成像，也可用于在机场安检。

7 伽马（γ）射线是一种波长极短、能量较高的电磁辐射，可用于医疗器械消毒、医学成像和癌症治疗。

无线电波

电磁波可由电子跃迁产生。电子是原子核外带负电的粒子，当电子以特定频率前后振荡时，会发射无线电波，这些无线电波可用于通信。

要点

- ✓ 无线电波由交流电产生。
- ✓ 无线电波在接收天线中激发出与初始电流同频率的电流数据。
- ✓ 无线电波的频率与产生它的交变电流频率相同。

无线电波如何工作

无线电波由交变电流产生，交变电流由天线中前后振荡的电子产生。无线电波与交变电流频率相同，会在接收天线中激发出与其频率相同的电流数据，以光速传播。

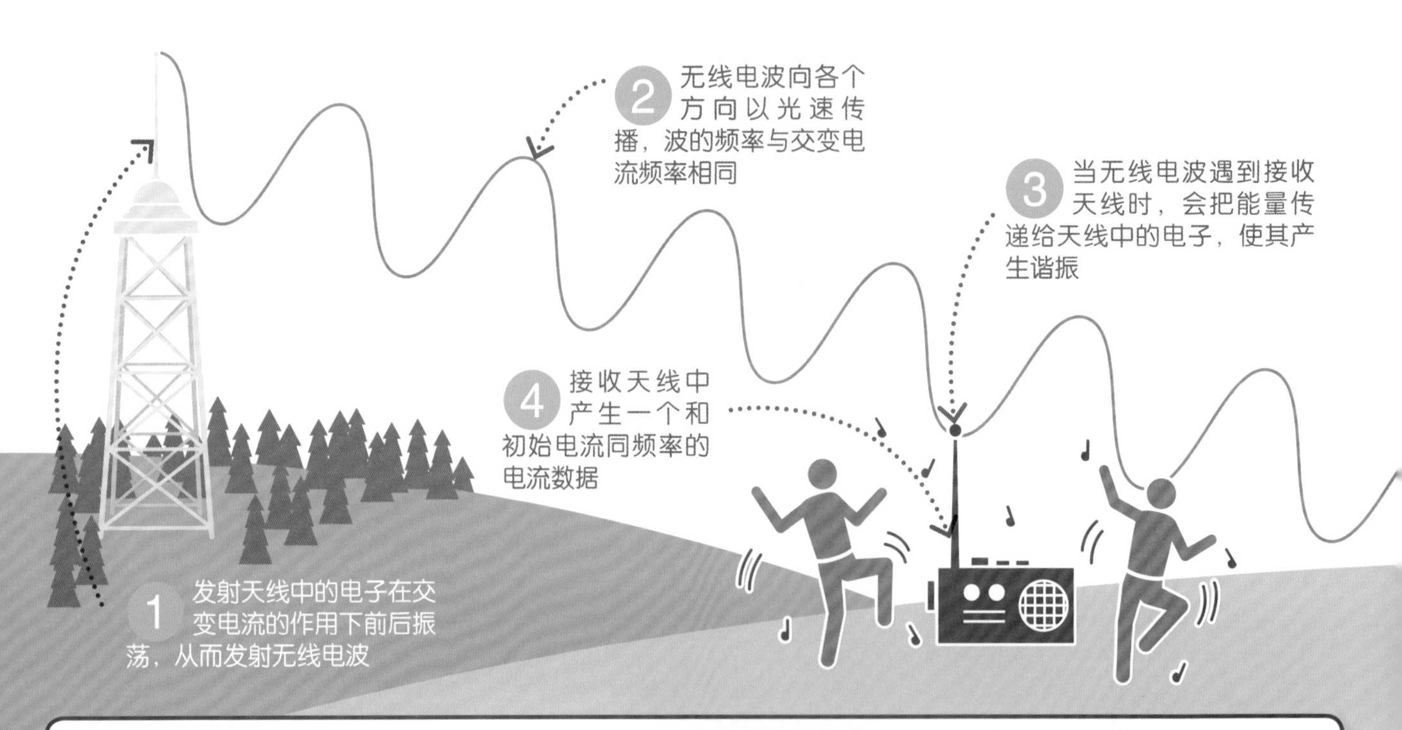
2 无线电波向各个方向以光速传播，波的频率与交变电流频率相同
3 当无线电波遇到接收天线时，会把能量传递给天线中的电子，使其产生谐振
4 接收天线中产生一个和初始电流同频率的电流数据
1 发射天线中的电子在交变电流的作用下前后振荡，从而发射无线电波

无线电波如何传播

波长几千米的低频无线电波与波长几厘米的高频无线电波都可以用于通信。高频无线电波只能沿直线传播，但可以被中继卫星转发。低频无线电波则会被电离层（位于地球大气层上方的带电层）反射，以传递到地平线外更远的距离。

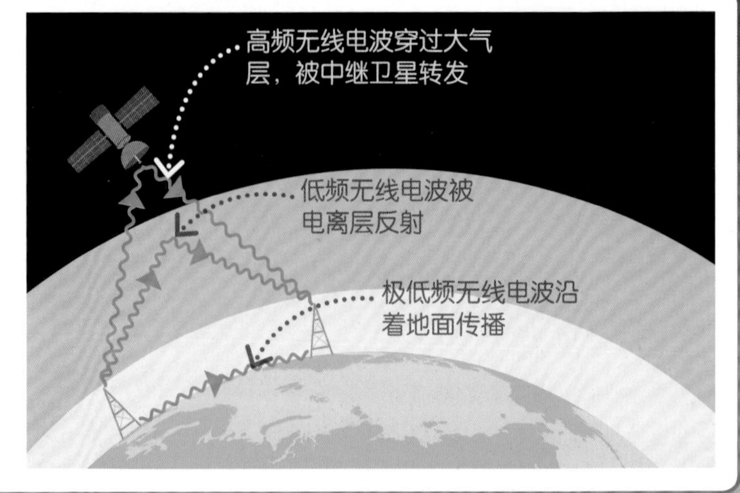
高频无线电波穿过大气层，被中继卫星转发
低频无线电波被电离层反射
极低频无线电波沿着地面传播

有害辐射

暴露于高能电磁辐射之下对生命体是有害的。电磁波的频率越高，能量就越大，对生命体造成的伤害也越大。

要点

- ✓ 电磁辐射分为非电离辐射和电离辐射。
- ✓ 非电离辐射没有足够的能量把电子从原子中移走。
- ✓ 电离辐射有足够的能量带走原子中的电子，并破坏化学键。
- ✓ 暴露在电离辐射环境中可能会使人体的软组织损坏，使人增加患癌风险。

对人体的影响

低频波（如无线电波）穿过人体组织时不会被吸收，也不会对人体造成伤害，但γ射线、X射线和高能紫外线都是电离辐射，它们有足够的能量带走原子中的电子并破坏化学键，损坏人体中的细胞。

1 紫外线不会穿透人体，但对皮肤细胞有害，可使人晒伤，增加患癌风险。它还能损害人的眼睛，导致视力缺陷甚至致盲。

2 X射线能穿透人体，破坏细胞中的DNA，引发基因突变，进而致癌。人体受到的辐射伤害的大小取决于所受的辐射剂量，辐射剂量的单位是希沃特（Sv）。人在医院拍X光片时只受到很小剂量的X射线的辐射。

3 γ射线能穿透人体，是最危险的电磁辐射。它能破坏细胞中的DNA，增加致癌风险。大剂量的辐射所引发的疾病可能是致命的。

好处与风险

尽管紫外线、X射线、γ射线会对人体产生危害，但它们在医学方面也有大用处。紫外线可以帮助人体合成维生素D；利用X射线拍下的X光片可以帮助医生检查患者的牙齿、骨骼等其他部位的结构；γ射线可用于探测或消灭癌细胞。在利用电磁辐射时，要掌握好辐射剂量，以降低其对人体潜在的风险。

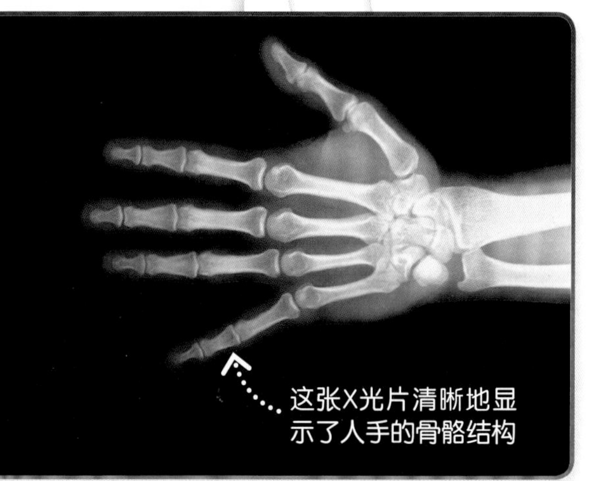

这张X光片清晰地显示了人手的骨骼结构

8 电路

电流

与可以停留在一个地方的静电不同，电流始终在运动。我们使用的所有电器都依赖流动的电流工作。一些小的用电设备，如耳机、手机等，只需要很小的电流，而像一些厨房电器和电热器等，则需要较大的电流。

要点

- ✓ 金属等材料中拥有大量可自由运动的电子，允许电流流过。
- ✓ 当在导线两端施加电压时，自由电子定向移动，形成电流。
- ✓ 允许电流流过的材料叫导体，阻碍电流流过的材料叫绝缘体。

电荷移动

电流是电子定向运动产生的，电子是原子外层带负电的微小粒子。金属中有一些电子是自由的，可以随意运动。这些自由电子在正常情况下的运动是杂乱无章的，但在通电之后就会沿同一方向运动。电子本身运动得非常慢，导体中的自由电子在通电的情况下做定向运动会形成感应电流，进而在导体周围产生磁场，而变化的电场和磁场会形成电磁波。电磁波的速度接近光速。

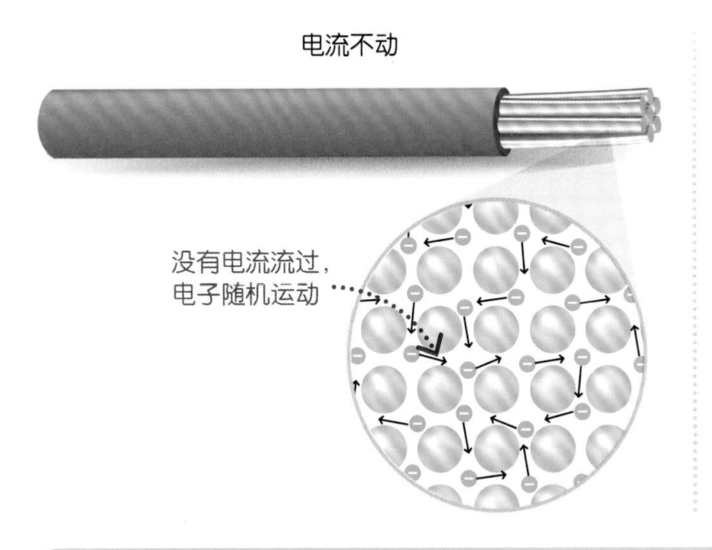

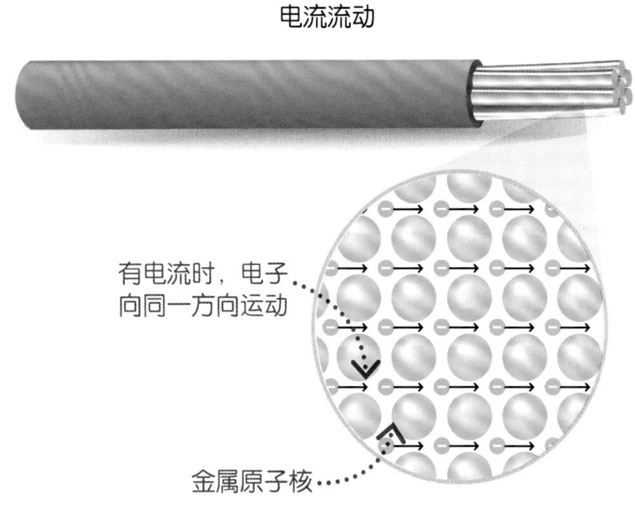

导体和绝缘体

允许电流通过的材料称为导体。金属是良导体，因为金属原子内有大量可自由运动的电子。包含溶解离子（带电粒子）的溶液也能导电。没有或几乎没有可自由运动的带电粒子的材料称为绝缘体，因为它们能阻断电流的流动。

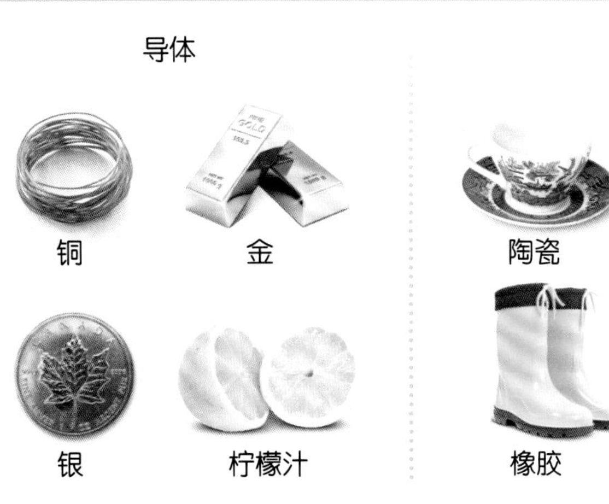

电路

现代生活离不开电和电路。有些电路的结构很简单，如下图所示。有些电路则很复杂，如手机、计算机和一些小型机械中的电路。

要点

- ✓ 所有的电路都需要电源，如电池。
- ✓ 2节或多节电池连接起来组成电源。
- ✓ 电流只能在闭合回路中产生。
- ✓ 很多电路都有灯泡或发动机，能把电能转化为其他形式的能量。

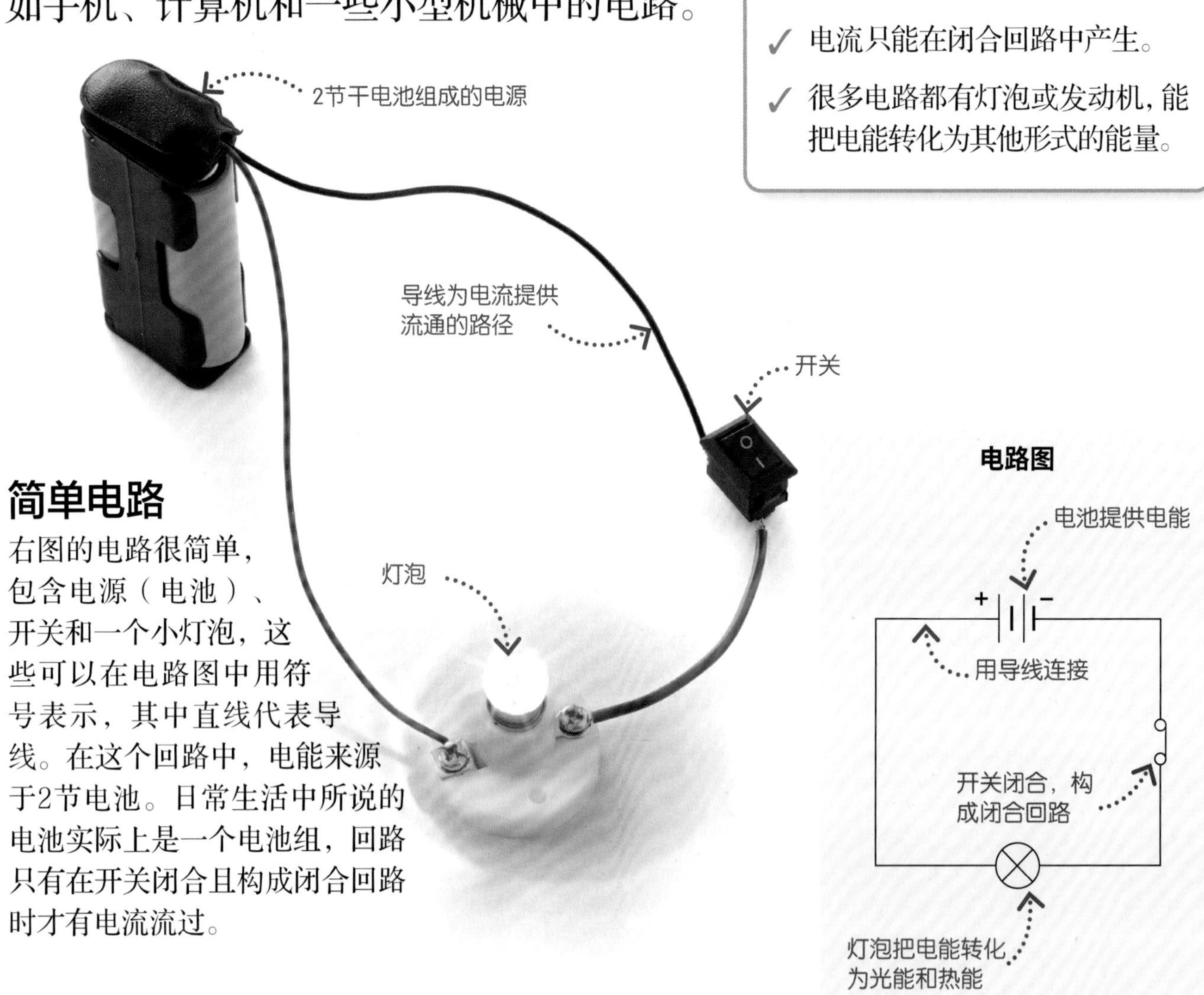
2节干电池组成的电源
导线为电流提供流通的路径
开关
灯泡
电路图
电池提供电能
+
−
用导线连接
开关闭合，构成闭合回路
灯泡把电能转化为光能和热能

简单电路

右图的电路很简单，包含电源（电池）、开关和一个小灯泡，这些可以在电路图中用符号表示，其中直线代表导线。在这个回路中，电能来源于2节电池。日常生活中所说的电池实际上是一个电池组，回路只有在开关闭合且构成闭合回路时才有电流流过。

电压

电池的电压反映了它在回路中驱动电流的能力。如果添加一个额外的电池，电压加倍，电路中的电流也加倍，灯泡就会变得更亮。

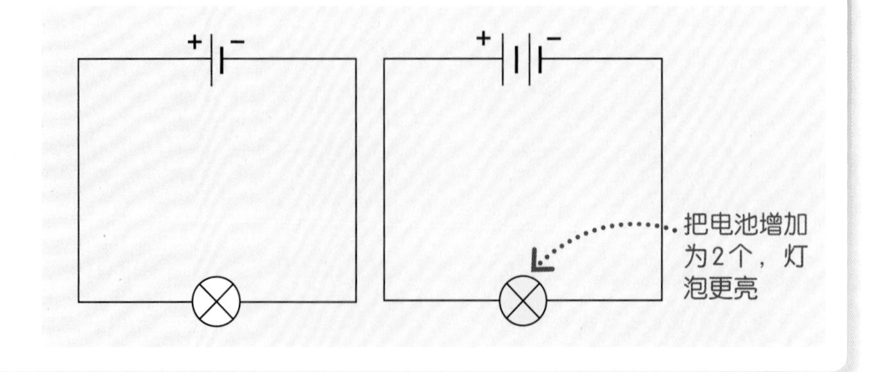
+
−
+
−
把电池增加为2个，灯泡更亮

串、并联电路

电路有2种最基本的连接方式：如果所有的元件依次相连，形成一个简单的回路，叫作串联；如果电路分成几个分支，叫作并联。

要点

- ✓ 电路可按串联或并联方式连接。
- ✓ 串联电路中，元件被连在同一个回路中，它们同开同关。并联电路中，元件分布在不同支路上，如果1个支路坏了，其他支路仍能正常工作。

1 串联电路

串联电路中，所有元件一个接一个地连成一个简单回路。图示的2个灯泡，是按串联方式连接的。如果1个灯泡断路，那么电流就不能通过，其他灯泡也不会工作。如果再连入额外的灯泡，它们就会变暗，因为流经每个灯泡的电流都会减小。

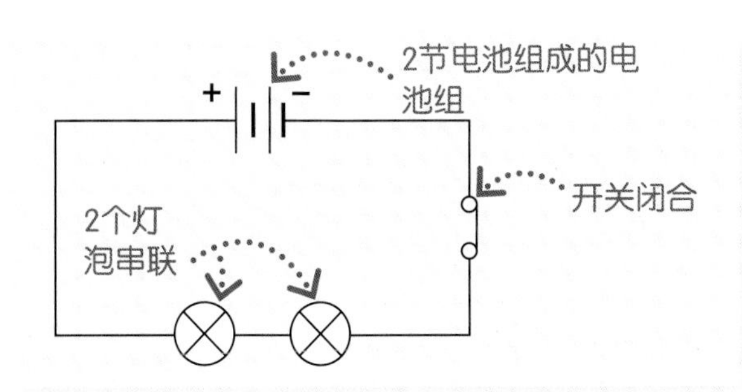

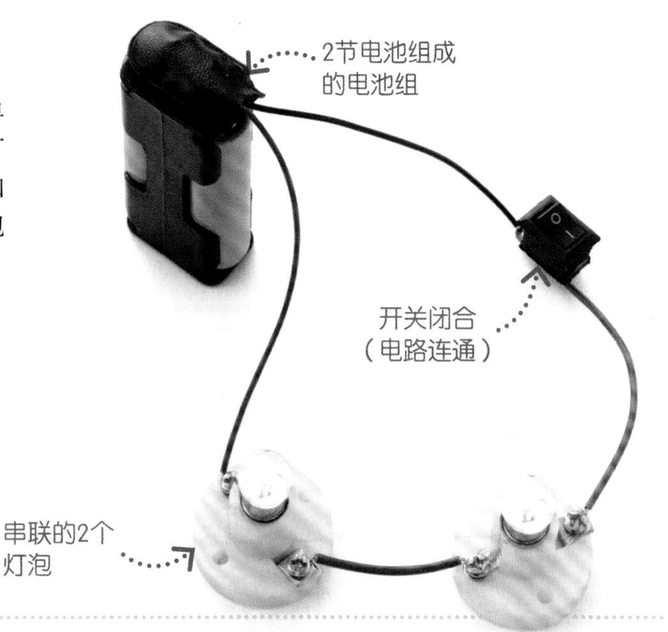

2 并联电路

并联电路中，电路元件分布在不同分支上，电流可通过的路径不止1个。如果1个灯泡坏了，其他灯泡仍能正常工作。在每个支路中，电流只通过1个灯泡，流经灯泡的电流比这些小灯泡串联时更大，所以灯泡更亮。家庭电路都是按并联方式连接的。

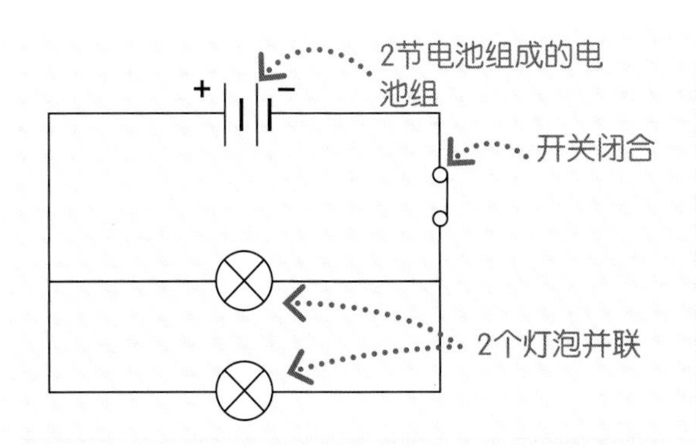

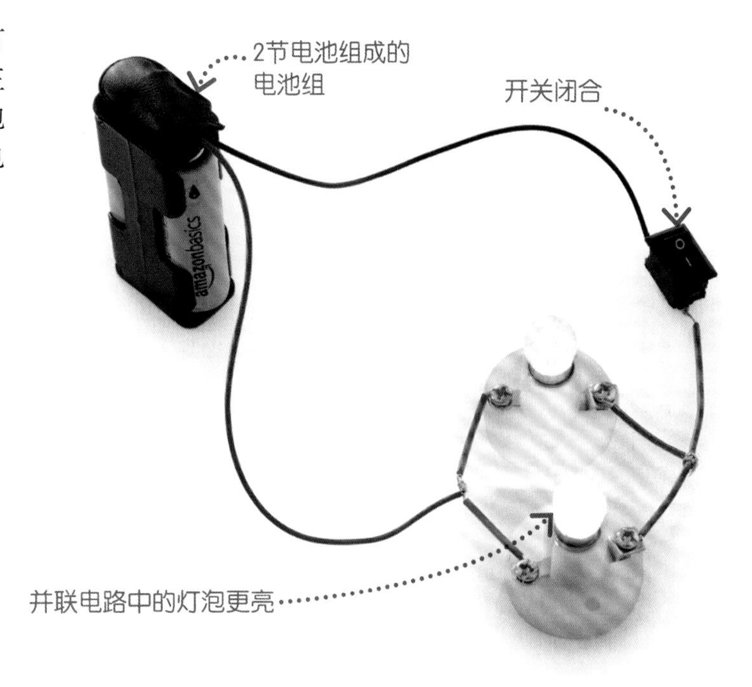

电学测量

电学测量与测量水管中的水流相似，在单位时间内通过导体某一截面的电荷量叫作电流，单位为安培（A）。电流的大小取决于2个主要因素：驱动力的强弱（电压，或称电势差）；电路中电阻的大小。

要点

- ✓ 电流是单位时间内通过导体某一横截面的电荷量，单位是安培（A）。
- ✓ 电流用电流表测量，电流表串联在电路中。
- ✓ 电压是表示电路驱动电荷能力的物理量，单位是伏特（V）。
- ✓ 电压用电压表测量，电压表并联在待测元件两端。
- ✓ 电阻表示导体对电流阻碍作用的大小，它会消耗电能，电阻的单位是欧姆（Ω）。

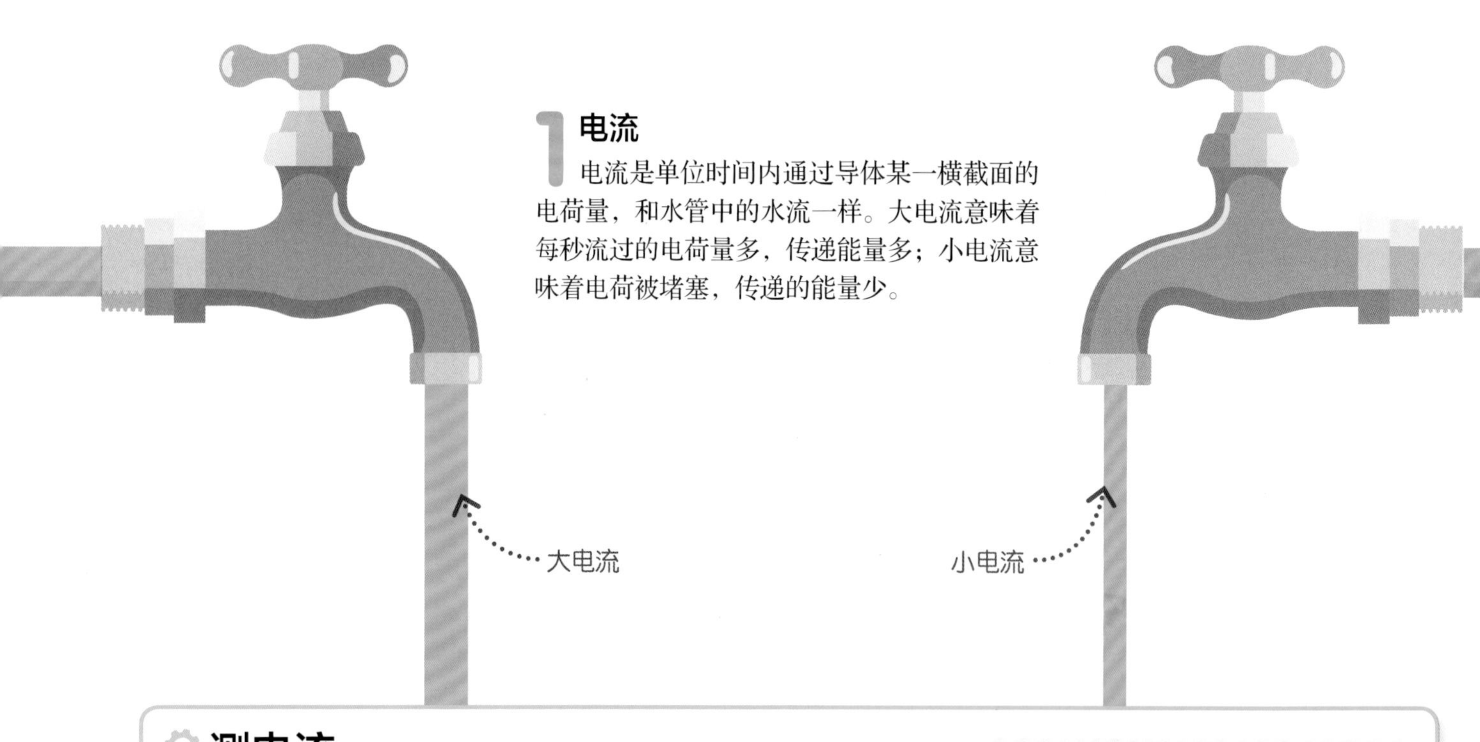

1 电流

电流是单位时间内通过导体某一横截面的电荷量，和水管中的水流一样。大电流意味着每秒流过的电荷量多，传递能量多；小电流意味着电荷被堵塞，传递的能量少。

测电流

电流的单位是安培，简称安（A），通常用I表示，用电流表测量。电流表必须串联在所需测量的电路中，它在电路中的位置不重要，因为同一电路中电流都相等，电流表在电路图中的符号是Ⓐ。

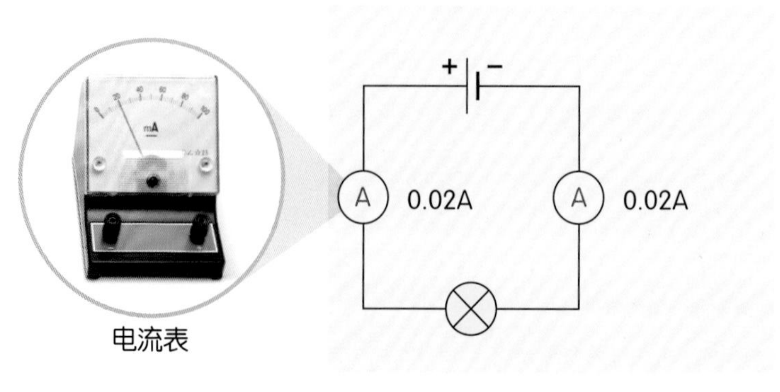

电流表

2 电压

电流的流动需有外力驱动，这种驱动源于电路两端的电势能不同，电势能又叫作电压或电势差。电压与水压相似，如储水桶被举高时，因重力产生的压强会更大，从而使水管中水流的流速更快。

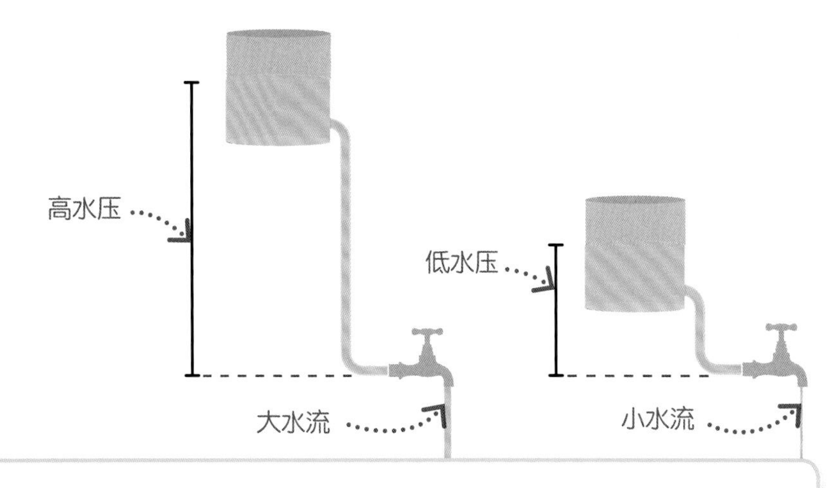

测电压

电压的单位是伏特，简称伏（V），通常用U表示，用电压表测量。电压表必须并联在待测元件两端，在电路中的符号为ⓥ。

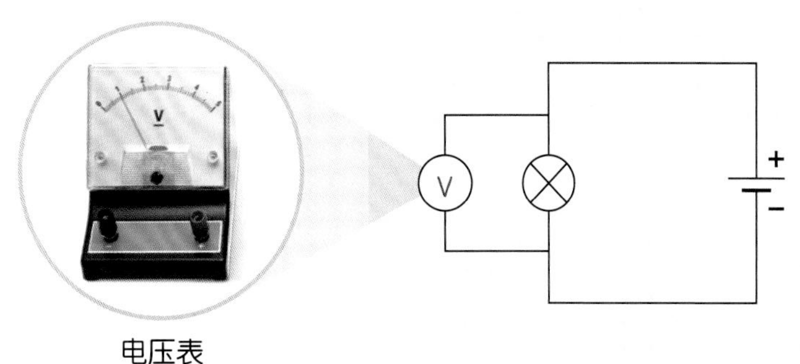

电压表

3 电阻

电路中的任何元件都会消耗电能，并使电流减小。我们把导体对电流阻碍作用的大小叫作导体的电阻。像细水管会减小水流一样，细导线也会产生电阻使电流变小，导线越长，电阻越大。电阻的单位是欧姆，简称欧（Ω），通常用R表示。

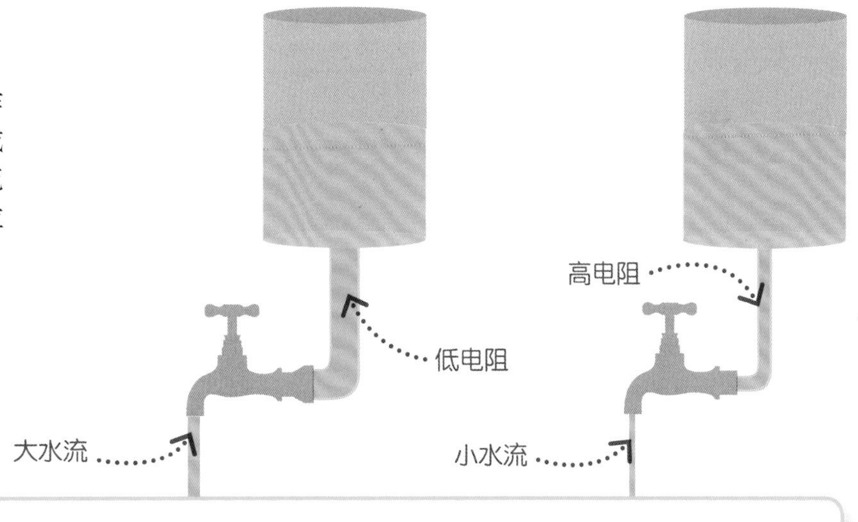

电阻器

有些电路中会添加一个叫作电阻器的元件，以避免因电流过大而损坏其他元件。电阻器在电路图中的符号是一个矩形。

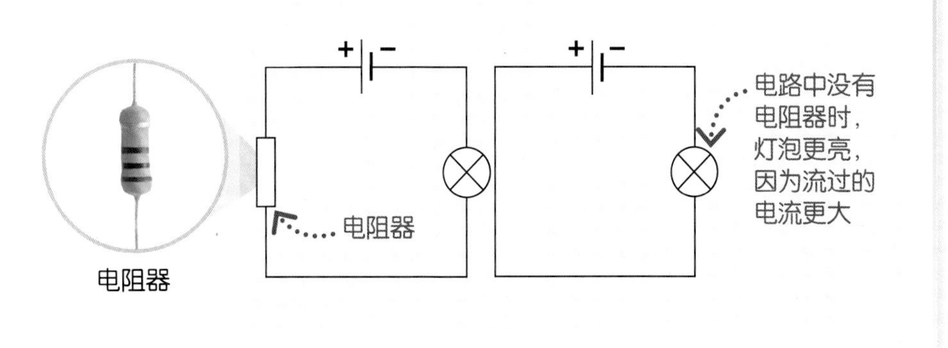

电阻器

串、并联电路的特点

要点

- ✓ 在电路中，流入某点的电流之和等于从该点流出的电流之和。
- ✓ 串联电路中的元件两端的总电压等于各部分电路两端电压之和。
- ✓ 在并联电路中，总电压与各支路电压相等。

下面是串、并联电路中电流和电压的重要规律。

1 流入的电流等于流出的电流

流入电路中任意一点的电流总和与从该点流出的电流总和相等。在如下电路中，流向*A*点的电流为250mA，在*A*点分成2个支路，流过的电流分别为150mA和100mA，两者相加等于250mA。

$$I_{总} = I_1 + I_2$$

电流用大写字母*I*表示

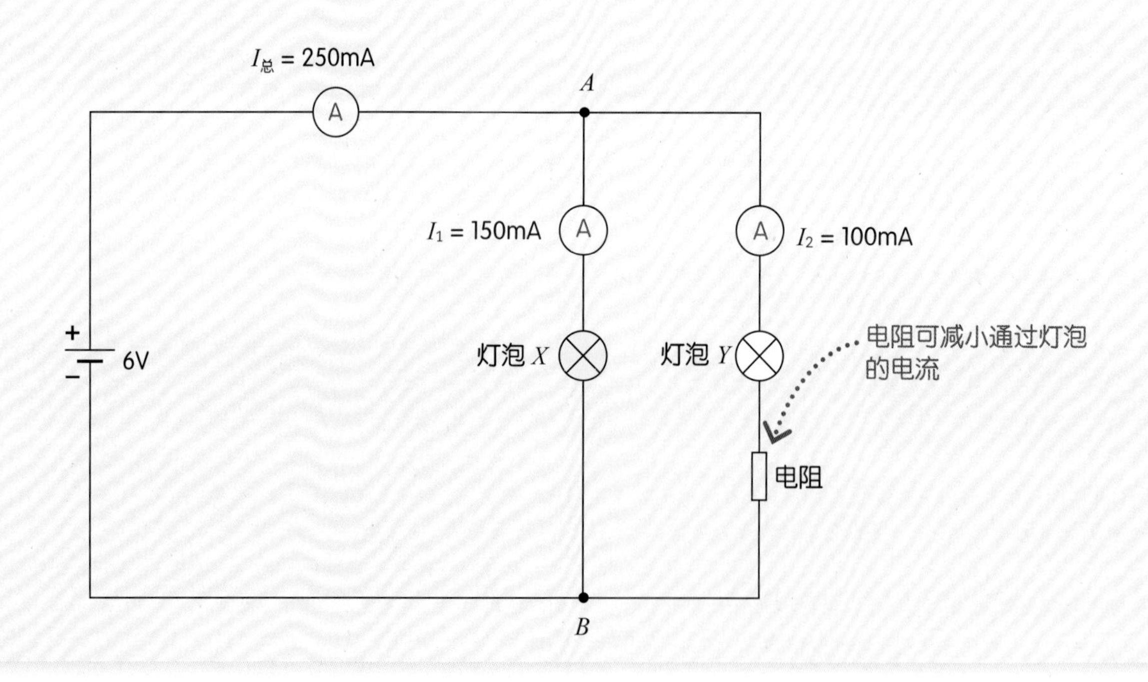

计算电流

问题：在上图中流过*B*点的电流是多少？

解：$I_B = I_{总} = 250mA$

2 串联电路电压相加

当元件按串联方式连接时，如右图中灯泡和电阻串联在电路中，串联电路两端的总电压等于各部分电路两端电压之和。

$$U_{总} = U_1 + U_2 + U_3$$

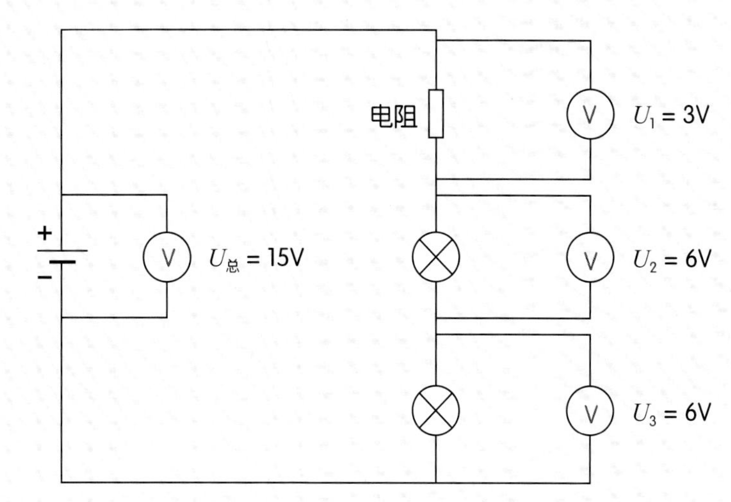

3 并联电路电压相等

在并联电路中，总电压与各支路电压相等，如右图所示，2个灯泡两端电压相等。

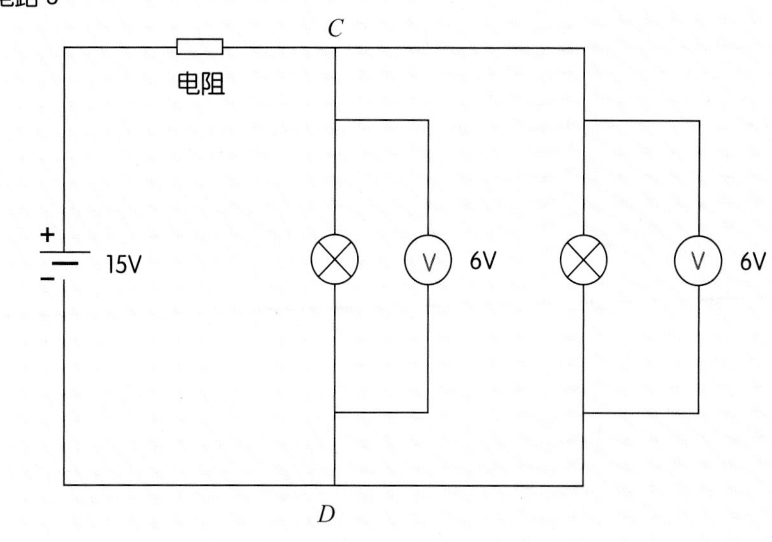

计算电压

问题：在电路3中，电阻两端的电压是多少？

解：$U_{电阻} = U_{总} - U_{灯泡}$
$= 15 - 6$
$= 9$（V）

问题：在电路1中，电阻两端的电压为4V，则灯泡Y上的电压为多少？

解：$U_Y = U_{总} - U_{电阻}$
$= 6 - 4$
$= 2$（V）

电荷

电子都带负电。当电路接通后，电子定向运动，形成电流。电荷的单位是库仑，简称库（C）。电流是单位时间内通过导体某一横截面的电荷量，1A的电流意味着1s内有1C的电荷通过。本页的公式表示了电荷与电流、电压和能量之间的关系。

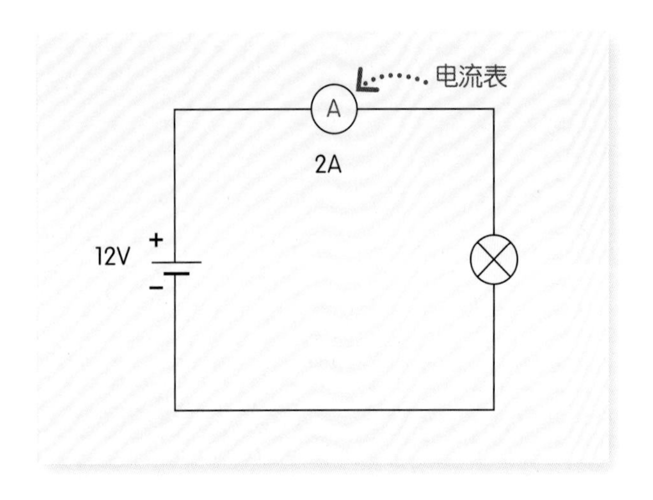

1 电荷和电流

在上图电路中，电流表的示数为2A，意味着每秒有2C的电荷通过灯泡和电池。电荷、电流、时间的关系如下。

$$Q = It$$

Q—电荷量（C）
I—电流（A）
t—时间（s）

2 电荷和能量

用电器能把电能转化为其他形式的能量。如上图所示，电池中的电能通过小灯泡转化为光能，如果知道流过电器的电荷量及电器两端的电压，就能计算出回路中转化的能量。

$$E = QU$$

E—能量（J）
Q—电荷量（C）
U—电压（电势差）（V）

要点

- ✓ 电荷的单位是库仑（C）。
- ✓ 1A的电流意味着1s内有1C的电荷通过。
- ✓ 当1C的电荷通过电压为1V的区域时，它转化的能量为1J。

计算

问题：一个手电筒使用3V的电池，流过灯泡的电流为0.25A，手电筒亮了5min，期间通过灯泡的电荷为多少？灯泡转化了多少能量？

解：5min = 300s

$Q = It$
$= 0.25 \times 300$
$= 75$（C）

$E = QV$
$= 75 \times 3$
$= 225$（J）

改变电阻

有时，需要通过改变电阻来调节电流，从而改变灯泡的亮度、电动机的转速和收音机的音量。

要点

- ✓ 滑动变阻器包含电阻线圈和滑片。
- ✓ 电流、电压、电阻之间的关系为$I=\frac{U}{R}$。

滑动变阻器

用来改变电阻的元件叫作变阻器。下图是一个滑动变阻器，包含由1根很长的电阻丝绕成的线圈和1个可滑动的接触片，移动滑片可改变接入的电阻和流过的电流。

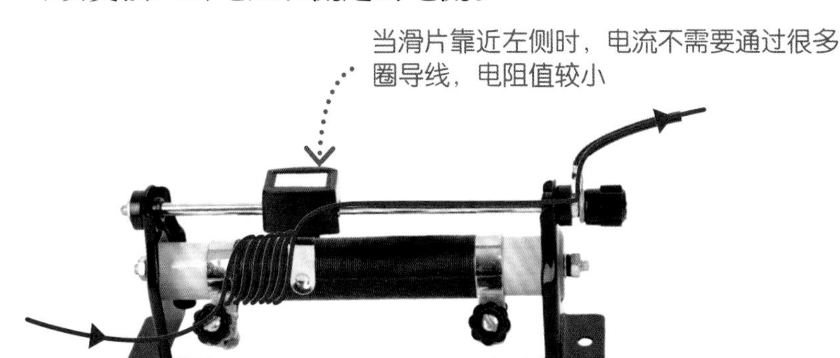

当滑片靠近左侧时，电流不需要通过很多圈导线，电阻值较小

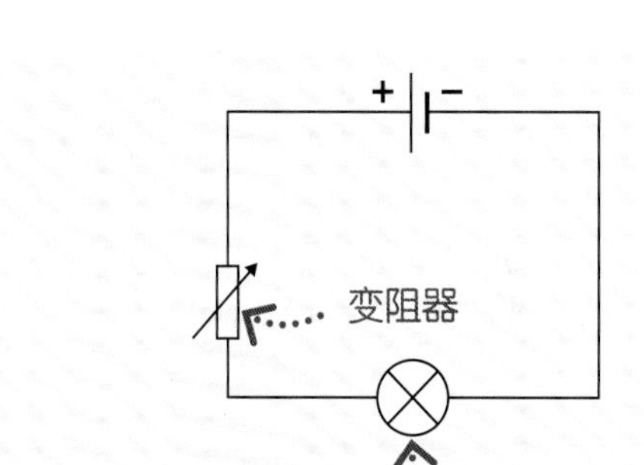

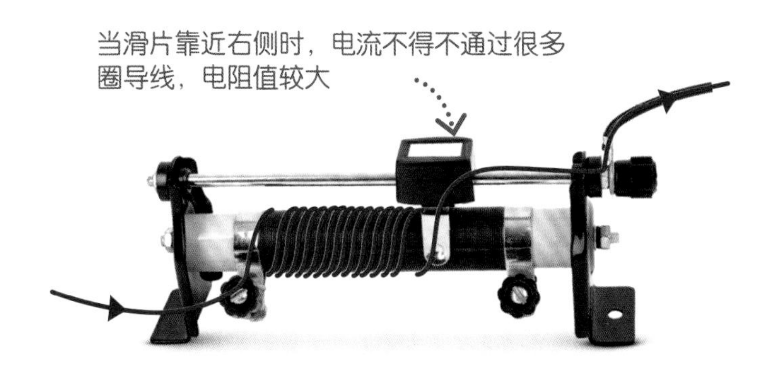

当滑片靠近右侧时，电流不得不通过很多圈导线，电阻值较大

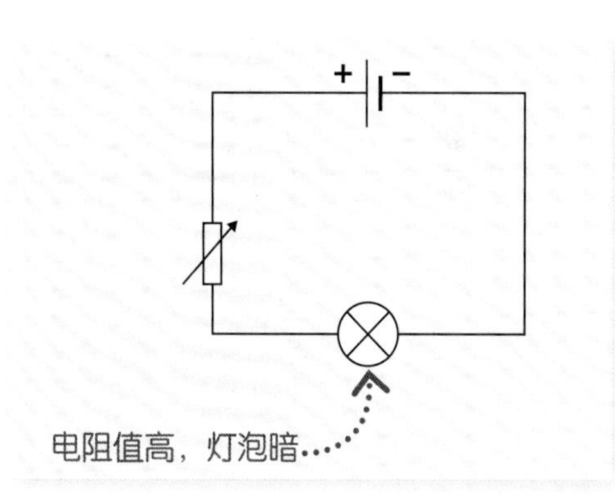

计算电流、电压、电阻

在电路中，电流、电压、电阻之间的关系如下式，这被称为欧姆定律。

$$I=\frac{U}{R}$$

I—电流（A）
U—电压（V）
R—电阻（Ω）

问题：电灯泡两端的电压为6V，流过的电流为0.5A，求其电阻为多少。

解：$R=\frac{U}{I}$

$=\frac{6}{0.5}$

$=12$（Ω）

导线电阻的研究

元件电阻的大小取决于多个方面，下面仅就长度这一变量对导线电阻的影响进行研究。

要点

- ✓ 导线的电阻随其长度的增加而增加。
- ✓ 用电压除以电流可以计算电阻。

1 电路

电路中的两个尖嘴夹可以改变接入电路的导线的长度，电压表可测量导线两端的电压，电流表可测量流过导线的电流。

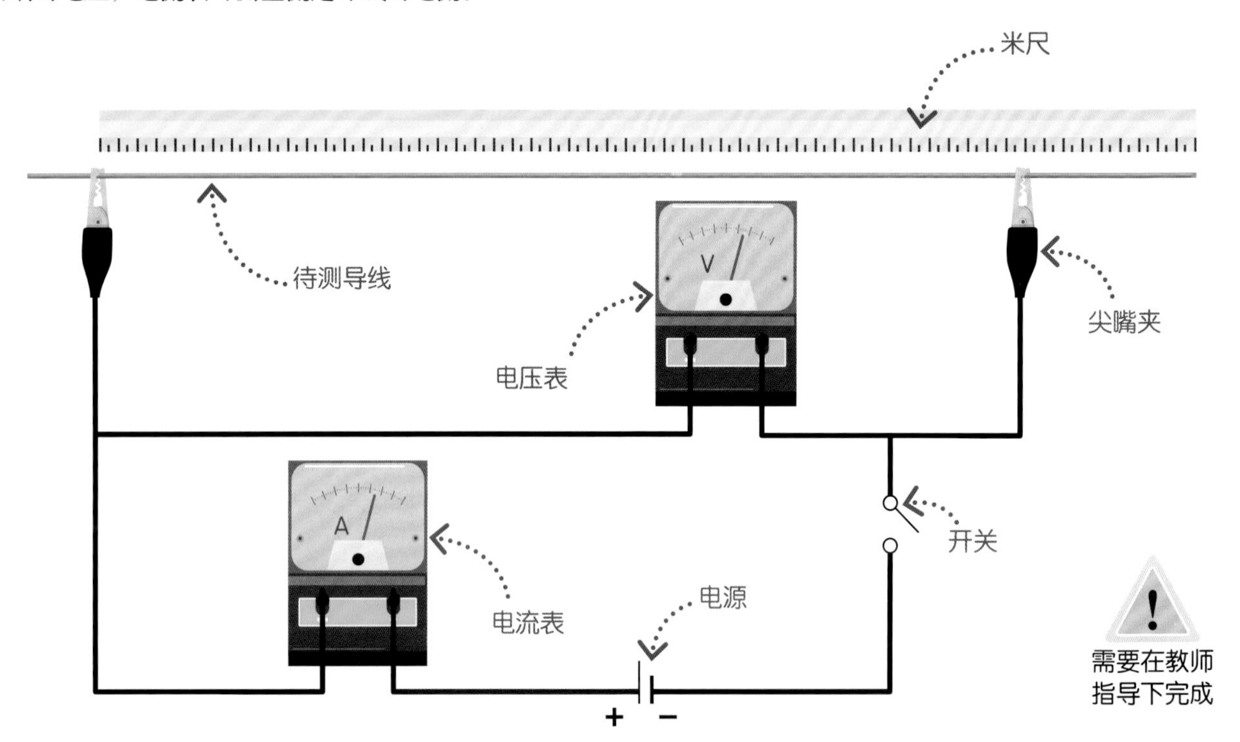

实验操作

1. 在教师的指导下，连接上述电路。
2. 将其中一个尖嘴夹固定在米尺零刻度线所对的导线处；将另一个尖嘴夹固定在30cm刻度线所对的导线处。
3. 选择3～4V的电源，或使用干电池。
4. 闭合开关，读取电流表和电压表的示数后迅速断开开关，避免导线发热。
5. 将测量的导线长度、电流和电压记录在表格中。
6. 保持零刻度线所对的导线处的尖嘴夹不动，将另一个尖嘴夹移至40cm刻度线所对的导线处，重复步骤4、步骤5。
7. 每次将尖嘴夹移动10cm，重复测量，直至导线长度为100cm。

注意：必须使用安全导线，导线要抬起或置于耐热垫上。读数后迅速切断电源。勿触摸通电导线。

结果

1. 利用欧姆定律，计算不同长度导线的电阻，并将其记入表格。

$$R = \frac{U}{I}$$

R—电阻（Ω）
U—电压（V）
I—电流（A）

导线长度/cm	30	40	50	60	70	80	90	100
计算出的电阻/Ω	44	53	71	88	95	112	127	138

2. 绘制电阻与导线长度的关系图象，用直线对数据点进行最佳拟合，数据点应在一条过原点的直线上，这意味着电阻与导线长度成正比，即长度加倍，电阻也加倍。

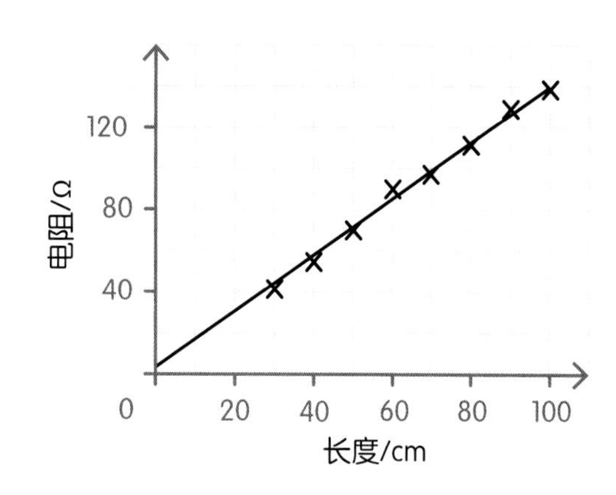

3. 如果这条直线不过原点，就可能是系统误差导致读数的偏差。因为某个尖嘴夹并不在米尺零刻度线所对的导线处，所以所有的长度都偏差了同样大小。另一个能够引发系统误差的因素是电路中其他导线的电阻（尤其在电路很长时）。

2 有用的电阻

电阻是由导线中的自由电子和固定的金属离子晶格碰撞产生的，碰撞把能量传递给金属离子，将电能转化为热能。白炽灯就是通过这个过程发光发热的，灯泡在变热的同时发出白炽光，照亮周围。

导线中的电阻

为什么某些材料很难让电流流过？绝缘体有巨大的电阻，因为其中几乎没有可以自由运动的电子，而金属有大量可以自由运动的电子，所以电阻较小。另外，某些金属导线比其他导线更容易导电。

要点

- ✓ 导线的电阻是自由电子在导线中运动时与金属离子碰撞产生的。
- ✓ 短导线比长导线电阻小。
- ✓ 粗导线比细导线电阻小。
- ✓ 一些金属导线的导电性比其他导线更好。

1 导线长短

电线有电阻是因为自由电子在运动过程中会与无法自由运动的金属离子发生碰撞，从而把能量传递给金属离子。导线越长，电阻越大，电阻与导线的长度成正比。

短导线

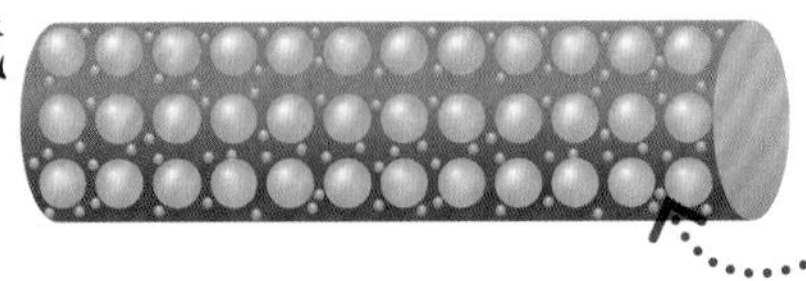

自由电子与金属离子碰撞产生电阻

长导线

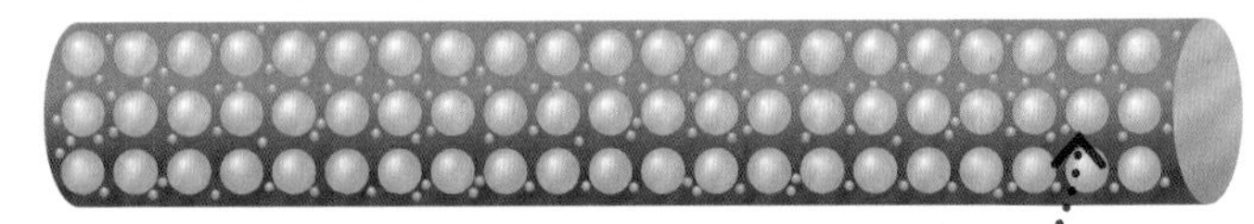

导线越长，产生的电阻越大（类似于将电阻串联，见第157页）

2 导线粗细

粗导线有更多的电子，能允许更大的电流通过，即电阻更小，电阻与导线的横截面面积成反比。如果横截面面积加倍，电阻将减半；如果导线直径加倍，电阻将变成原来的1/4。

细导线

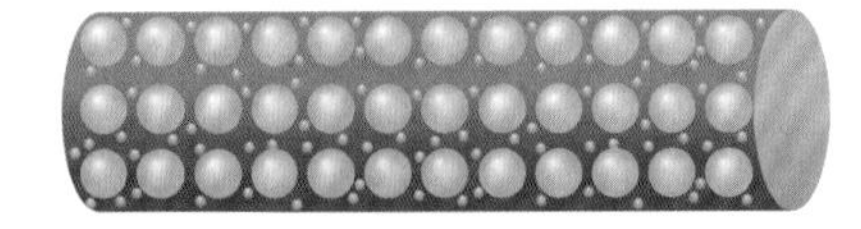

粗导线

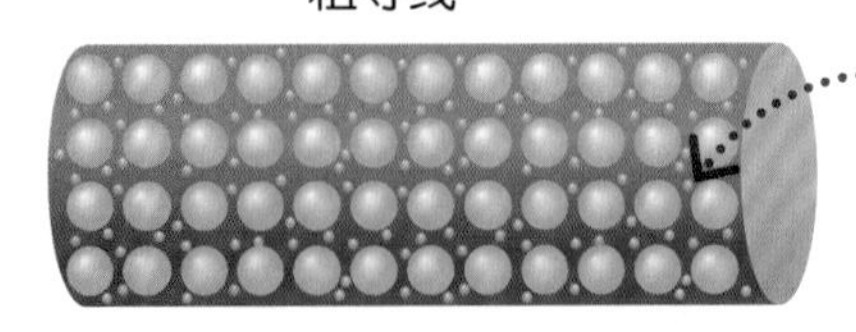

粗导线允许更多的自由电子流过（类似于将电阻并联，见第158页）

自由电子

金属原子排列成规则的晶格结构，原子最外层的电子很容易脱离原子核成为自由电子，留下带正电的离子。这些自由电子正常情况下会在金属中向四面八方随机运动，但当金属被施加电压时，电子便会定向运动。一些金属（如铜、银）比其他金属导电性更好，是因为其原子更易失去最外层电子。

自由电子通常在离子之间往各个方向随机运动

无电流

有电流

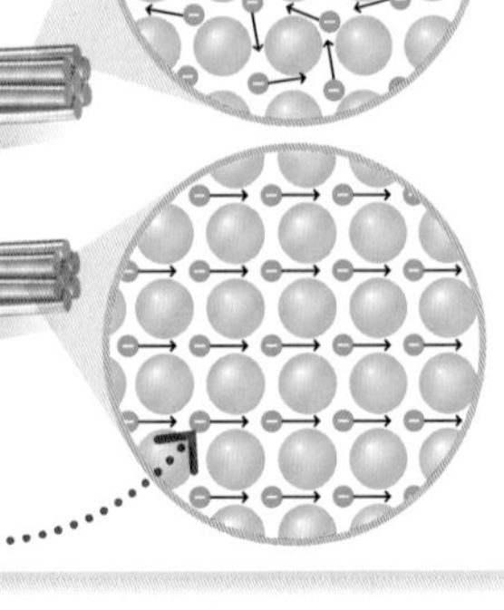

电压使自由电子往同方向运动

串、并联电阻的研究

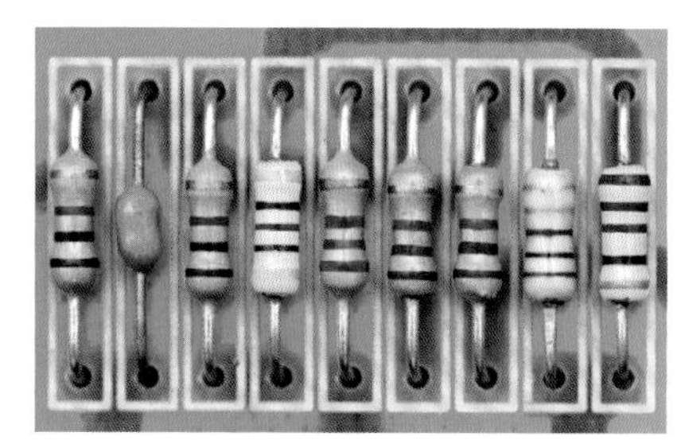

电路板上的电阻器

我们用电阻器可以控制回路中电流的大小。这个实验的目的是研究多个电阻器在串联或并联连接时电路的总电阻大小。

1 串联连接的电阻器

用下图的电路研究串联电路中的电阻规律。该实验表明，电阻器在电路中串联，电路中的总电阻会增大。

需要在教师指导下完成

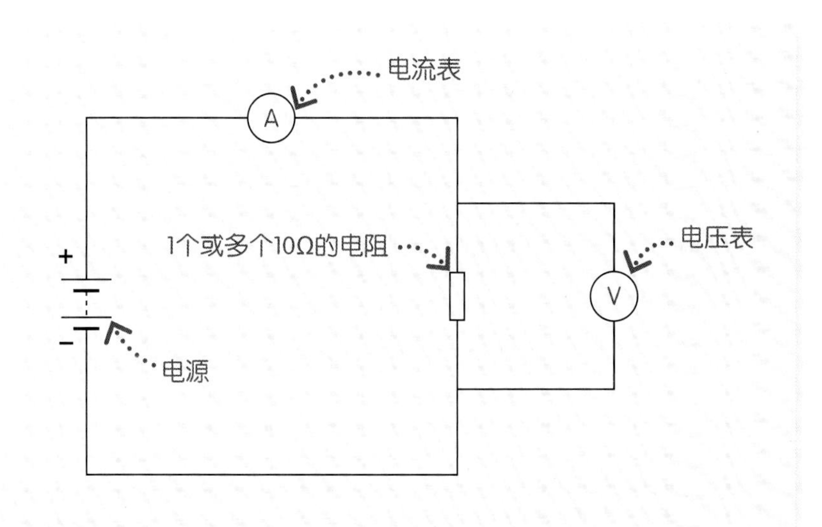

实验操作

1. 如左图所示搭建电路，在2个尖嘴夹之间只放1个10Ω的电阻器。
2. 闭合开关，记录电阻两端的电压和流过的电流。
3. 断开开关，在电路中添加1个10Ω的电阻器，并将它与第一个电阻器串联。闭合开关，再次测量总电阻两端的电压和流过的电流。
4. 重复步骤3，直至电路中串联了4个电阻器。
5. 用$R=U/I$计算每次测量时电路中的总电阻。

结果

将数据记录在表格中，结果表明，每当电路多串联1个10Ω的电阻器，电路中的总电阻就增加10Ω。串联电路的总电阻等于各部分电路电阻之和。

$$R_{总} = R_1 + R_2 + \cdots$$

电阻数量	电压/V	电流/A	计算出的总阻值/Ω
1	2.0	0.200	10
2	2.0	0.100	20
3	2.0	0.067	30
4	2.0	0.050	40

2 并联连接的电阻器

可用下面的电路来研究当电阻器并联时，对电路中的总电阻的影响。这里用灯泡作为电阻器，实验结果和用电阻器一样。实验结果表明，当电阻器被并联进电路后，电路的总电阻会减少，干路电流会增大。

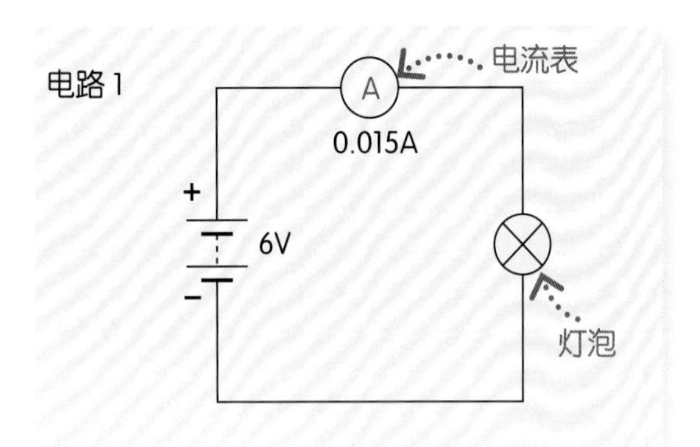

实验操作

1. 如电路1所示，用1个灯泡连接电路，记录电流表的读数。
2. 断开开关，向电路中并联第二个灯泡；闭合开关，记录电流表新的读数。此时电流会加倍，因为新支路允许更多的电荷通过电路。
3. 向电路中并联第三个灯泡，再次记录电流表的读数。此时电流表的读数会变成第一次读数时的3倍。

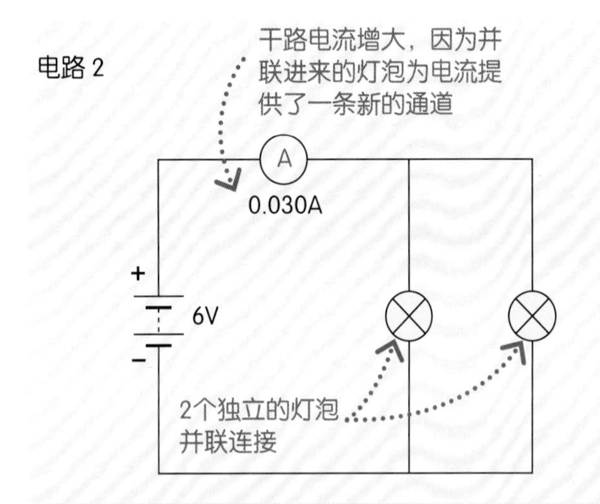

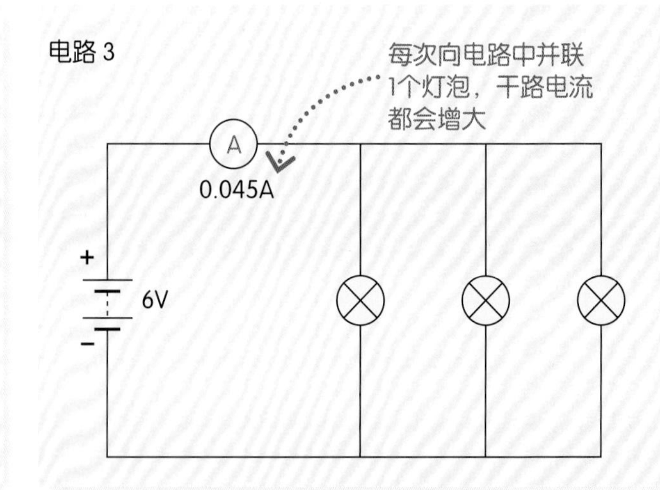

计算并联电阻

并联总电阻计算公式如下：

$$\frac{1}{R_{总}}=\frac{1}{R_1}+\frac{1}{R_2}+\cdots$$

问题：若上述电路中每个灯泡的电阻为400Ω，求2个灯泡并联的总电阻是多少？

解：$\frac{1}{R_{总}}=\frac{1}{400}+\frac{1}{400}$

$R_{总}=200\ (\Omega)$

总电阻是1个灯泡的电阻的一半。

用公式$U=IR$对结果进行检验，在这个电路中：

$I=0.03\text{A}$，$U=6\text{V}$

所以求出

$$R=\frac{U}{I}=\frac{6}{0.03}=200\ (\Omega)$$

计算电流与电压

本章利用很多篇幅介绍了串、并联电路的特点及其公式。这一节的计算是对其的应用，前三个问题是关于串联电路的，后四个问题是关于并联电路的。

- ✓ 串联电路的总电阻等于各部分电路电阻之和，$R_{总}=R_1+R_2+R_3+\cdots$。
- ✓ 欧姆定律：$R=\frac{U}{I}$。
- ✓ 欧姆定律适用于电路中的每一处，某个独立元件、电路的一部分，或整个电路。

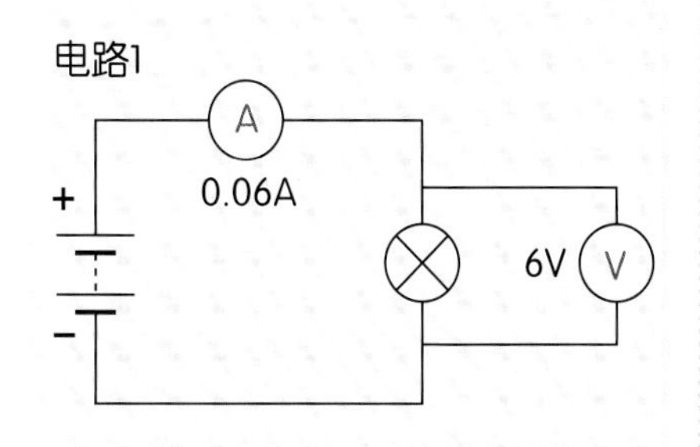

问题：在电路1中，电路的电阻是多少？

解：$R=\frac{U}{I}$

$=\frac{6}{0.06}$

$=100\ (\Omega)$

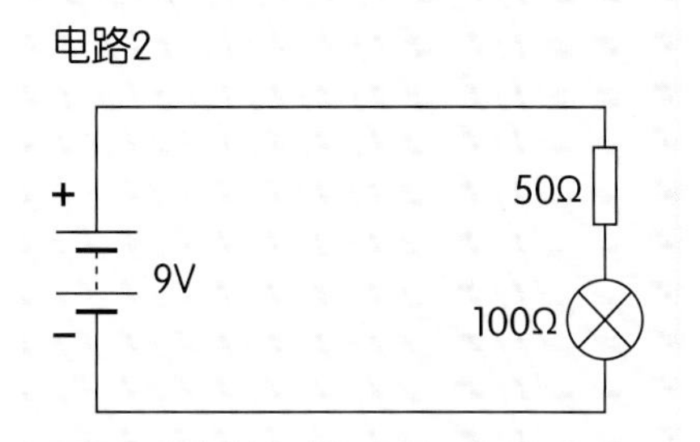

问题：电路中总电阻是多少，电路中流过的电流是多少？

解：$R_{总}=R_1+R_2$

$=50+100$

$=150\ (\Omega)$

$I=\frac{U}{R}$

$=\frac{9}{150}$

$=0.06\ (\text{A})$

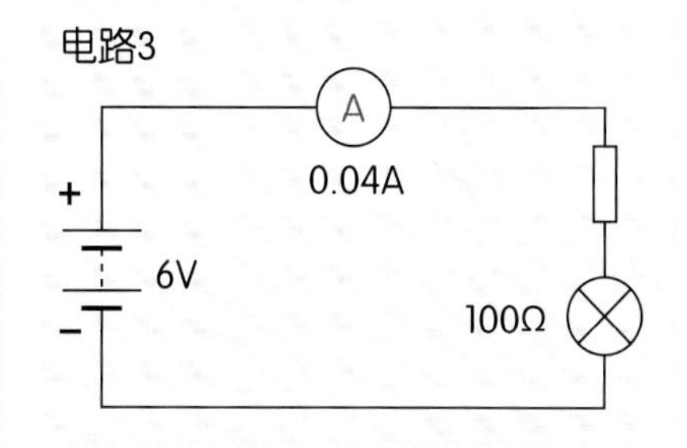

问题：在电路中，灯泡的电阻为100Ω，请问电阻的阻值是多少？

解：$R=\frac{U}{I}$

$=\frac{6}{0.04}$

$=150\ (\Omega)$

$R_{阻}=150-100$

$=50\ (\Omega)$

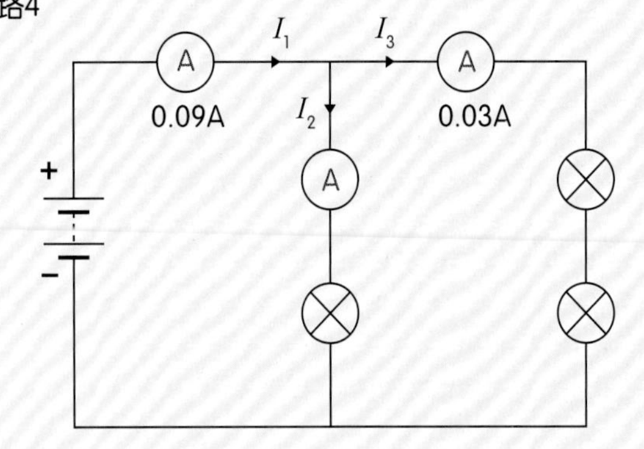

要点（并联电路）

✓ 电路中任意节点的流入电流都等于流出电流。

✓ $I_1 = I_2 + I_3$。

✓ 并联电路的总电阻小于任何一个支路上的电阻。

✓ 并联电路中，每个支路的电压都相等。

问题：这个电路中每个灯泡的电阻都一样，求I_2是多少？为什么$I_2 > I_3$？

解：$I_2 = I_1 - I_3 = 0.09 - 0.03 = 0.06$（A）
因为I_2支路上只有1个灯泡，而I_3支路上有2个灯泡，其阻值是I_2支路的2倍。因为2个支路是并联关系，且2个支路两端的电压相等，所以I_3是I_2的一半。

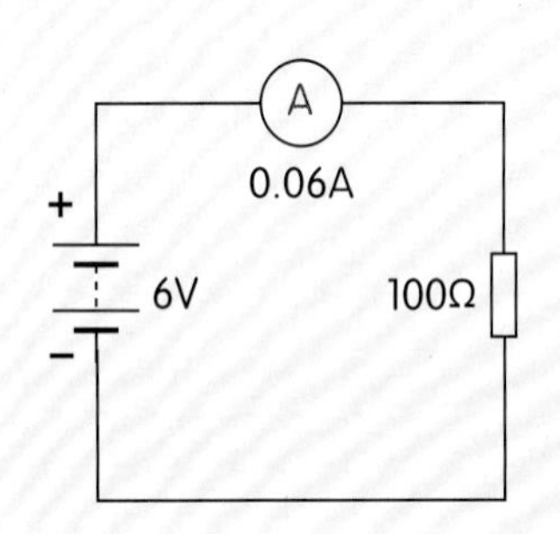

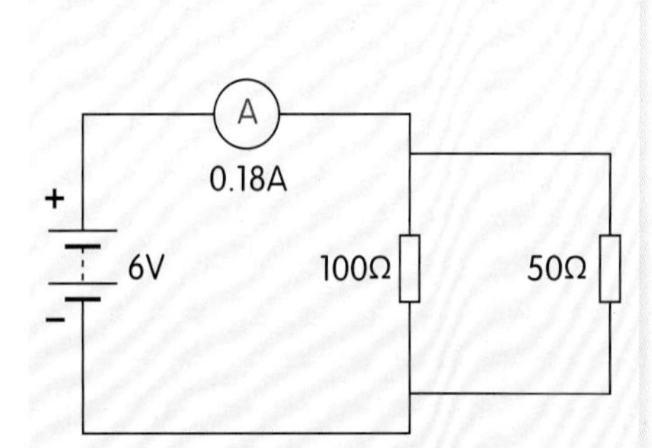

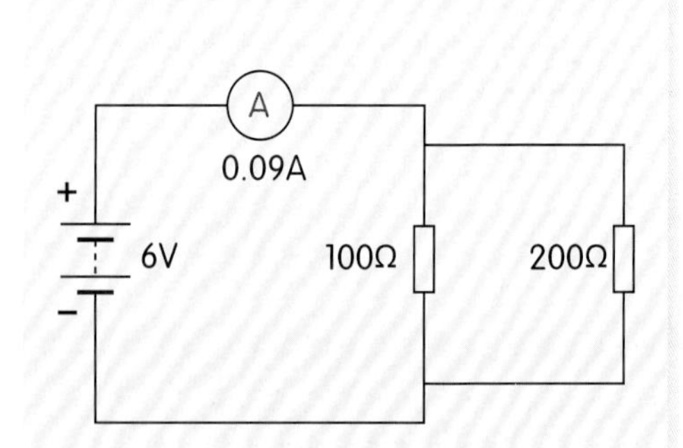

问题：

1. 3个电路中总电阻最小的电路是哪个？
2. 哪个电阻两端的电压最大？
3. 为什么电路6的总电流最大？

解：

1. 电路6。3个电路的电源都一样，提供的电压相同，而电路6中干路电流最大，所以其总电阻最小。
2. 每个电阻两端的电压都是6V，并联电路中各支路两端电压相等。
3. 3个电路中，流过100Ω电阻器的电流都相等，在电路6和电路7中，还有更多的电流从另一个支路流过，流过电路6中50Ω电阻器的电流比流过电路7中200Ω电阻器的电流大，所以电路6的总电流最大。

电流—电压图象

电阻器和导线都叫欧姆导体，因为它们遵循欧姆定律$I=U/R$，即导体中的电流跟导体两端的电压成正比，跟导体的电阻成反比。并非所有元件都遵循欧姆定律。

要点

- ✓ 欧姆导体的$I—U$图象是一条过原点的直线。
- ✓ 灯丝灯泡和二极管是非欧姆导体的典型例子。
- ✓ 金属电阻随温度升高而增大。
- ✓ 二极管只允许电流往一个方向流动。

需要在教师指导下完成

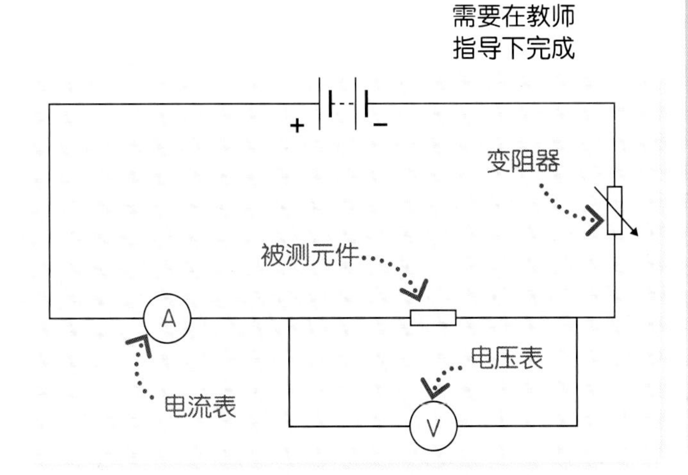

实验操作

1. 如左图所示，连接电路。
2. 调节变阻器，使被测元件两端电压呈现10个不同的值，记录下不同电压对应的电流。
3. 把电源两极颠倒，重复步骤2，记录的电流和电压此时为负值。
4. 用灯丝灯泡和二极管重复步骤2、步骤3。
5. 画出每个元件的电流—电压图象。

1 电阻器的电流—电压图象

电阻器的电流—电压图象（$I—U$图象）是一条过原点的直线，因为电阻可以用电压除以电流计算，该图象表明电阻器的阻值是一个常数，不随电流、电压的改变而改变，因而电阻器是一个欧姆导体。

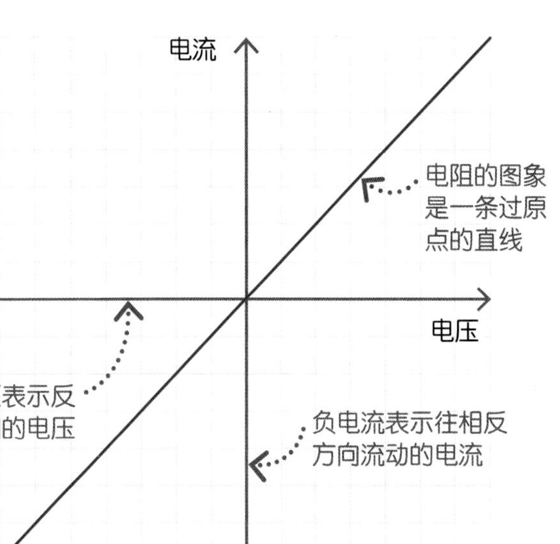

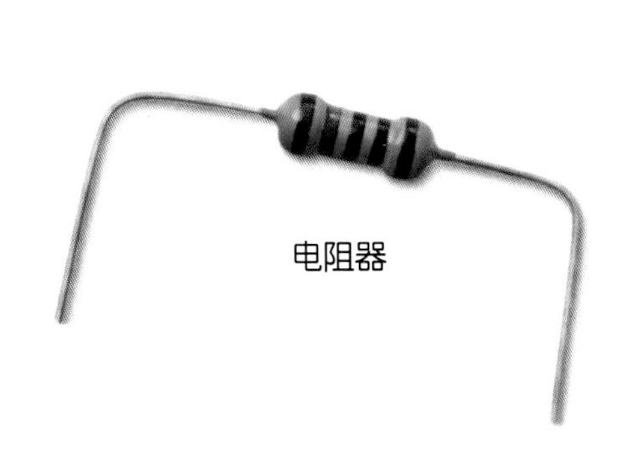

2 灯丝灯泡的电流—电压图象

如右图所示，灯丝灯泡的电流—电压图象在高电压下会弯曲，这意味着电阻在增大，所以灯丝灯泡不是欧姆导体。灯泡中的灯丝在电流流过时发光、发热，把电能转化成光能和热能，电阻增大是因为金属中的原子在变热时振动得更剧烈，阻碍了电子的运动。

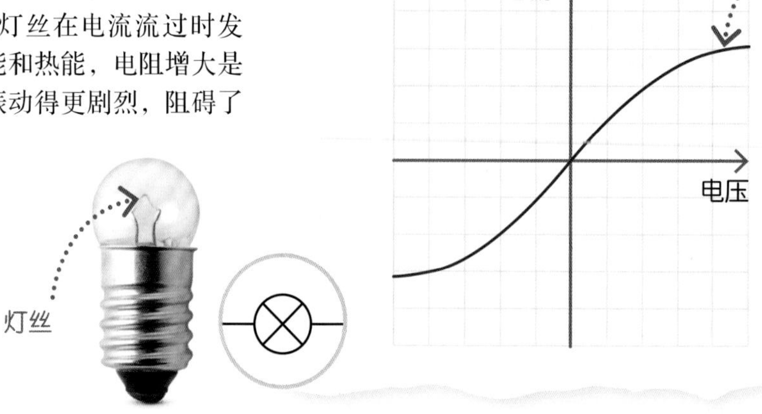
灯丝
灯泡
电流
在增加相同电压时，电流增加的幅度变小了
电压

3 二极管的电流—电压图象

二极管是一个单向导通的元件，电流只能从它的一端流向另一端，不能反方向流动。如右图所示，二极管不是欧姆导体。

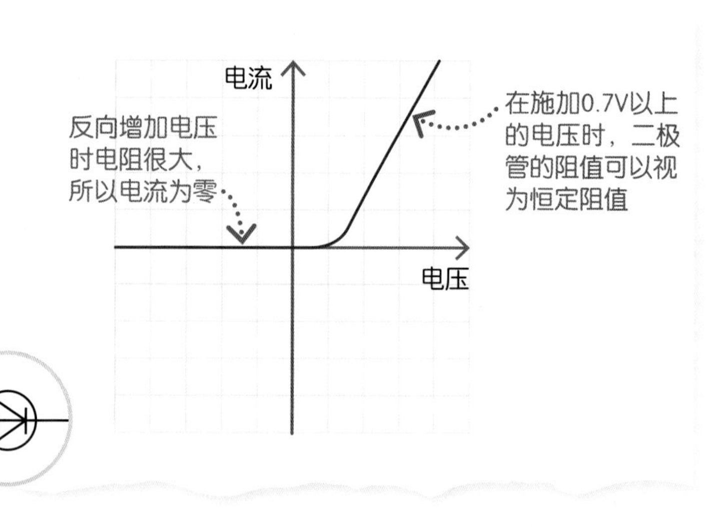
电流
反向增加电压时电阻很大，所以电流为零
在施加0.7V以上的电压时，二极管的阻值可以视为恒定阻值
电压

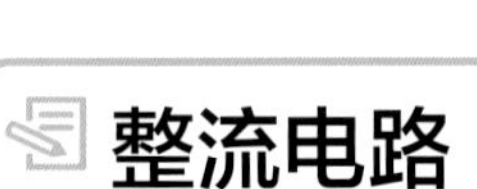
二极管

整流电路

二极管用于整流电路中，可以把来自发电厂的交流电转换为直流电。

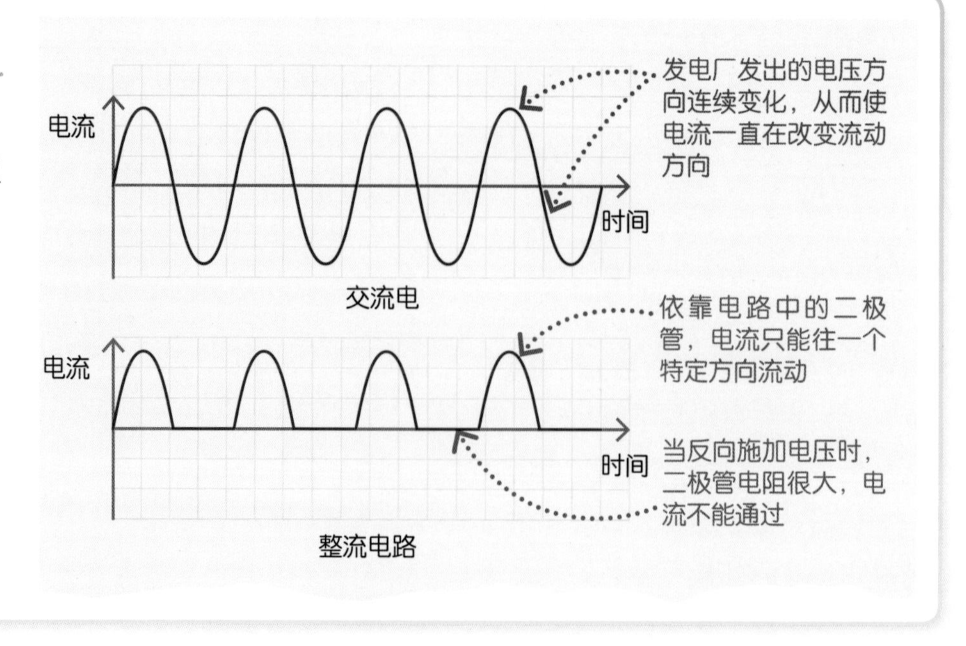
电流
发电厂发出的电压方向连续变化，从而使电流一直在改变流动方向
时间
交流电
电流
依靠电路中的二极管，电流只能往一个特定方向流动
时间
当反向施加电压时，二极管电阻很大，电流不能通过
整流电路

电功率

来自供电装置的电能，通过如灯泡、加热器和电动机等电器转化为其他形式的能量。电功率是电流在单位时间内做的功，表示电流做功的快慢，单位为瓦特（W），用P表示。

要点

- 电功率的单位为瓦特（W）。
- 1W意味着电流在1s内做功1J，1W=1J/s。
- 计算电功率的3个公式：
  $P=UI$
  $P=I^2R$
  $P=U^2/R$

电功率的公式

电器转化能量的快慢取决于电流和电压的大小，可利用下式计算功率。这个公式不包含时间，因为电流表示单位时间内通过的电荷量。

$$P = UI$$

P—功率（W）
U—电压（V）
I—电流（A）

如果把上式和欧姆定律$U=IR$结合起来，可得到2个计算电功率的新公式，分别为$P=I^2R$（利用电流和电阻计算功率）、$P=U^2/R$（利用电压和阻值计算功率）。

电压 = 电流 × 电阻　　　功率 = 电流 × 电压

$$P = I^2R$$

P—功率（W）
I—电流（A）
R—电阻（Ω）

计算电功率

问题：手电筒使用6V的电池，有300mA的电流流过灯泡，求手电筒的电功率和灯泡的电阻。

解：$P = UI$
$= 6 \times 0.3$
$= 1.8$（W）

$R = \dfrac{P}{I^2}$
$= \dfrac{1.8}{0.3^2}$
$= 20$（Ω）

计算能量

从手电筒、手机到电动汽车和高铁，所有用电设备都会转化能量。转化的能量可通过下列几个公式计算。

要点

- ✓ 电器转化的电能等于功率乘通电时间，$\Delta E=Pt$。
- ✓ 电器转化的电能等于通过它的电荷量乘它两端的电压，$\Delta E=QU$。
- ✓ 电器转化的电能等于电流乘电压再乘时间，$\Delta E = UIt$。

1 公式1

电器做功就是转化能量，用功率乘通电时间，就能计算出电器在通电时间内转化的能量。

$$\Delta E = Pt$$

ΔE—转化的能量（J）
P—功率（W）
t—时间（s）

2 公式2

供电装置的电压可表示它每传输1C电荷所用的能量，可以用电荷量乘电压计算出供电装置传输的能量。

$$\Delta E = QU$$

ΔE—转化的能量（J）
Q—电荷量（C）
U—电压（V）

3 公式3

电功率可通过电流乘电压获得，联立公式1可得如下公式。

$$\Delta E = UIt$$

ΔE—转化的能量（J）
U—电压（V）
I—电流（A）
t—时间（s）

计算能量、电荷和电流

问题：3kW的烤箱烤一个苹果馅饼需要30min。它的工作电压为230V，计算它在此期间传输的能量、传输的电荷总量及工作电流。

解：先写下所有已知量，并换算为国际单位。

$P = 3\text{kW} = 3\ 000\text{W}$

$t = 30\text{min} = 1\ 800\text{s}$

$U = 230\text{V}$

再用上一页的公式1计算转化的能量。

$\Delta E = Pt = 3\ 000 \times 1\ 800 = 5\ 400\ 000\ (\text{J})$

$= 5.4\ (\text{MJ})$

再用公式2计算电荷量。

$\Delta E = QU$

$$Q = \frac{\Delta E}{U} = \frac{5\ 400\ 000}{230} \approx 23\ 478\ (\text{C})$$

$\approx 23\ 000\ (\text{C})$

最后用公式3计算电流。

$\Delta E = IUt$

$$I = \frac{\Delta E}{Ut} = \frac{5\ 400\ 000}{230 \times 1\ 800}$$

$\approx 13\ (\text{A})$

电气化铁路

高铁（如复兴号）通过火车头上方的电缆给火车提供电能，火车最前方的机车的功率为9.3MW。

光敏电阻

光敏电阻（LDR）是一种能感应照射在它上面的光的强度的电阻器。当光照变强时，光敏电阻的阻值会减小。光敏电阻被广泛应用于夜灯、路灯、防盗警报和智能手机上。

要点

- ✓ 光敏电阻的阻值随着光强的增大而减小。
- ✓ 光敏电阻被用于夜灯、路灯、防盗警报和智能手机上。

光敏电阻的工作原理

和感光电阻一样，光敏电阻是由半导体元件构成的小型电路。当光照射半导体时，原子释放电子，从而允许更大的电流通过，也就是减小了阻值。如图所示，在黑暗中，一个标准光敏电阻的阻值超过1 000 000Ω，但在阳光下其阻值减少至几百欧。

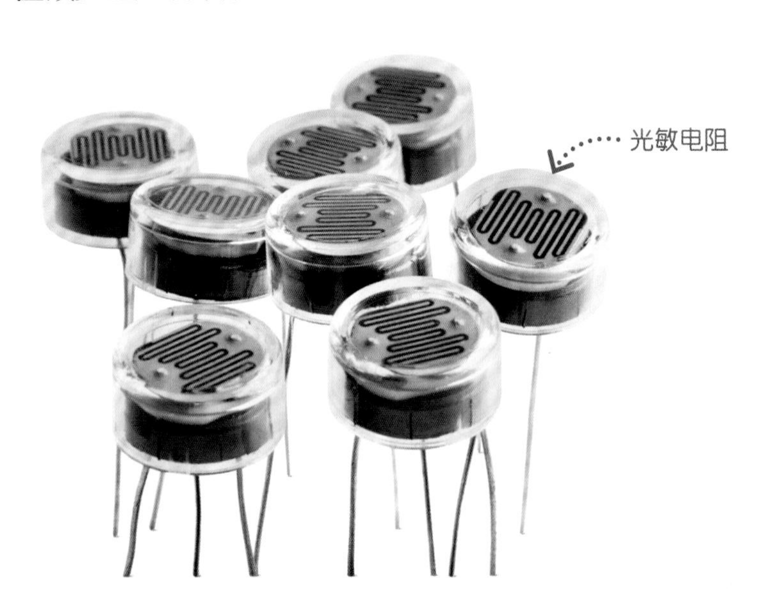

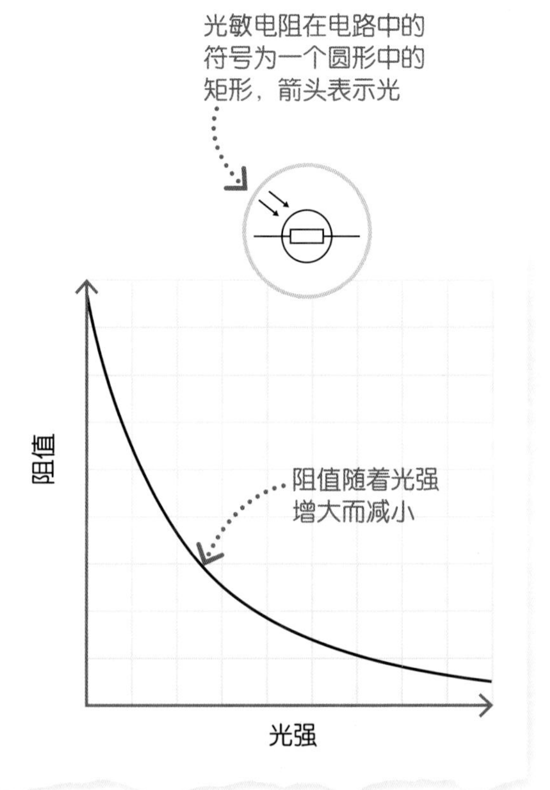

光敏电阻的研究

可用右侧的装置研究光敏电阻阻值的变化。本实验要在暗室中进行，照射在光敏电阻上的唯一的光只来自手电筒。把手电筒置于离光敏电阻不同距离处，用连在光敏电阻两端的欧姆表测量阻值，在光敏电阻附近放置一个测光计测量光强，把数据画成光敏电阻的阻值随光强变化的图象。

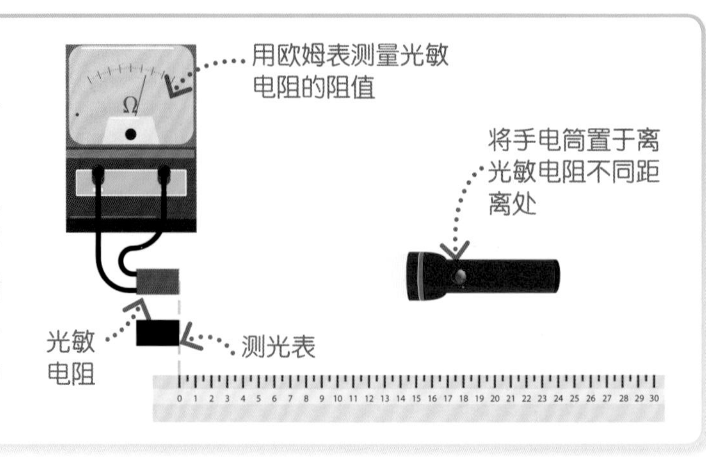

热敏电阻

热敏电阻是阻值随温度变化而变化的电阻器，当温度上升时，有的热敏电阻阻值增大，有的热敏电阻阻值减小。热敏电阻被广泛应用于电器的温度传感器，从数字温度计到冰箱、烤箱、恒温器，都有热敏电阻的身影。

要点

- ✓ 热敏电阻的阻值随温度变化而变化。
- ✓ 热敏电阻被用于测温或控温装置。

热敏电阻的工作原理

在数字温度计的尖端就有热敏电阻，这些热敏电阻是由半导体材料制成的。当温度升高时，这些热敏电阻会释放更多的电子，允许更大的电流通过。如右图所示，温度越高，热敏电阻的阻值越低。

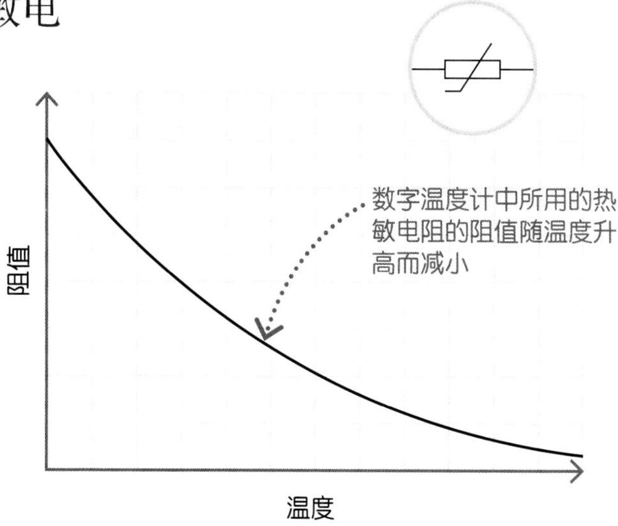
阻值
数字温度计中所用的热敏电阻的阻值随温度升高而减小
温度

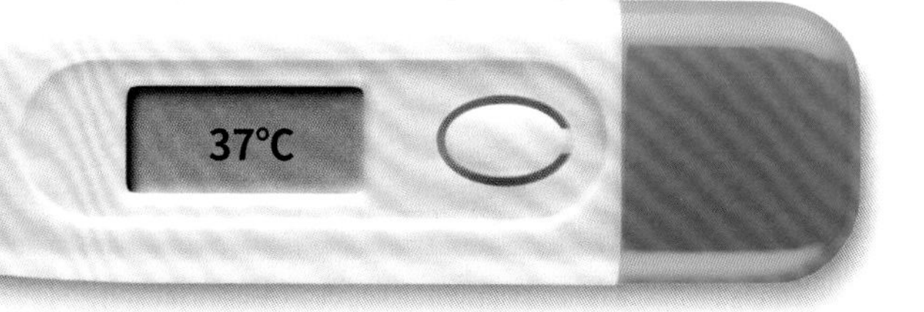
37°C

热敏电阻的研究

可用如下方法来研究热敏电阻阻值的变化。把热敏电阻浸没在水中，用一个热源来加热烧杯中的水，在不同温度下同时记录温度和阻值，将数据画成热敏电阻的阻值随温度变化的图象。

需要在教师指导下完成

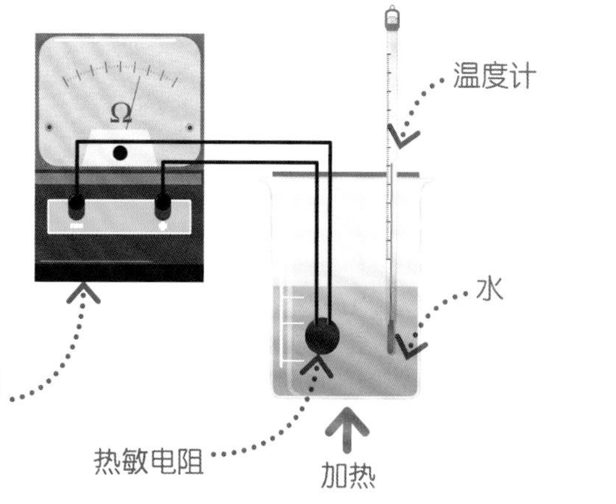
温度计
Ω
水
用欧姆表测量不同温度下热敏电阻的阻值
热敏电阻
加热

传感器电路

传感器电路被用于自动控制系统，如路灯在天黑时自动点亮，供暖或制冷系统可以使建筑物内常年保持舒适的温度。

要点

- ✓ 光敏电阻和热敏电阻作为传感器，被用于控制路灯、加热器等电器设备。
- ✓ 光敏电阻或热敏电阻与另一个电阻器串联，形成分压电路。
- ✓ 分压电路通过改变串联电路上电阻器的阻值来控制电路上不同部分的电压。

1 分压电路

传感器电路经常使用分压电路，分压电路通过改变串联电路上各电阻器的阻值来控制与其并联的电路的电压。它的工作原理是串联分压，在串联电路中，电流处处相等，因此改变串联电路上电阻器的阻值分配可以改变与其并联支路的分压。

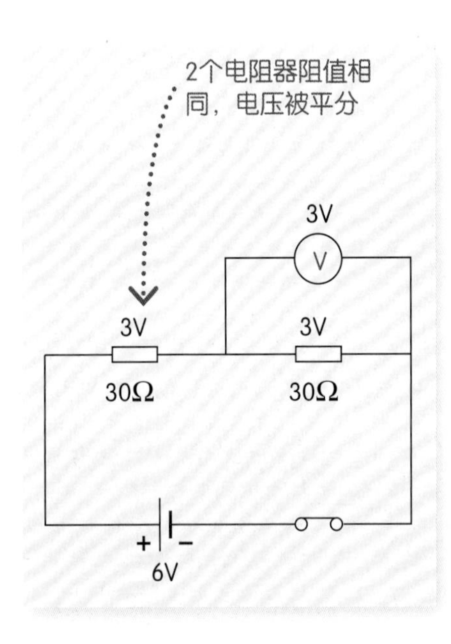

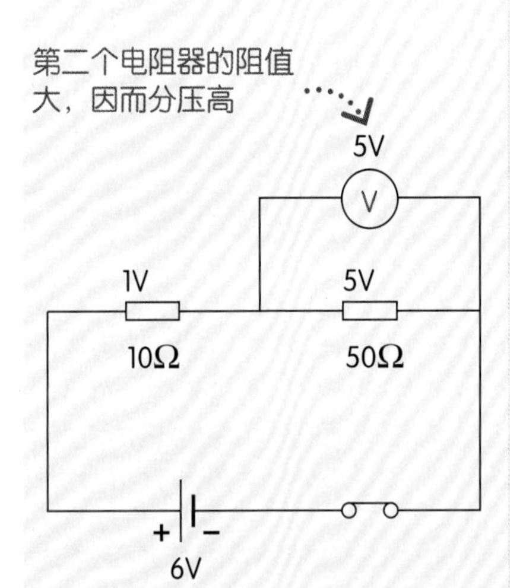

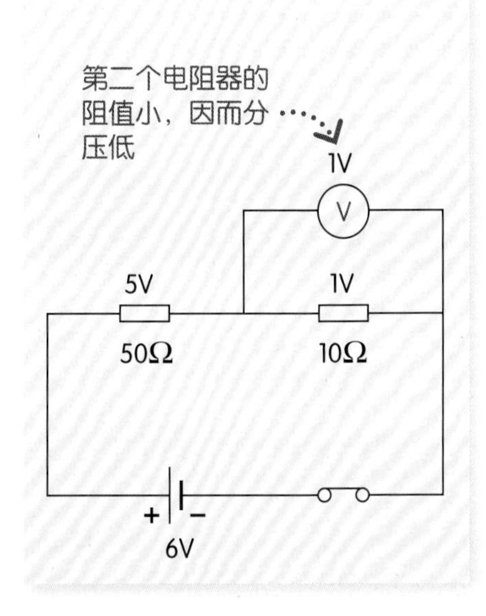

2 控制电路

当光敏电阻或热敏电阻用于传感器时，并联支路的电压会随光强或温度的变化而变化，变化的电压可用于激发控制电路。当分压高（或低）于某个指定值时，控制电路闭合。控制电路与传感电路是独立的。控制电路使用不同的电源，能提供更大的电流为路灯、加热器、电扇等设备供电。

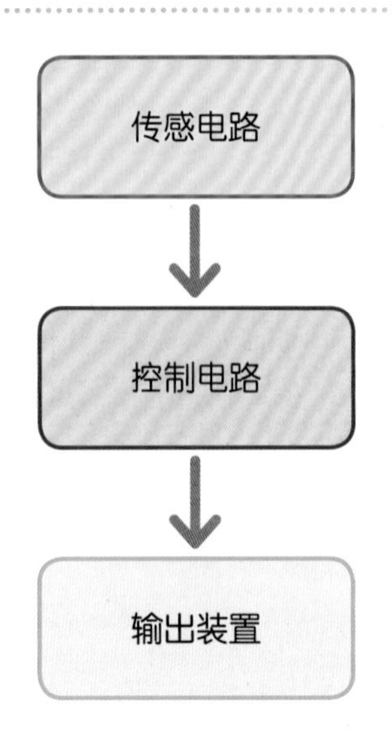

3 控制灯光

下面的电路使用光敏电阻和分压电路为控制电路发送信号，使灯在天黑时亮起。

光敏电阻（LDR）

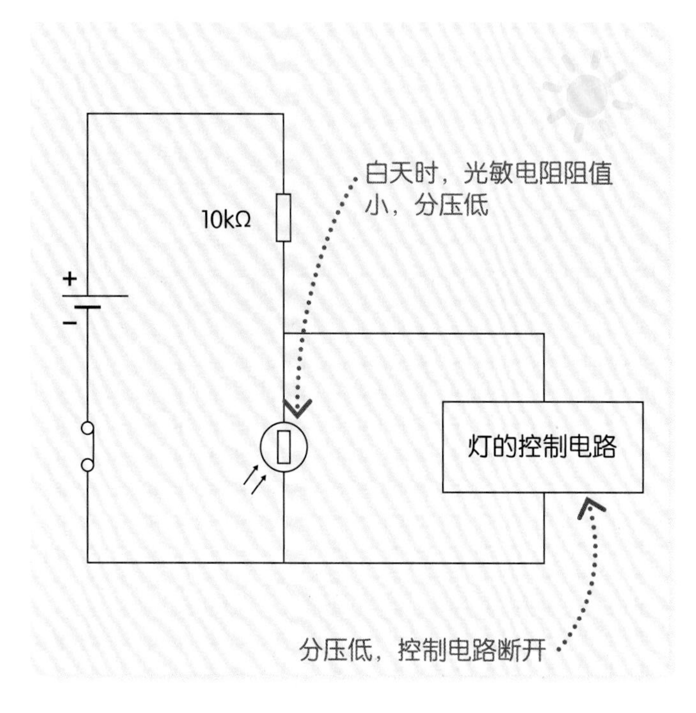
10kΩ
+
−
白天时，光敏电阻阻值小，分压低
灯的控制电路
分压低，控制电路断开

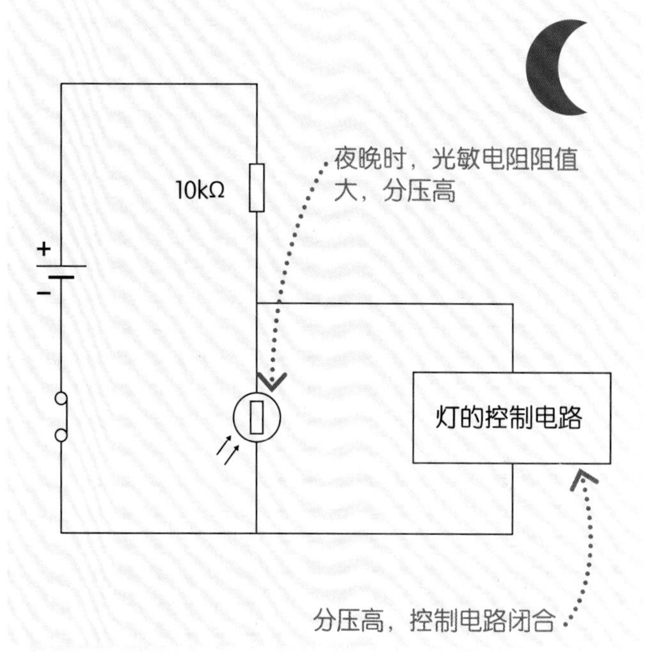
10kΩ
+
−
夜晚时，光敏电阻阻值大，分压高
灯的控制电路
分压高，控制电路闭合

4 控制温度

下面的电路使用一个热敏电阻和分压电路来控制风扇的开关，类似的电路也可用于控制空调或冰箱。

热敏电阻

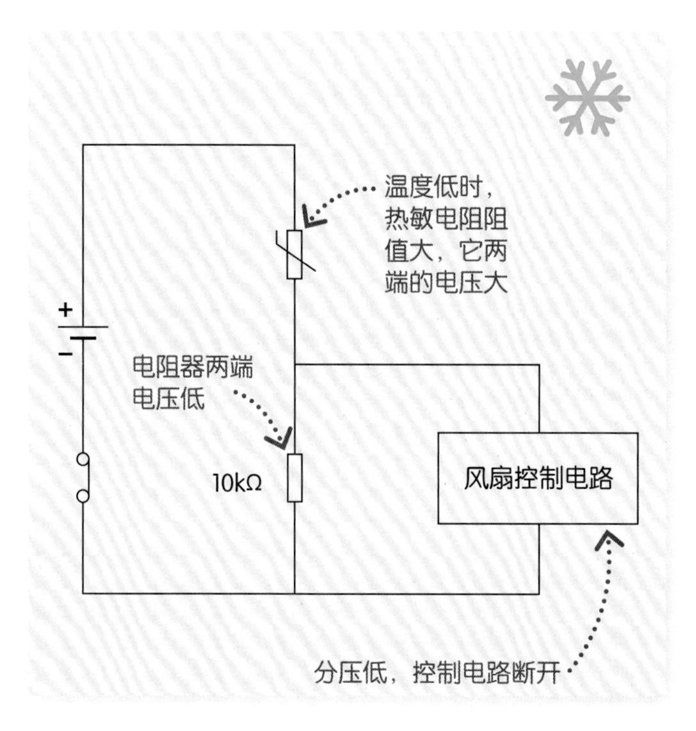
温度低时，热敏电阻阻值大，它两端的电压大
+
−
电阻器两端电压低
10kΩ
风扇控制电路
分压低，控制电路断开

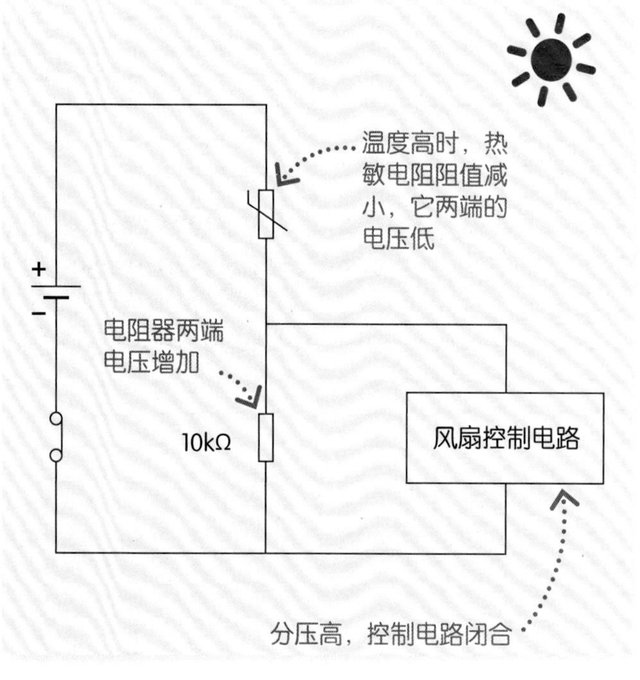
温度高时，热敏电阻阻值减小，它两端的电压低
+
−
电阻器两端电压增加
10kΩ
风扇控制电路
分压高，控制电路闭合

9 电能

直流电与交流电

根据产生方式的不同，可以将电分为两种不同的类型：直流电（DC）和交流电（AC）。小型便携式设备通常使用直流电，家庭用电则主要使用交流电。

要点

- ✓ 直流电（DC）是指仅往一个方向流动的电流。
- ✓ 交流电（AC）是一种电流、电压大小和方向随时间做周期性变化的电流。
- ✓ 交流电的电压不断变化。

1 直流电

电池产生的直流电是一种仅沿一个方向流动、电压大小恒定的持续电流。从交流电转换而来的直流电电压大小不断变化，但方向保持不变，以确保电流始终往同一方向流动。

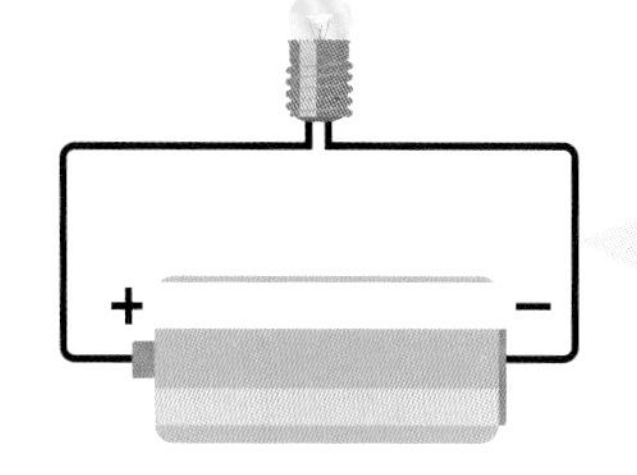
+
−

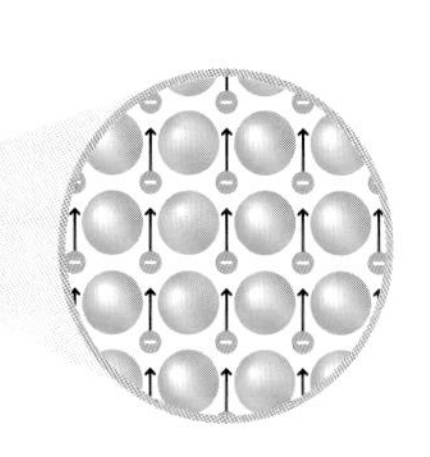

2 交流电

发电站为家庭提供交流电。交流电的电压每秒从正到负循环50次或60次（50Hz或60Hz），使电流每秒反转100次或120次。大多数家用电器都使用交流电，但电子设备（如计算机）有将交流电转换为直流电的电源装置。

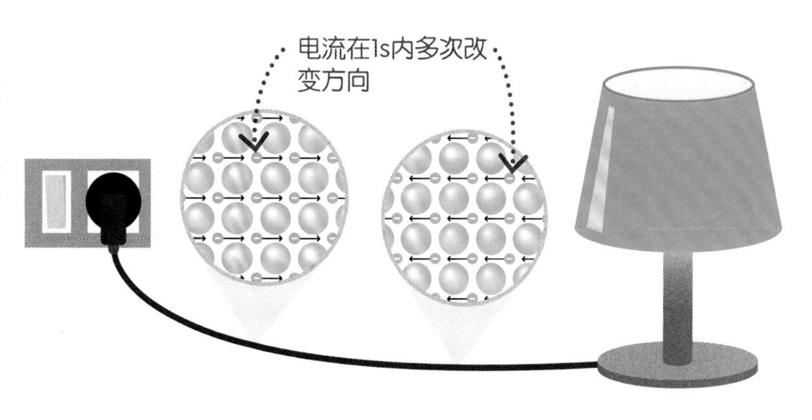
电流在1s内多次改变方向

电压图

交流电源的电压变化如右图所示。在不同国家和地区，家中主电源电压可能为100~220V。图中虚线所示的值为交流电压的有效值，是实际电压的均方根值（因为实际电压是不断变化的）。

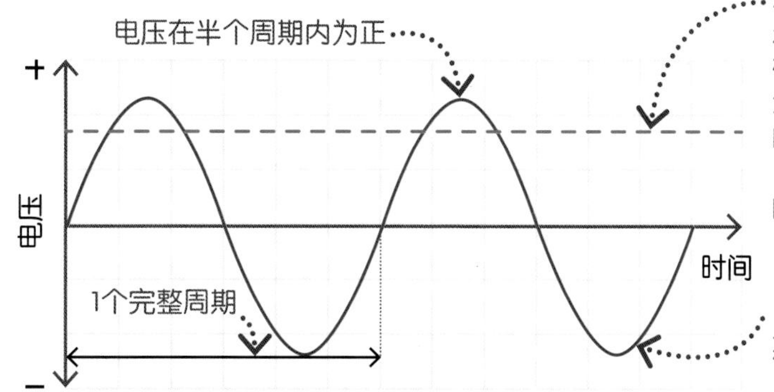
电压在半个周期内为正
交流电压的有效值是实际电压的均方根值，“有效”指通过大小相同的电阻的交变电流与恒定电流在1个周期内的热效应相等
+
−
电压
时间
1个完整周期
电压在半个周期内为负

电线

电器通过电线和插头连接到主电源。电线内部有2根或3根不同的导线，每根导线具有不同的功能。它们被连接到插头的2个或3个金属销上，当插头插入插座时，便与电源相连。

要点

- ✓ 连接电器和插头的电线内部有2根或3根独立的导线。
- ✓ 火线承载全部电源电压(电压为100~240V，不同国家和地区的标准不同)。
- ✓ 零线的电压通常为0V。
- ✓ 出于安全考虑，接地线的电压通常为0V。

1 插头内部

所有插头内部都至少有2根导线。电器设备在开启时，会与火线和零线形成一个闭合电路。出于安全考虑，如果发生电器故障，接地线会将电流引入大地，避免触电事故的发生。在许多国家，一些设备不需要接地线，插头只有2个引脚。例如，“双绝缘”电器在外壳和内部电路之间有一层绝缘塑料，在发生电源故障后，人即使触碰到也不会发生危险。

接地线的电压通常为0V

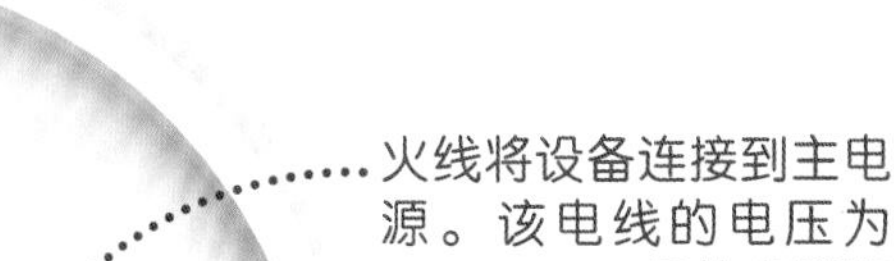

当电器设备开启时，零线参与组成电流回路，它的电压通常为0V

2 颜色标识

电线中的每根导线都必须连接到插头中的正确引脚，确保连接到电源插座的正确位置上，这一点很重要。因此，电线中的每根导线都有自己的绝缘皮颜色。在世界上的不同国家和地区，绝缘皮的颜色有所不同，但这3根电线的功能是相同的。由于颜色标识系统可能会改变，所以在连接插头之前，请务必咨询您所在国家和地区的专业电工。

美国和加拿大

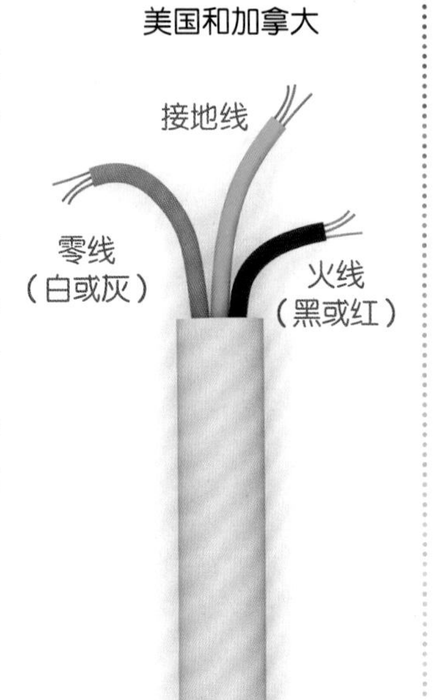

欧洲国家、澳大利亚和新西兰

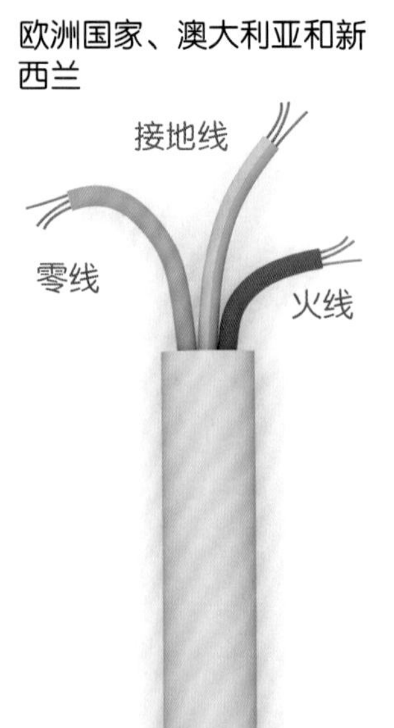

印度和中国

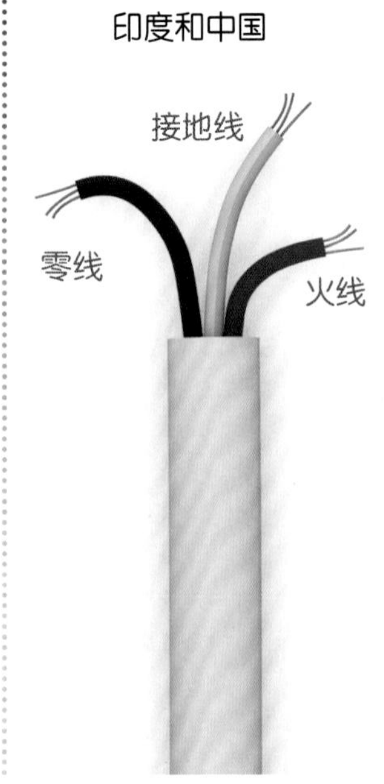

保险丝与断路器

保险丝和断路器是一种电路保护装置，如果电路故障导致电流激增，它们会自动切断电路。

要点

- ✓ 保险丝和断路器在电路中可起到过载保护作用。
- ✓ 选择保险丝时，必须根据它们所在电路的安全要求选择适合的额定值。

保险丝

如果电器设备出现故障，如电线破损，电流会流过设备的金属外壳，导致电流激增，可能引发火灾或触电事故。保险丝中含有细导线，在电流激增时会熔化，从而断开电路。实际操作中，应选择额定电流略大于电路中正常工作时电流的保险丝。如果额定值过小，那么当电器正常工作时，保险丝也会熔断；如果额定值过大，将起不到保险作用。

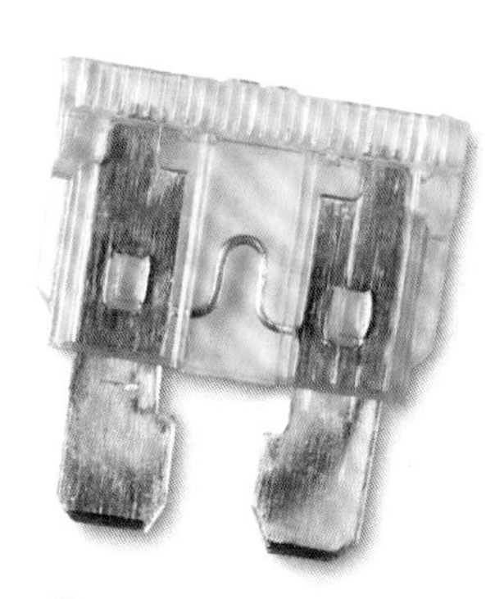

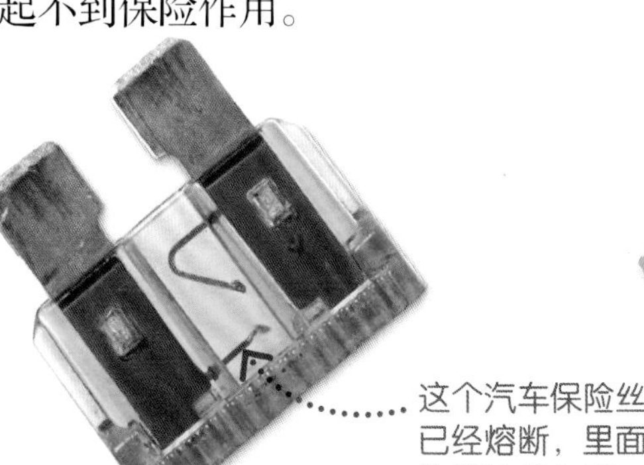

这个汽车保险丝已经熔断，里面的细丝熔化了

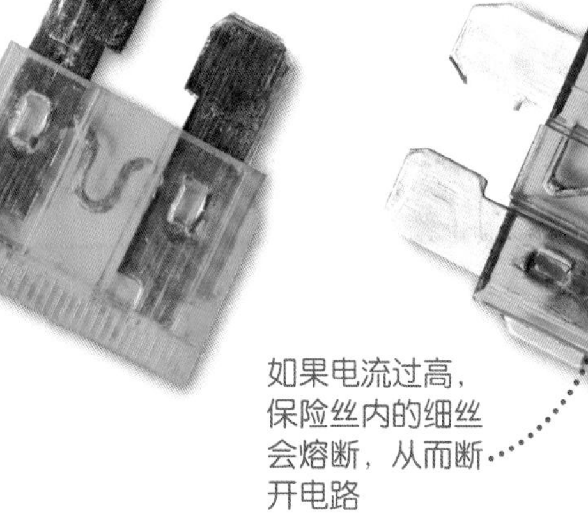

如果电流过高，保险丝内的细丝会熔断，从而断开电路

断路器

如果通过电路的电流过大，那么断路器会自动断开电源。许多断路器使用的都是由线圈制成的电磁体，如果电流激增，生成的电磁体的磁力足以分离2个触点，将跳闸开关转到断开位置，从而断开电路。

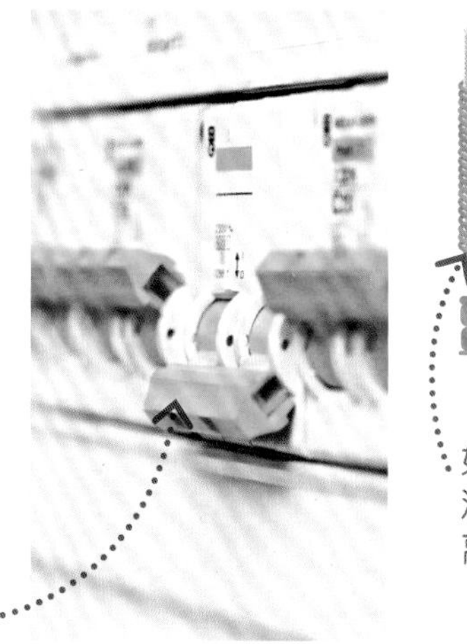

正常运行时，电磁体的磁力强度不足以分离触点

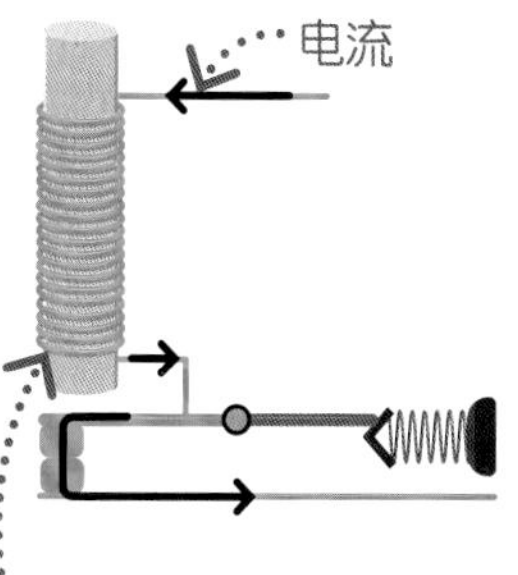

如果设备故障导致电流增加，电磁体会分离触点，断开电路

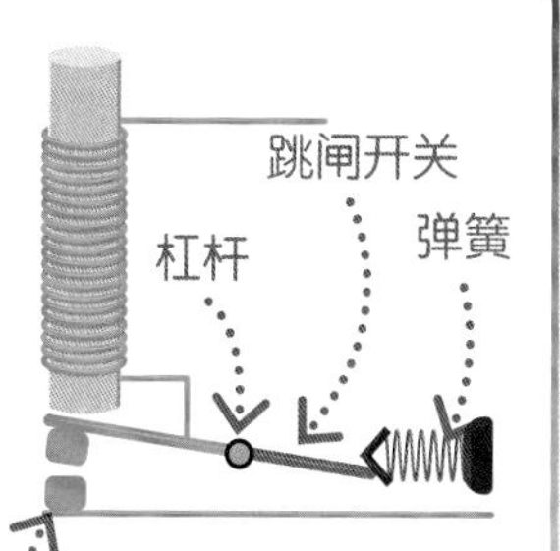

故障修复后，断路器可以重新闭合

防止电击

有时，电器设备中的故障会导致设备外壳带电，如果人不小心触摸到，就可能会发生触电事故。触电可能会使人烧伤，甚至死亡。地线和保险丝（见第173页）可以防止这种情况发生。

要点

- ✓ 如果电器发生故障，接地线会为电流提供通路，以防止人被电击。
- ✓ 塑料外壳的电器不需要接地线，因为塑料本身就是一种绝缘材料。

接地线

如果带有金属外壳的电器发生故障，金属外壳就可能带电。当人接触到该外壳时，身体与地面会形成一个闭合电路，人就会触电。洗衣机等高功率的设备设有接地线和三脚插头，以防止这种情况发生。接地线提供了一条低电阻接地线路。带塑料外壳的电器不需要接地线，因为塑料是一种绝缘材料。

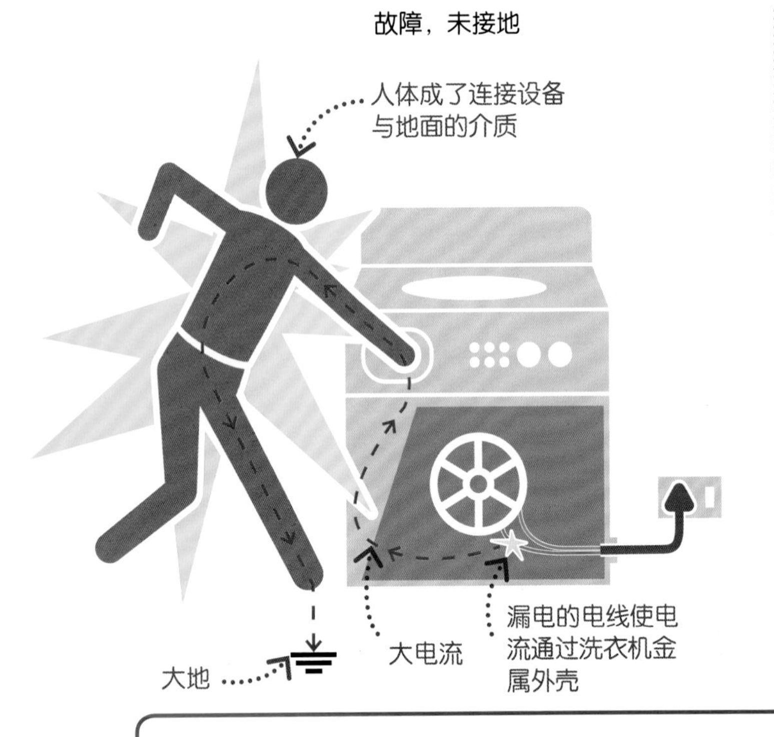
故障，未接地
人体成了连接设备与地面的介质
大地
大电流
漏电的电线使电流通过洗衣机金属外壳

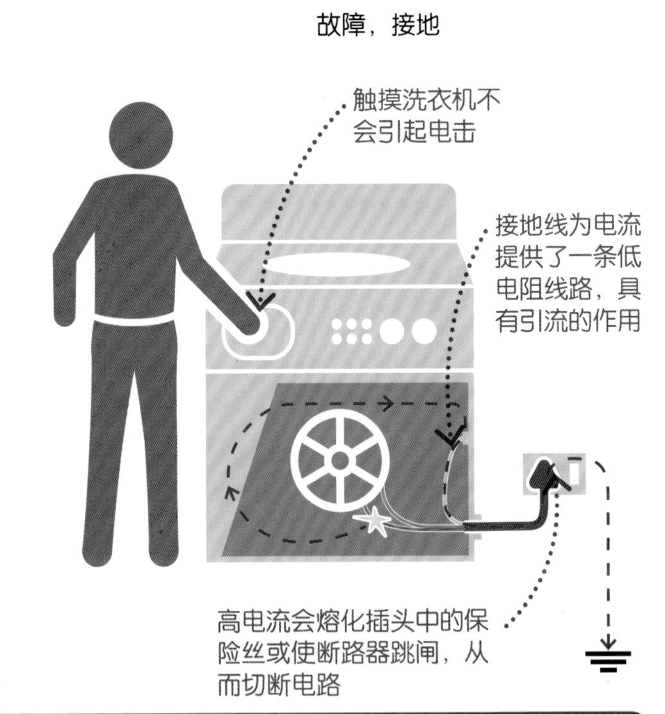
故障，接地
触摸洗衣机不会引起电击
接地线为电流提供了一条低电阻线路，具有引流的作用
高电流会熔化插头中的保险丝或使断路器跳闸，从而切断电路

避雷针

高层建筑的避雷针与地面相连，为受到雷击时产生的电流提供了一条低电阻线路。就像电器中的接地线一样，避雷针可以将电流安全地导向大地，而不会对建筑物或里面的人造成伤害。

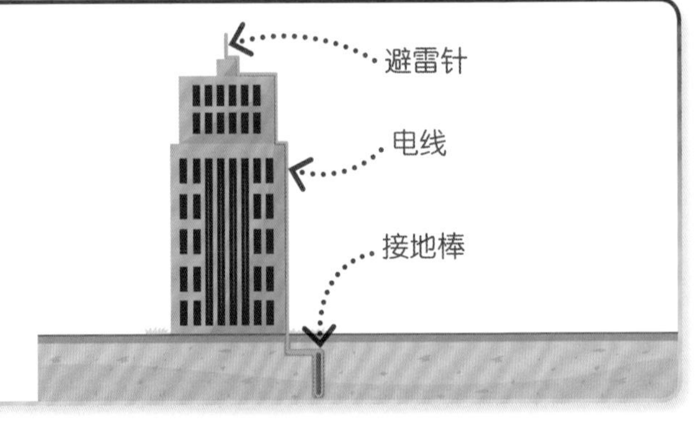
避雷针
电线
接地棒

电器设备

电器可将电能转化为光能、声能、动能或热能。电器的额定功率表示每秒转化的能量，即运行起来的耗电量。

额定功率

在电器的底座或背面通常有一个额定功率标签，标明电器工作时的功率（W）。电器所需的功率取决于电器产生的是光能、声能、动能还是热能。所有电器（加热电器除外）都会以热量的形式损耗一些能量。

1 数字无线电

将能量转化为光能或声能的电器（如收音机、电视和灯泡）耗能少，额定功率低。这台数字收音机的额定功率只有5W。

ROY RADIOS 99
AC: 230–240 V~50 Hz
Power: 5 W
Made in UK

5W的功率意味着收音机每秒转化5J能量

2 食品搅拌机

将能量转化为动能的电器（如食物搅拌机、钻头和风扇）需要更高的额定功率。

CHOPRA CHOPPER Z50
AC: 220–240 V~50 Hz
Power: 500 W
Made in India

这台搅拌机每秒消耗的能量是收音机的100倍

3 咖啡机

主要用于加热的设备（如咖啡机和加热器）使用的能量较多，额定功率也较高。

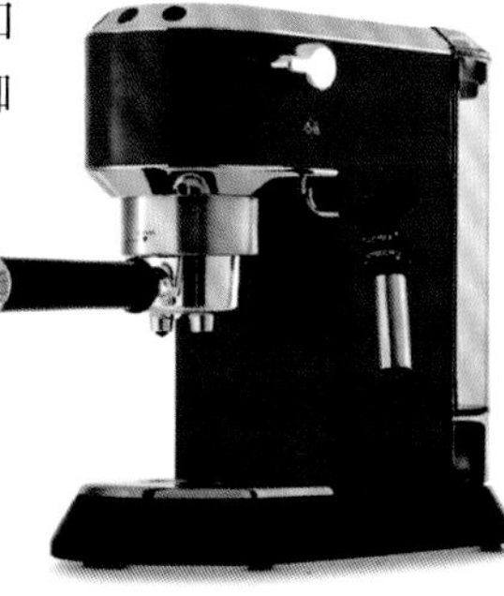

BARISTA BREWS 66
AC: 220–240 V~50 Hz
Power: 1200 W
Made in China

功率越高，咖啡机烧水越快

要点

- ✓ 电器将电能转化为光能、声能、动能或热能。
- ✓ 所有电器（加热类电器除外）都会以热量的形式损耗一些能量。
- ✓ 电器的额定功率（W）是指其每秒转化的能量。

保险丝

设备出现故障，可能会引起电流过载，导致电路过热。为防止这种情况发生，大功率设备的插头中有时会设有保险丝。保险丝中有一根纤细的电线，在电流过大（电涌）时熔化，断开电路并切断电源。利用设备额定功率＝电流 × 电压（$P=IU$）的公式可以计算出应正确使用的保险丝类型。

问题：吹风机由230V电源供电，额定功率为1 800W。插头中应安装以下哪种保险丝：5A、10A还是15A？

解：$I=\dfrac{P}{V}$

$=\dfrac{1\,800}{230}$

≈ 7.8（A）

5A保险丝太小，15A保险丝太大，正确的保险丝额定值为10A。

家用电能

能量的科学单位是焦耳（J），但1J是一个很小的能量值，煮沸1L水至少需要340 000J。因此，电业公司不使用焦耳，而是以千瓦时（kW·h）作为能量单位。

千瓦时

千瓦是功率单位，千瓦时则是能量单位。1kW·h是指使用额定功率为1kW的设备1h所消耗的能量。大多数家用电器的额定功率远低于1kW。然而，一些设备，如冰箱和冰柜，整天都处于工作状态，因此它们会消耗大量能量。不同家庭的用电情况差异很大，房子的大小、居住者的数量及当地气候等因素都会影响供暖和空调的使用，进而影响家庭的用电量。

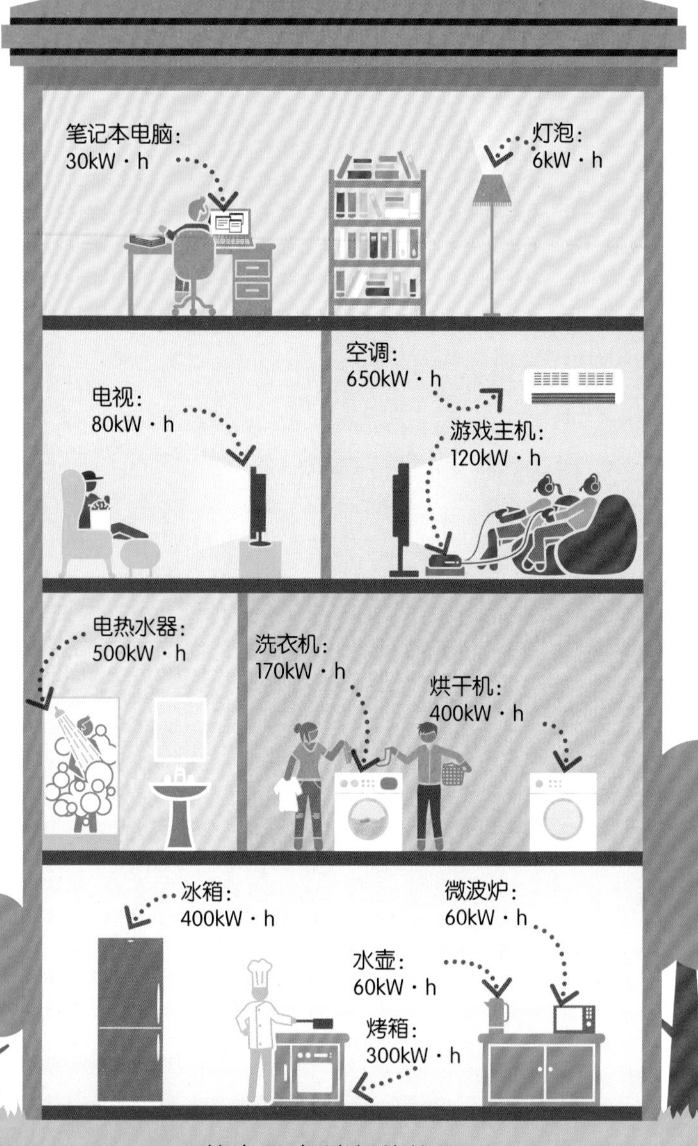

1栋房子1年消耗的能量

要点

- ✓ 电费账单中使用的能量单位为千瓦时（kW·h）。
- ✓ 1kW·h = 3 600 000J（3.6MJ）。

计算电能使用量

你可以通过用设备的额定功率乘使用的小时数来计算设备使用的电能。

能量 = 功率 x 时间

问题：额定功率为7.2kW的电动淋浴器每天使用15min，7天需要消耗多少电能？

解：7天的总用时 = 0.25 × 7 = 1.75（h）
消耗的电能 = 7.2 × 1.75
= 12.6（kW·h）

能量损耗

所有的电器在使用时都会损耗一些能量。有时能量会以声或光的形式损耗，但大部分情况下会以热量的形式传递给周围的环境。

热和电

当电子在电线或电子元件中移动时，会与金属原子发生碰撞，并将一些能量传递给金属，导致金属及其周围环境变热。在大多数设备中，散热是一种能量损耗。通过使用更短的电线或使用金、银和铜等良导体，可以减少散热传递的能量。

要点

- ✓ 所有的电器设备都会损耗一些能量。
- ✓ 能量损耗是指能量在转化或转移过程中无法被我们利用的部分。
- ✓ 大多数能量损耗是由我们不需要的散热引起的。

损耗的热量

1 灯泡将能量转化为热能和光能，但只有光能是对我们有用的能量。

2 功能强大的计算机使用风扇来散去CPU中多余的热量。

3 食物搅拌机的电机会产生热量和声音，从而损耗一些能量。

有效的热量

KENWOOD

1 电热水壶通过加热将能量转化为水的内能（热能），水沸腾会散失部分热量。

2 烤面包机利用热量烤面包，但是会伴随大量的能量散失。

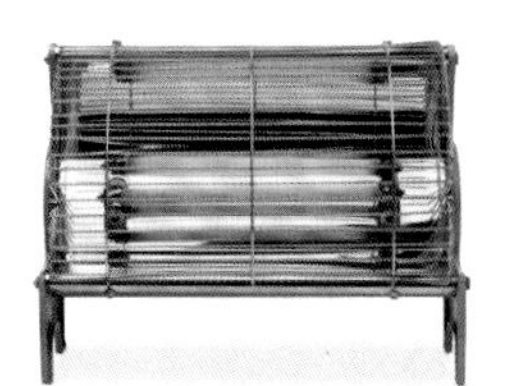

3 电加热器几乎将所有的能量都转化为热能，效率很高。

过热

电器或电线产生的热量积聚起来，可能会熔化电线周围的塑料绝缘层，甚至引发火灾，十分危险。切勿将多个高功率的电器插入同一个插座，这样会使插座过载并产生过大的电流，使插座发热。使用良导体、短电线，并将每个电器插入单独的插座中可以防止电路过热。在使用延长电缆前，应将其展开，并安装适当的保险丝。

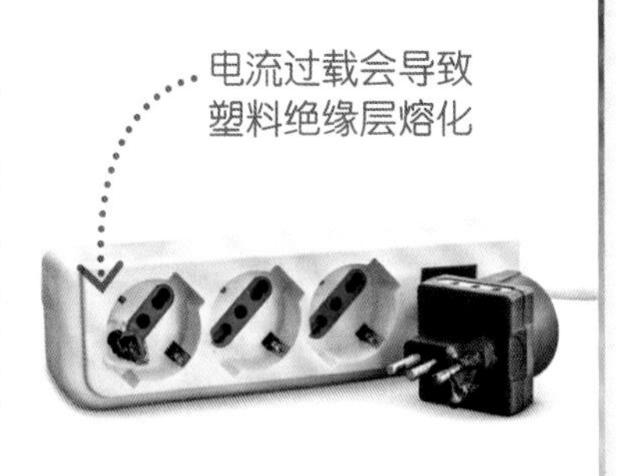
电流过载会导致塑料绝缘层熔化

能量传输

发电站可能离用电的地方很远，因此必须通过电缆远距离传输电力。所有电缆都有电阻，这意味着它们会发热并损耗能量。通过使用变压器改变电缆中的电压和电流，可以减少电力损耗。

要点

- ✓ 当电力通过电缆传输时，能量会被损耗一部分。
- ✓ 提高电压和降低电流可以减少电力损耗。
- ✓ 变电站中的升压变压器和降压变压器可以在电缆远距离传输电力时改变电压和电流。

减少损耗

可使用的电功率公式（见第163页）计算由于电缆发热而损耗的功率：功率损耗=电流的平方×电阻（$P=I^2R$）。由于功率损耗与电流的平方成正比，因此降低功率损耗的最有效的方法是降低电流。这就是变电站的变压器要做的事。同样的电力可以用大电流和低电压传输，也可以用小电流和高电压传输，所以变压器在远距离传输电力时会提高电缆电压，到达居民区附近后再降低电压，以便居民在家庭中使用。

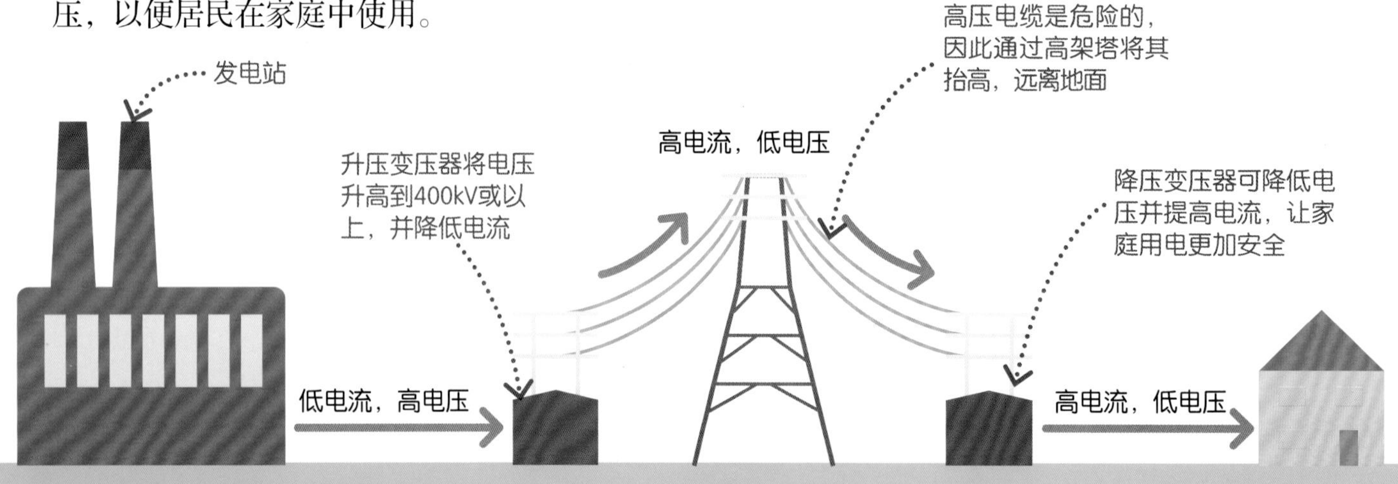
发电站
低电流，高电压
升压变压器将电压升高到400kV或以上，并降低电流
高电流，低电压
高压电缆是危险的，因此通过高架塔将其抬高，远离地面
降压变压器可降低电压并提高电流，让家庭用电更加安全
高电流，低电压

计算能量损耗

问题：如果传输电缆的电阻为20Ω，那么当电流为10A时，以热量的形式会损耗多少功率？如果变压器将电流降低到1A，那么会损耗多少功率？

解：使用公式$P=I^2R$来求解。

当电流为10A时：

$$P=10^2\times20=2\,000\text{（W）}$$

当电流为1A时：

$$P=1^2\times20=20\text{（W）}$$

即使电缆具有相同的电阻，损耗也有100倍的差别

10 静电

吸引与排斥

你有没有注意到：当你脱毛衣时，经常会听到“噼啪”的声响，或者当你用塑料梳子梳头后，头发会伴着“噼啪”声随梳子“飘”起来。这些现象都是由静电引起的。静电可以使物体在互不触碰的情况下相互吸引或排斥。

要点

- ✓ 有些物体在摩擦时会产生静电。
- ✓ 物体可以带正电荷，也可以带负电荷。
- ✓ 带电物体相互作用：同种电荷互相排斥，异种电荷互相吸引。

静电吸附

塑料和橡胶等绝缘材料最容易产生静电，特别是在天气干燥时，因为空气中几乎没有水分。

塑料摩擦时会产生静电，例如用塑料梳子梳头。

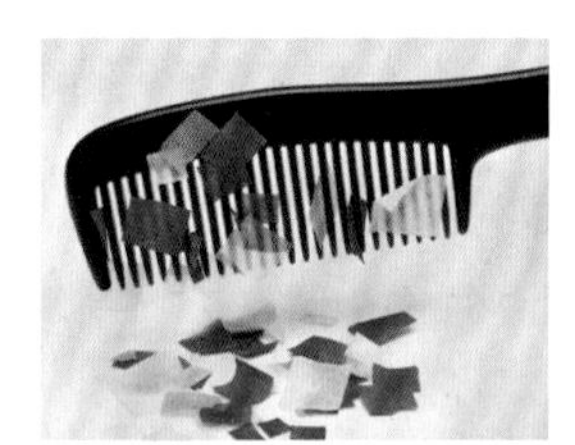

展开保鲜膜时，会产生静电。静电可以帮助它更好地吸附在食物或它自己身上。

玻璃棒和靠近它一侧的水流具有相反的电荷，从而相互吸引

带电的玻璃棒与水发生作用

异性相吸

静电的电荷可以是正电荷，也可以是负电荷。如果两个物体带有相反的电荷，它们就会相互吸引。有些物体在摩擦时会产生静电。例如，摩擦玻璃棒会使其产生电荷，从而吸引从水龙头流下的水流。这种电荷是由带负电的电子从摩擦玻璃棒的材料中聚集而来的。

同性相斥

具有同种电荷的物体相互排斥。我们可以使用范德格拉夫起电机（一种用来产生正电荷的装置）来演示一下。在与地面绝缘的情况下，将手放在起电机的金属罩上，电荷便会传递到我们身上，使头发竖起来。

头发竖立是因为它们带有同种正电荷而互相排斥

范德格拉夫起电机

范德格拉夫起电机包含1条由绝缘材料（如橡胶）制成的传送带，当它围绕2个尼龙滚轮转动时，会吸附静电，并通过电刷将电荷传送到顶部的球形金属罩上。

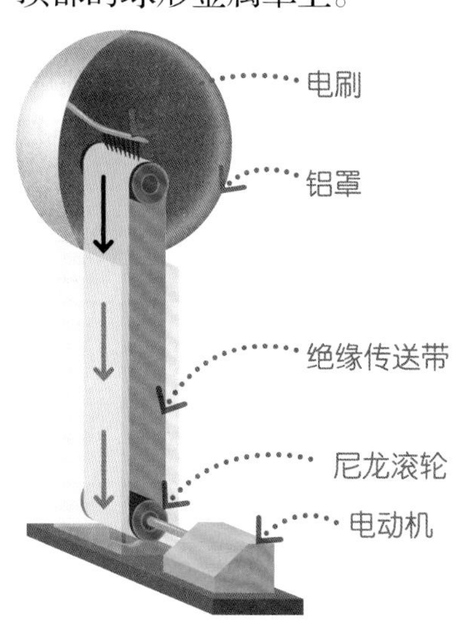

静电感应

要点

- ✓ 两个物体相互摩擦时，某个物体的电子可能会转移到另一个物体上。
- ✓ 获得电子的物体带负电，失去电子的物体带正电。
- ✓ 一个带电体可以诱导另一个物体发生静电感应而显电性，进而相互吸引。

在毛衣上摩擦气球时，会使电荷集聚在气球上。如果你把气球靠近墙壁，它会吸在墙上。这是因为带电体附近的物体因静电感应而产生相反的电荷，从而相互吸引。

气球的吸附

大多数物体都含有等量的正电荷和负电荷，因此物体对外不显电性。然而，当一些物体被摩擦时，电子会摆脱原子核的束缚，从一个物体转移到另一个物体，使两个物体都带电。当带电体靠近其他物体时，会发生静电感应，使它们相互吸引。

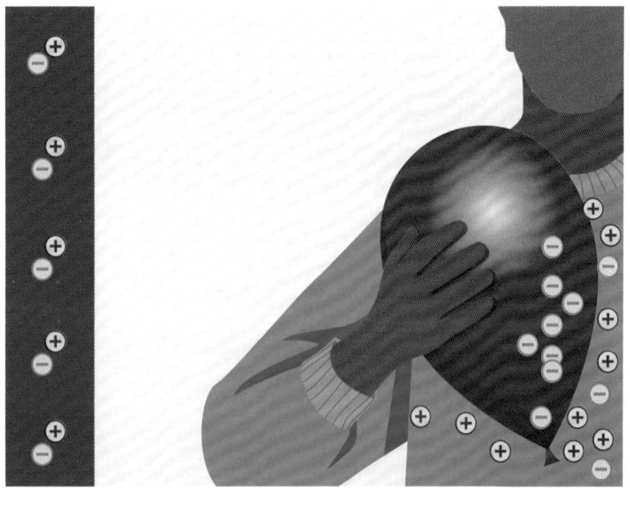

1 在羊毛套衫上摩擦气球，会导致气球上的电子积聚，使其带负电。

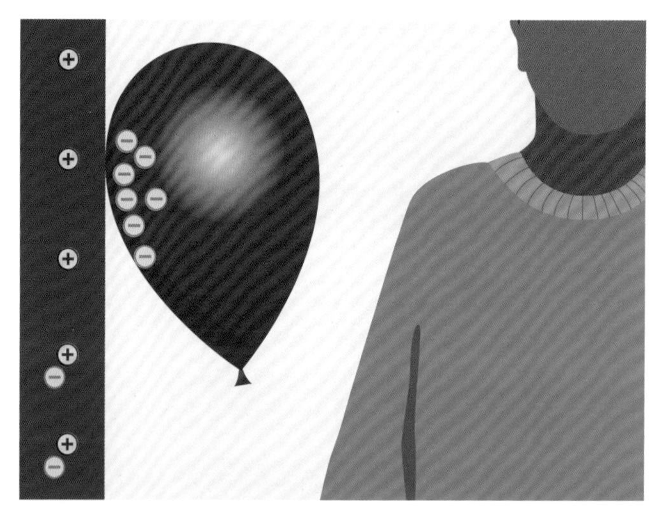

2 当气球靠近墙壁时，气球上的负电荷排斥墙壁中的电子，使附近墙壁的表面带正电。相反的电荷相互吸引，因此气球吸在墙上。

静电的来源

在通常情况下，一个原子的原子核中的质子所带的正电荷与核外所有电子所带的负电荷数量相等，原子整体不显电性。摩擦某些材料可以将一些电子从一个物体转移到另一个物体，导致一个物体上的负电荷集聚，而另一个物体则带有等量的正电荷。

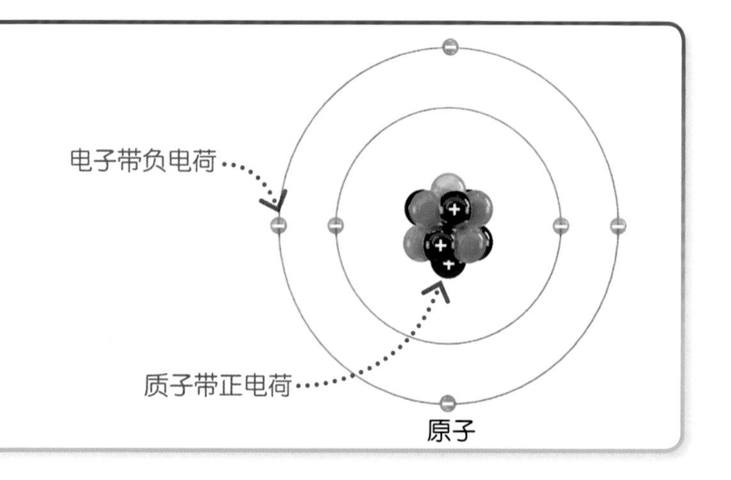

静电的应用

静电的应用虽不如电流那么广泛，但人们可以利用静电制造出许多设备，如静电复印机、喷墨打印机和喷涂机等。

要点

- ✓ 静电喷涂机使雾化涂料带有相同的电荷，相互排斥并均匀分布。
- ✓ 静电复印机和喷墨打印机利用静电感应，将碳粉或墨水引导到纸张的正确位置上。

静电喷涂机

汽车制造商使用静电喷涂机给汽车涂上均匀的油漆。喷涂机使雾化后的油漆涂料带有相同的电荷，它们相互排斥，并均匀地分散开。被涂工件上的相反电荷吸引油漆，使其覆盖整个表面。

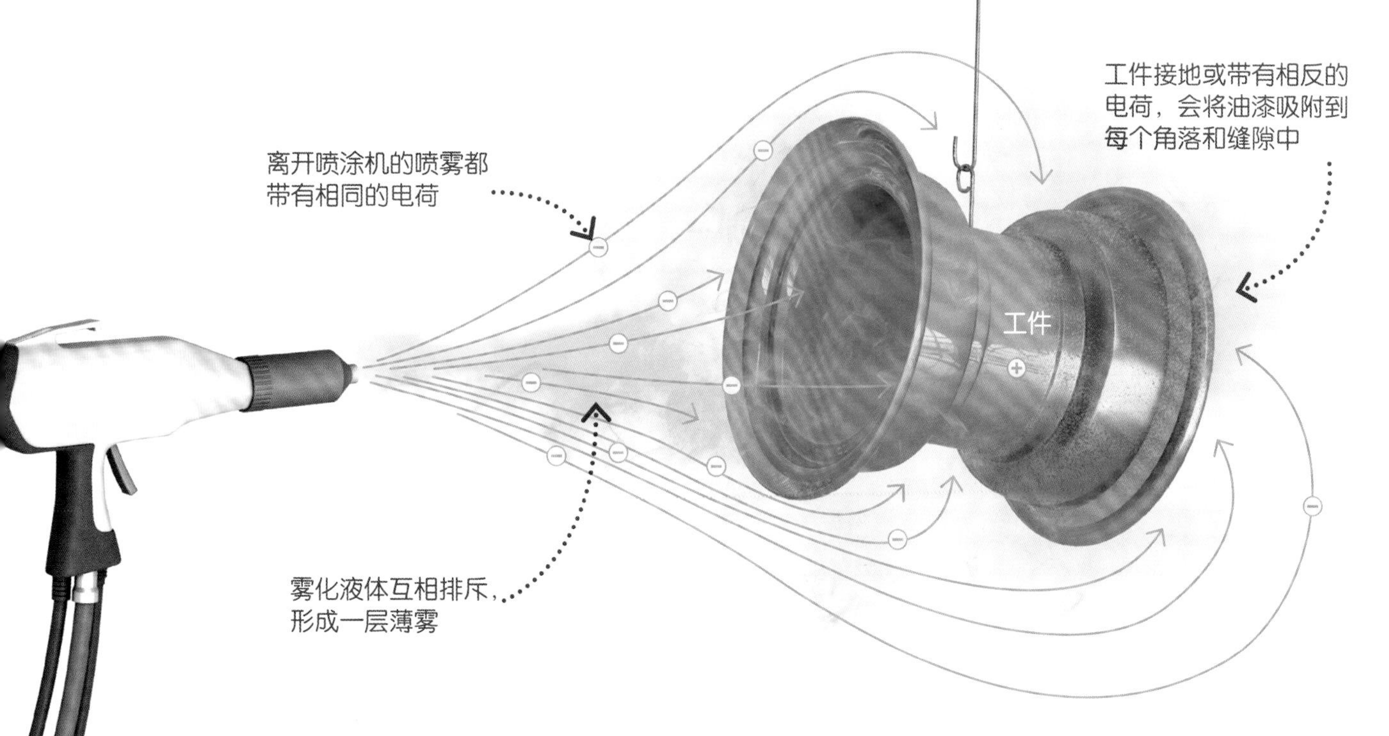
工件接地或带有相反的电荷，会将油漆吸附到每个角落和缝隙中
离开喷涂机的喷雾都带有相同的电荷
工件
雾化液体互相排斥，形成一层薄雾

喷墨打印机

当一张纸在喷墨打印机中滚动时，打印头沿着导轨来回移动，向纸上喷射出一股细小的彩色墨滴。墨滴带有静电，打印机利用带电板将其导向纸张上的正确位置。

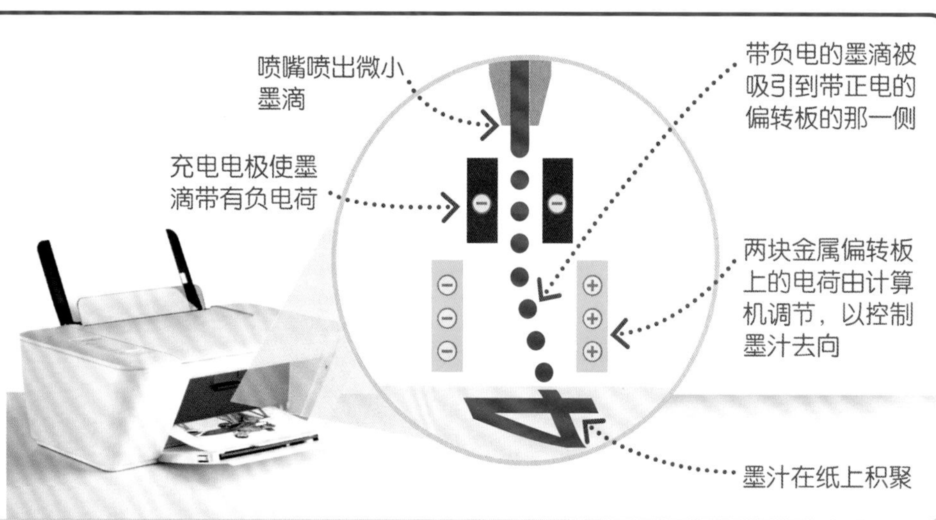
喷嘴喷出微小墨滴
带负电的墨滴被吸引到带正电的偏转板的那一侧
充电电极使墨滴带有负电荷
两块金属偏转板上的电荷由计算机调节，以控制墨汁去向
墨汁在纸上积聚

静电的危害

当大量的静电积聚在一起时，会放电产生火花，灼伤人体或引起火灾。

要点

- ✓ 闪电和火花是由静电的突然放电引起的。
- ✓ 火花会灼伤人体或引发火灾。
- ✓ 车辆加油时，静电积累过多，可能会引发危险。

闪电

闪电是由积雨云中的水滴和冰晶相互摩擦而引起的静电积聚。如果闪电直接击中一个人，可能会致命；如果击中建筑物，可能会引起火灾。闪电可以发生在云和云之间，也可以发生在云和地面之间。下图显示了闪电是如何发生的。

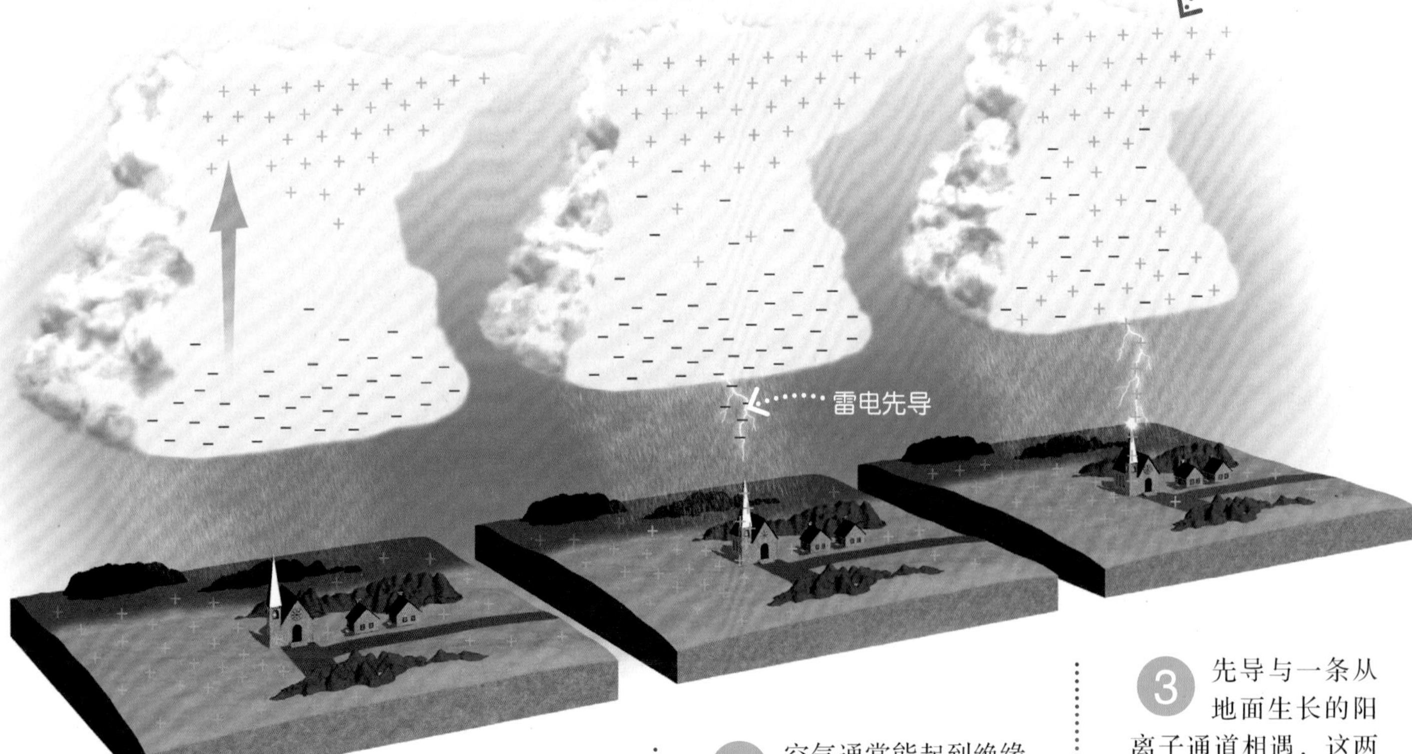
大多数雷暴是由一种叫作积雨云的云引起的，它通常呈高耸状，有一个凸起的顶部
雷电先导

1 积雨云中的强风使冰晶和水滴四处翻滚，产生静电。负电荷在云层底部积聚，正电荷在地面积聚。

2 空气通常能起到绝缘体的作用，但云和地面之间不断增长的电场会导致空气分子电离（分裂成带电粒子）。一条称为“先导”的电离空气通道从云层底部向下延伸。

3 先导与一条从地面生长的阳离子通道相遇，这两条通道融合，形成了一条带电通道，电流可以通过这条通道流动——这就是闪电。

能量释放

闪电是一道巨大的火花，宽度可能只有几厘米，但长度可达数千米。它所释放的大量电能能瞬间将空气加热到30 000℃左右，从而发出明亮的光。闪电突然释放的热量使空气剧烈膨胀，产生雷电的轰鸣声。

接地飞机

燃油中的静电积聚极其危险，很容易产生静电火花，引发爆炸。当飞机的油箱加注燃料时，我们通常会用电缆将加油车和飞机与大地相连。电缆可防止由于大量燃油快速流动产生摩擦而导致的电荷积聚。

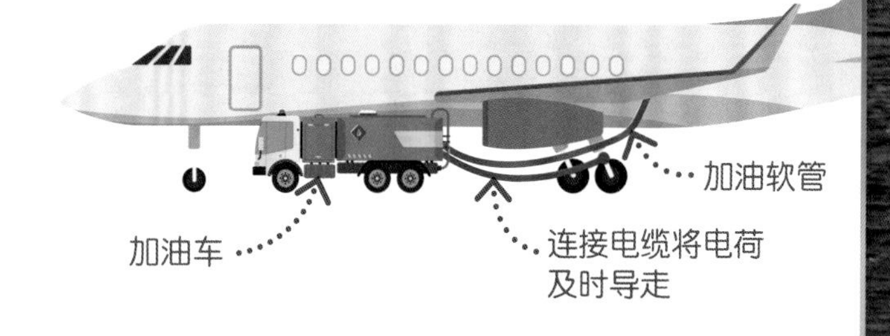

电场

所有带电体周围都存在着由它产生的电场，电场中的其他带电体会受到电场力的作用。吸引、排斥、火花和其他静电效应都是由电场引起的。

要点

- ✓ 带电体周围存在着由它产生的电场，其他带电体在电场中会受到电场力的作用。
- ✓ 物体距离场源越近，电场强度越强；距离越远，电场强度越弱。
- ✓ 带电体之间的吸引、排斥和火花等都是由电场引起的。

电场图

电场看不见，我们使用带有线和箭头的图来表示它们。箭头可以显示电场对放置在其中的正电荷的影响。下面的3个示例显示了单点电荷周围的电场。电场线的疏密程度表示该区域电场强度的大小。

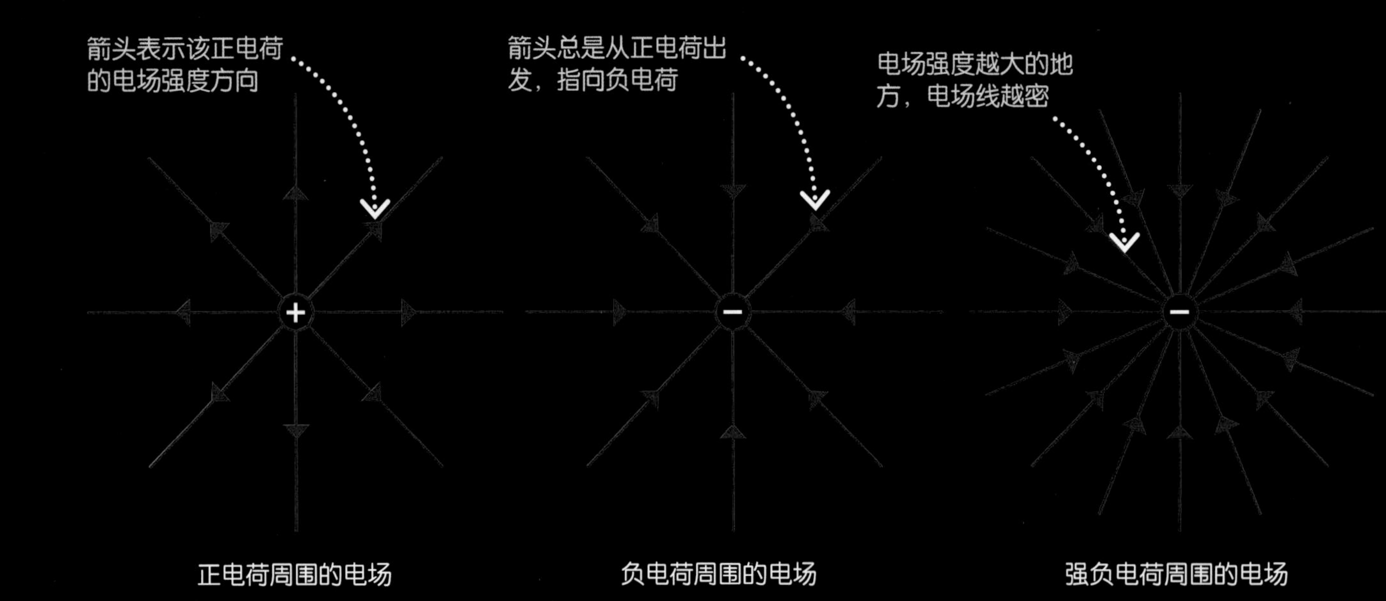
箭头表示该正电荷的电场强度方向
箭头总是从正电荷出发，指向负电荷
电场强度越大的地方，电场线越密
+
−
−
正电荷周围的电场
负电荷周围的电场
强负电荷周围的电场

平行板

一对带等量异种电荷的平行板会产生均匀的电场。两板之间的场强在任何地方都是相同的（两端除外）。在右边的照片中，悬浮在蓖麻油中的粗面粉颗粒显示了2个带电极板之间的均匀电场线。

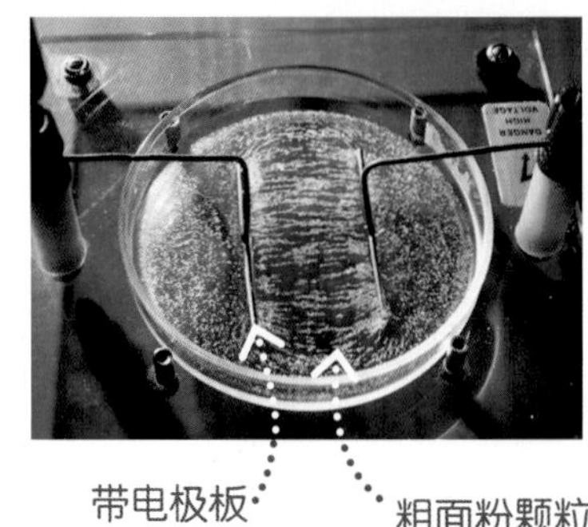
带电极板
粗面粉颗粒

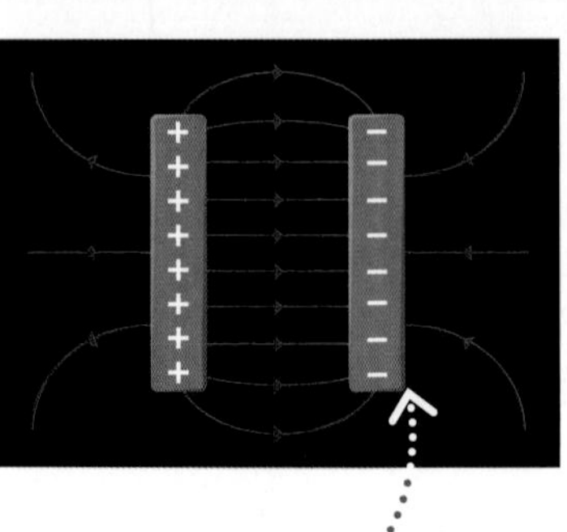
+
−
带电极板

11 电与磁

磁体

磁体可以吸引由磁性材料制成的物体，如铁、镍和钴。磁体的形状和大小各不相同，但它们都有两端（或两面），分别称为北极和南极。

要点

- ✓ 磁体有北极和南极。
- ✓ 异名磁极相互吸引，同名磁极相互排斥。
- ✓ 当一块磁性材料靠近永磁体时，它就会获得磁性。

吸引和排斥

如果将一块磁体的北极接近另一块磁体的南极，它们会相互吸引。但是如果将磁体的两个北极或两个南极彼此靠近，磁体就会相互排斥。

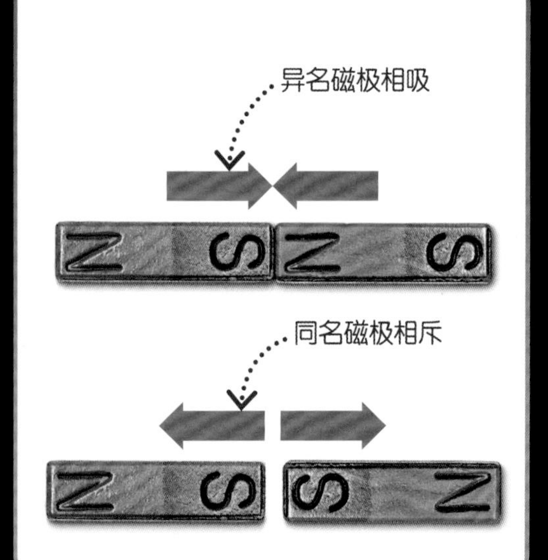

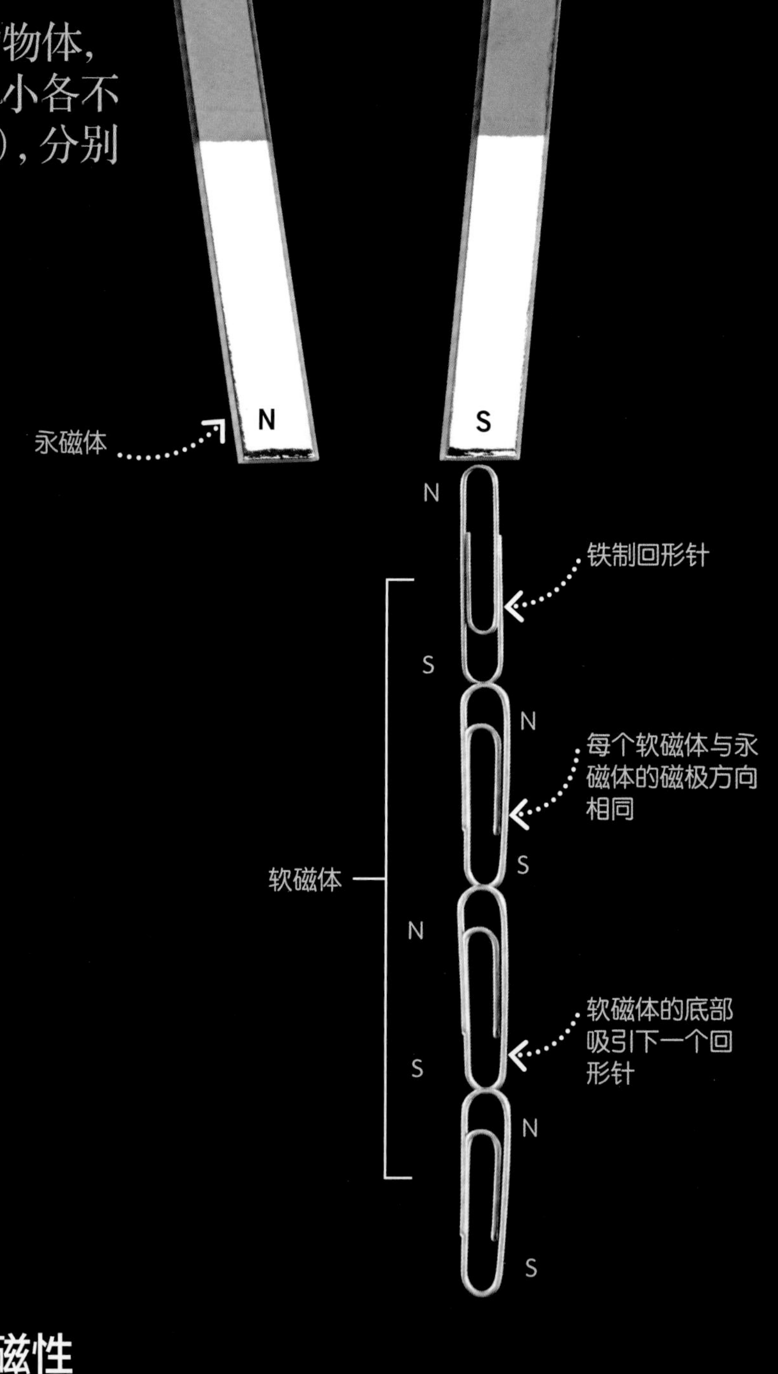

磁性

回形针吸在磁体上是因为它们是由铁制成的，铁是一种磁性材料。磁力是一种不需要接触就能产生的力，所以回形针在接触到磁体之前就被拉动了。马蹄形磁体和条形磁体是永磁体，它们总是有磁性的。当一块磁性材料靠近永磁体时，它本身就会获得磁性，我们称这种磁性材料为软磁体。当它从永磁体上取下时，就不再具有磁性。

磁场

磁力是一种力，可以在不接触的情况下影响某些物体或材料。所有的磁体都被一个磁场包围着，磁场是磁体周围的一个区域，它可以在该区域中对其他磁体或磁性材料施加作用力。条形磁体周围的磁场可以通过在其周围撒些铁屑来显示。

要点

- ✓ 磁体的周围存在磁场。
- ✓ 磁场中的磁感线总是从磁体的北极指向南极。
- ✓ 可以用指南针来确定磁场方向。

条形磁体周围的磁场

在磁体产生的磁场区域内，磁性材料会受到影响。磁体外部的磁场从磁体的北极出发，向外弯曲，然后回到南极。

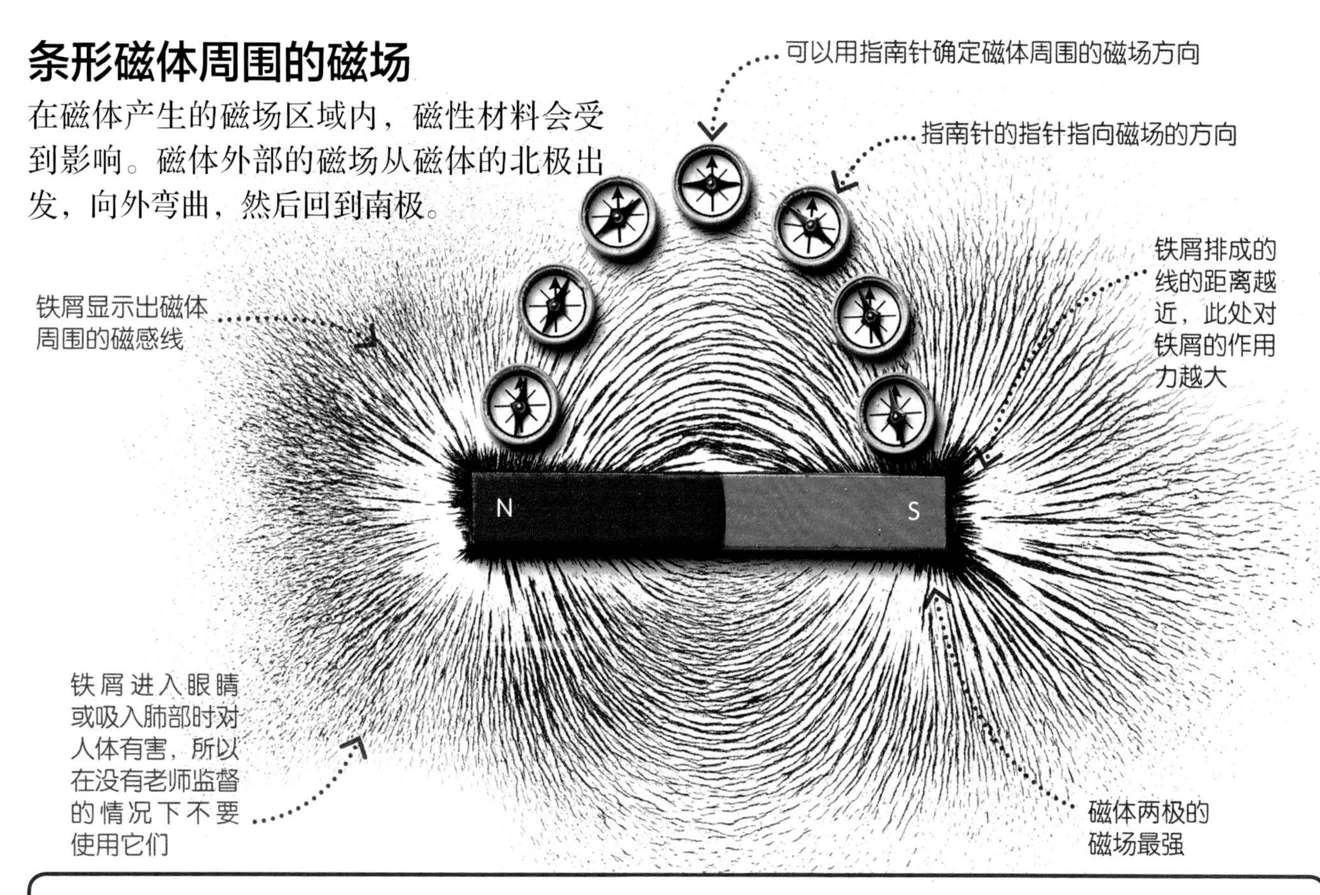
可以用指南针确定磁体周围的磁场方向
指南针的指针指向磁场的方向
铁屑排成的线的距离越近，此处对铁屑的作用力越大
铁屑显示出磁体周围的磁感线
N
S
铁屑进入眼睛或吸入肺部时对人体有害，所以在没有老师监督的情况下不要使用它们
磁体两极的磁场最强

磁感线

可通过在磁体周围画一些带箭头的曲线来描述磁场。箭头显示方向，并始终从磁体北极指向磁体南极。

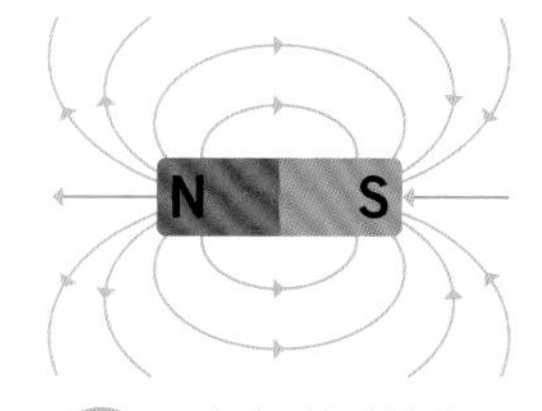
N
S

① 在条形磁体中，磁感线从北极到南极呈曲线状。

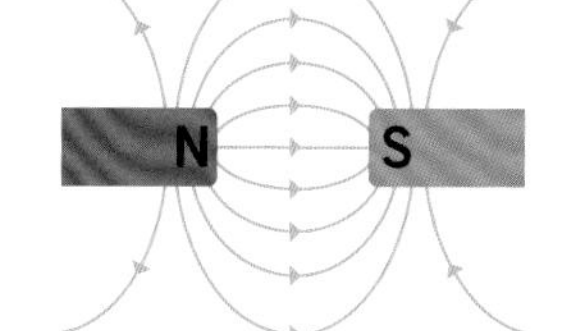
N
S

② 当2块磁铁的异名磁极相互靠近时，磁体相互吸引，磁感线从一个磁体的北极指向另一个磁体的南极。

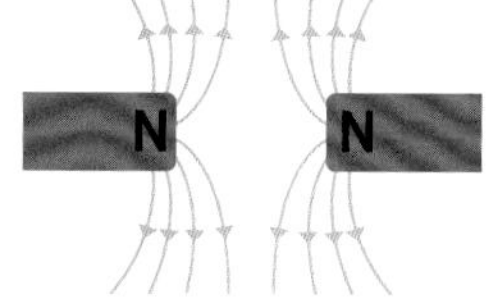
N
N

③ 当2块磁铁的同名磁极相互靠近时，磁体相互排斥，磁感线向外。

地磁场

几个世纪以来，水手们一直使用指南针来导航。指南针是一种微小的磁体，可以自由转动，指南针的N极总是指向北方。指南针指向北方，是因为地球就像一块巨大的磁体，周围存在着磁场。

要点

- ✓ 地球磁场的形状与条形磁体的形状相似。
- ✓ 指南针可以用来确定磁场的形状。

地磁场的形状

地球的中心是一个炽热的、熔融的大铁核，它就像一块巨大的磁体，能产生巨大的磁场。这个磁场可延伸到数千千米外的太空中，类似于条形磁体周围的磁场。地磁场是动态的，两磁极不断移动，强度随时间的推移而变化，每隔一段时间（平均每几十万年）南北磁极就会翻转一次。

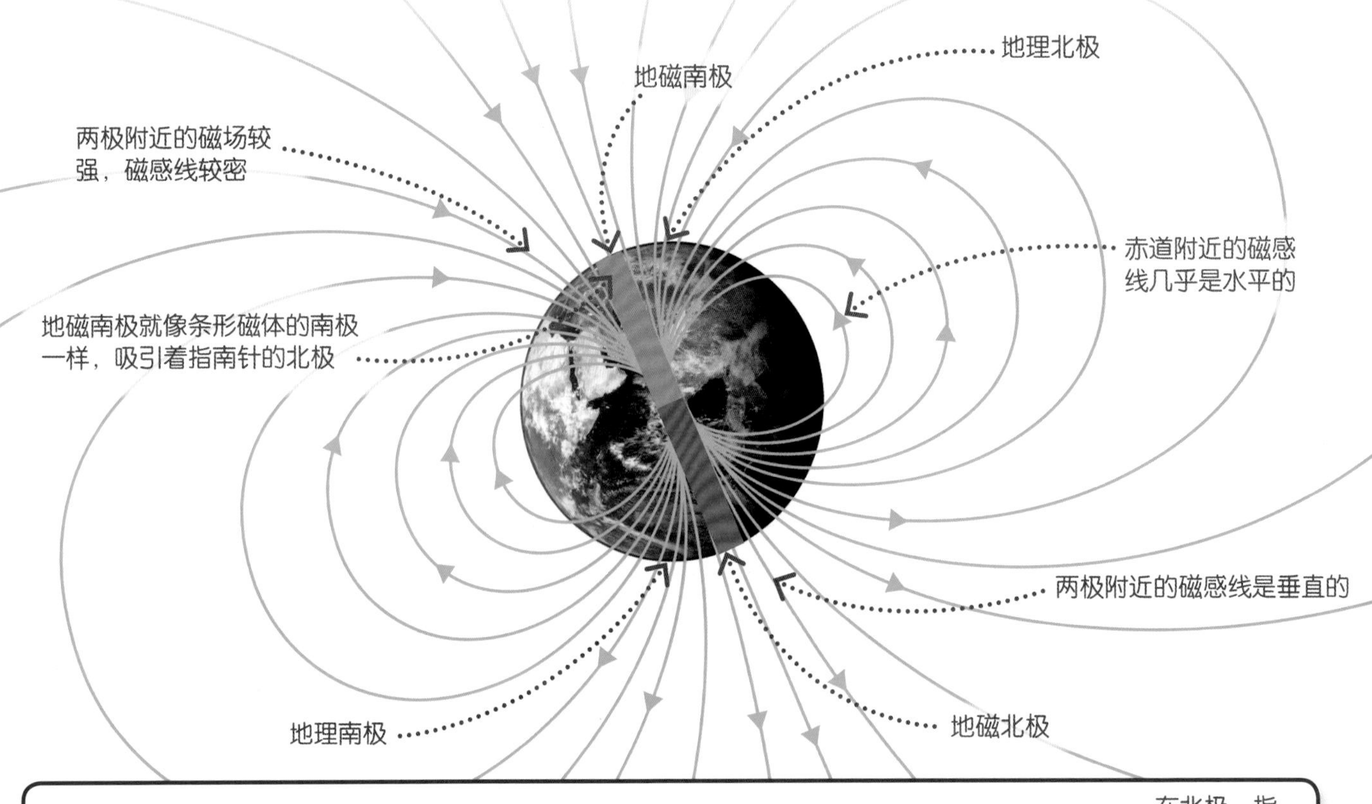
地理北极
地磁南极
两极附近的磁场较强，磁感线较密
赤道附近的磁感线几乎是水平的
地磁南极就像条形磁体的南极一样，吸引着指南针的北极
两极附近的磁感线是垂直的
地理南极
地磁北极

磁倾角

指南针内有一个安装在中轴上，能够自由旋转的小磁针。该磁针的指向与地球磁场方向保持一致，因此它不仅指向北方，而且在北半球向下倾斜，在南半球向上倾斜。倾斜角称为磁倾角，在赤道处的0°到两极处的90°范围内变化。科学家们通过研究磁倾角来确定地磁场的方向。

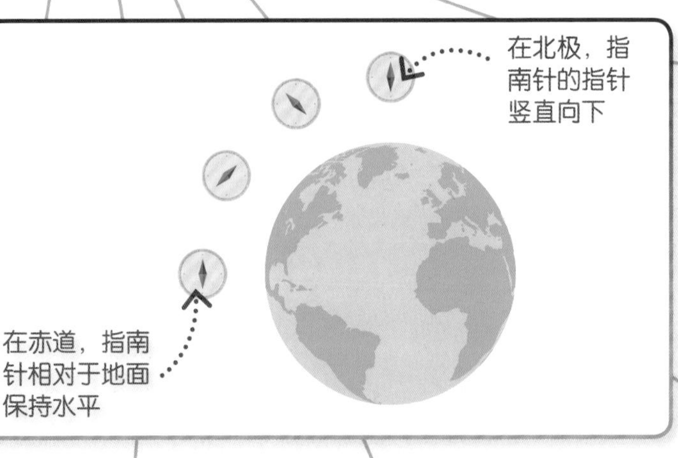
在北极，指南针的指针竖直向下
在赤道，指南针相对于地面保持水平

电磁铁

电和磁是不可分割的,它们始终紧密相关。电流周围存在着磁场,我们可以使用线圈(又称螺线管)来加强这个磁场。在螺线管中加一个铁芯会使磁场变得更强,形成一个强大的电磁铁。电磁铁用处很大,因为它是可以人为控制开关的磁体。

要点

- ✓ 流过导线的电流,在导线周围形成一个圆形磁场。
- ✓ 当电流流过螺线管时,来自多层线圈的磁场相互叠加,加强了线圈内部的磁场。
- ✓ 螺线管内的铁芯增强了电磁铁的磁场。

1 导线周围的磁场

当电流流过导线时,会在导线周围形成一个圆形磁场。可以在电线附近放一个指南针来观察磁场的方向。增加电流,磁场的强度就会增加。改变电流的方向,磁场的方向也会改变。

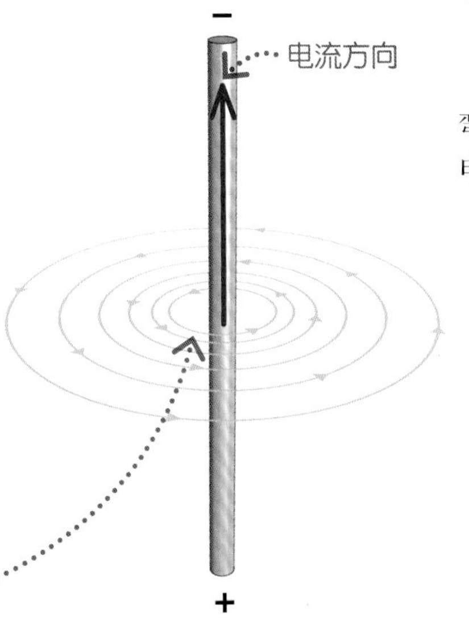
–
电流方向
+
离导线越近，磁力线越密集，磁场强度越大

弯曲右手手指,用下图所示的方式可以判断电流周围磁场的方向。

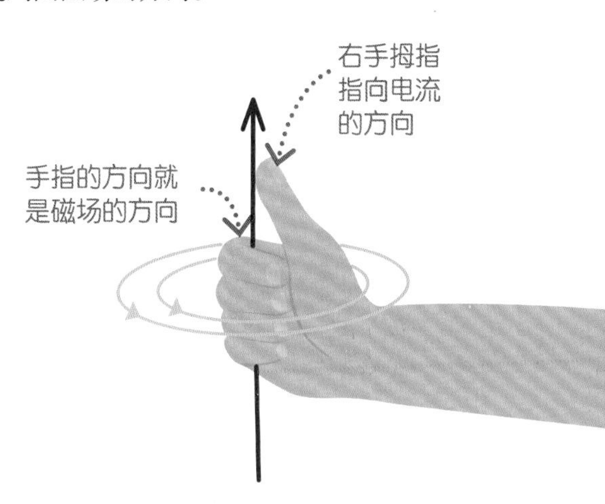
右手拇指指向电流的方向
手指的方向就是磁场的方向

2 线圈周围的磁场

单根导线周围的磁场很弱,但如果把导线绕成线圈,使每个线圈周围的磁场叠加在一起,就会在线圈内部产生一个强大的、分布比较均匀的磁场。线圈外的磁场类似于条形磁体周围的磁场,两端有北极和南极。

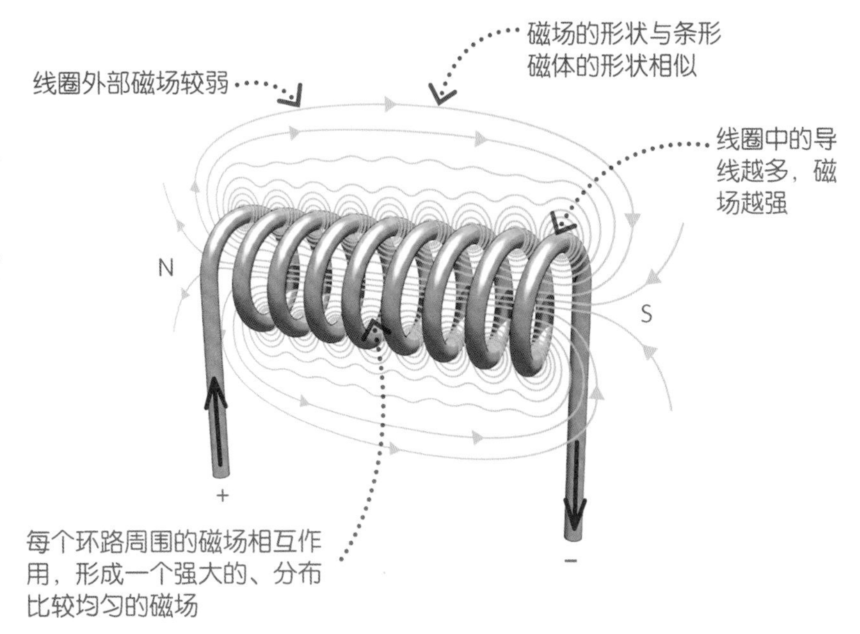
线圈外部磁场较弱
磁场的形状与条形磁体的形状相似
线圈中的导线越多，磁场越强
N
S
+
–
每个环路周围的磁场相互作用，形成一个强大的、分布比较均匀的磁场

3 铁芯

有一种电磁铁的磁芯是由磁性材料制成的，这种电磁体的磁性更强。磁芯通常是由铁制成的，容易被磁化，也容易消磁，这是制作电磁体的理想选择，因为它的磁性可以被灵活地控制。

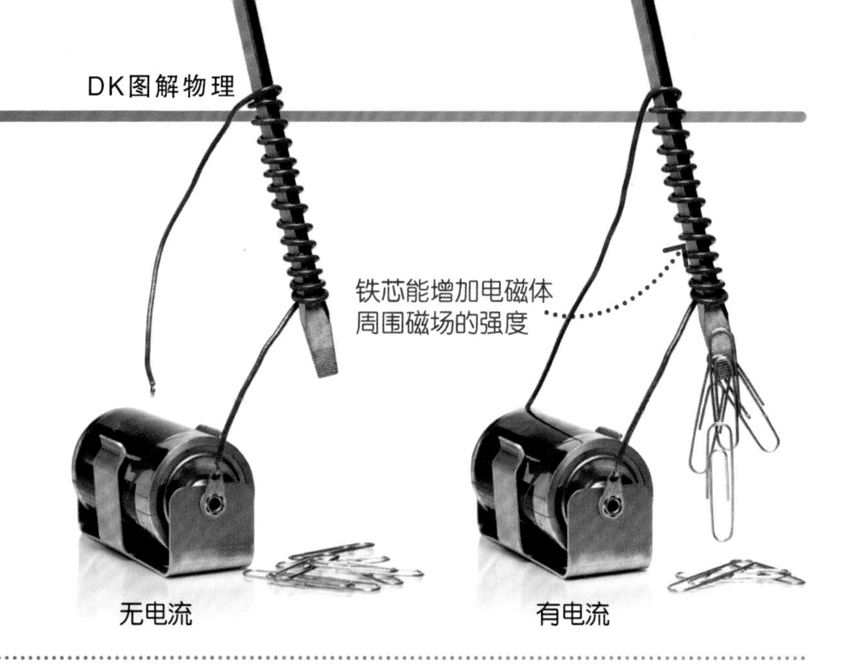
铁芯能增加电磁体周围磁场的强度
无电流
有电流

4 废料场里的磁体

废料场使用的磁性抓斗是强大的电磁体，它可将铁和铁合金等磁性金属与铜、铝和铅等非磁性金属分离。通过这种方式分离的材料可以被回收利用。

富含铁的金属被吸附到磁性抓斗上

电磁铁的应用

因为电磁铁可以被灵活地开启和关闭，并能产生可变的磁力，所以应用极其广泛。它们常被用于各种电气设备中，如扬声器、电铃、蜂鸣器、继电器和磁悬浮列车等。

要点

- ✓ 电磁体可以自由开关，并能产生可变的磁力。
- ✓ 继电器能通过一个电路中的开关控制另一个独立电路的通断。
- ✓ 磁悬浮列车利用电磁体悬浮在轨道上方，从而实现高速运行。

继电器

继电器是一种电气开关，通过控制弱电流电路的通断来间接控制另一个强电流电路的通断。例如，当司机在车内转动钥匙时，钥匙通过控制弱电流的继电器，激活强电流电路来启动汽车。

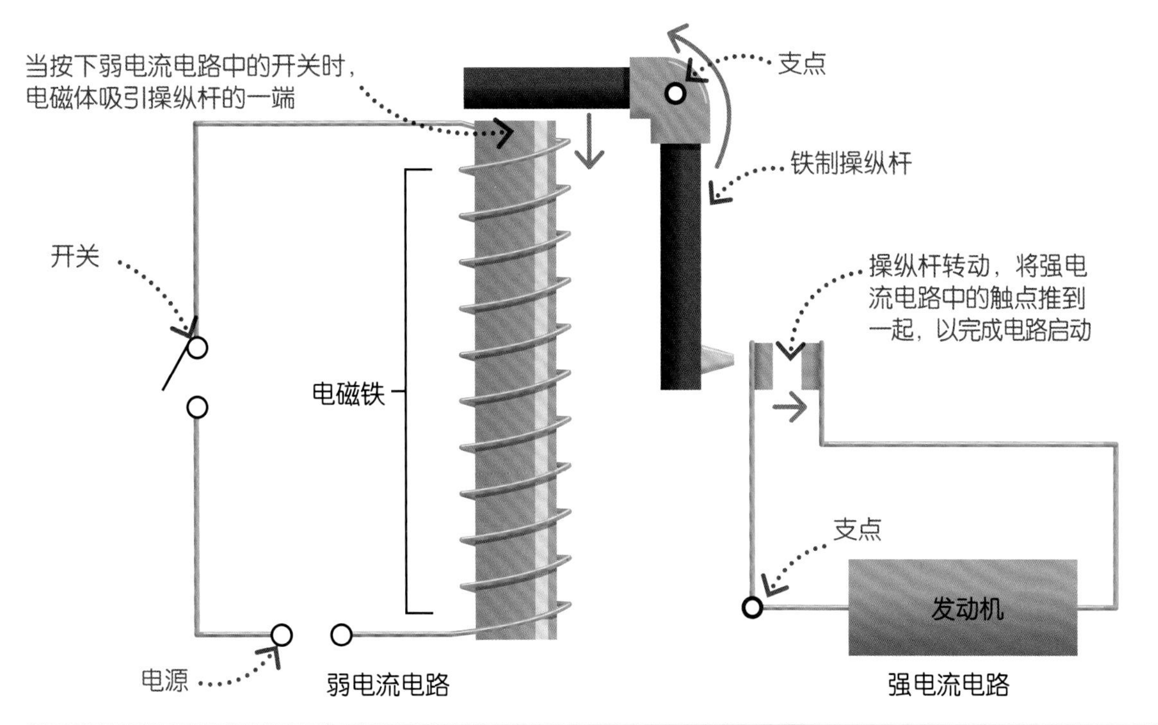
当按下弱电流电路中的开关时，电磁体吸引操纵杆的一端
支点
铁制操纵杆
开关
操纵杆转动，将强电流电路中的触点推到一起，以完成电路启动
电磁铁
支点
发动机
电源
弱电流电路
强电流电路

磁悬浮列车

磁悬浮列车利用列车和轨道上的电磁体使列车悬浮在轨道上，并通过电磁力驱动列车运行。磁悬浮列车的速度可以达到400km/h，远快于传统列车，这是由于列车和轨道之间没有物理接触，所以没有摩擦力。

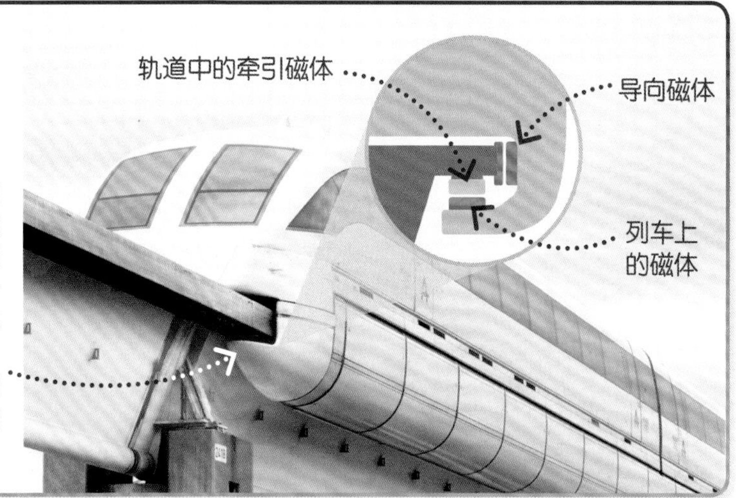
轨道中的牵引磁体
导向磁体
列车上的磁体
轨道和列车上的磁体磁极相对，将这一部分列车向上牵引，使整列列车悬浮在轨道上

电流的磁效应

电流流过导线时，会在导线周围产生磁场。如果导线放置在永磁体附近，那么两个磁场将发生相互作用并使导线移动，这种现象被称为电流的磁效应。

要点

- ✓ 磁场中的通电导线会受到力的作用。
- ✓ 通电导线与磁体之间相互作用，产生作用力的现象，叫作电流的磁效应。
- ✓ 可以用左手定则判断通电导线在磁场中所受作用力的方向。

“跳线”

在如下图所示的“跳线”实验中，将1个线圈绕在1个永磁体上。当电路连通时，导线周围的磁场受到永磁体磁场的推动，使导线跳跃。这显示了在电流的磁效应中磁场对通电线圈的作用。

需要在教师指导下完成

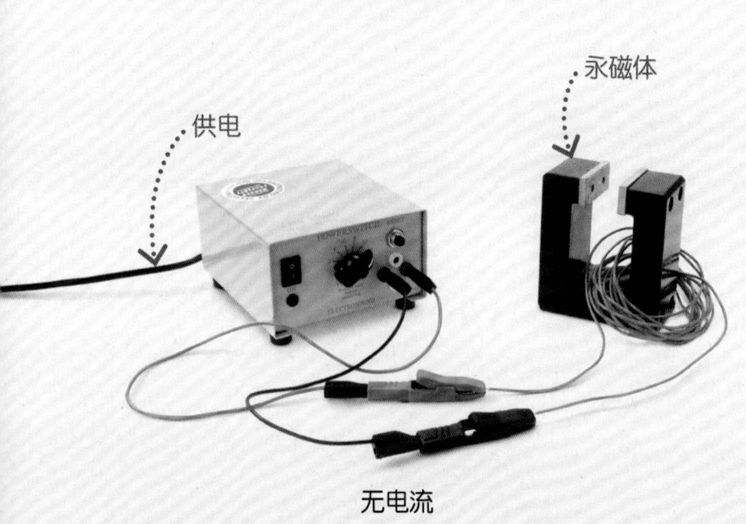

无电流

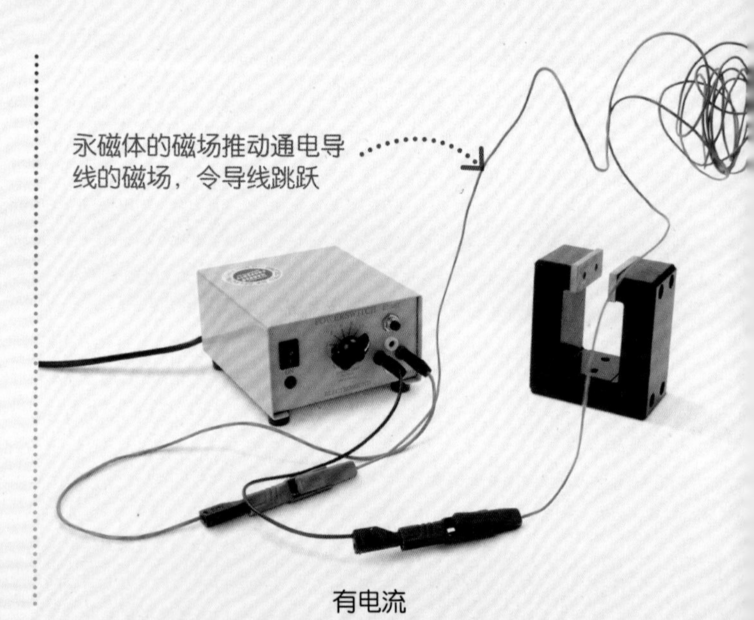

有电流

力的方向

当导线与永磁体磁场方向垂直时，电流的磁效应产生的力最大。力的方向垂直于电流和磁场的方向。使用左手定则（见第195页）可以判断力、电流和磁场三者之间的方向关系。

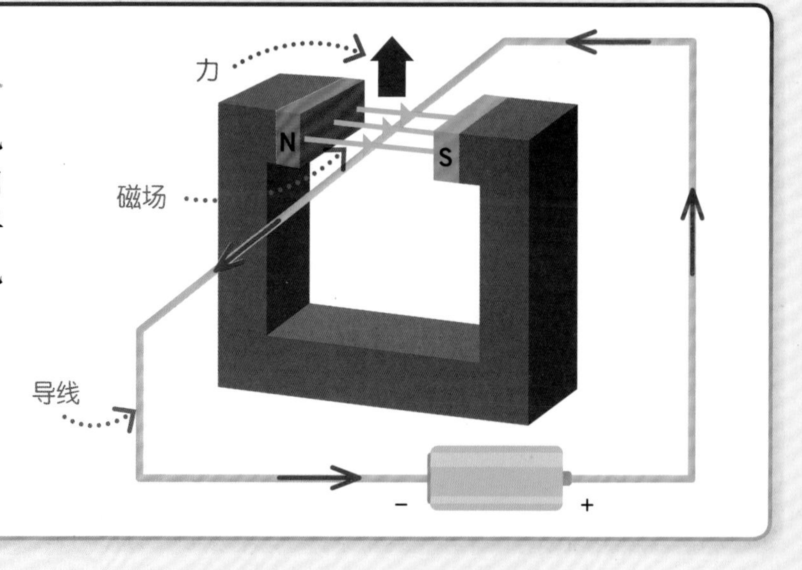

左手定则

用左手定则可判断通电导线在磁场中所受作用力的方向。将左手的食指、中指和拇指伸直，使其在空间内相互垂直。拇指所指的方向为受力方向，食指方向代表磁场方向（从N极到S极），中指代表电流的方向（从正极到负极）。

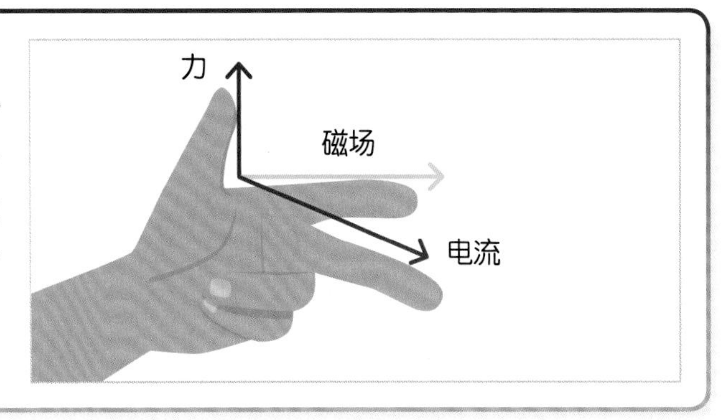
力
磁场
电流

力的大小

电流的磁效应产生的力的大小取决于电流强度、磁感应强度和切割磁感线的导线的长度，其关系式如下所示。磁感应强度也称为磁通密度，以特斯拉（T）为单位。

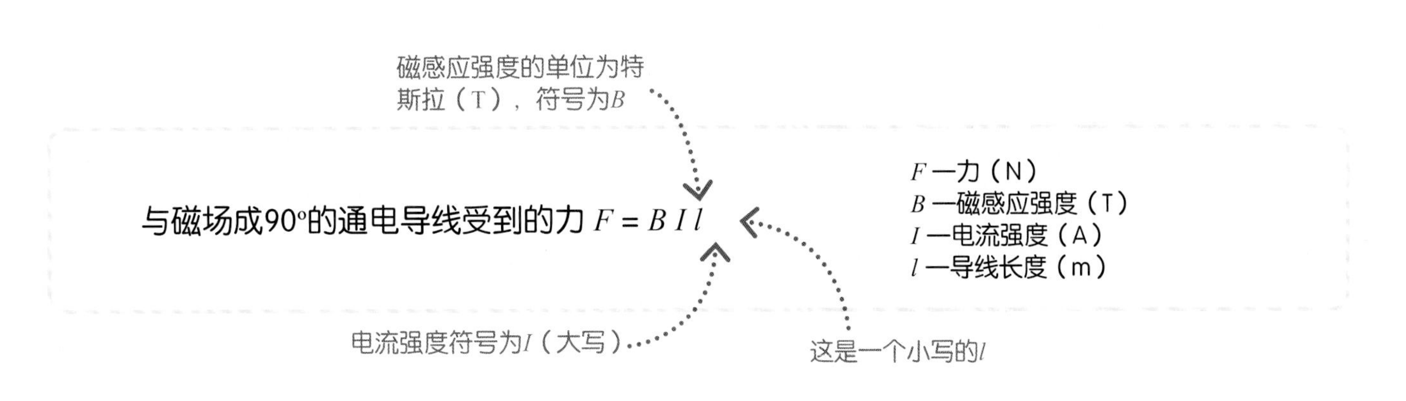
磁感应强度的单位为特斯拉（T），符号为B
与磁场成90°的通电导线受到的力 $F = BIl$
F —力（N）
B —磁感应强度（T）
I —电流强度（A）
l —导线长度（m）
电流强度符号为I（大写）
这是一个小写的l

公式的用法

问题1：磁铁产生的磁通密度为0.4T。如果将一根2m长的导线通过3A的电流，垂直放入磁场，那么导线所受作用力的大小是多少？

解：$F = BIl$

$= 0.4 \times 3 \times 2$

$= 2.4$（N）

问题2：将一根长0.5m，通入电流为0.2A的导线，垂直放置于磁场中，所受力的大小为1N，求磁场的磁通密度。

解：变形公式如下。

$$B = \frac{F}{Il}$$

$$= \frac{1}{0.2 \times 0.5}$$

$= 10$（T）

电动机

电动机利用电流的磁效应（见第194页）使线圈在磁场中转动。电动机的设计有很多种，从手表上的小电动机到电动汽车上的大电动机，所有类型都是利用通电导线在磁场中受力的作用的原理来工作的。

要点

- ✓ 电动机利用电流的磁效应使线圈转动。
- ✓ 磁场由永磁体或电磁铁提供。
- ✓ 电流的方向必须每半圈反转一次，以保证线圈继续转动。

简易电动机

当通电线圈放置在磁场中时，电流的磁效应产生的力会使线圈转动。电流方向需要每半圈切换一次，以防止线圈停止转动。这是通过裂环换向器来实现的。

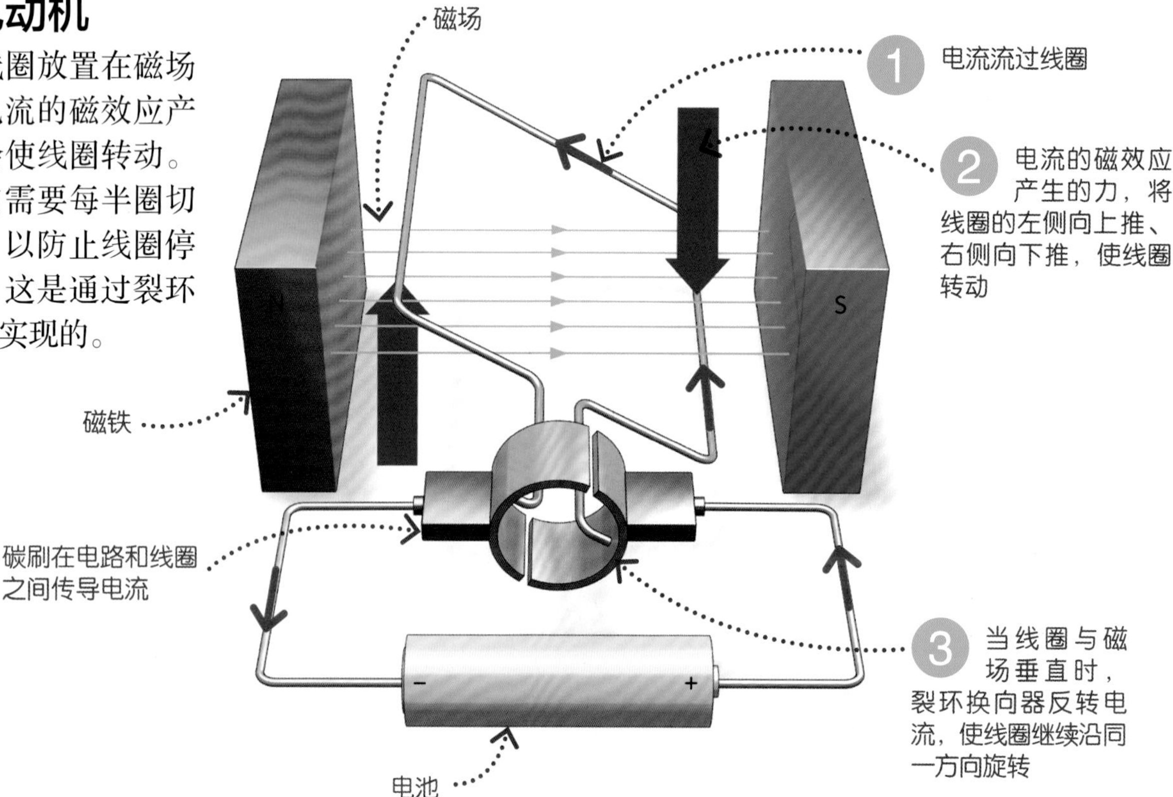
磁场
1 电流流过线圈
2 电流的磁效应产生的力，将线圈的左侧向上推、右侧向下推，使线圈转动
S
磁铁
碳刷在电路和线圈之间传导电流
3 当线圈与磁场垂直时，裂环换向器反转电流，使线圈继续沿同一方向旋转
–
+
电池

大功率电动机

通过增加线圈匝数、增大电流或换用更强的磁铁，可以增强电动机功率。电钻中使用了多个以不同角度放置的线圈，可将电流的磁效应产生的力最大化。

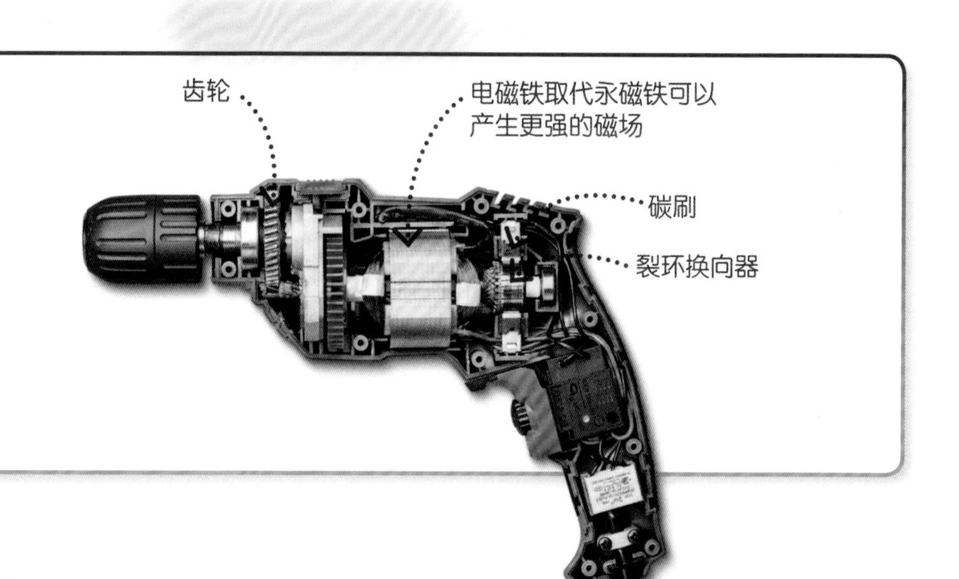
齿轮
电磁铁取代永磁铁可以产生更强的磁场
碳刷
裂环换向器

电磁感应

电磁感应是一种“磁生电”的现象。闭合电路中的部分导体在磁场中做切割磁感线的运动时，回路中会产生感应电动势，从而产生电流。

要点

- ✓ 闭合电路中的部分导体在磁场中做切割磁感线的运动时，回路中会产生感应电动势。
- ✓ 感应电流的大小取决于磁场强度和导线切割磁感线移动的速度。
- ✓ 导体的运动方向改变，感应电流的方向也会改变。

切割磁感线实验

在此实验中，通过上下移动连接电流表的导线来切割永磁体的磁场。向下移动，导线会产生微小电流，使电流表上的指针摆动；向上移动，导线会使指针向另一个方向摆动；平行于磁场移动导线，不会产生电流；使用更强的磁体或更快地移动导线，会产生更大的电流。

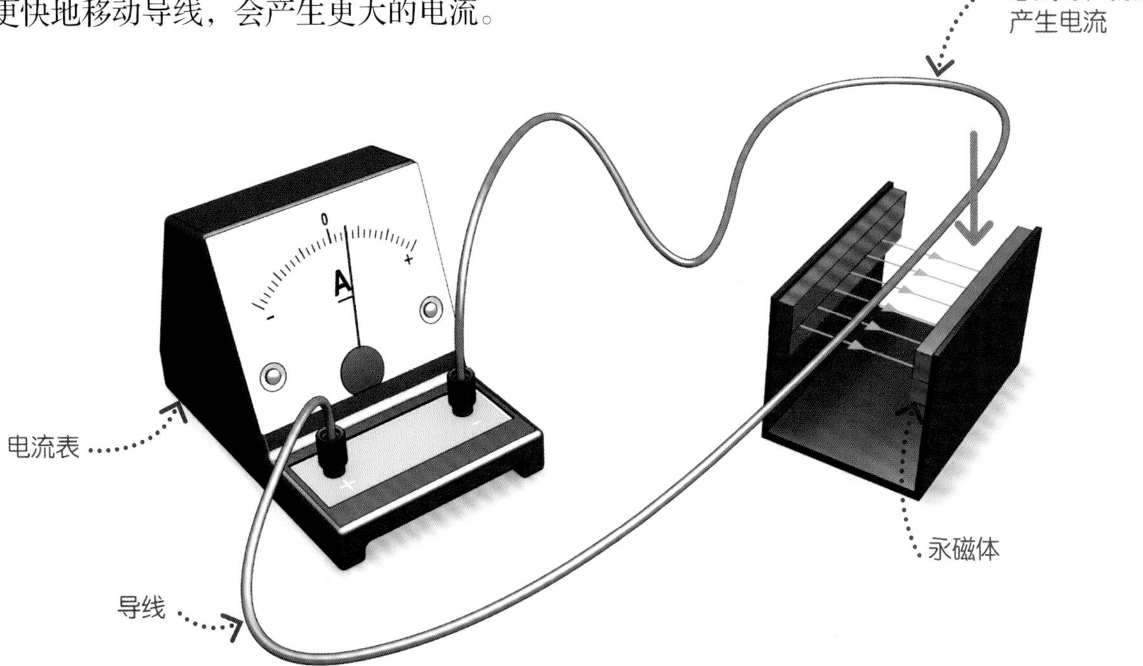
当导线切割磁感线时，就会产生电流
A
电流表
导线
永磁体

楞次定律

将磁体移入线圈和线圈切割磁感线会产生同样的现象：都会产生感应电流，使电流表指针摆动。感应电流的磁场总要阻碍引起感应电流的磁通量的变化。

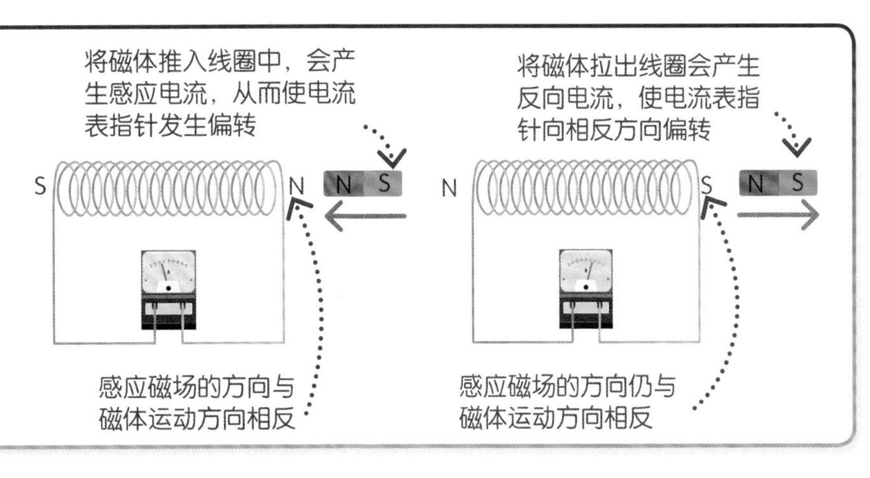
将磁体推入线圈中，会产生感应电流，从而使电流表指针发生偏转
S
N
N S
感应磁场的方向与磁体运动方向相反
将磁体拉出线圈会产生反向电流，使电流表指针向相反方向偏转
N
S
N S
感应磁场的方向仍与磁体运动方向相反

发电机

发电机是通过电磁感应原理（见第197页）将运动物体的动能转化为电能的装置。产生交流电的发电机称为交流发电机；产生直流电的发电机称为直流发电机。我们日常生活中使用的电几乎都来自发电机。

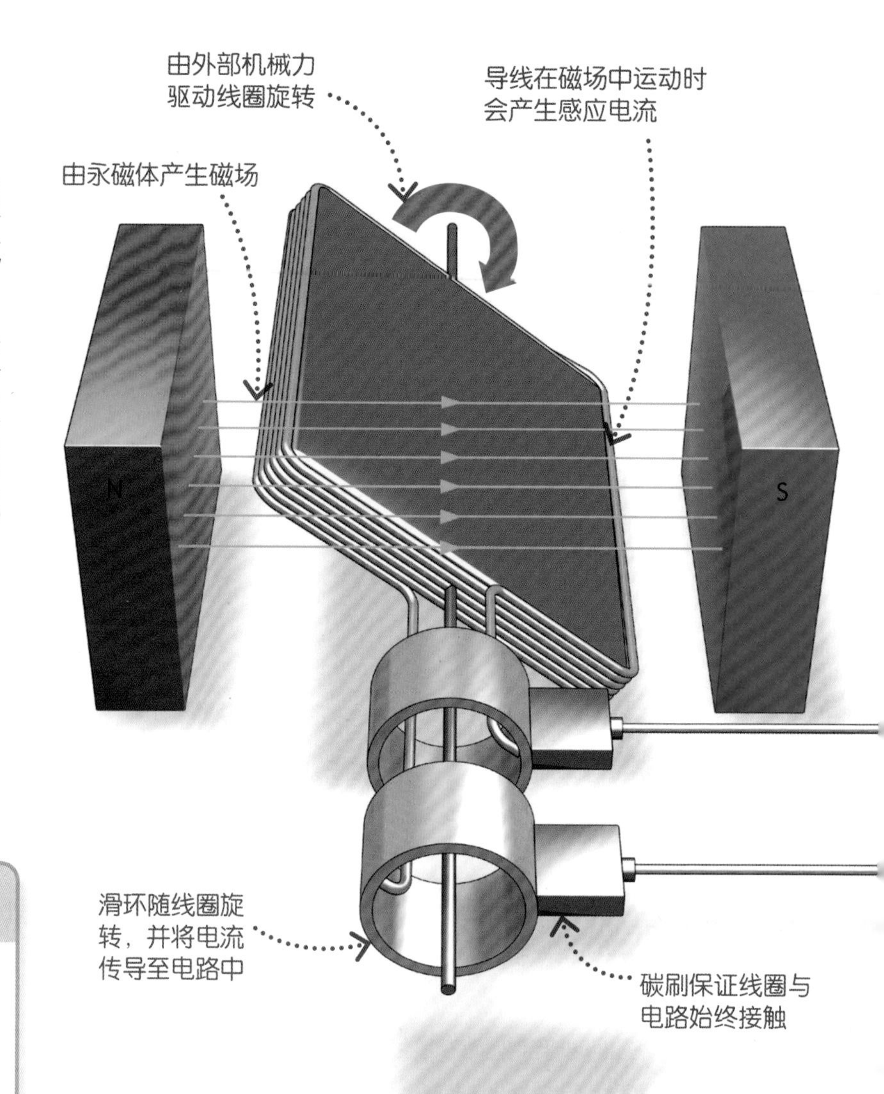
由外部机械力
驱动线圈旋转
导线在磁场中运动时
会产生感应电流
由永磁体产生磁场
N
S
滑环随线圈旋
转，并将电流
传导至电路中
碳刷保证线圈与
电路始终接触

要点

- ✓ 发电机是利用电磁感应将动能转化为电能的装置。
- ✓ 发电机线圈中的感应电压随线圈旋转而变化。
- ✓ 交流发电机产生交流电。
- ✓ 直流发电机产生直流电。

1 交流发电机

交流发电机中有一个在磁场中旋转的大线圈。当它转动时，导线中就会产生电流。每转半圈，线圈自身的磁场就会翻转一次，因此电流的方向也会改变。这种改变方向的电流称为交流电（AC）。

产生交流电

示波器（见第107页）显示，当交流发电机中的线圈旋转时，感应电压会发生变化。当线圈平行于磁场方向时，电压达到峰值；当线圈垂直于磁场方向时，电压降至0；当线圈旋转时，电流也随之改变方向，电压从正值变为负值。

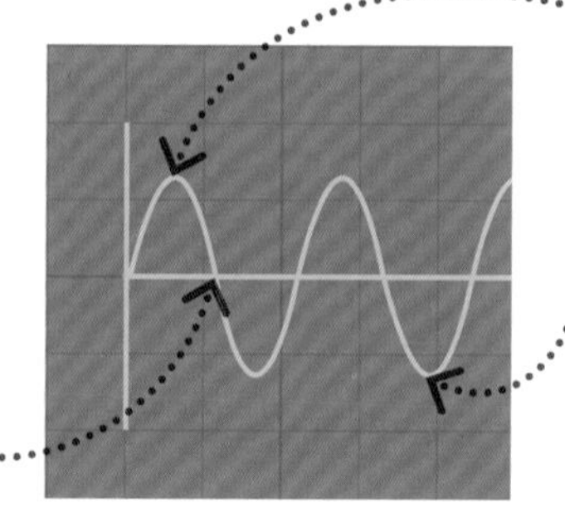
当线圈与磁场方
向平行时，感应
电压处于峰值
感应电压再次
达到峰值，电
流方向改变
当线圈垂直于
磁场方向时，
电压为0

2 直流发电机

许多电气设备都需要直流电——沿着同一方向流动的电流。如果将发电机通过裂环换向器连接到外部电路，那么每当线圈中电流方向改变时，裂环换向器就会切换电路方向，使外部电路中的电流始终沿同一方向流动，而不是每半圈改变一次。这种发电机叫作直流发电机。

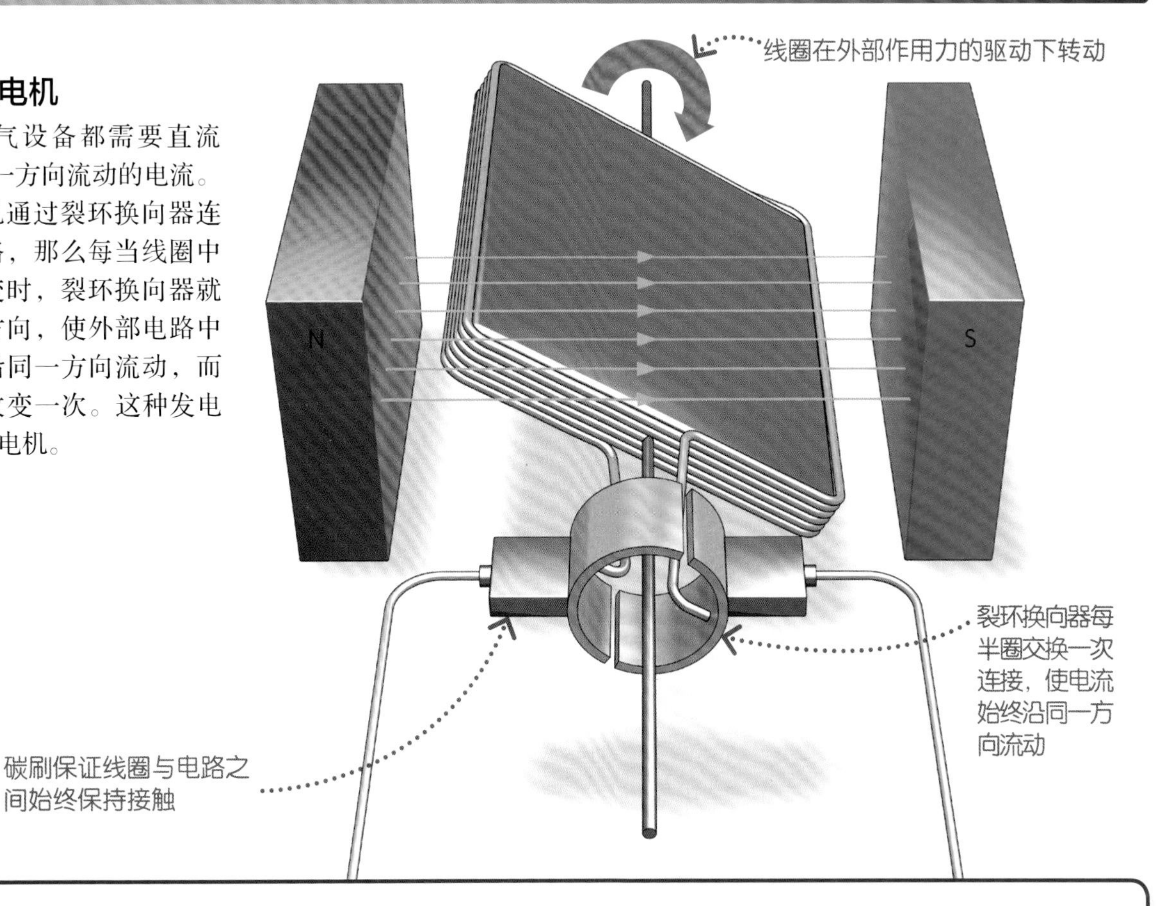
线圈在外部作用力的驱动下转动
N
S
裂环换向器每半圈交换一次连接，使电流始终沿同一方向流动
碳刷保证线圈与电路之间始终保持接触

产生直流电

与交流发电机不同，直流发电机产生的电流为直流电。示波器显示，线圈每转半圈，电压就会升高或降低一次，但由于电流方向不变，所以电压始终为正。

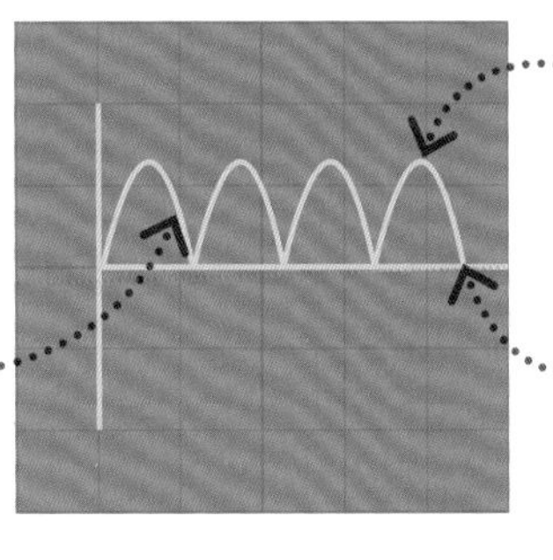
当线圈与磁场方向平行时，电压处于峰值
电压始终保持正值
当线圈与磁场方向垂直时，电压值最低

大型发电机

发电站中的大型发电机使用的是电磁铁而不是永磁体，因为它们可以产生更强的磁场。大型发电机不是在磁体内旋转线圈，而是在一个巨大的铜制线圈内旋转电磁铁。右图为一个正在建设中的发电机项目。

发电机完工后，将电磁铁安装在线圈中心

扬声器与麦克风

扬声器和耳机（其实也是小型扬声器）利用电流的磁效应将不断变化的电流转化为声波。麦克风的作用正好相反，它利用电磁感应将声波转化为不断变化的电流。

要点

- ✓ 扬声器利用电流的磁效应将变化的电流转化为声波。
- ✓ 麦克风利用电磁感应将声波转化为变化的电流。

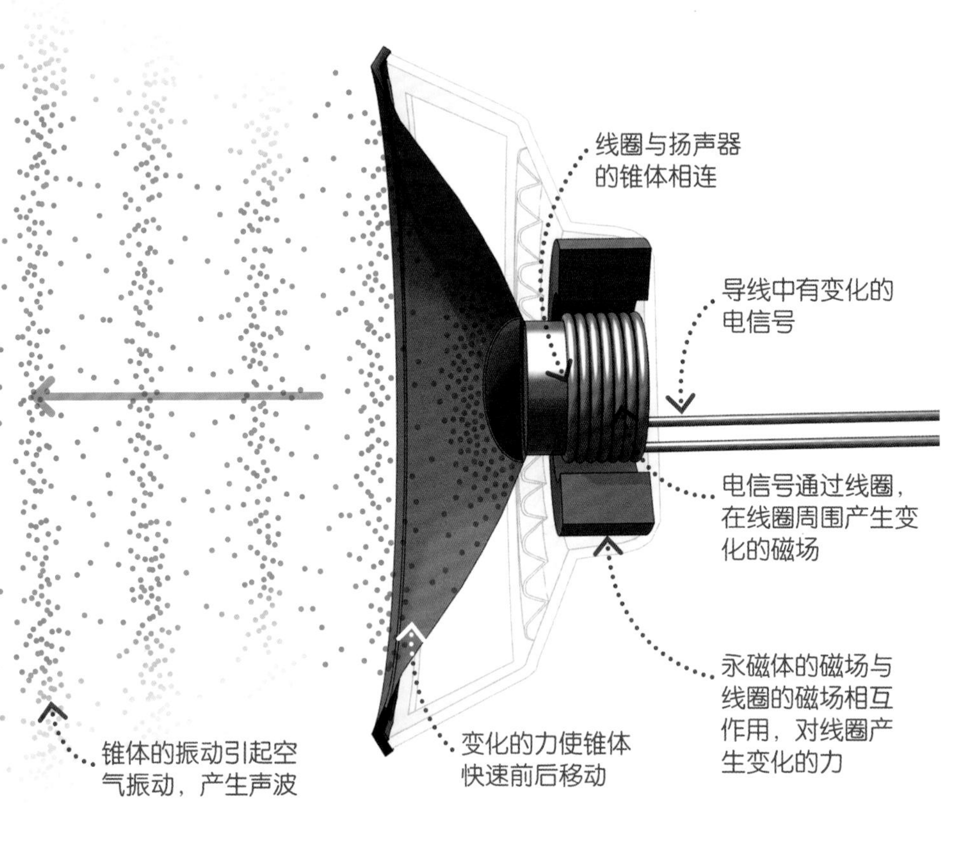
线圈与扬声器的锥体相连
导线中有变化的电信号
电信号通过线圈，在线圈周围产生变化的磁场
永磁体的磁场与线圈的磁场相互作用，对线圈产生变化的力
变化的力使锥体快速前后移动
锥体的振动引起空气振动，产生声波

1 扬声器

扬声器的关键部件包括一个可以振动的大圆锥体（振膜）、连接在圆锥体底部的线圈和线圈周围的永磁体。变化的电流通过线圈，产生变化的磁场。该磁场与永磁体的磁场相互作用，导致锥体振动。振动的圆锥体（振膜）产生气压的变化，从而产生声波（见第106页）。

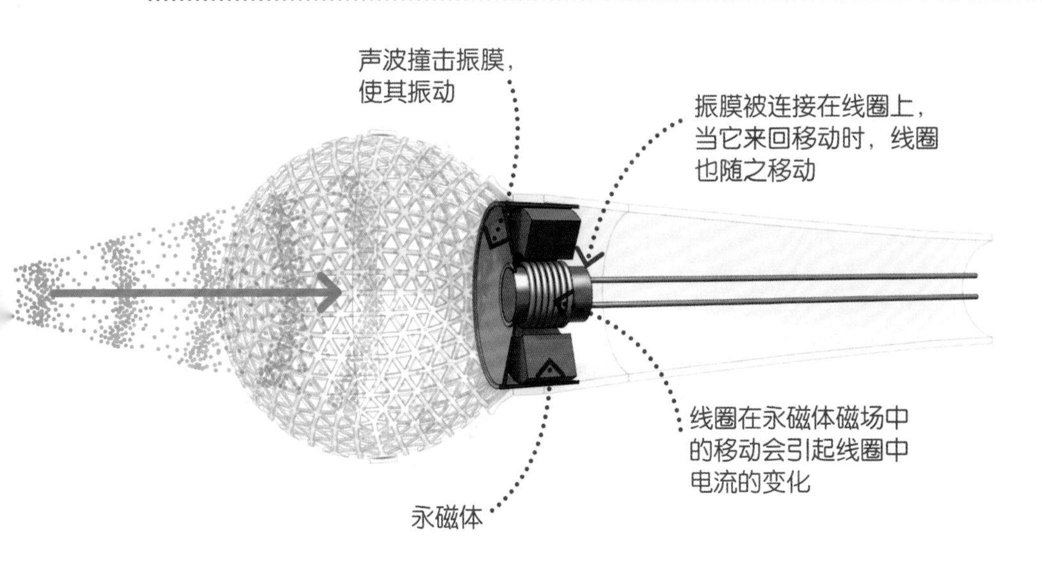
声波撞击振膜，使其振动
振膜被连接在线圈上，当它来回移动时，线圈也随之移动
线圈在永磁体磁场中的移动会引起线圈中电流的变化
永磁体

2 麦克风

麦克风包括与扬声器类似的部件：振膜、附在振膜上的线圈和永磁体，但与扬声器的机制相反。麦克风通过电磁感应将声波的变化转化为变化的电流（见第197页）。

变压器

变压器是一种通过电磁感应改变电流和电压（电势差）的装置。大型变压器用于减少长距离输电时的能量损耗，小型变压器则常用于家用电器。变压器只适用于交流电路。

要点

- ✓ 变压器改变交流电源的电压。
- ✓ 变压器输出电压的大小取决于两个线圈的匝数之比。
- ✓ 假如变压器的效率达到100%，那么它的输出功率等于输入功率。

变压器的工作原理

变压器由铁芯及缠绕在其上的2个线圈（原线圈和副线圈）组成。原线圈中的交流电每秒多次改变方向，从而产生变化的磁场，使副线圈通过感应产生交流电。这两个线圈的匝数不同，导致输出的电压也不同。

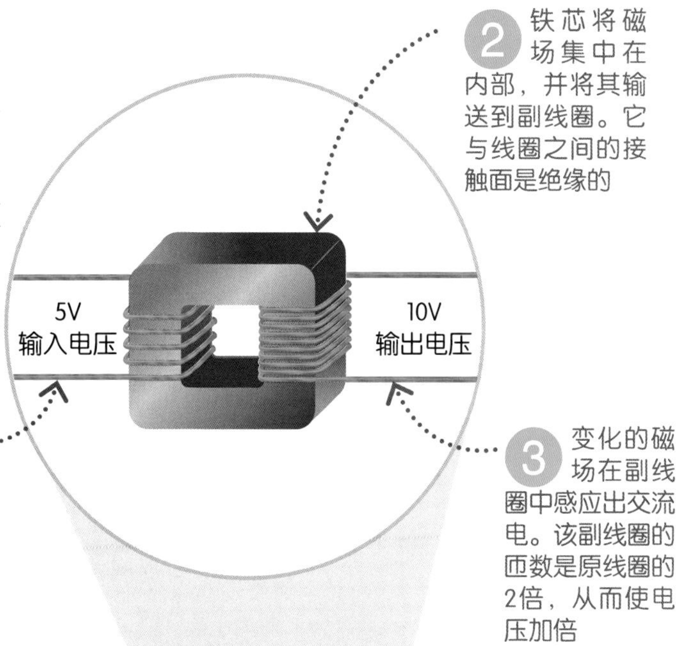

2 铁芯将磁场集中在内部，并将其输送到副线圈。它与线圈之间的接触面是绝缘的
5V
输入电压
10V
输出电压
1 当向原线圈提供交流电时，它会产生交变磁场
3 变化的磁场在副线圈中感应出交流电。该副线圈的匝数是原线圈的2倍，从而使电压加倍
Canon
4.0 MEGA PIXELS
CANON ZOOM LENS
PowerShot G2
除了装有变压器外，照相机的电源还能将交流电（AC）转换为直流电（DC）

计算电压

变压器输出的电压的大小取决于2个线圈的匝数比。原线圈和副线圈的电压比等于原线圈和副线圈的匝数比。

$$\frac{原线圈上的电压（V）}{副线圈上的电压（V）} = \frac{原线圈匝数}{副线圈匝数}$$

$$\frac{U_1}{U_2} = \frac{N_1}{N_2}$$

变压器计算题

问题1：电视使用230V的电源供电，但内部只需要46V电压。已知变压器的副线圈有200匝，求原线圈有多少匝？

解：$\frac{U_1}{U_2} = \frac{N_1}{N_2}$

$\frac{230}{46} = \frac{N_1}{200}$

$N_1 = 1\,000$（匝）

问题2：电站外的升压变压器的原线圈为3 200匝，副线圈为51 200匝。原线圈上的电压为25 000V，求变压器提供的电压是多少？

解：$\frac{U_1}{U_2} = \frac{N_1}{N_2}$

$\frac{25\,000}{U_2} = \frac{3\,200}{51\,200}$

$U_2 = 400\,000$（V）

$= 400$（kV）

功率输入和输出

能量既不会凭空产生，也不会凭空消失，如果变压器的效率为100%，那么其输出功率等于输入功率。由功率 = 电压 × 电流可推导出，进出变压器的电压和电流之间的关系如下（实际上，变压器的效率不可能达到100%，因为有一些元件会导致能量损耗，如电阻）。

$$U_1 I_1 = U_2 I_2$$

用功率公式进行计算

问题：变压器副线圈上的电压为12V，电流为0.8A，原线圈中的电流为0.04A，求原线圈上的电压。

解：$U_1 I_1 = U_2 I_2$

$U_1 = \frac{U_2 I_2}{I_1} = \frac{12 \times 0.8}{0.04} = 240$（V）

12 物质

物态

所有物体都是由极其微小的分子构成的。固体、液体和气体因分子排列方式不同而具有不同的特性。

要点

- ✓ 所有物体都是由极其微小的分子构成的。
- ✓ 固体中的分子以固定的排列方式紧密结合在一起。
- ✓ 液体分子间的距离很近，但具有流动性。
- ✓ 气体分子间的距离较远，作用力较弱。

1 固态

固体中的分子排列紧密，分子间有强大的作用力。因此，固体具有一定的形状，且不易被压缩。

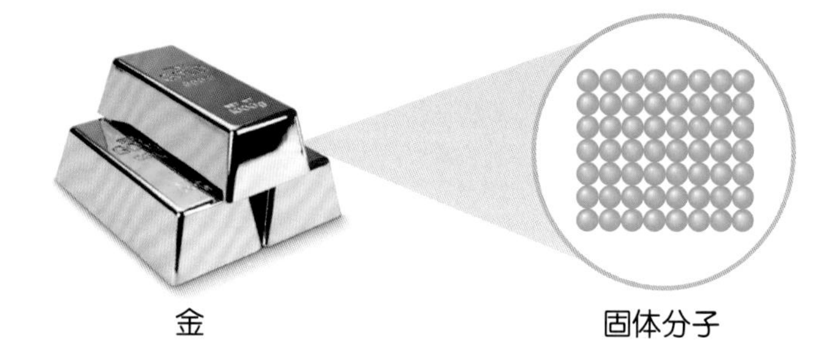

2 液态

液体分子间的距离很近，但它们之间的作用力不如固体分子间的作用力强。因此，液体具有流动性，可以被倒入容器中，并呈现出所在容器的形状，但也很难被压缩。

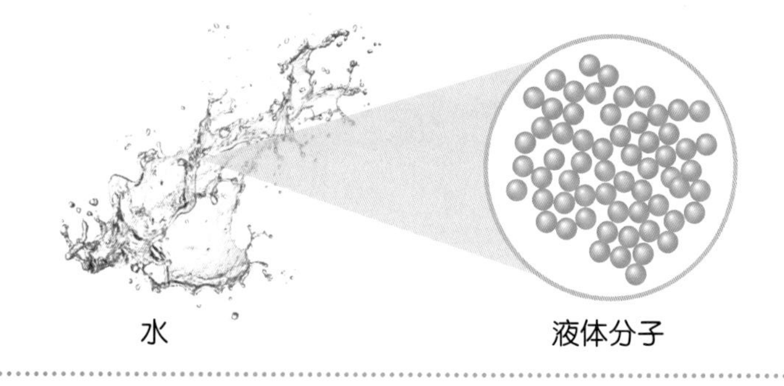

3 气态

气体分子间的距离较远，作用力较弱。气体会扩散到整个容器中，很容易被压缩。

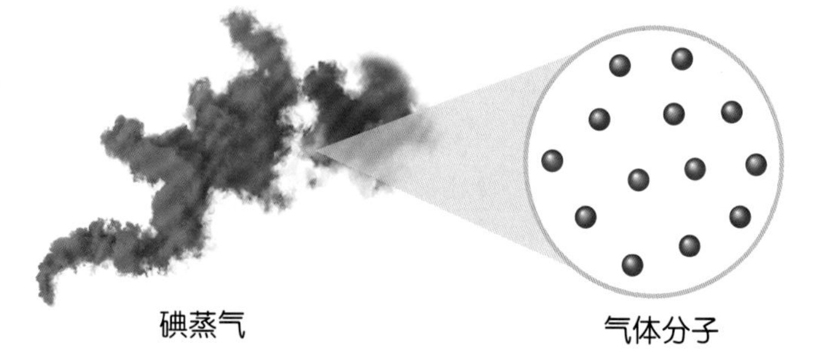

质量守恒

当冰块融化时，其分子的排列方式会发生改变，但是构成分子的所有微粒仍然相同，因此水的质量与冰的质量相同，我们称这种现象为质量守恒。当水蒸发变成气体或气体冷凝变成液体时，其质量同样不变。

物态变化

固态、液态和气态是物质的三种状态，每个状态都有自己的特点。物质可以从一种状态变化为另一种状态。物质状态（物态）的变化是物理变化而非化学变化，因为在变化过程中没有发生化学反应。

要点

- ✓ 物质可以以固态、液态或气态的形式存在。
- ✓ 水的三种形态分别为冰、水和水蒸气。
- ✓ 水蒸气是一种看不见的气体。

物态变化的过程

水可以以三种不同的状态存在：固态（冰）、液态（水）和气态（水蒸气）。水沸腾的温度称为沸点，结冰的温度称为冰点。

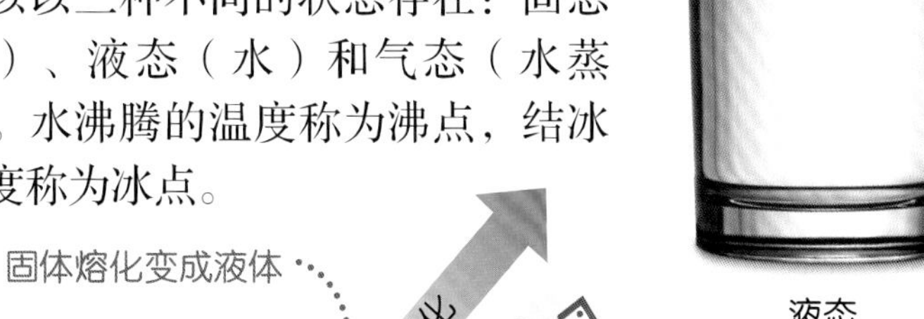

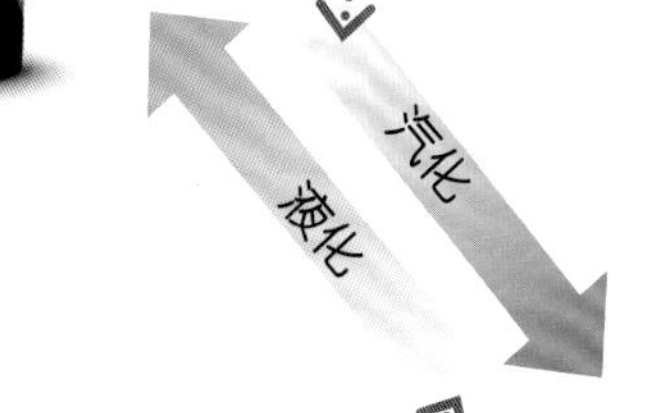

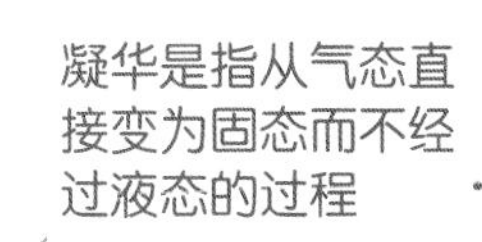
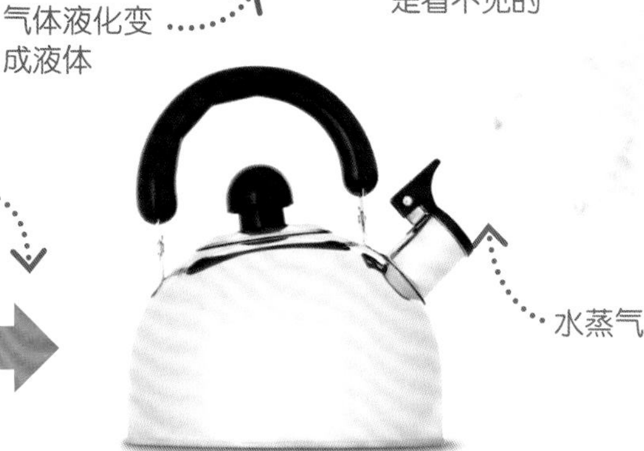
液态
液体汽化（沸腾或蒸发）变成气体
固体熔化变成液体
熔化
凝固
汽化
液化
煮沸的水从水壶嘴喷出的水雾是水蒸气遇冷液化成的液态小水滴，水蒸气是看不见的
液体凝固变成固体
气体液化变成液体
凝华是指从气态直接变为固态而不经过液态的过程
凝华
升华
水蒸气
升华是指从固态直接变为气态而不经过液态的过程
固态
气态

云和水蒸气

水蒸气是一种无色透明的气体。我们通常看到的白色雾状水汽并不是真的水蒸气，而是由许多悬浮在空气中的微小水滴组成的液态水滴。

1 沸水壶中冒出的水蒸气是看不见的，我们看见的是其遇冷液化形成的液态小水滴。

2 云是由水滴或微小的冰晶构成的。

3 人类或动物在寒冷天气里呼出的白雾是带着丰富水汽的气体遇冷凝结形成的可见雾气。

分子运动

流体（液体和气体）中的分子都在永不停息地做无规则运动，它们会逐渐从高浓度区域移动到低浓度区域，这一过程称为扩散。分子运动也会引起布朗运动——浮在空气或水中的小颗粒（如尘埃颗粒）的无规则运动。

要点

- ✓ 流体（液体和气体）中的分子都在永不停息地做无规则运动。
- ✓ 分子运动使不同的流体通过扩散混合。
- ✓ 物质分子总是从高浓度区域向低浓度区域扩散。

扩散

扩散可以使不同种类的液体或气体逐渐混合在一起。想象一下，向空气中喷香水，微风会迅速传播气味，即使在静止的空气中，气味也会传播。这是因为流体中的分子一直在运动，物质分子会从浓度较高的地方扩散到浓度较低的地方。

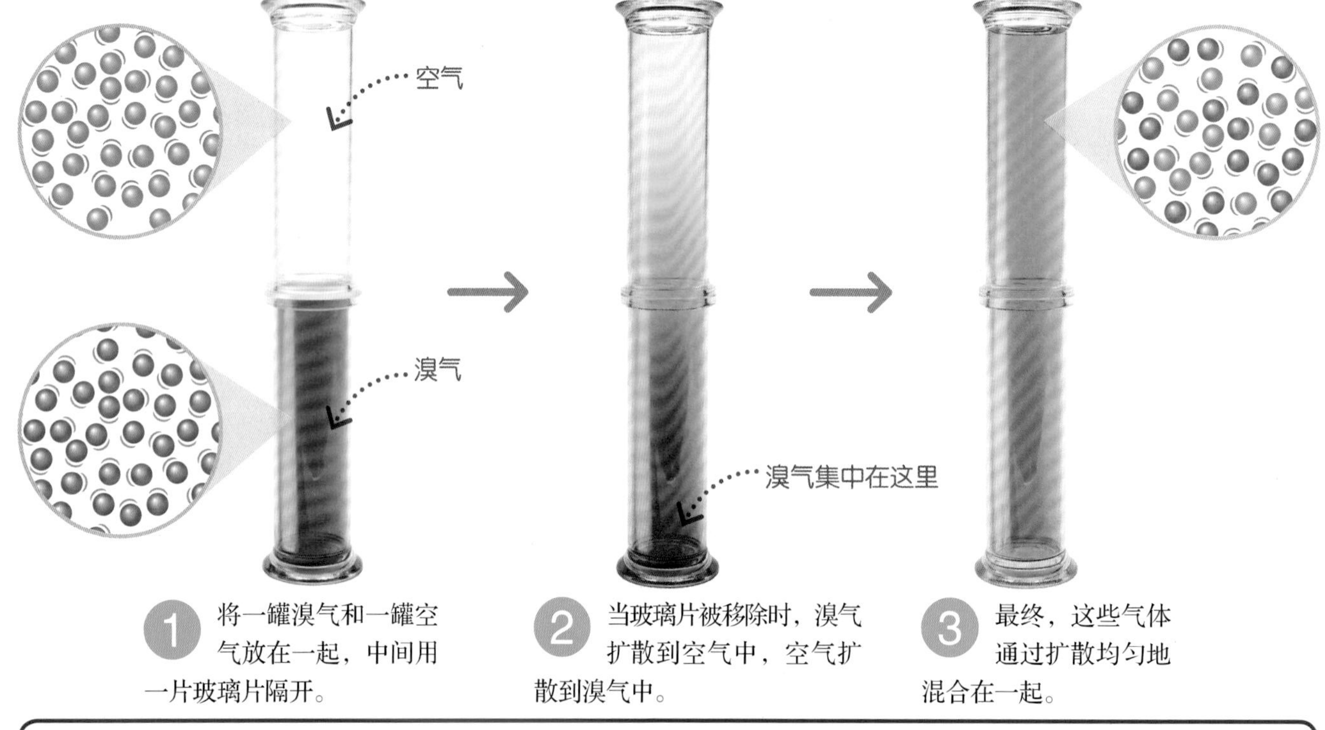

1 将一罐溴气和一罐空气放在一起，中间用一片玻璃片隔开。

2 当玻璃片被移除时，溴气扩散到空气中，空气扩散到溴气中。

3 最终，这些气体通过扩散均匀地混合在一起。

布朗运动

灰尘在光束中飞舞是由气流引起的，但灰尘在静止的空气中也会做无规则运动。这种现象被称为布朗运动，它是以科学家罗伯特·布朗的名字命名的。他于1827年对该现象进行研究，但直到1905年，爱因斯坦才指出：灰尘不断被快速移动的空气分子撞击，使其做无规则运动。

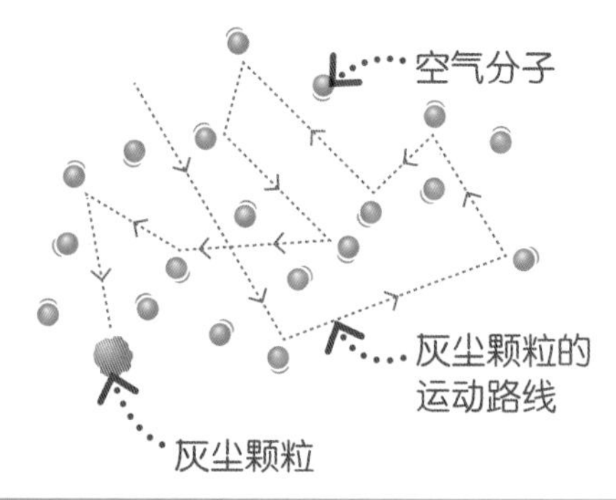

热膨胀

分子的运动与温度有关。当物质被加热时，分子运动加速，使该物质占据更多的空间，从而使体积膨胀。

膨胀的固体

与无规则运动的气体和液体分子不同，固体分子的位置是固定的。然而它们并非静止不动，而是不断振动（来回移动）的。当固体被加热时，分子振动得更快、更远，从而使固体膨胀。

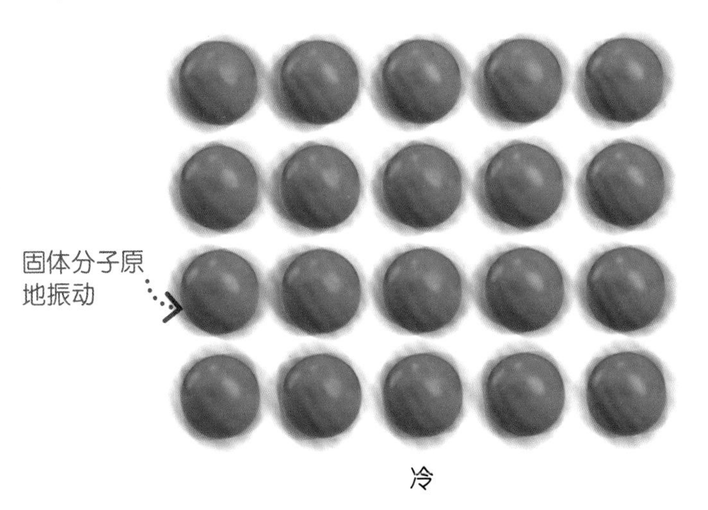
固体分子原地振动
冷

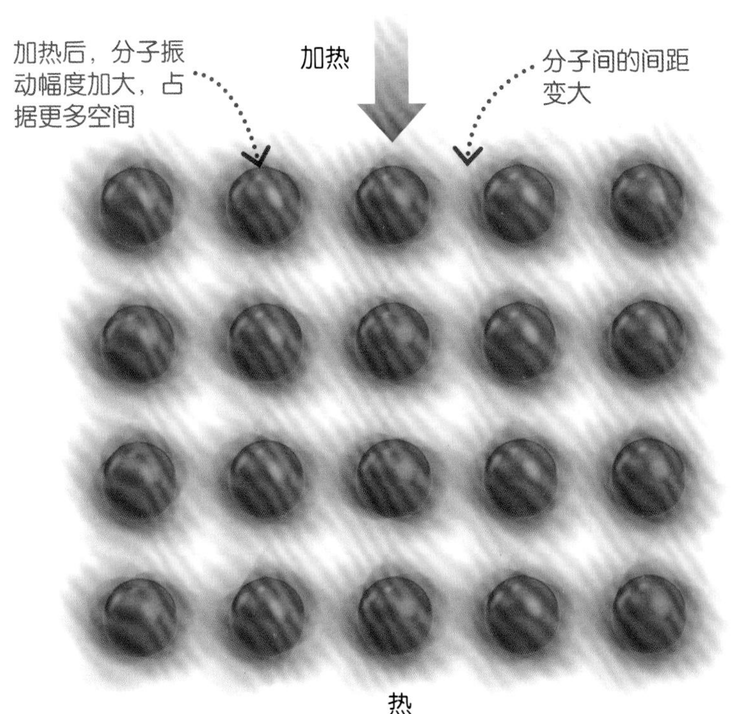
加热后，分子振动幅度加大，占据更多空间
加热
分子间的间距变大
热

要点

- ✓ 固体分子一直在原地振动，流体分子可以在周围区域移动。
- ✓ 当物体受热时，分子振动或移动得更快。
- ✓ 物体受热时膨胀，遇冷时收缩。

热膨胀

物体因温度变化而发生的膨胀现象称为热膨胀。热膨胀有时很有用，但有时也会造成麻烦。

1. 热气球使用燃烧器加热气球内的空气。空气受热膨胀，使其密度低于外界空气的密度，从而使气球上升。

2. 温度计利用液体的热膨胀来测量温度。当玻璃泡内部液体受热时，它会膨胀上升至温度计内的细玻璃管内。

3. 伸缩缝可满足桥梁在炎热天气下稍微膨胀、在寒冷天气下收缩的变化需求。如果没有这些活动接头，膨胀和收缩引起的力可能会导致桥体结构弯曲，甚至断裂。

密度

我们通常会说“金属比木头重”，但这并不总是正确的。因为物体的质量取决于它的大小，以及由什么材料制成。密度是物质的一种特性，表示单位体积的物体的质量。

要点

- ✓ 密度是单位体积的物质的质量。
- ✓ 物体的密度取决于其中单个分子的质量，以及分子排列的紧密程度。
- ✓ 物体受热膨胀，密度减小。

密度和分子

一块砖和一块海绵的体积差不多，但砖的质量要大得多，因为它的密度比海绵的密度大。一块砖的质量比一块海绵的质量大，其内的气体所占空间更少，而且砖是由原子质量更大的元素组成的。

砖更重，因为它的密度更大

海绵的质量较小，但体积与砖相似，所以它的密度较小

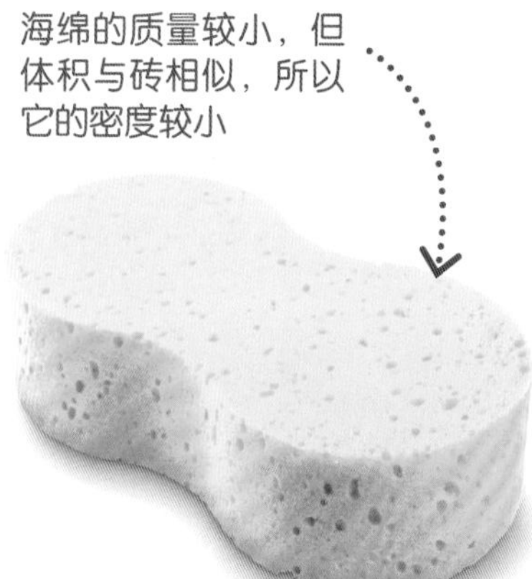

物质的密度和状态

当物质被加热，但质量保持不变时，它会膨胀，体积增大，密度减小。物态变化（如熔化或蒸发）也会影响物体的密度，这是因为当一种物质熔化成液体或蒸发成气体时，分子通常变得没有之前那么紧密。

1 固体分子排列紧密，因此通常情况下固体密度大于液体或气体密度。

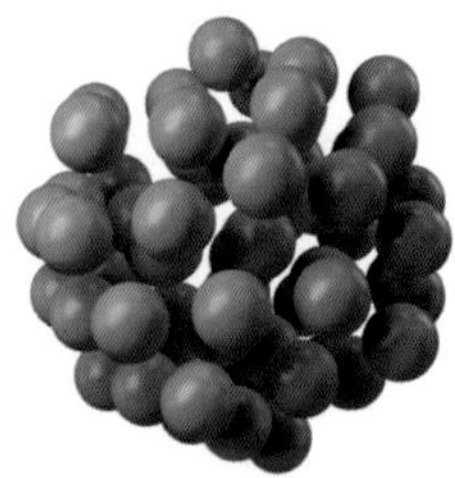

2 液体分子间距比固体分子间距大，因此通常情况下液体密度小于固体密度。

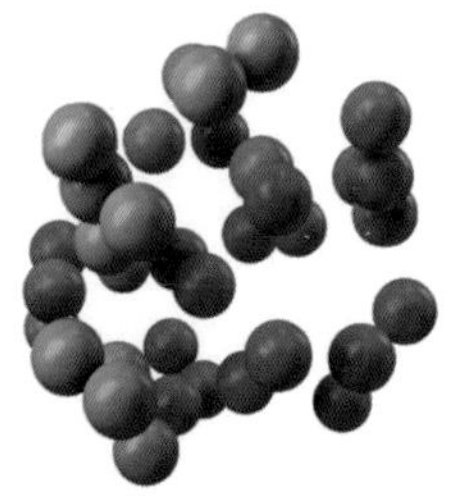

3 气体分子间距最大，因此密度最小。

水和冰的密度

大多数物质冻结时，分子会集聚得更紧密，这意味着它们在固态时的密度比液态时的大。但水不同，当水结成冰时，分子以更分散的方式连接，使冰的密度小于水的密度。这就是冰块漂浮在水中、冰山漂浮在海面上的原因。

测量物体的密度

要点

- ✓ 物体的密度等于质量除以体积。
- ✓ 测量物体的密度，首先需要测量其体积。
- ✓ 排水法可用于测量不规则物体的体积。

物体的密度等于物体的质量除以物体的体积。要计算某种物体的密度，首先需要测量其体积，这对于液体来说很容易。但对于固体来说，根据测量对象的形状是不规则的还是规则的，有两种不同的测量体积的方法。

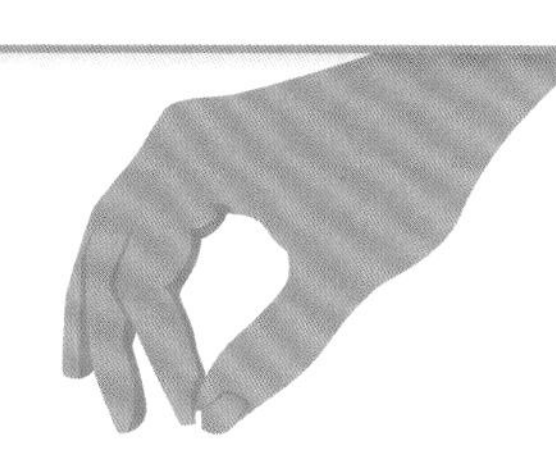

排水法

要测量不规则物体的密度，可使用特殊的容器溢水杯。先向溢水杯中加水，使水位刚好位于溢水口下方，然后将不规则物体放入水中。物体的体积等于排出的水的体积。再将物体放在天平上测量质量。最后使用下面的公式计算密度。

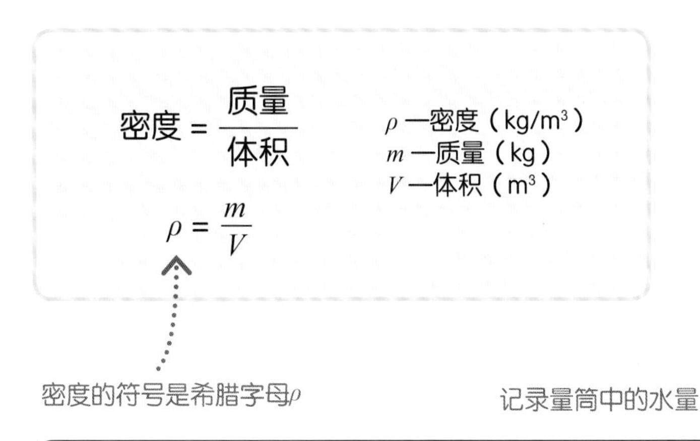

$$\text{密度} = \frac{\text{质量}}{\text{体积}}$$
ρ 一密度（kg/m^3）
m 一质量（kg）
V 一体积（m^3）
$$\rho = \frac{m}{V}$$
密度的符号是希腊字母ρ

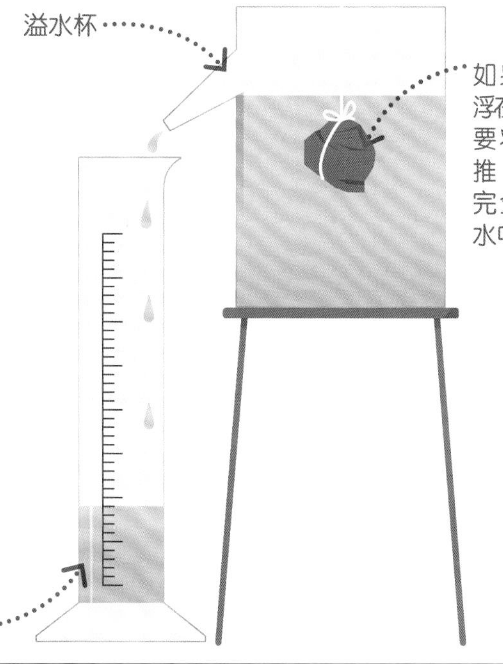

规则物体的密度

要计算规则物体的密度，首先，需要计算其体积，可通过测量立方体、矩形、棱柱的尺寸，并使用公式：体积=长度×宽度×高度，计算立方体、矩形、棱柱的体积；其次，用天平测量物体的质量；最后，用密度公式算出物体的密度。

问题：铁的密度为8 000kg/m³，一个边长为5m的铁立方体的质量是多少？

解：1. 计算立方体的体积。

$V = 5 \times 5 \times 5 = 125\ (m^3)$

2. 用密度公式算出质量。

$m = \rho V = 8\,000 \times 125$

$= 1\,000\,000\ (kg)$

内能

物体中的分子总是在做无规则运动，要么原地振动（固体分子），要么在周围移动（液体、气体分子）。当物体受热时，物体内的分子获得动能，并运动得更快。物体中所有粒子的动能和势能的总和，叫作物体的内能。

要点

- 加热将能量转化为物质分子的动能，使它们运动得更快。
- 物体的内能是所有分子的动能和势能之和。
- 物体的温度和内能是不同的。
- 物体的温度是衡量其分子平均动能的一种指标。

内能和温度

物体的内能与其温度不同。温度是衡量分子平均动能的物理量，分子运动速度越快，温度越高，但温度不是物体总内能的衡量指标。即使一个大物体的温度较低，它也可能比一个小物体储存更多的内能。

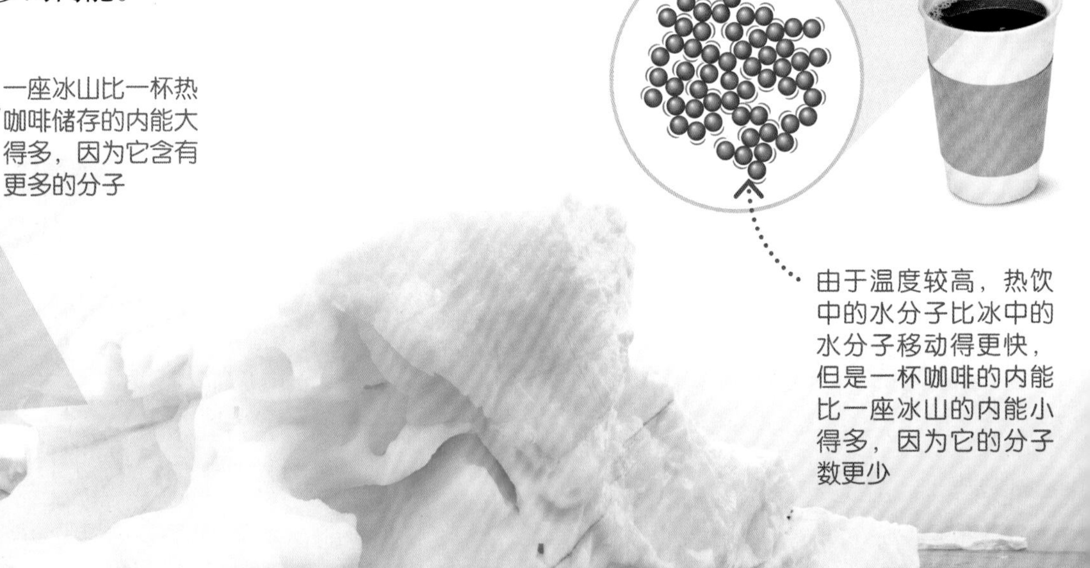
一座冰山比一杯热咖啡储存的内能大得多，因为它含有更多的分子
由于温度较高，热饮中的水分子比冰中的水分子移动得更快，但是一杯咖啡的内能比一座冰山的内能小得多，因为它的分子数更少

蒸发制冷

为什么湿毛巾让人感觉凉爽？水中的分子总是在运动，但每个分子的运动速度不同，有些分子运动得比其他分子快得多。当水蒸发时，有些水分子会从水中逃逸，这些逃逸的分子往往就是运动速度最快的那些，而留下的水分子的平均运动速度较低。因为温度取决于水分子的平均运动速度，所以温度下降，毛巾变冷。

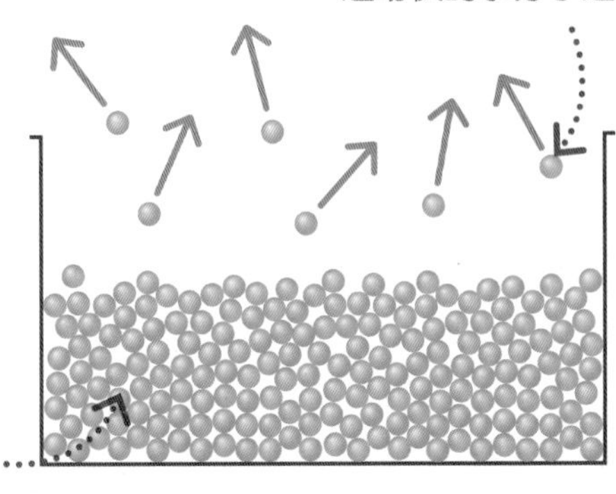
运动快的水分子逸出
运动慢的分子留下

比热容

使不同物质变热，所需的热量不同。例如，将水加热1℃所需的能量几乎是将同等质量的铁加热1℃所需能量的10倍，因此我们说水的比热容比铁大。

要点

- ✓ 质量相等的不同物质，在升高相同温度时，吸收的热量不同。
- ✓ 比热容是将1kg物质的温度升高1℃所吸收的热量，单位为J/（kg·℃）。

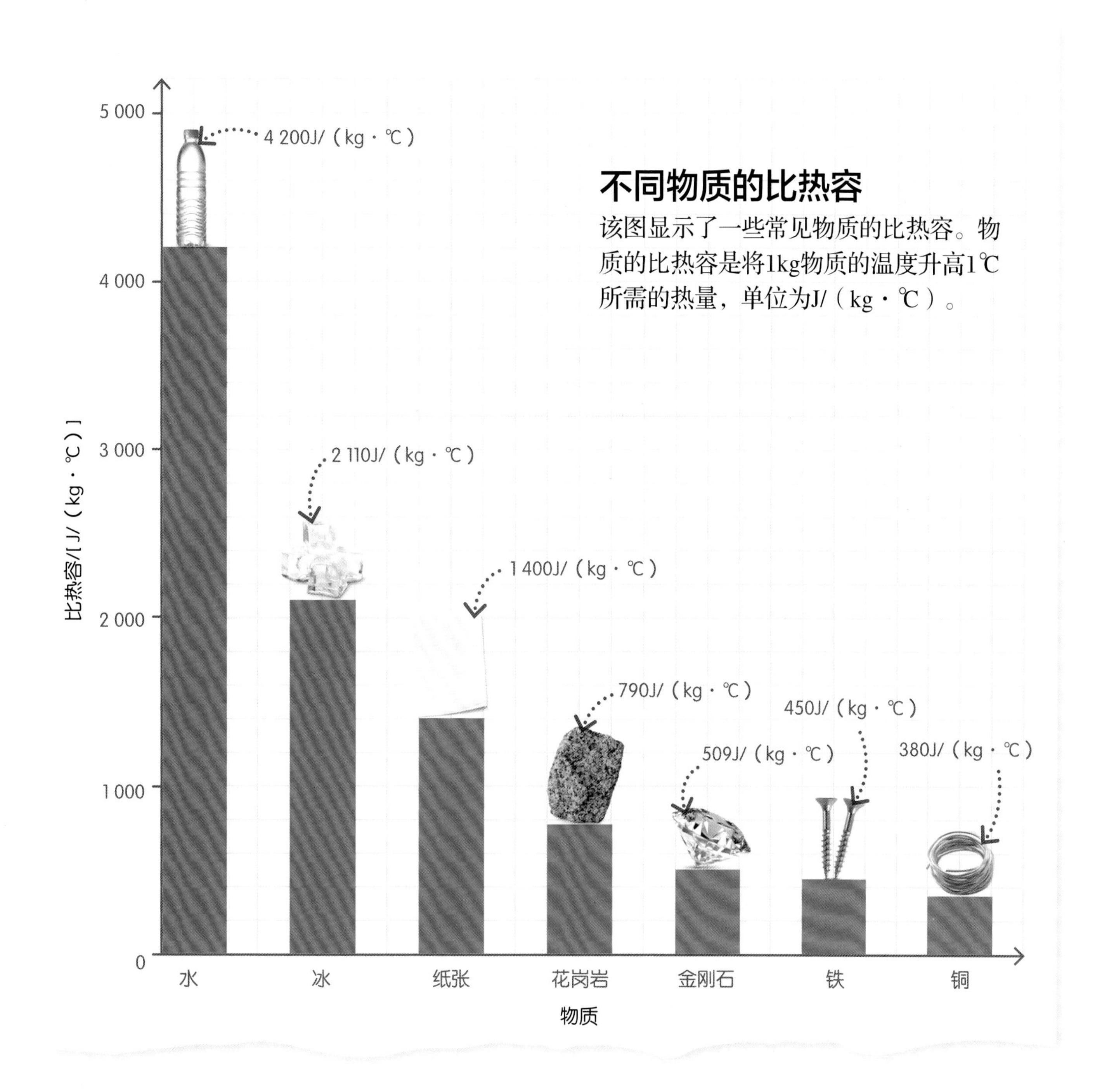

不同物质的比热容

该图显示了一些常见物质的比热容。物质的比热容是将1kg物质的温度升高1℃所需的热量，单位为J/（kg·℃）。

比热容公式

下面的公式显示了如何使用物质的比热容来计算使其温度升高（或降低）所需要的热量。

吸收（或放出）的热量 = 质量 × 比热容 × 温度变化量

$$\Delta E = m\,c\,\Delta T$$

ΔE —能量变化量（J）
m —质量（kg）
c —比热容[J/（kg · ℃）]
ΔT —温度变化量（℃）

Δ是希腊字母，表示数量的变化

计算温度变化

问题：这个杯子能装300g（0.3kg）的茶水。如果用来泡茶的自来水是7℃，水的比热容是4 200J/（kg · ℃），那么将水加热到沸腾需要多少能量？

解：首先，计算温度的变化量（ΔT）：

$\Delta T = 100 - 7 = 93$（℃）

其次，计算水的内能存储量的变化（ΔE）：

$\Delta E = m\,c\,\Delta T$

$= 0.3 \times 4\,200 \times 93$

$= 117\,180$（J）

$= 117.18$（kJ）

海风

如果你住在海岸附近，可能已经注意到：晴天时，风经常从海上吹来。这是因为陆地的比热容小于海洋的比热容。在太阳照耀的白天，与海洋相比，陆地变暖所需的热量更少，因此陆地升温更快，并使其上方的空气变热。陆地上较热的空气在对流中上升（见第40页），海洋上方较冷的空气便会吹向陆地。

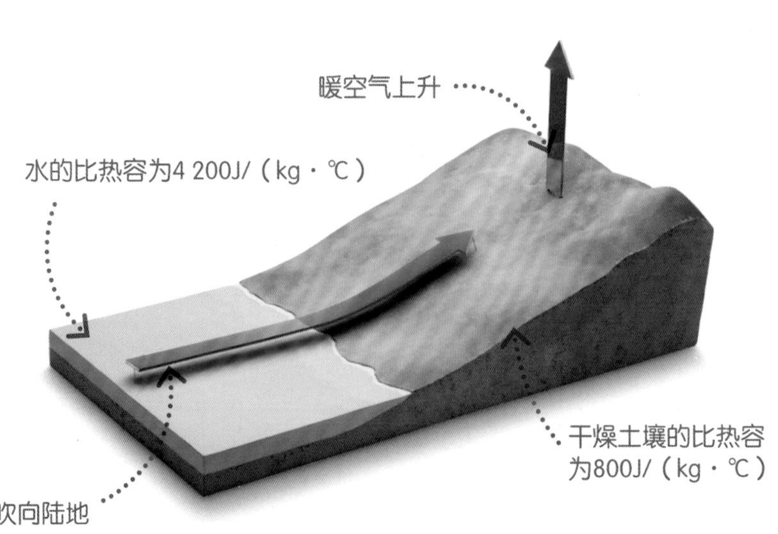
暖空气上升
水的比热容为4 200J/（kg · ℃）
干燥土壤的比热容为800J/（kg · ℃）
风从海洋吹向陆地

测量比热容

通过测量已知质量的物质加热到一定温度所需的热量，可以得到物质的比热容。结果是否准确，取决于实验过程中散失到周围环境的能量的多少。

要点

- ✓ 比热容是通过测量已知质量的物质升高一定温度所需的能量来确定的。
- ✓ 设备必须进行隔热保护，以减少热量的散失。

铝的比热容

本实验显示了如何测量1kg铝制圆柱的比热容，你可以使用此方法来测量不同质量或不同种类的金属的比热容。实验使用电加热器加热金属，使用焦耳计测量所用的电能。实验操作和结果见下页。

需要在教师
指导下完成

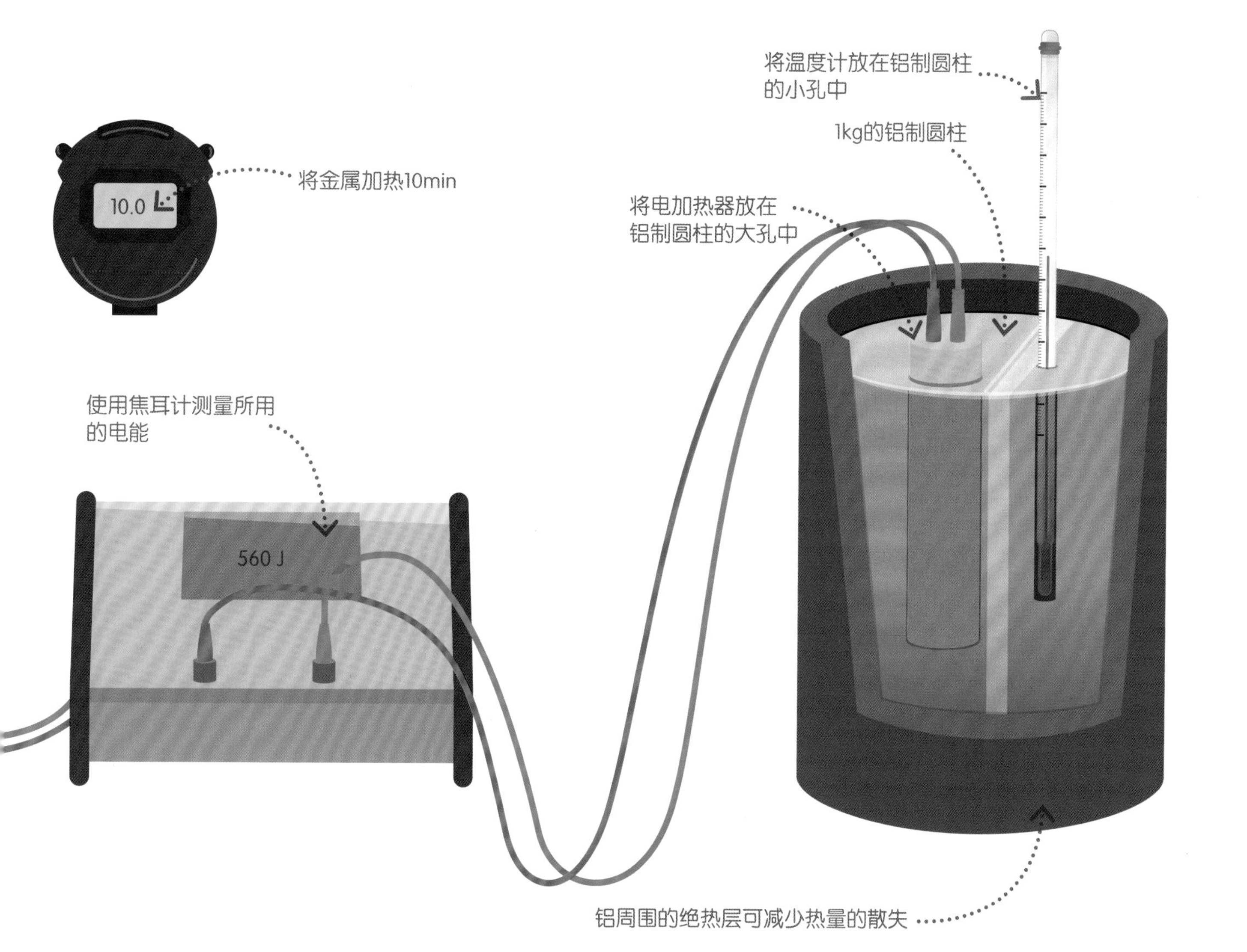
将温度计放在铝制圆柱的小孔中
1kg的铝制圆柱
将金属加热10min
10.0
将电加热器放在铝制圆柱的大孔中
使用焦耳计测量所用的电能
560 J
铝周围的绝热层可减少热量的散失

实验操作

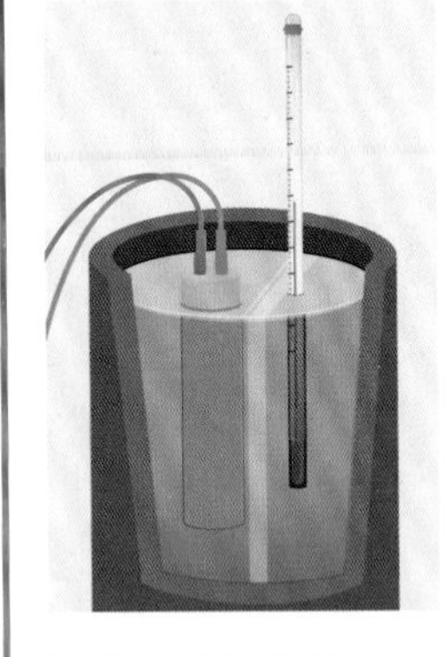

1 在铝制圆柱上钻两个孔。将电加热器放在大孔中，温度计放在小孔中。往放温度计的小孔中倒一点油，可以更好地将热量从金属传导到温度计。

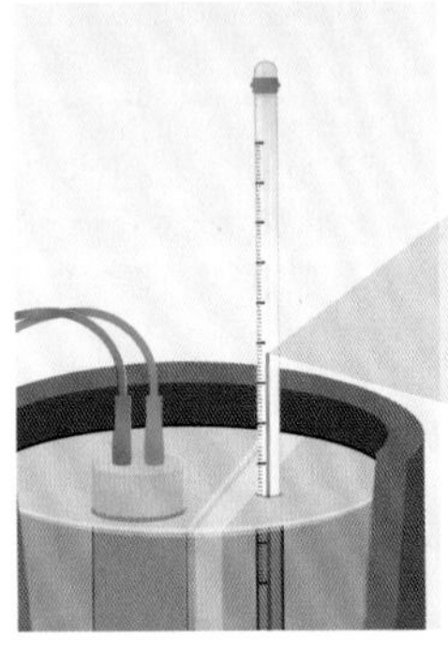

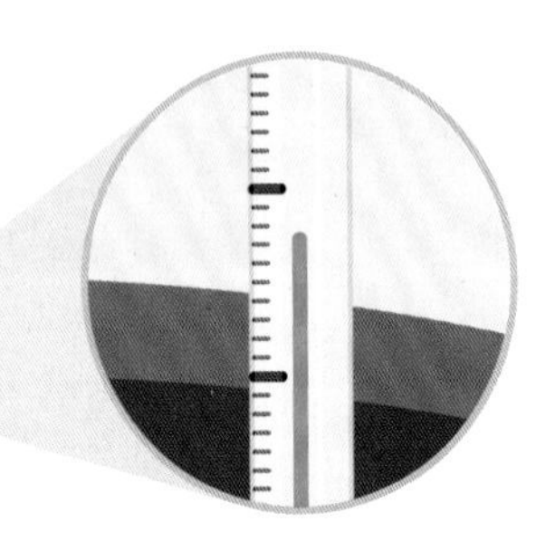

2 记录铝的起始温度。

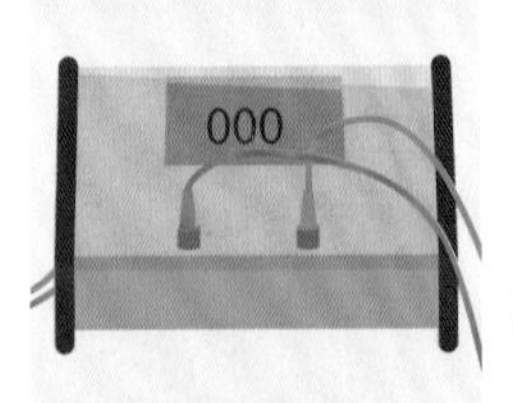

3 将焦耳计归零，然后打开电加热器。

4 10min后，关闭电加热器。

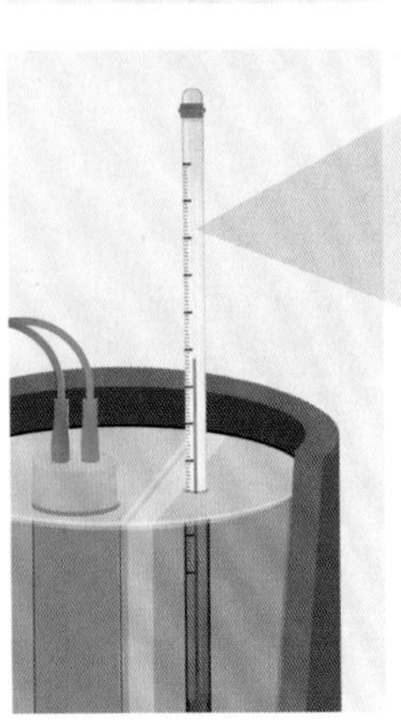

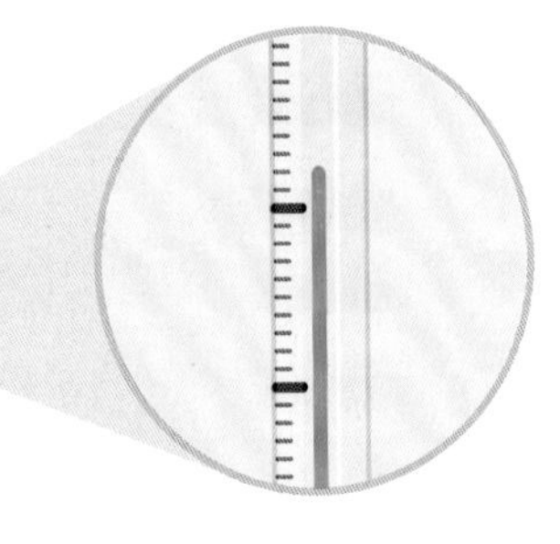

5 温度将在短时间内持续升高，记录所到达的最高温度。

结果

1 将结果记录在下表中。

铝的质量	1kg
起始温度	18°C
最高温度	42°C
能量消耗	22313J

2 计算温度变化：$\Delta T = 42 - 18 = 24$（℃）

3 使用第212页的公式计算比热容。

$$\Delta E = mc\,\Delta T$$

$$c = \frac{\Delta E}{m\,\Delta T} = \frac{22\,313}{1 \times 24}$$

$$\approx 930\ [\mathrm{J/(kg \cdot ℃)}]$$

结果分析

将测量结果与铝的真实比热容897J/（kg·℃）进行比较，可以检验测量结果的准确性。在实验过程中，一些能量会散失到周围环境中，因此在计算中使用的能量值可能高于铝块实际获得的能量值，从而导致测量到的铝的比热容大于真实值。在金属块的顶部放置绝缘层（需预留电加热器和温度计穿过的孔）可以提高实验的准确性。

加热曲线

加热将能量传递给物质，通常会使物质温度升高。但是，当固体熔化或液体沸腾时，它们会在不改变温度的情况下吸收能量。本实验研究当加热冰使其熔化时会发生什么，结果用加热曲线图来表示。

实验操作

1. 在大试管中加一半的冰，然后插入一支温度计，记录冰的温度。
2. 将大试管放入装有热水的烧杯中，使用本生灯对烧杯进行加热。
3. 每分钟记录一次冰的温度，记录温度达到0℃、冰开始熔化的时间。
4. 记下冰完全熔化的时间；再继续观察3min，记录温度变化。

加热冰

将温度计放在装有碎冰的大试管中，然后将试管放置在装有热水的烧杯中。定时记录温度，直到所有冰熔化。

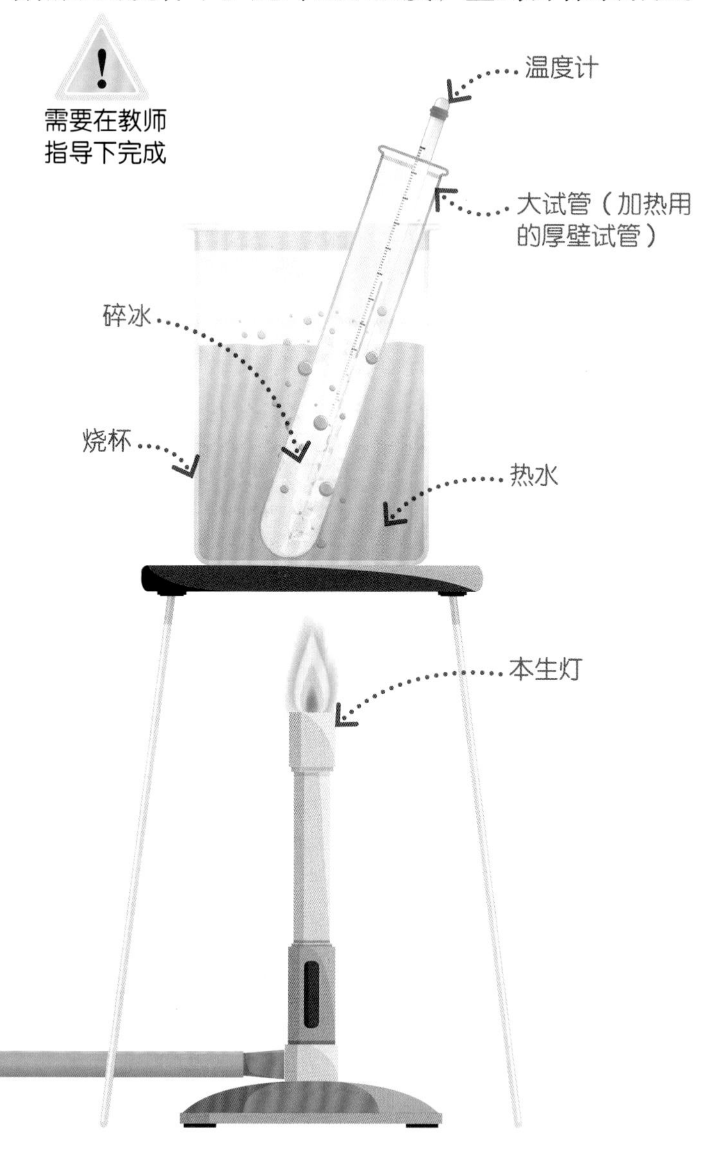

结果

利用测得的数据绘制温度（纵轴）与时间（横轴）的折线图。当将装有碎冰的试管放入装有热水的烧杯中时，温度开始上升，所以折线图的第一部分是一个向上的斜坡。当温度达到0℃时，冰开始熔化，即使热量仍在不断地从热水中传递过来，温度仍保持不变。这种被称为潜热的能量用于熔化冰，而不是升高温度，因此，折线图的中间部分是平的。待冰全部熔化后，温度再次升高。

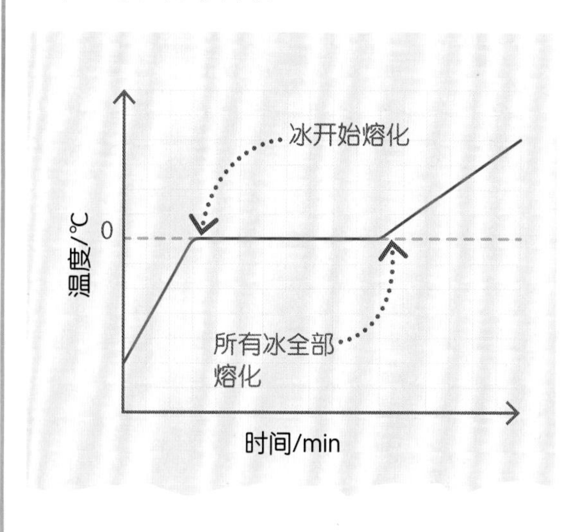

温度与物态变化

物质状态在等温等压的情况下发生变化时，吸收或释放的热量称为潜热。

要点

- ✓ 当物质被加热时，其温度在熔化或汽化的过程中保持不变。
- ✓ 当物质被冷却时，其温度在液化或凝固的过程中保持不变。
- ✓ 物质状态（物态）在等温等压的情况下发生变化时，吸收或释放的热量称为潜热。
- ✓ 在任何温度下，蒸发都可在液体表面发生。

加热曲线和冷却曲线

下图显示了温度如何随着物质状态的变化而变化。当物质熔化或汽化时，加热提供的能量用于克服分子之间的作用力，因此温度保持不变，从而在折线图上形成一个平坦的部分。当气体液化或液体凝固时，分子键重新聚合、释放能量，从而保持温度恒定。

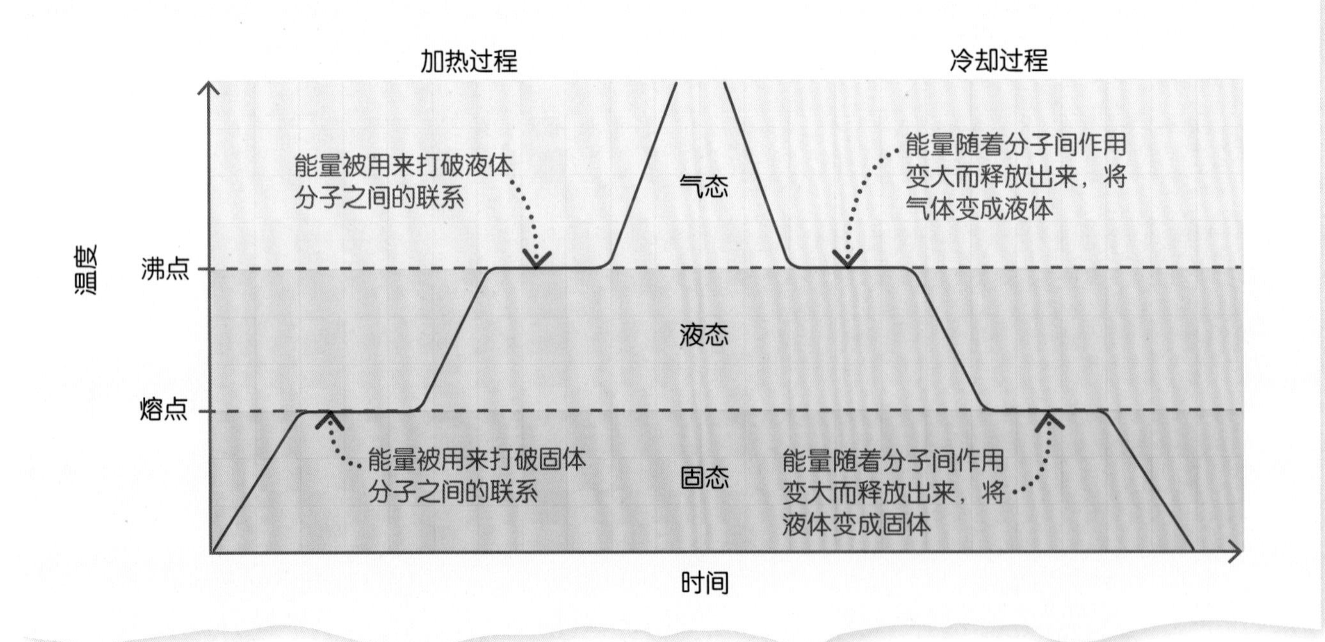

蒸发和沸腾

在任何温度下，蒸发都可在液体表面发生。例如，即使水坑里的水温从未达到沸点，水坑在长久暴晒下也会干涸。沸腾只是在一定温度下发生的，此时在液体内部产生大量的气泡，不断上升、变大，最后在水面破裂开。

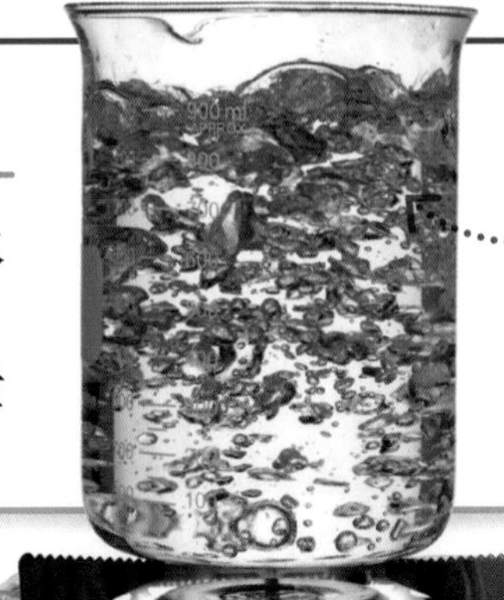

计算潜热

熔化热是在等温等压的情况下，固体变为液体所吸收的热量；汽化热是在等温等压的情况下，液体变为气体所吸收的热量。当相反的情况发生时，液体凝固为固体或气体液化为液体，潜热就会被释放出来。

要点

- ✓ 熔化热是在等温等压的情况下，固体变为液体所吸收的热量。
- ✓ 同种物质在温度相同的情况下，发生反向物态变化时，会释放同等数量的热量。
- ✓ 比潜热是在恒定温度下改变1kg物质的物态所需的热量，其单位为J/kg。

熔化热

可以使用以下公式计算熔化给定质量的冰（不改变温度）所需的热量。该公式使用了一个称为比潜热的值，即改变1kg物质的状态所需的热量。下面的例子是关于冰的熔化热，每种物质都有不同的熔化热和汽化热。

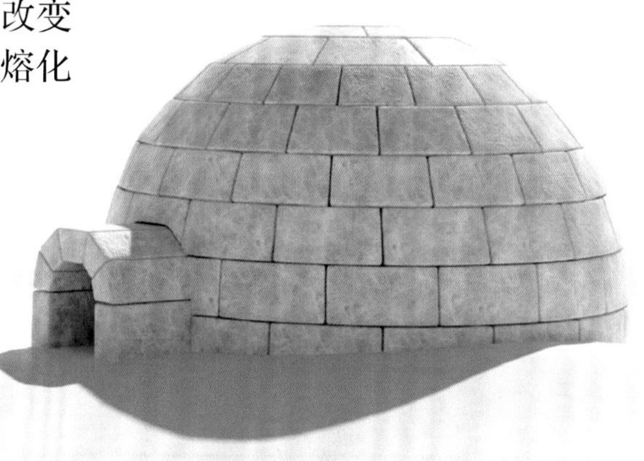

物态变化所需的热量 = 质量 × 比潜热

$$E = mL$$

E —能量（J）
m —质量（kg）
L —比潜热（J/kg）

例如，要熔化质量为750kg的冰屋：（冰的熔化比潜热）
其物态变化所需的热量 = 750 × 334 000
= 250 500 000（J）
= 250.5（MJ）

滚烫的水蒸气

当你的手靠近沸腾的壶嘴时，要当心不要烫伤自己。水蒸气液化时会释放潜热，给人造成严重的烫伤。汽化热远高于熔化热，这是因为汽化完全分离分子，将液体转化为气体，它吸收的热量要比熔化所吸收的热量多。

问题：如果1g的水蒸气冷凝，会对外释放出多少热量？水的蒸发比潜热为2 256 000J/kg。

解：将质量单位转换为千克：1g = 0.001kg
释放热量$E = mL$
= 0.001 × 2 256 000
= 2 256（J）

13

压力

表面压强

当你按压一个物体时，力可能会分散到整只手或集中在一个指尖上。压强反映的是当力作用在物体表面时，单位面积上所承受的力的大小。当力作用在物体上时，物体发生的变化取决于压强的大小。

提高压力

用指尖按压气球会将其压扁，但用针施加同样大小的力会使气球爆裂。针尖与气球的接触面积极小，因此相同的力会产生更大的压强。可以使用以下公式计算压强。压强是指物体单位面积上所受的力，以帕斯卡（Pa）为单位：1Pa表示$1m^2$的面积上受到的力是1N。

$$压强=\frac{压力}{受力面积}$$

$$p=\frac{F}{S}$$

p—压强（Pa）
F—力（N）
S—受力面积（m^2）

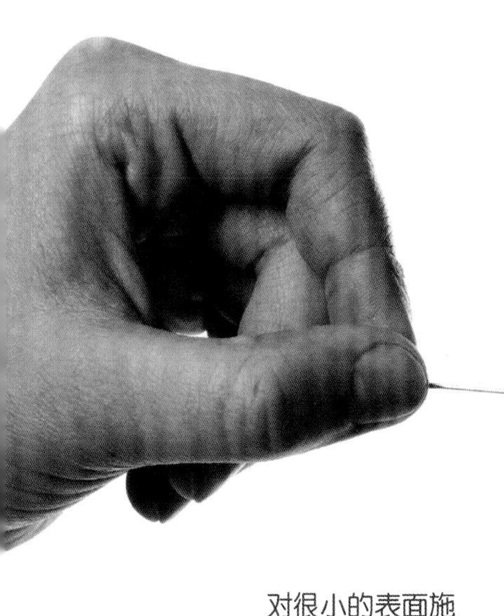

对很小的表面施加力，会产生很大的压强，并使气球爆裂

要点

- ✓ 压强是指物体单位面积上所受的力的大小。
- ✓ 力对一个表面的作用效果取决于它施加的压强。
- ✓ 帕斯卡（Pa）是压强的单位，1Pa表示$1m^2$的面积上受到的力是1N。

计算压力

问题：将一个重15N的行李箱放在床上，其接触面长0.8m、宽0.5m。它对床施加了多大的压强？

解：以平方米为单位计算接触面积。

$S=0.8\times0.5=0.4$（m^2）

用压强公式求出答案。

$$p=\frac{F}{S}=\frac{15}{0.4}=37.5\text{（Pa）}$$

大气压强

大气层是环绕地球的一层空气。大气压强（简称“大气压”或“气压”）是空气的重力对地球表面产生的压力。它在海拔最低处最大，随着海拔的升高而降低。

要点

- ✓ 大气压强是大气层中空气的重力对地球表面产生的压力。
- ✓ 大气压强随海拔的升高而降低。

大气压强的存在

在一个装满水的玻璃杯上面放一张卡片，倒置水杯，卡片在大气压强的作用下保持不动。空气分子以每小时数百到数千千米的速度不断做无规则运动，撞击物体，产生压强。虽然我们看不见也感觉不到，但大气压强一直从各个方向作用在我们身上。

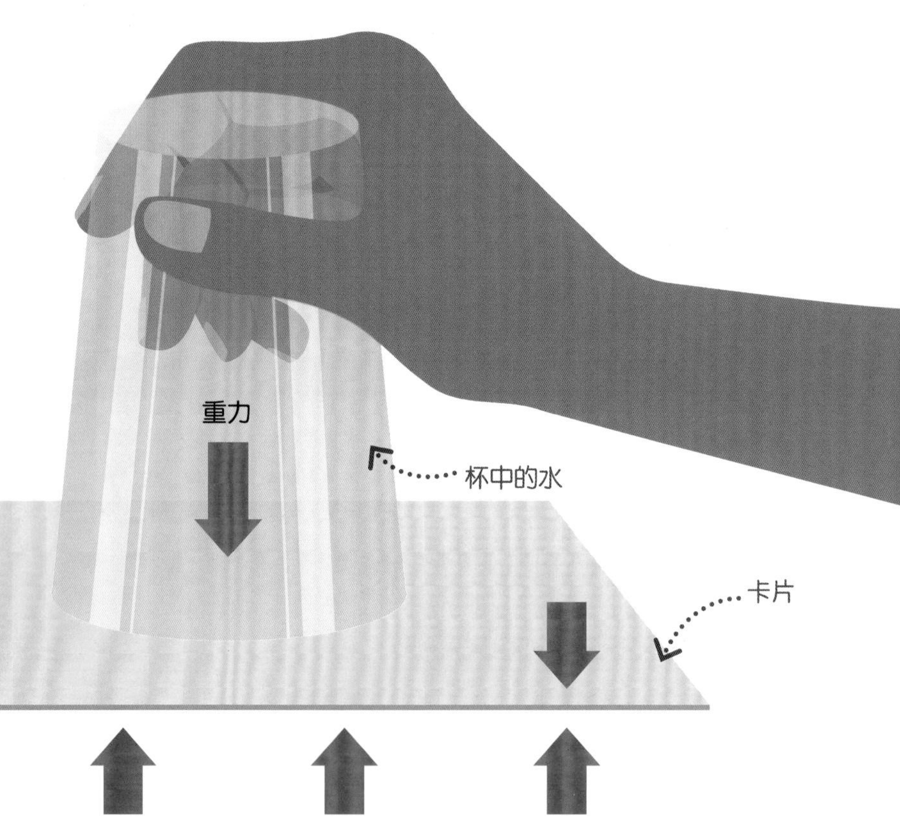
重力
杯中的水
卡片
来自大气压强的力大于水的重力
大气压强

大气压强和高度

爬山时，你爬得越高，大气压强越小，这是因为大气压强是由大气所受的重力产生的。海拔越高，空气越少，密度越小，呼吸越困难。气体与液体不同，气体是可压缩的。与高海拔地区的低气压相比，海平面上的高气压可将空气挤压为更小的体积。

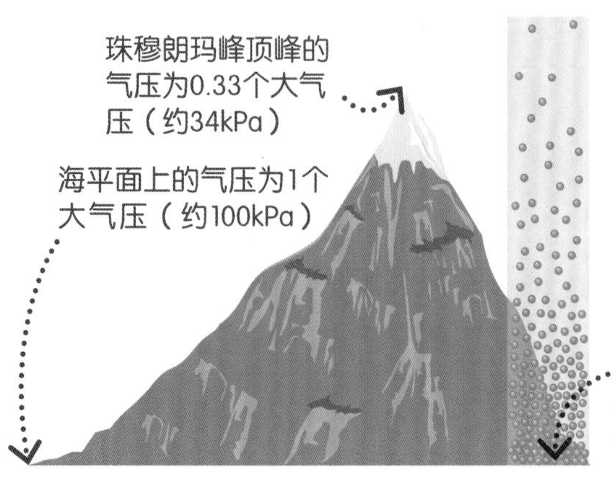
珠穆朗玛峰顶峰的气压为0.33个大气压（约34kPa）
海平面上的气压为1个大气压（约100kPa）
空气分子被挤在一起，空气密度更高

液体压强

浸在液体中的物体受到的压力是由其上方液体的重力产生的。液体压强随深度和密度的变化而变化：深度越深，密度越大，压强越大。

要点

- ✓ 液体压强随深度和密度的增大而增加。
- ✓ 水下总压强等于水产生的压强加上大气产生的压强。

海平面压强约为100 000Pa

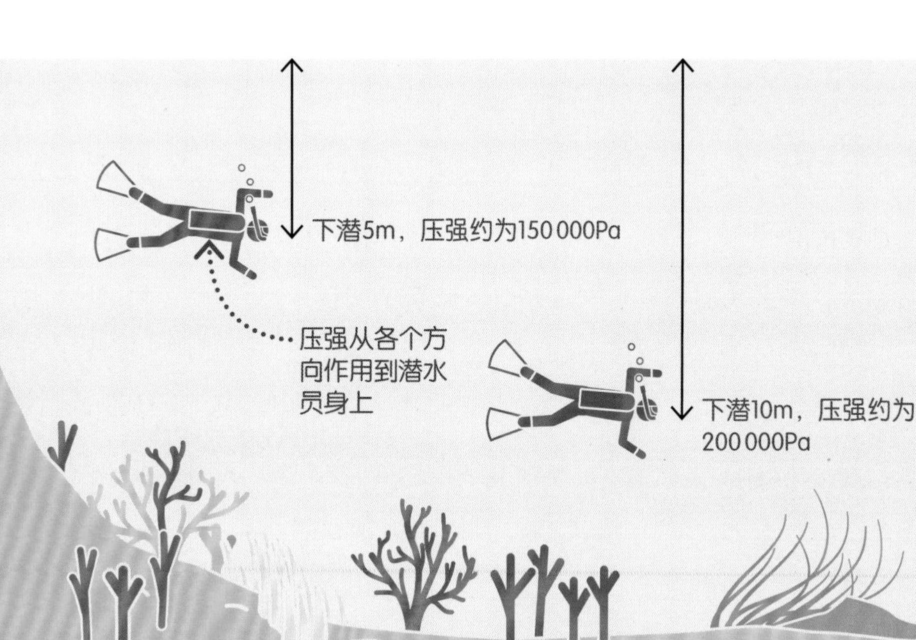
下潜5m，压强约为150 000Pa
压强从各个方向作用到潜水员身上
下潜10m，压强约为200 000Pa

1 深度和压强

潜水员下潜得越深，承受的压强越大。这是因为他们上方的水的深度增加了。与大气压强不同，液体压强与深度呈线性关系：如果潜水员潜到水下2倍的深度，他们就会感受到2倍的压强。潜水员身上的总压强等于水的压强加上大气压强。

2 压强公式

你可以用这个公式计算液体中物体受到的压强。物体上方的液体高度为h，液体密度为ρ，g为重力加速度（地球表面附近为10N/kg）。

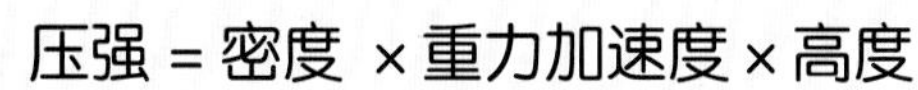

压强 = 密度 × 重力加速度 × 高度

$$p = \rho g h$$

p 一压强（Pa）
ρ 一密度（kg/m^3）
g 一重力加速度（N/kg）
h 一深度（m）

液体压强

密度的符号是希腊字母ρ

计算压强

问题：水的密度为1 000kg/m³，海平面处的大气压强为100 000Pa，计算企鹅在30m深的水下潜水捕鱼所受的总压强。

解：计算30m深的水下的压强。

$p = 1\,000 \times 10 \times 30 = 300\,000$（Pa）

加上海平面上的大气压强，得到最终答案。

总压强 = 300 000 + 100 000

= 400 000（Pa）

= 400（kPa）

漂浮与下沉

苹果会浮在水面上，草莓会下沉，而鱼和海豚可以自己控制浮沉。物体是漂浮还是下沉，取决于作用在其上的力。

要点

- ✓ 浸在液体中的物体受到的向上的力为浮力。
- ✓ 浮力等于物体排开的液体所受的重力。
- ✓ 如果物体所受的浮力大于物体的重力，就会漂浮在水中。

浮力

因为水的深度越深，压强越大，所以水下物体的底部表面承受的压强大于顶部，这种差异会产生一个整体向上的力——浮力。如果浮力大于物体的重力，物体将上浮；如果浮力小于物体的重力，物体将下沉。

苹果所受重力的方向向下

苹果受到的向上的浮力大于其重力，所以漂浮在水中

草莓所受重力的方向向下

草莓受到的向上的浮力小于其重力，所以下沉到水中

密度和浮力

物体所受的浮力等于它所排开的水的重力。如果物体的密度小于水的密度，那么物体排开的水的重量将大于物体的重量，即物体所受的浮力超过了物体的重力，它就会漂浮在水面上。反之，物体则会下沉。钢铁的密度比水的密度大，但钢铁打造的轮船能浮在水面上，是因为船内包含大量的气体空间，这些气体空间使轮船整体密度小于水的密度。

气压计与压强计

气压计和压强计是用来测量流体压强的仪器。气压计用于测量大气压强，压强计则用于测量两种气体之间的压强差。

要点

- ✓ 气压计用于测量大气压强。
- ✓ 压强计用于测量两种气体之间的压强差。

气压计

气压计有几种不同的类型。歌德晴雨表（下图）由一个半盛水的玻璃容器组成，该容器有一个长长的开放式喷嘴。当大气压强升高时，喷口中的水位下降。大气压强的变化可以用来预测天气：气压升高时，天气晴朗；气压降低时，将有风雨天气出现。

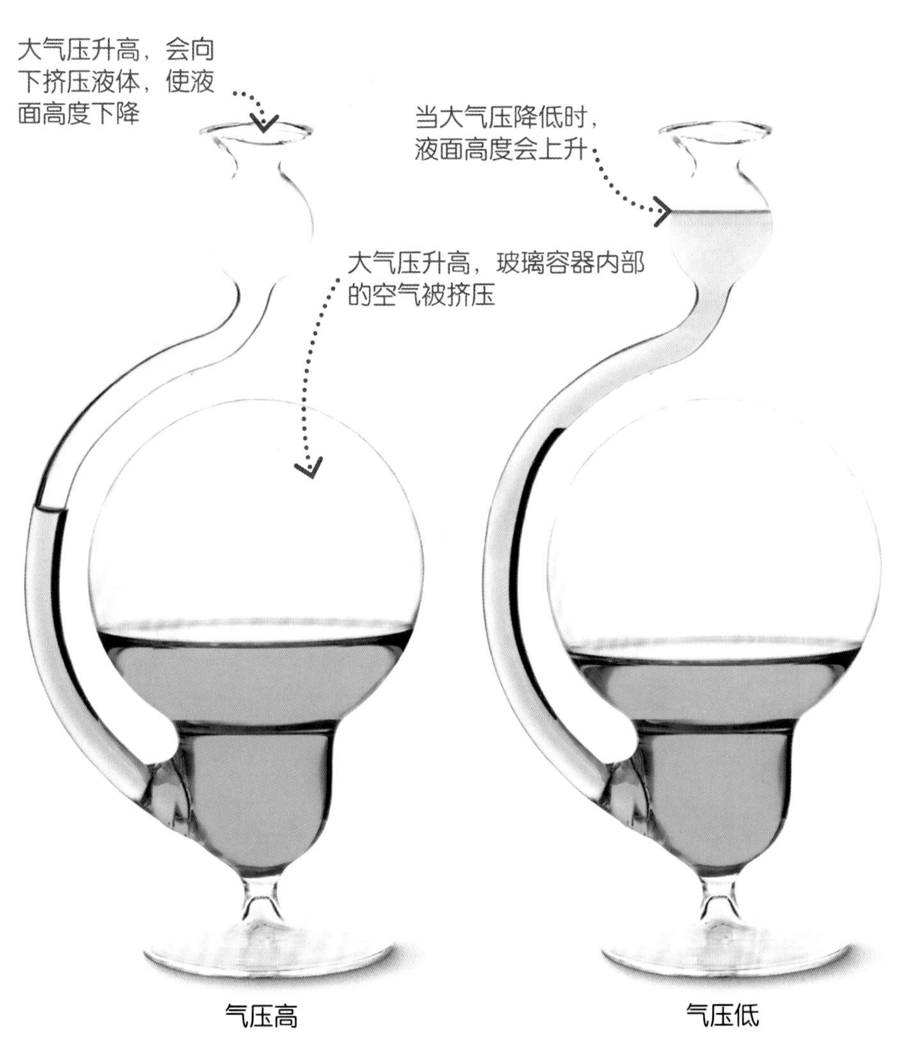
大气压升高，会向下挤压液体，使液面高度下降
当大气压降低时，液面高度会上升
大气压升高，玻璃容器内部的空气被挤压
气压高
气压低

压强计

最简单的压强计是一种内部装有部分液体的U形管。当压强计未与任何物体连接时，U形管两边液面持平。如果向U形管的一端施加气体压强，液体就会沿管流动。

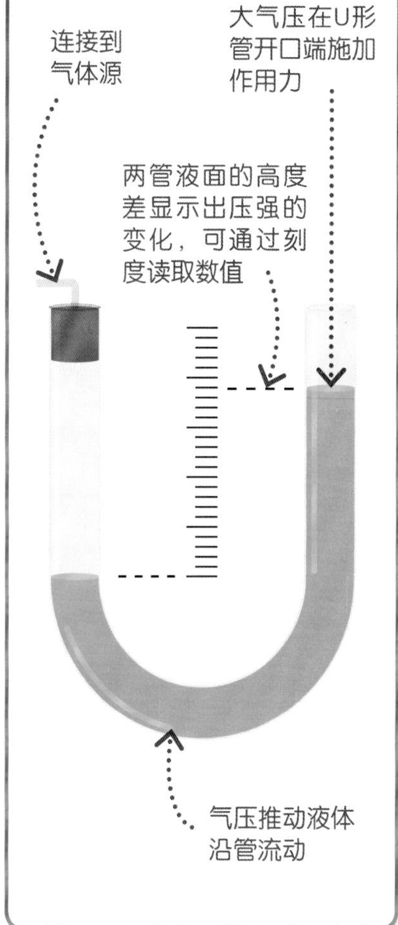
连接到气体源
大气压在U形管开口端施加作用力
两管液面的高度差显示出压强的变化，可通过刻度读取数值
气压推动液体沿管流动

气体压强

气体是由随机运动的分子组成的，它们之间相互碰撞，或与其他物体碰撞，从而产生压强。

容器内的气体

当气体被约束在容器内时，气体分子会不断地与容器壁碰撞，产生冲击，进而产生压强。容器中的气体分子越多，碰撞次数越多，压强就越大。这就是为什么当更多的空气注入自行车轮胎时，轮胎中的压强会升高。如果气体的温度升高，分子的运动速度就会加快，分子会更频繁地撞击容器壁，导致压强升高。

要点

- ✓ 气体压强是由大量气体分子对容器壁进行持续、无规则的撞击产生的。
- ✓ 随着气体温度的升高，分子的运动速度会加快，压强会增加。
- ✓ 所有分子均保持静止状态时的理论温度称为绝对零度。
- ✓ 测量温度的开尔文温标（K）从绝对零度开始。

绝对零度

物体的温度是其分子平均动能的量度。分子无规则运动得越快，分子动能越大，物体温度越高。理论上，当所有分子停止运动时，物体将会达到可能的最低温度，即绝对零度，在摄氏温标上为−273℃。绝对零度是开尔文温标的起点，开尔文温标中每变化1K等于变化1℃。

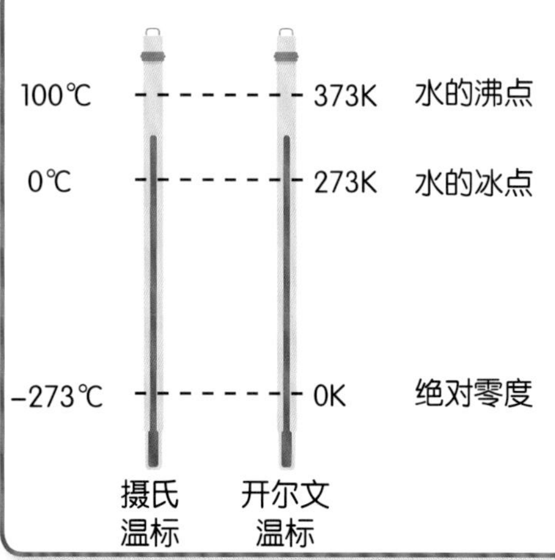

压强与体积

气体施加在容器上的压强与容器的体积有关。当温度不变时，将气体压缩成更小的体积会增大压强，让气体扩散到更大的体积则可以减小压强。

要点

- ✓ 在恒定温度下，增大气体体积，会减小其压强。
- ✓ 在恒定温度下，减小气体体积，会增大其压强。

改变体积

气体对其所在的容器施加压强，是因为气体分子不断与容器壁碰撞。压强是容器壁单位面积上受到的压力。增大容器的体积可以给气体分子更多的空间，减少容器壁单位面积上被碰撞的次数，从而减小气体压强。减小体积则会产生相反的效果，导致气体压强增大。

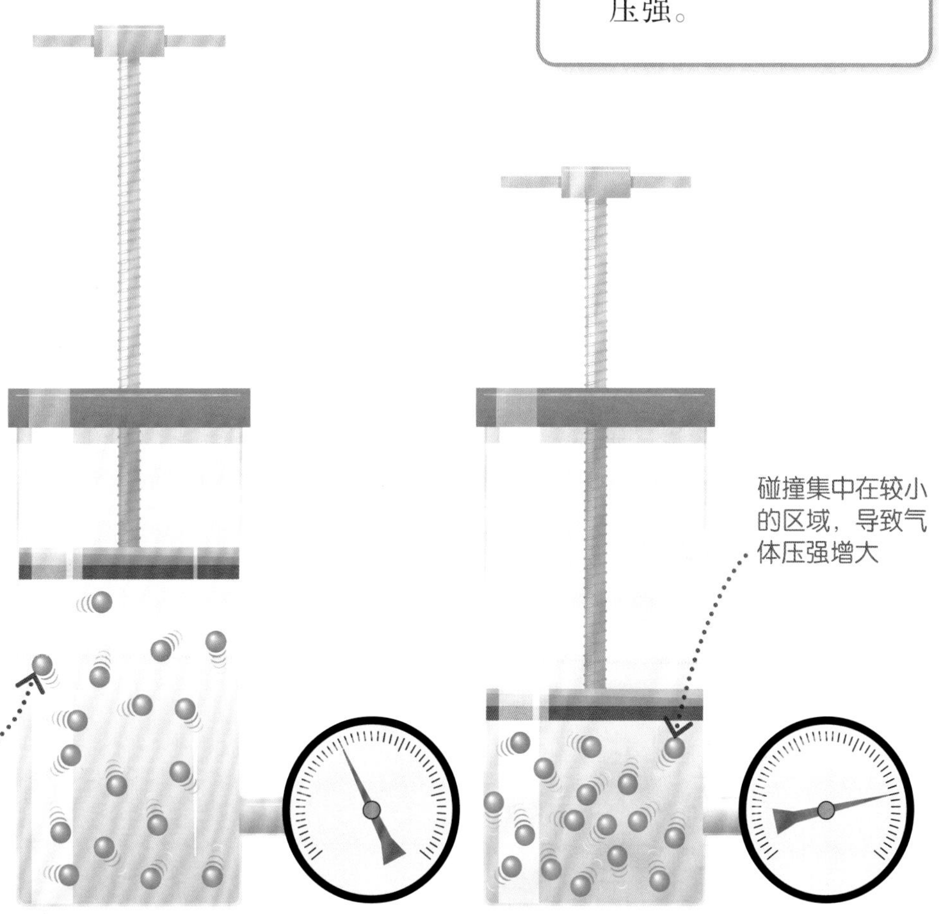
碰撞扩散到更大的区域，导致气体压强减小
碰撞集中在较小的区域，导致气体压强增大

计算压强变化

当体积增大时，压强减小；反之亦然，我们说这两个量成反比。这意味着两者相乘时，积保持不变。

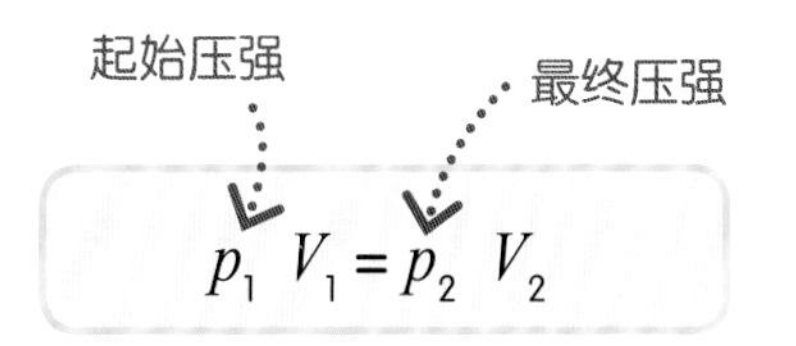
起始压强
最终压强

$$p_1V_1 = p_2V_2$$

问题：容器在100 000Pa的压强下容纳0.25m³的空气。下压活塞，将容器内的空气量压缩至0.1m³。如果温度保持不变，则新的压强是多少？

解：重排公式。

$$p_2 = \frac{p_1V_1}{V_2}$$

$$= \frac{100000 \times 0.25}{0.1}$$

$$= 250\,000\ (\text{Pa})$$

$$= 250\ (\text{kPa})$$

压强与温度

温度是分子运动平均动能的量度。当气体的温度升高时，其分子运动加速，压强增大。温度越高，压强越大；温度越低，压强越小。

要点

- ✓ 在体积不变的条件下，改变气体的温度会改变其压强。
- ✓ 加热气体会增大其压强，冷却气体会减小其压强。

加热气体

当气体被加热时，其分子获得动能，运动得更快。如果气体被约束在容器中，并保持容器体积不变，那么分子对容器壁的碰撞会更剧烈且频繁。这会导致容器壁受力增加，从而产生更大的压强。

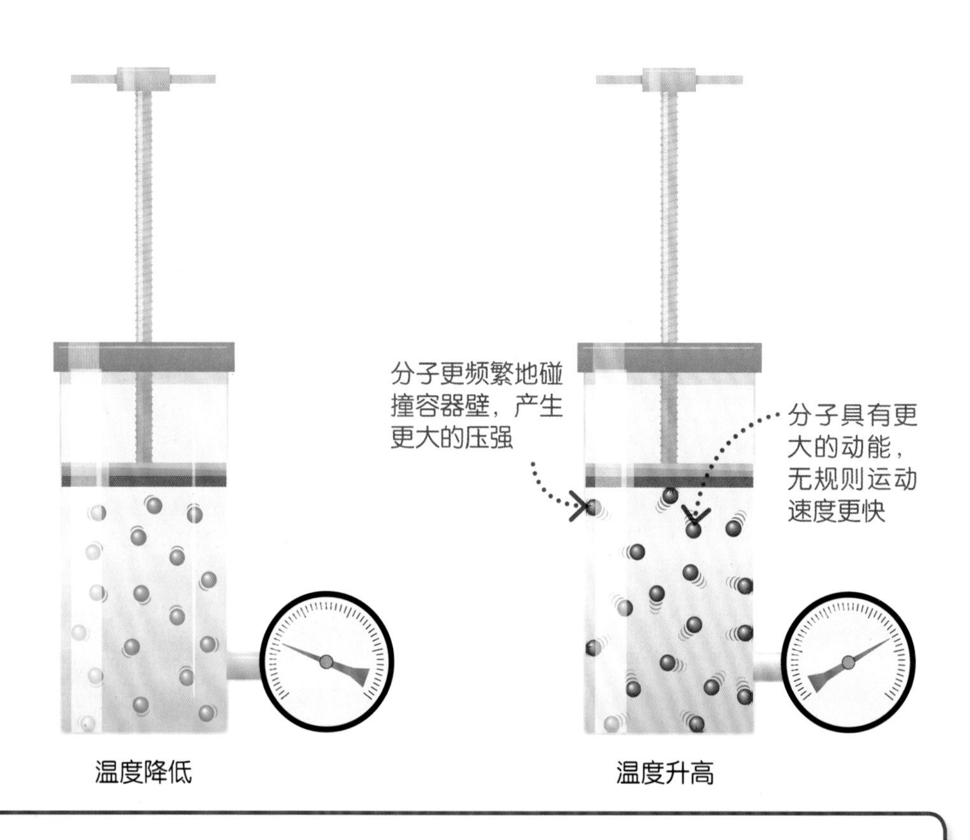
分子更频繁地碰撞容器壁，产生更大的压强
分子具有更大的动能，无规则运动速度更快
温度降低
温度升高

计算压强变化

下面的公式显示了具有固定体积的气体的温度和压强之间的关系。如果温度加倍，压强也会随之加倍（压强与温度成正比）。该公式仅在使用开尔文温标时成立。

$$\frac{p_1}{T_1} = \frac{p_2}{T_2}$$

起始压强　最终压强　用开尔文温标（K）表示的温度

问题：密封的罐子里充满了空气。在炎热的环境下，空气的温度从20℃升高到32℃。如果初始大气压强是100 000Pa，那么最终压强是多少？

解：将摄氏温度转换为开尔文温度。

20℃ = 20+273 = 293（K）

32℃ = 32+273 = 305（K）

重排公式。

$$p_2 = \frac{p_1 T_2}{T_1} = \frac{100\,000 \times 305}{293} \approx 104\,096\text{（Pa）} \approx 104\text{（kPa）}$$

做功与温度

当能量通过力的方式转化时，我们说力在做功。给自行车轮胎打气会对气体做功，增加其内能，也使其温度升高。

要点

- ✓ 对气体做功会将能量转化为气体的内能。
- ✓ 对气体做功会使其温度升高。

泵做功

当对气体做功时，气体也可以对其他物体做功。在内燃机中，封闭容器的气体受热膨胀会导致压强增大，推动活塞运动，将力传递到旋转轴（曲轴）。

燃料燃烧产生热气

气体作用于活塞，使其向下运动

活塞推动连杆，带动曲轴转动

气体做功

在物理学中，我们用“功”来表示力作用于物体时所转化的能量（见第47页）。转化的能量被称为功。当你给自行车轮胎打气时，泵对筒内空气施加一个力，并将动能传递给空气分子，使空气分子运动得更快，从而使轮胎中的空气温度升高。

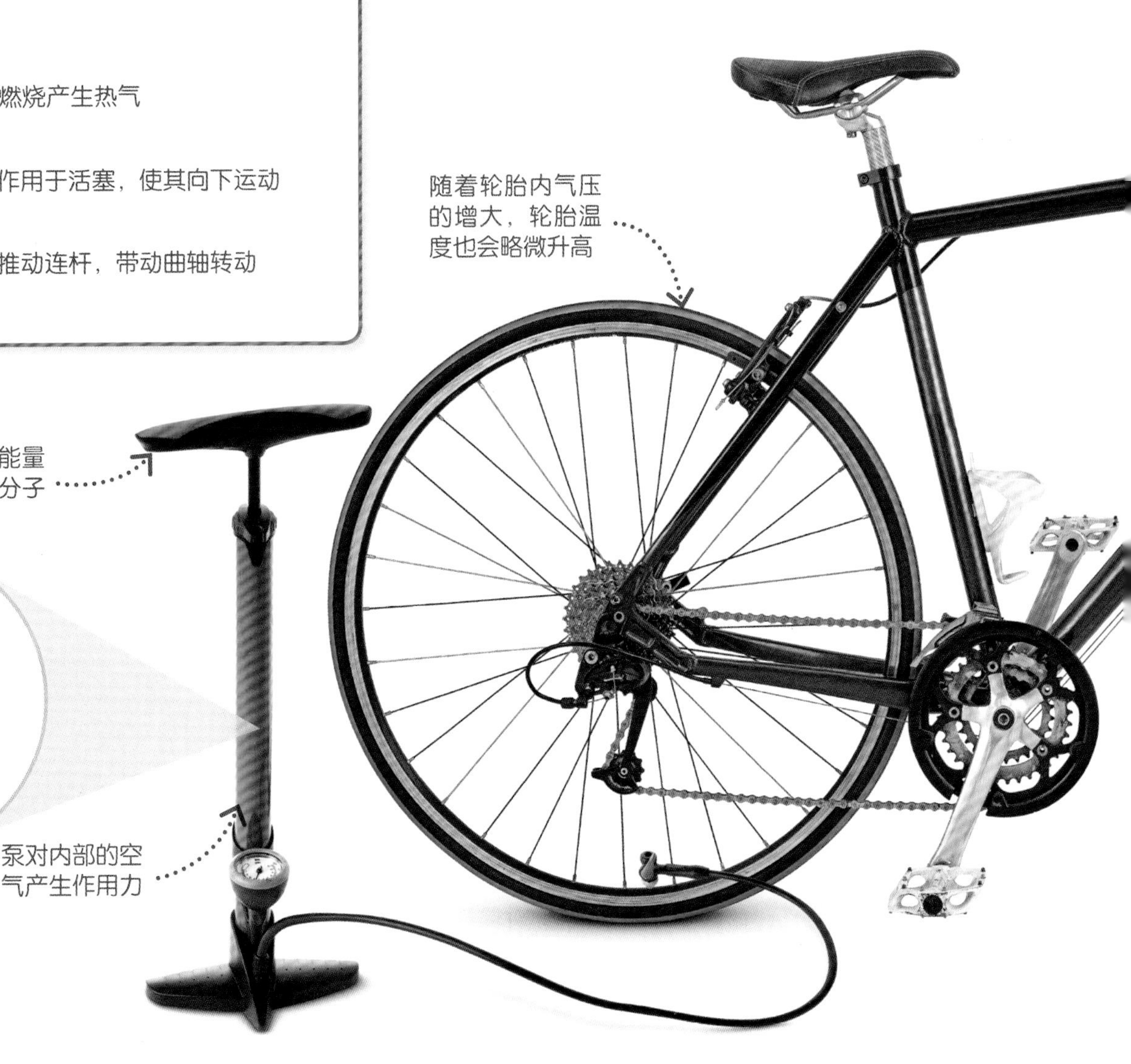
随着轮胎内气压的增大，轮胎温度也会略微升高
活塞的力将能量传递给空气分子
泵对内部的空气产生作用力

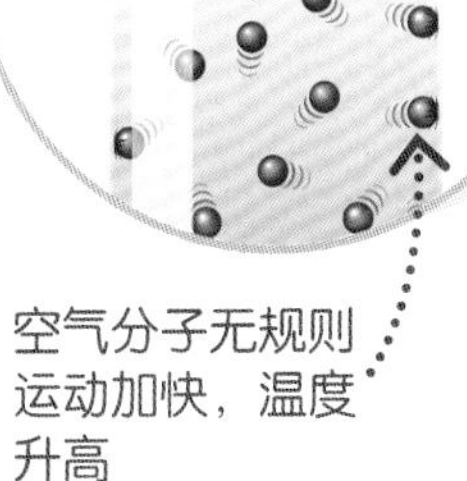
空气分子无规则运动加快，温度升高

原子与放射性

14

原子结构

科学家曾认为原子是构成物质的最小单元。然而，原子可以进一步分为3种较小的粒子：质子、中子和电子。质子和中子在原子的中心形成原子核。原子核外还围绕有更小的粒子，称为电子。

要点

- ✓ 原子由3种粒子组成：质子、中子和电子。
- ✓ 质子和中子结合在一起形成原子核。
- ✓ 电子在原子核外以不同的能级排列。
- ✓ 质子带正电荷，电子带负电荷，中子不带电荷。

原子内部结构

原子的中心有1个原子核，原子核由质子和中子组成。与原子相比，原子核很小。如果把原子比作一个体育场，那么原子核还不如一个足球大，但它的密度很大，包含了原子的大部分质量。

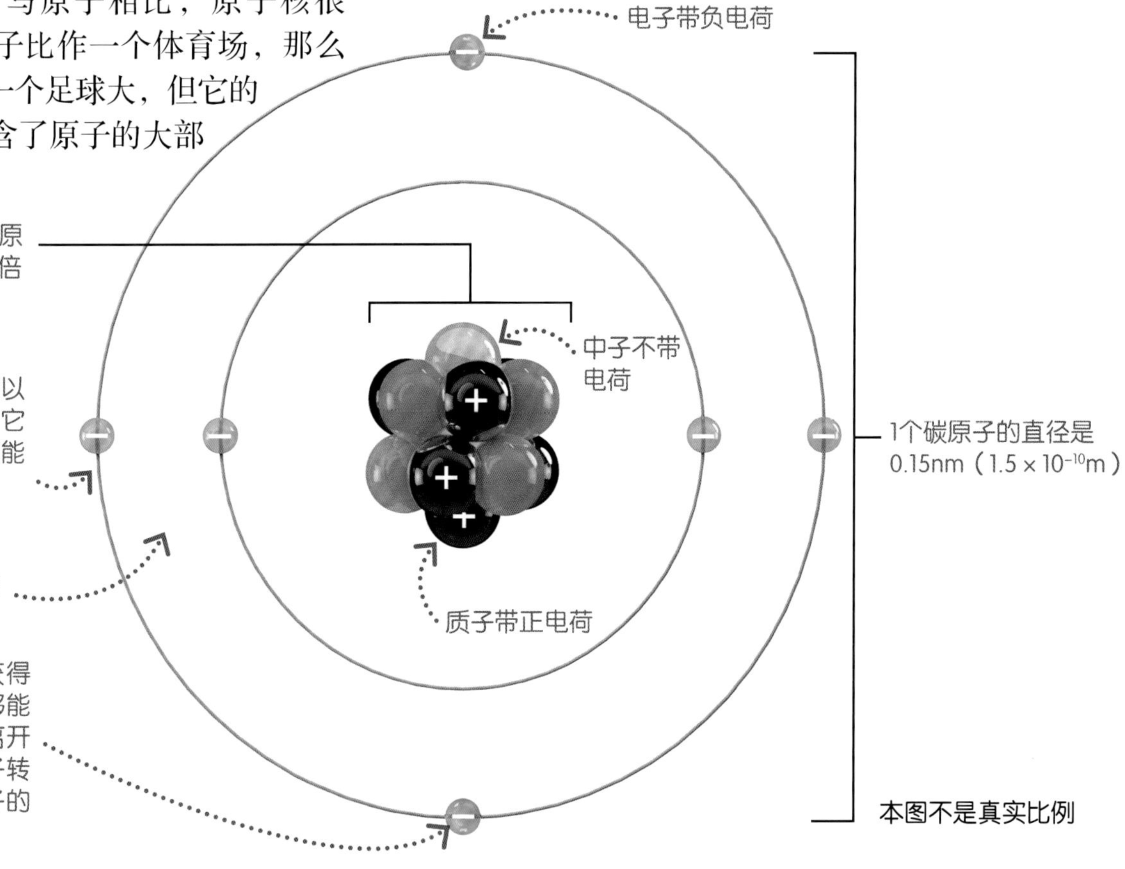
电子带负电荷
碳原子的直径是碳原子核直径的30 000倍
中子不带电荷
电子在原子核周围以不同的能级排列，它们通过获得或失去能量在能级间跃迁
1个碳原子的直径是0.15nm（1.5 × 10⁻¹⁰m）
原子中的大部分空间是空的
质子带正电荷
原子可以失去和获得电子，吸收了足够能量的电子可能会离开原子，留下的原子转化为一种叫作离子的带电粒子
本图不是真实比例

粒子特性

质子和中子几乎包含了原子的全部质量，质子和中子的质量几乎相等。质子和电子具有相反的电性，因此它们相互吸引。

粒子	电荷	质量	位置
质子	+1	1	核内
中子	0	1	核内
电子	−1	0.000 5	核外

元素与同位素

元素是具有相同质子数的一类原子的总称。纯物质是由一种元素构成的，如金或氧。同一种元素，其原子的原子核总是有相同数量的质子（原子序数或质子数），但中子的数量可能会有所不同。质子数相同但中子数不同的同一元素互称为同位素。

要点

- ✓ 纯物质是由一种元素构成的物质。
- ✓ 原子核中的质子数就是其原子序数。
- ✓ 原子核中质子和中子的总数就是其质量数（核子数）。
- ✓ 同位素是质子数相同、中子数不同的同一元素。

碳同位素

碳同位素的原子核中有6个质子，但中子数量不同。质子和中子的总数称为原子的质量数（核子数）。有3种天然存在的碳同位素，它们的质量数分别为12、13和14。这3种物质的化学性质相同，但在质量和放射性等其他性质上有所不同。

同位素的命名使用元素的名称或符号，后跟其质量数

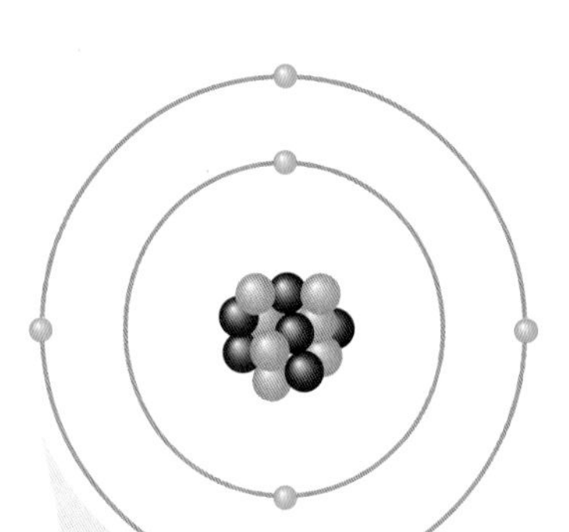

2 碳-13约占世界碳含量的1%，有6个质子和7个中子。

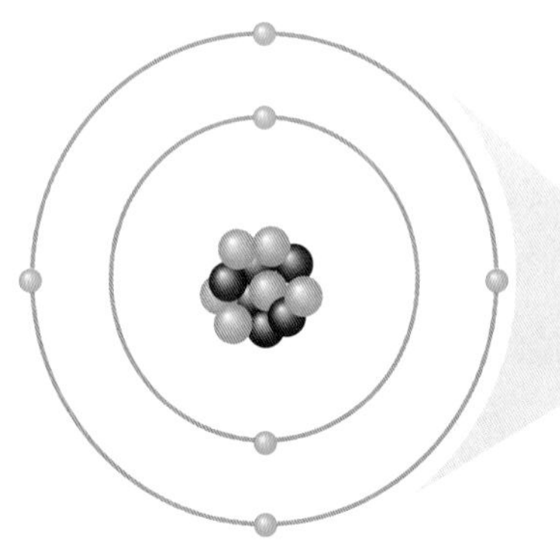

1 碳-12有6个质子和6个中子，是最常见的碳同位素，几乎占现存天然碳的99%。

钻石（碳的一种形式）

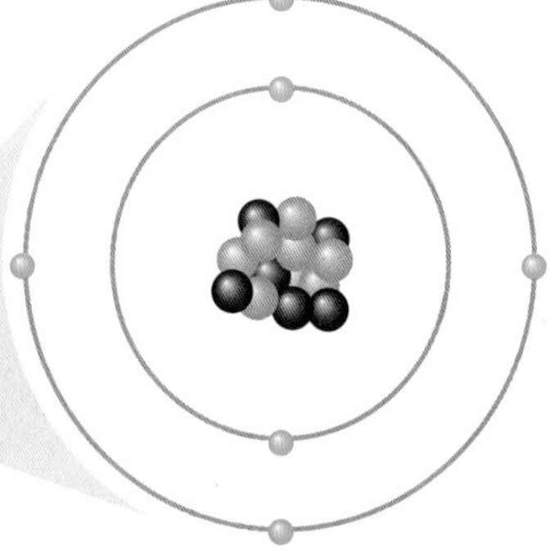

3 碳-14是最稀有和最重的碳同位素，有6个质子和8个中子，具有放射性。

同位素符号

我们可以把一种同位素写成一个符号，而不需要完整地写出同位素的名称。例如，碳-14的符号为$^{14}_{6}C$。这表明它包含6个质子，质子和中子数量的总和为14。你可以通过从质量数中减去原子序数来计算中子数（14 - 6 = 8）。

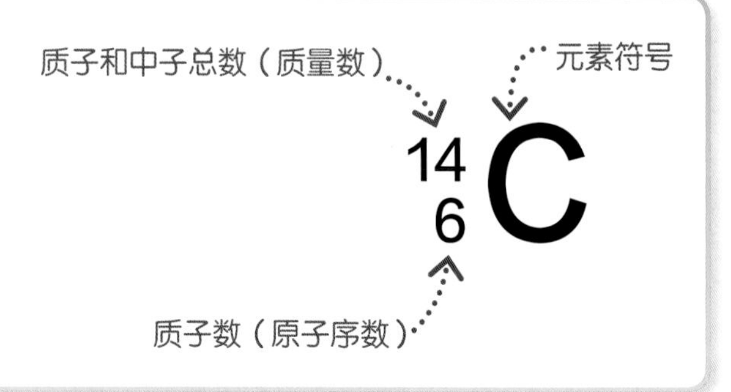

原子模型

在过去的两个世纪里，随着科学家对原子结构认识的逐渐深入，用来表示原子的模型也在不断更新和完善。

要点

- ✓ 原子的科学模型随着时间的推移而不断更新和完善。
- ✓ α粒子散射实验表明，原子的质量集中在原子核中。

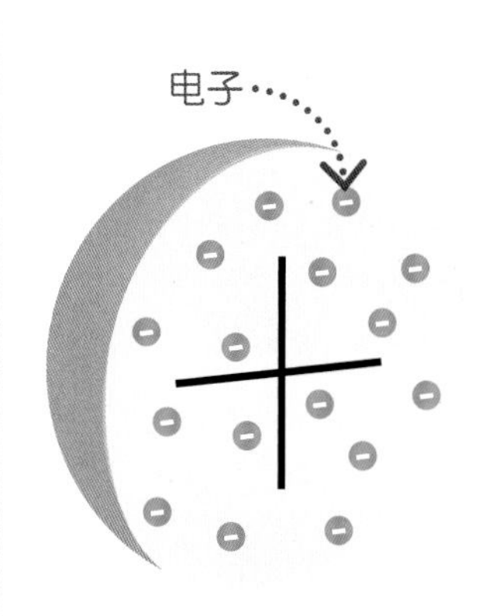

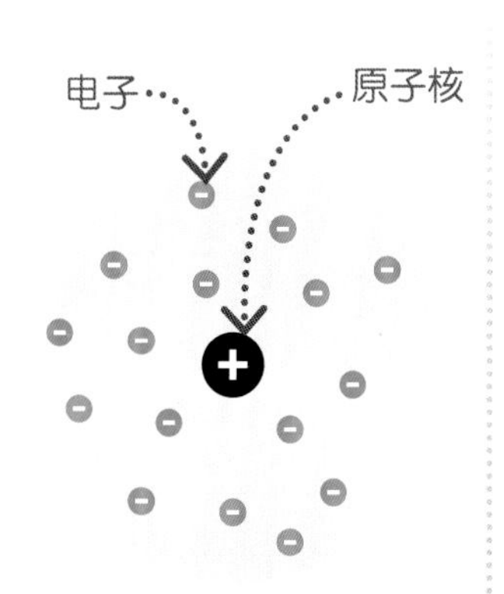

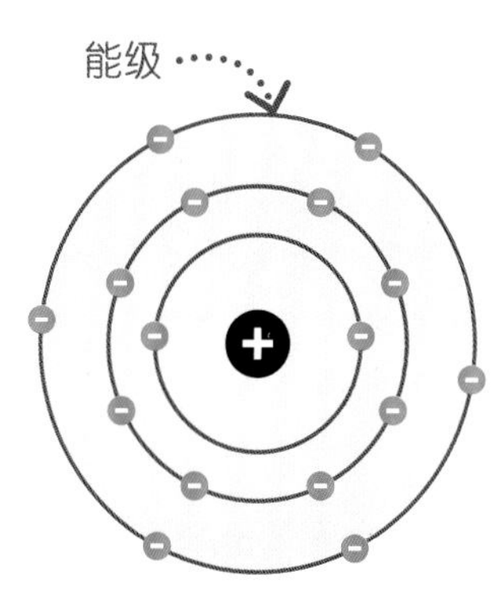

1 道尔顿原子模型 第一个原子模型是由英国化学家约翰·道尔顿设计的。他认为，原子是最小的、不能再分割的实心球体。

2 汤姆孙原子模型 英国物理学家汤姆孙于1904年发现了电子，提出了“枣糕模型”。他认为，带负电荷的电子均匀地嵌在带正电荷的球体中。

3 卢瑟福原子模型 英国物理学家欧内斯特·卢瑟福提出了含核原子模型。他认为，在散射的电子云中心有一个带正电荷的原子核。他后来又发现了质子，即原子核中带正电荷的粒子。

4 玻尔原子模型 丹麦物理学家尼尔斯·玻尔提出了现代原子模型。他认为，电子排列在离原子核有一定距离的能级上。这有助于解释为什么原子只吸收或发射某些波长的光。

原子核的发现

20世纪初，物理学家进行了一项实验，以测试“枣糕模型”。他们将带正电荷的粒子（α粒子）发射到一块薄薄的金箔上，发现虽然大多数粒子直飞而过，但也有一小部分被正电荷排斥，分散在随机方向上。结果表明，原子内部有一个很小的带正电荷的区域，大部分α粒子与它错过了。物理学家得出结论，原子内部几乎是空的，它们的大部分质量集中在带正电荷的原子核中。

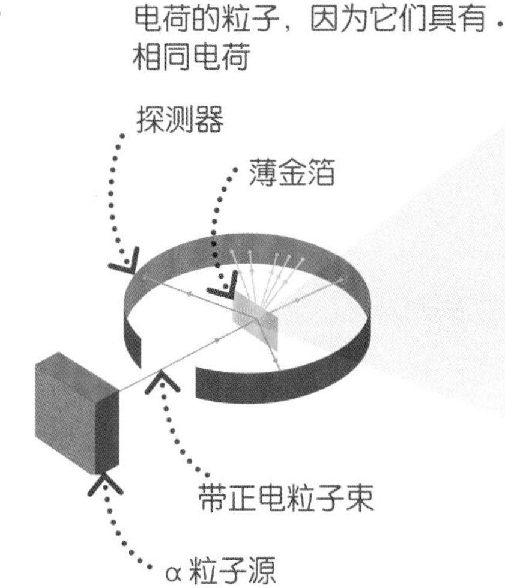

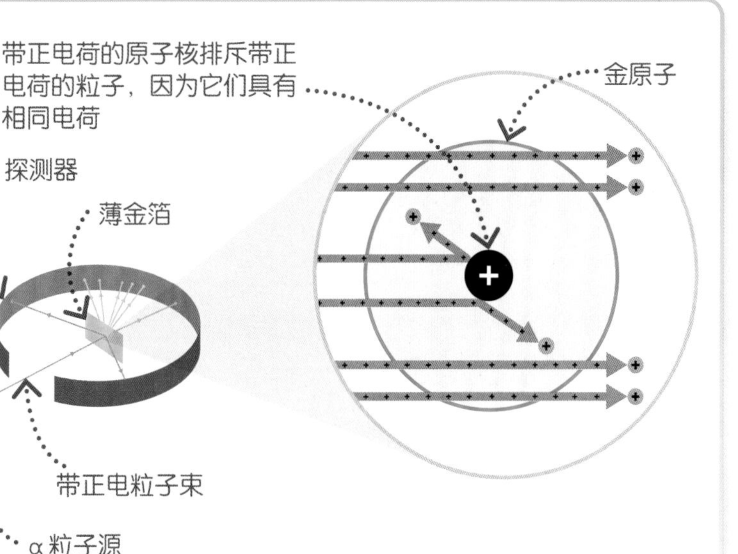

放射性衰变

有些元素是不稳定的，这意味着它们可以分解并释放出高能粒子或辐射波。这种元素称为放射性元素。其原子核自发地放出α粒子或β粒子，变成另一种原子核，这种变化称为放射性衰变。放射性衰变是一个随机过程，即无法预测某个特定原子何时衰变。

要点

- ✓ 不稳定的原子核会发生衰变并产生辐射。
- ✓ 放射性衰变是随机的。
- ✓ 放射性衰变可以使一种元素的原子核转变成其他元素的原子核。
- ✓ 通过盖革-米勒计数管可以检测辐射。

检测辐射

可以使用一种称为盖革-米勒（GM）计数管（盖革计）的装置检测放射性物质的辐射，使用时只需要将该装置指向检测物质即可。原子核在单位时间内的衰变数称为放射性活度，以贝克勒尔（Bq）为单位。1Bq意味着物质中平均每秒钟有1个原子发生衰变。

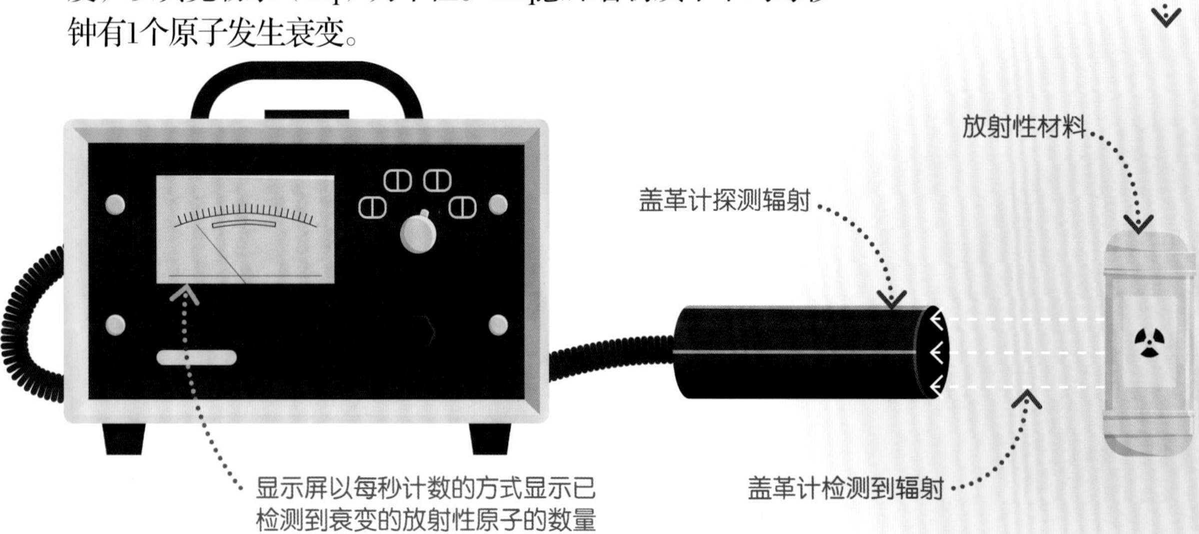
辐射是朝向四面八方的
放射性材料
盖革计探测辐射
显示屏以每秒计数的方式显示已检测到衰变的放射性原子的数量
盖革计检测到辐射

形成新元素

在某些类型的放射性衰变中，不稳定原子从一种元素变化成另一种元素。例如，当铀-238衰变时，它会释放出一种叫作α的粒子，它由2个质子和2个中子组成。因为剩下的原子核少了2个质子，所以它变成了钍-234。

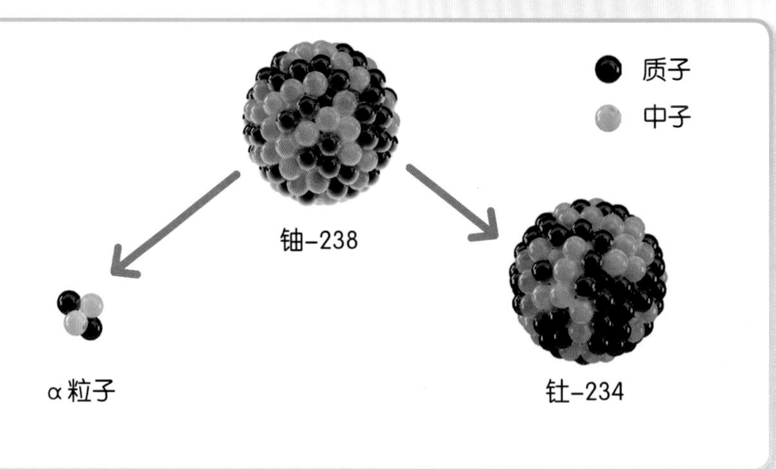
质子
中子
铀-238
α粒子
钍-234

不同类型的衰变

要点

✓ 能产生放射性衰变的电离辐射的粒子主要有5种类型：α粒子、β粒子、正电子、中子和γ射线。

✓ 放射性核衰变造成的大多数辐射都是粒子束的形式，只有γ射线是电磁辐射的形式。

当放射性元素发生衰变时，它们会产生辐射。能产生放射性辐射的粒子主要有5种：α粒子、β粒子、正电子、中子和γ射线。它们产生的辐射都被称为电离辐射，因为它们可以将电子从原子中撞出来，使原子变成带电粒子（离子）。

1 α衰变

α衰变放出α粒子。一个α粒子由2个中子和2个质子（等同于一个氦原子核）组成。它的电离能力很强，但穿透能力很弱。它在空气中的射程只有几厘米，只要一张纸或人的皮肤就能把它挡住。

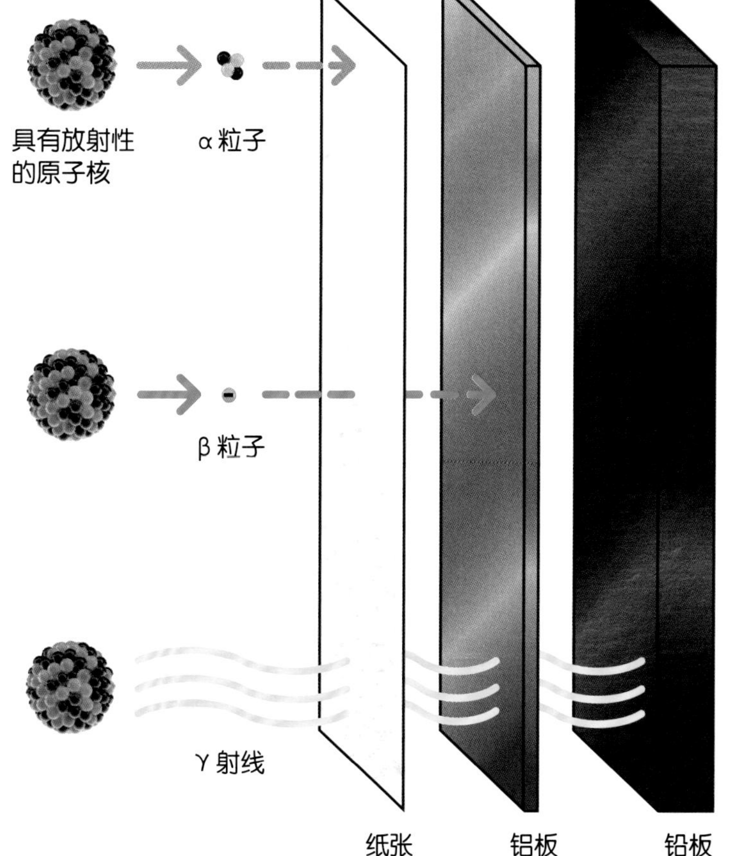

2 β衰变

β衰变放出快速移动的电子，这些电子是在中子转化为质子时，从不稳定的原子核发射出来的。β粒子没有α粒子那样的电离能力，但具有很强的穿透力。它可以在空气中前进一段距离，也可以穿过纸张，但会被一片薄薄的铝板挡住。

3 γ衰变

γ衰变所释放的γ射线（伽马射线）是一种电磁辐射。它的电离能力很弱，但穿透能力比α粒子和β粒子强得多。通常，只有几厘米厚的铅板或几米厚的混凝土才能阻挡住γ射线。

电离辐射

电离辐射通常是由原子核发生衰变产生的，它能将电子从原子中撞出来。因为电子带有负电荷，所以当原子失去电子时，会留下正电荷，从而成为带电粒子（离子）。电离辐射有一定的危险性，会损坏活体组织。

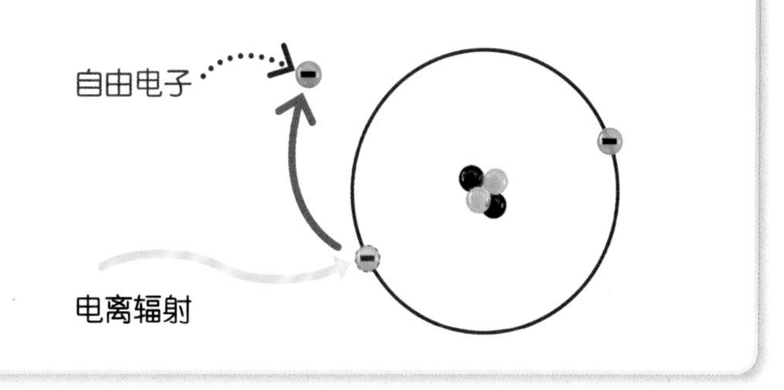

核反应方程

当发生放射性衰变时，原子中质子和中子的数量可能会发生变化，从而使该原子转化为新的元素。我们可以通过核反应方程来描述这些变化。

要点

- ✓ 核反应方程描述了原子在放射性衰变过程中发生的变化。
- ✓ 核反应方程必须保持平衡。
- ✓ 原子序数是原子核中质子的数量。
- ✓ 原子的质量数是原子核中质子和中子数量的总和。

原子序数和质量数

原子的原子序数（质子数）是原子核中的质子的数量。质子和中子的总数则称为质量数或核子数。例如，碳原子有6个质子，通常有6个中子，因此其原子序数为6，质量数为12。

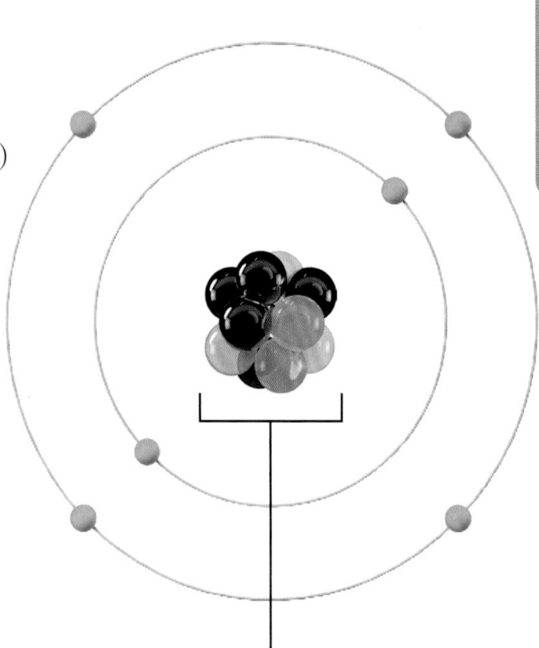

原子序数（质子数）	+	中子数	=	质量数（质子数+中子数）
6		6		12

核反应方程中的符号

在核反应方程中，我们把原子序数和质量数写在元素符号旁边。

质量数 → 12
原子序数 → 6

$$^{12}_{6}C$$

α衰变

α粒子由2个质子和2个中子组成。当铀等原子发射α粒子时，原子的原子序数减少2，质量数减少4。质子数的变化导致原子变为不同的元素（如铀变成钍）。表示这种变化的核反应方程必须保持平衡，两侧的总质量数和总原子序数必须相等。

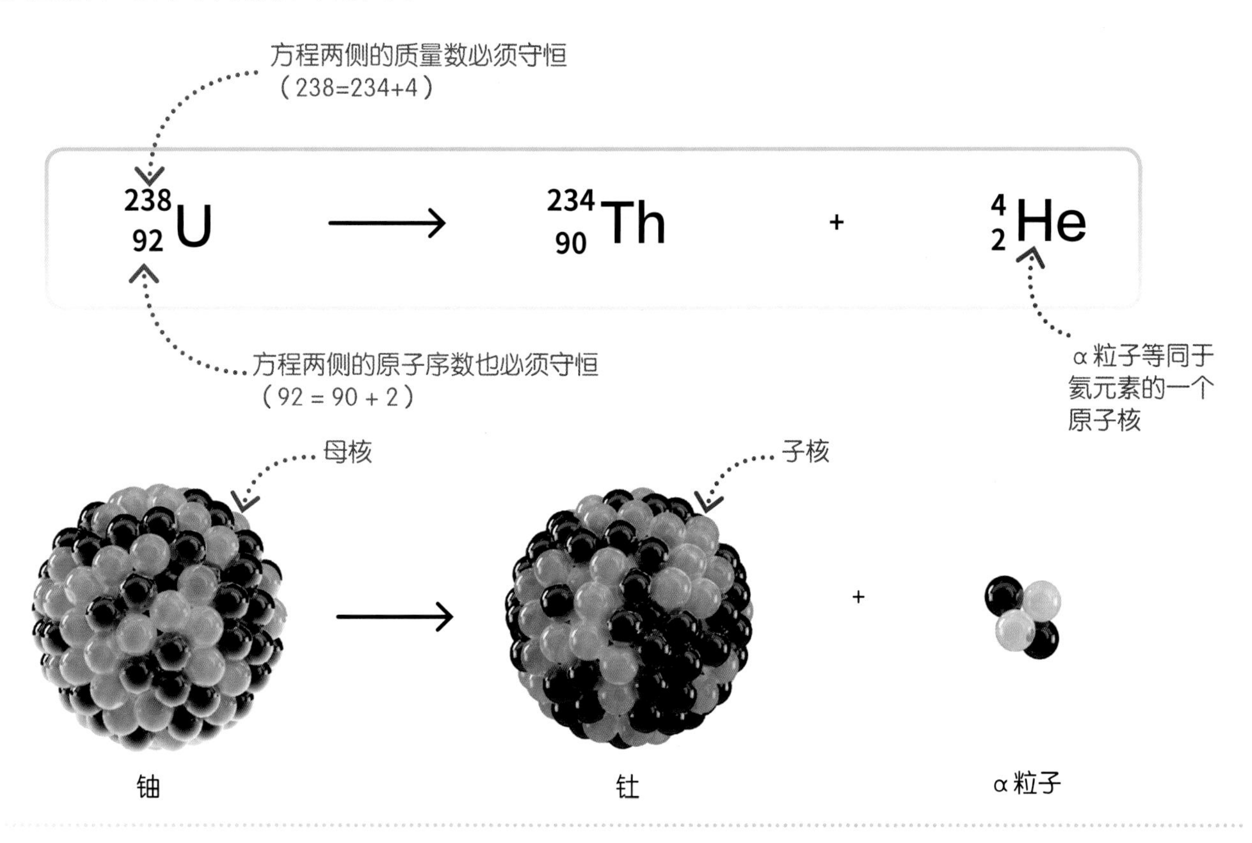
方程两侧的质量数必须守恒
（238=234+4）
$^{238}_{92}U \longrightarrow ^{234}_{90}Th + ^{4}_{2}He$
方程两侧的原子序数也必须守恒
（92 = 90 + 2）
α粒子等同于氦元素的一个原子核
母核
子核
铀
钍
α粒子

β衰变

在β衰变过程中，原子核中的中子转化为质子，并发射出一个称为β粒子的高能电子。原子序数增加1，但质量数保持不变（虽然原子核失去了1个中子，但同时获得了1个质子）。与α衰变一样，表示β衰变的核反应方程也必须是平衡的。

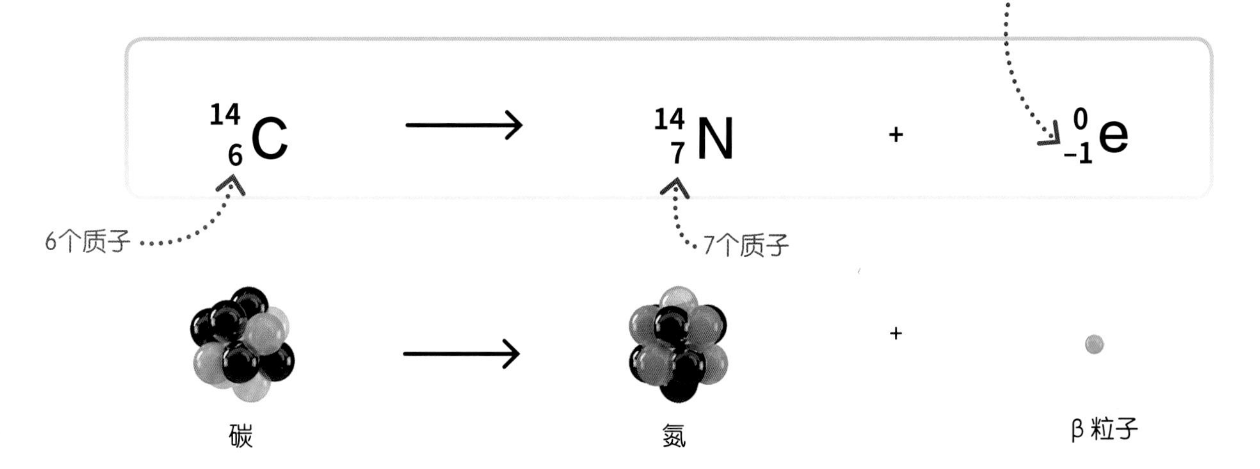
β粒子的原子序数为-1，因为它带负电荷，与质子携带的正电荷相反
$^{14}_{6}C \longrightarrow ^{14}_{7}N + ^{0}_{-1}e$
6个质子
7个质子
碳
氮
β粒子

半衰期

放射性衰变是随机的——无法预测特定的原子核何时衰变。然而，由于在一个放射性同位素样本中有如此多的原子，因此可以预测在一定时间内原子的衰变比例。样本中半数原子核发生衰变所需的时间就是该同位素的半衰期。

要点

- ✓ 半衰期是放射性元素的原子核有半数发生衰变所需的时间。
- ✓ 不同的同位素半衰期不同。

衰变曲线

经过1个半衰期，放射性原子的数量变为初始数量的一半；经过2个半衰期，下降到1/4；经过3个半衰期，下降到1/8；以此类推，直到几乎没有任何放射性原子剩余。这个过程可以用衰变曲线来表示。不同同位素的半衰期长短相差很大，从1ns到宇宙年龄的万亿倍不等。

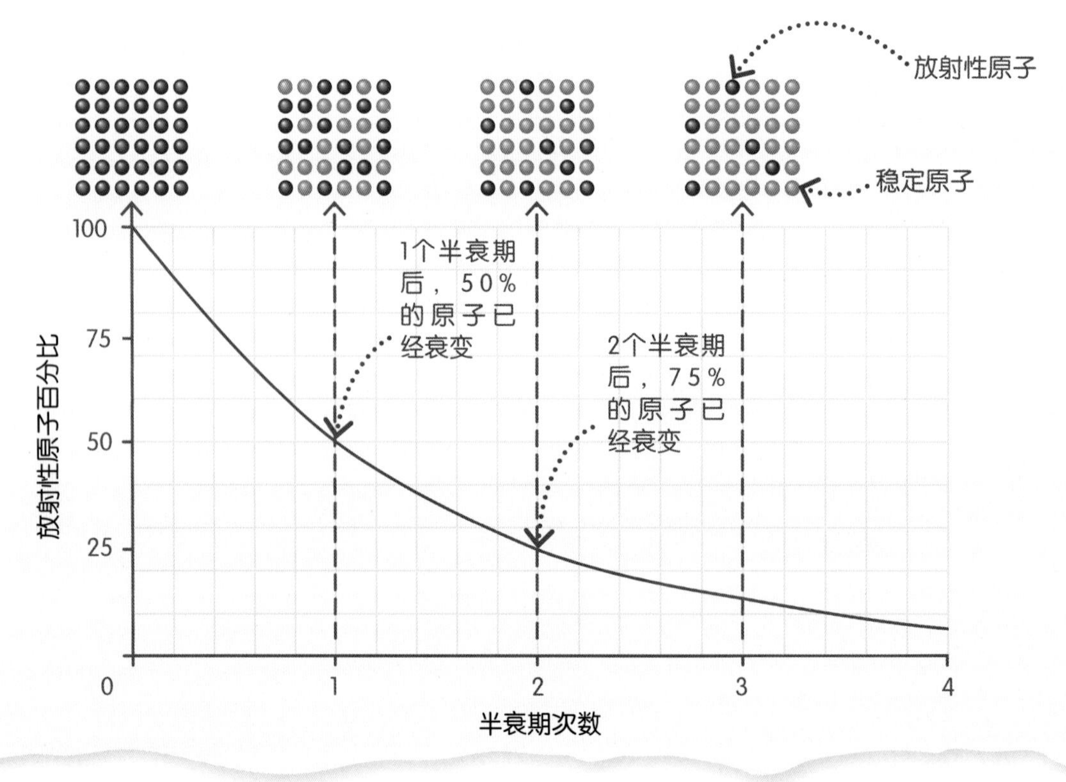

计算放射性衰变

问题：放射性同位素碘-131的半衰期为8天。如果将20g样本放置24天，碘-131的残留量是多少？

解：开始时碘-131的残留量为20g；
8天后（1个半衰期）碘-131的残留量为10g；
16天后（2个半衰期）碘-131的残留量为5g；
24天后（3个半衰期）碘-131的残留量为2.5g。

背景辐射

无论你走到哪里，都能找到背景辐射。它是由自然辐射源（如地面、岩石和空间）和人工辐射源（如医疗器械）产生的辐射。背景辐射通常是无害的。

要点

- ✓ 背景辐射是指环境中常态存在的辐射。
- ✓ 背景辐射来自自然辐射源和人工辐射源。
- ✓ 在测量放射性物质的放射性时，必须考虑背景辐射的存在。

背景辐射源

背景辐射的最大来源是自然界中的一种气体——氡。如果氡渗入建筑物并滞留其中，就会产生危害。地球也会不断受到来自太阳和恒星的宇宙背景辐射。另有约20%的背景辐射来自医疗器械、核武器试验、燃煤电站和核事故等人工辐射源。

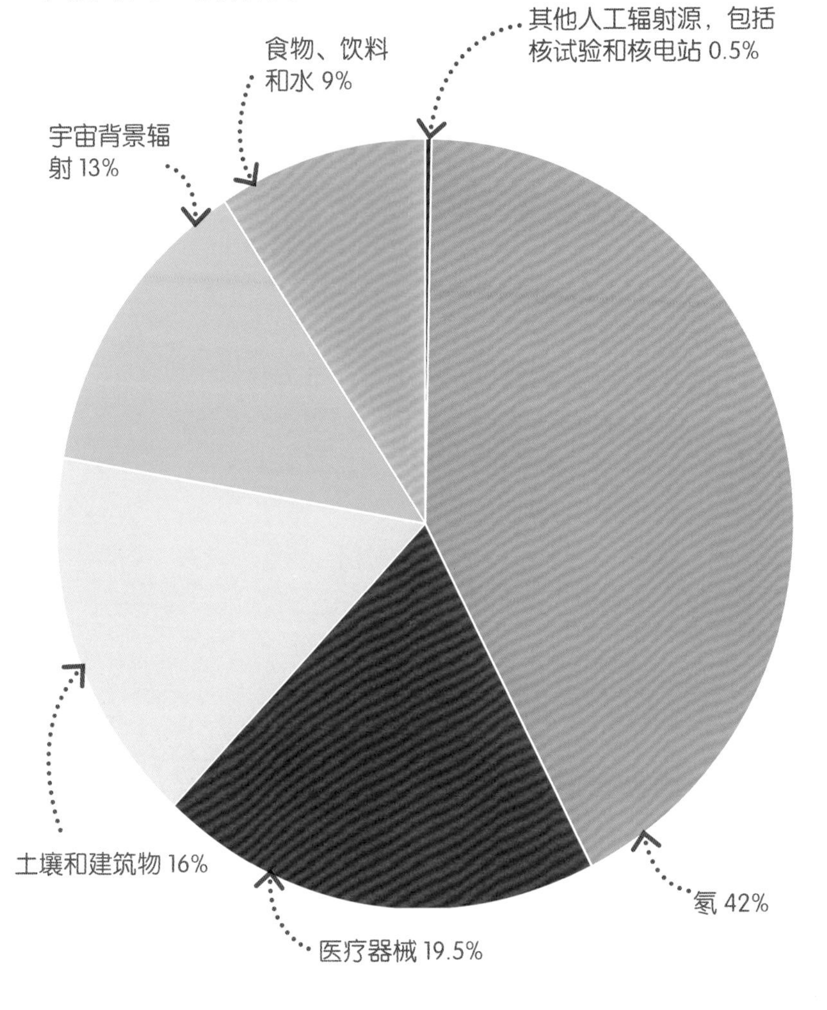

全球背景辐射源的估计

背景辐射水平

背景辐射水平因地而异。从事特定工作和具有特定生活方式的人会受到更高水平的辐射。例如，宇航员远离大气层，没有大气层的保护，必然会受到更大剂量的宇宙背景辐射。科学家使用盖革-米勒计数管来监测环境中的背景辐射。测量放射性物质的放射性时，需要减去背景辐射，以确定该物质的真实放射性。

使用盖革-米勒计数管

放射性危害

电离辐射可能是有害的，必须小心处理、使用和储存医院或核电站使用的放射性材料，以防止辐射或放射性污染造成伤害。

要点

- ✓ 电离辐射是有害的，因为它可以杀死细胞并致癌。
- ✓ 当放射性物质接触或进入人体时，会产生放射性污染。
- ✓ 外照射是指受到来自外部的射线照射。

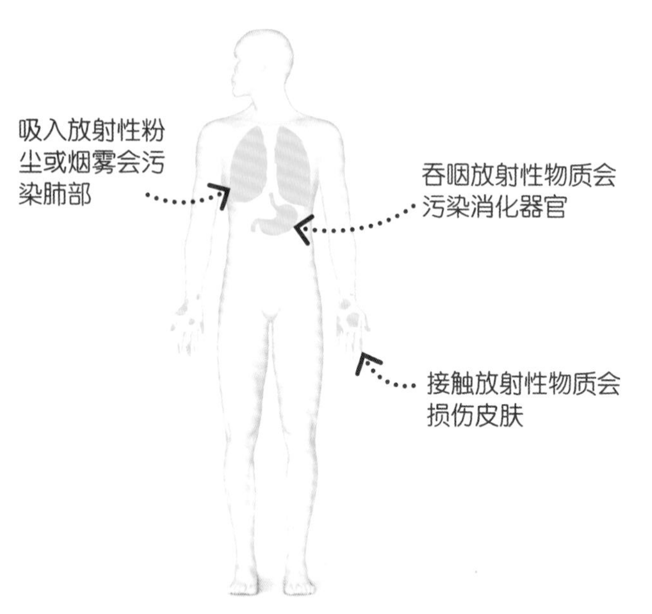
吸入放射性粉尘或烟雾会污染肺部
吞咽放射性物质会污染消化器官
接触放射性物质会损伤皮肤

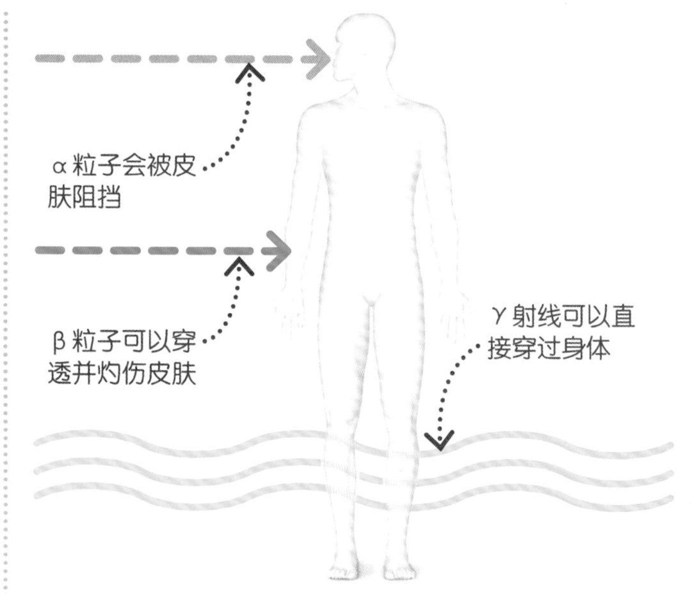
α粒子会被皮肤阻挡
β粒子可以穿透并灼伤皮肤
γ射线可以直接穿过身体

1 放射性污染

当放射性物质进入人体或接触到人体的皮肤或头发时，会产生放射性污染。一旦放射性物质进入体内，就很难被清除，并会持续释放电离辐射。电离辐射可能会杀死细胞或导致DNA突变，从而引发癌症。

2 外照射

当一个人暴露在外界放射性物质中时，就会受到外照射。与放射性污染一样，外照射也会杀死细胞或致癌。外照射不会使物体本身具有放射性，并且可以用防护罩屏蔽。只要远离或脱离放射源，外照射就会停止。

安全措施

处理放射性物质时，有3种主要的安全措施。采取何种措施取决于物质的半衰期及其辐射类型。半衰期短的辐射源最危险，因为它能在短时间内释放大量辐射。

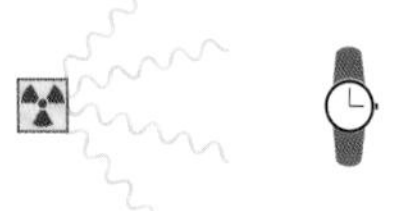

1 减少在放射性物质附近停留的时间，可以减少受到的辐射剂量。

2 增加与放射源的距离，可以减少受到的辐射剂量。

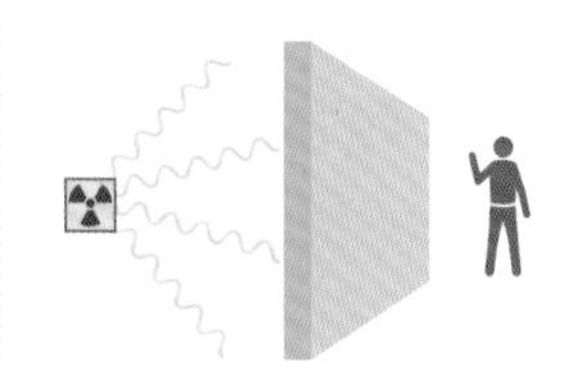

3 可使用防α辐射的手套、面罩，以及防γ射线的铅屏来屏蔽辐射。

放射性同位素的应用

电离辐射用于家庭和工业的各种领域，包括食品安全和制造业。不同放射性同位素的特性（如穿透力）使其适用于不同的应用领域。

烟雾探测器

烟雾探测器含有镅-241，这是一种半衰期约为430年的放射性同位素。它发出α射线，将空气粒子电离，使其带电。下图是探测器内部的电路，正常情况下电流可以通过。如果烟雾进入探测器，烟雾颗粒会附着在离子上，导致电流减小，从而触发警报。

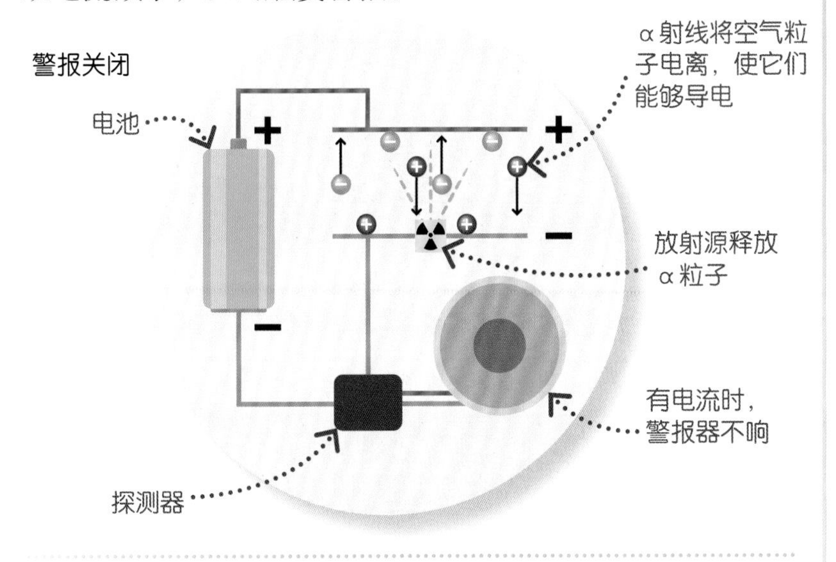
警报关闭
电池
α射线将空气粒子电离，使它们能够导电
放射源释放α粒子
有电流时，警报器不响
探测器

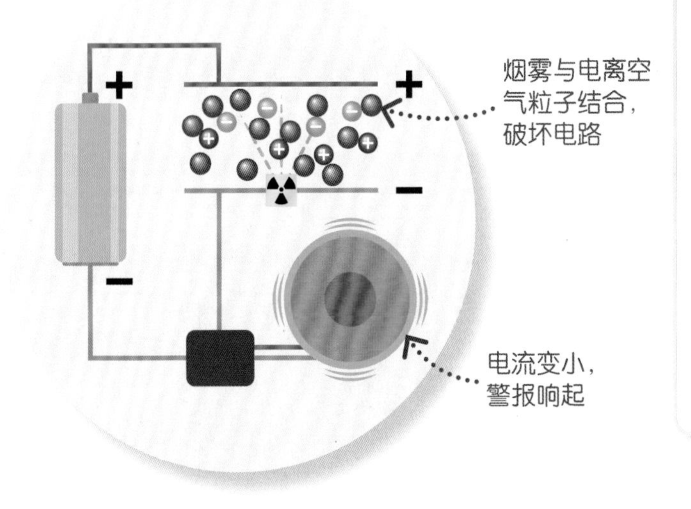
警报响起
烟雾与电离空气粒子结合，破坏电路
电流变小，警报响起

要点

- ✓ 电离辐射可用于家庭和工业领域。
- ✓ 一些烟雾探测器中的报警系统就是利用了α射线。
- ✓ β射线用于造纸厂监测纸张厚度。
- ✓ γ射线可用于食品保鲜和医疗设备消毒。

其他用途

1 测量纸张厚度

β射线可用于测量纸张厚度。纸张越厚，通过探测器的辐射越少，探测器便会向机器发送信号，以调整纸张厚度。

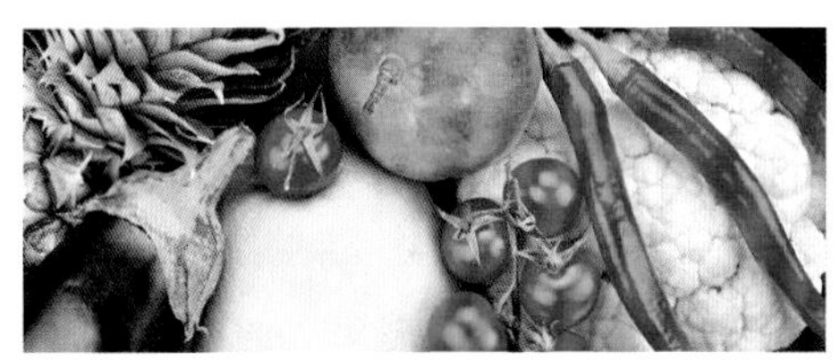

2 延长食物保存时间

利用γ射线照射食物，可延长其保存时间。高能γ射线能够杀死食物中的微生物，防止腐烂。与加热不同，用γ射线照射不会影响食物味道。

3 消毒设备

在医院中，可利用γ射线对手术设备进行消毒，使其在手术中能够被安全使用。

核医学

在医疗方面，医生有时会使用放射性物质来诊断和治疗疾病。在放射性核素扫描和PET（正电子发射型计算机断层显像）扫描中，医生将放射性物质注入患者体内，以辅助创建扫描图像。在放射治疗中，放射性物质被用来杀死癌细胞。

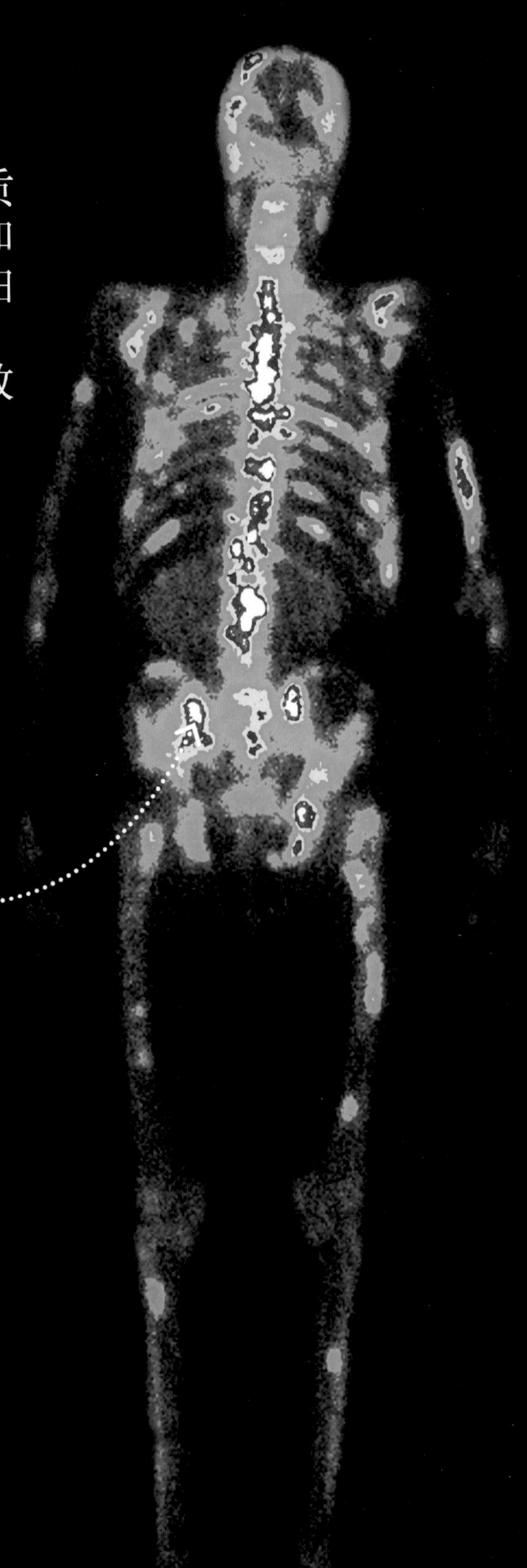

1 诊断疾病

γ射线的放射性同位素常被用来辅助诊断疾病。将一种称为示踪剂的放射性物质注射到患者体内，示踪剂会在某些区域聚集并衰变，释放出γ射线。医生可利用γ照相机建立身体内部的图像。例如，这里的图像显示了同位素锝-99m集中在受癌症影响的骨骼中。

高亮区域显示放射性示踪剂在肿瘤中积聚的位置

要点

- ✓ 医生利用放射性物质来诊断和治疗疾病。
- ✓ PET扫描是一种成像技术，它使用附着在其他分子上的放射性同位素来反映人体内部的代谢活动和生理功能。
- ✓ 在放射治疗中，电离辐射被用来杀死癌细胞。
- ✓ 辐射可以作用于人体内部或外部。

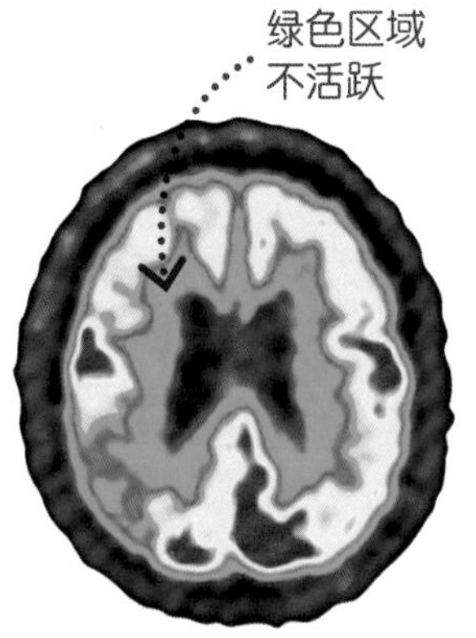

阿尔茨海默症患者的大脑　　健康的大脑

2 PET扫描

在PET扫描中，医生使用附着在其他分子上的放射性同位素来突出身体的活跃部位。例如，同位素氟-18可以附着在糖分子上，以突出糖代谢水平较高的组织。这能识别活性肿瘤，或检测某个器官的活性是否低于正常水平。左图为受阿尔茨海默症影响的大脑和健康的大脑的PET扫描结果对比。

3 体外放射治疗

在体外放射治疗中，细的放射线束从许多不同的角度穿过身体，照射癌细胞。所有光束集中照射肿瘤部位，给癌细胞带来较大剂量的辐射，但周围的健康组织只会接收到一束射线。

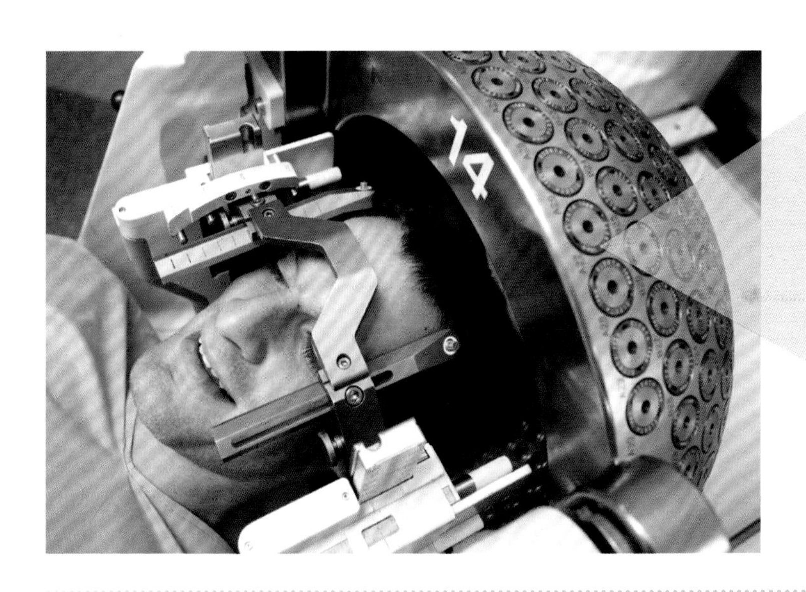

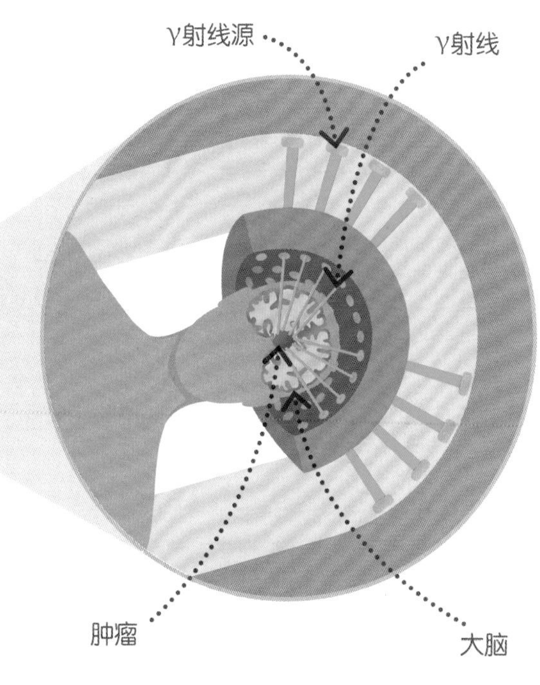

4 体内放射治疗

在体内放射治疗中，放射源被植入肿瘤旁边。这意味着只有局部区域受到辐射影响，身体其他部位的辐射剂量降至最低。发射射程较短的放射性同位素（α射线）是体内放射治疗的理想选择。

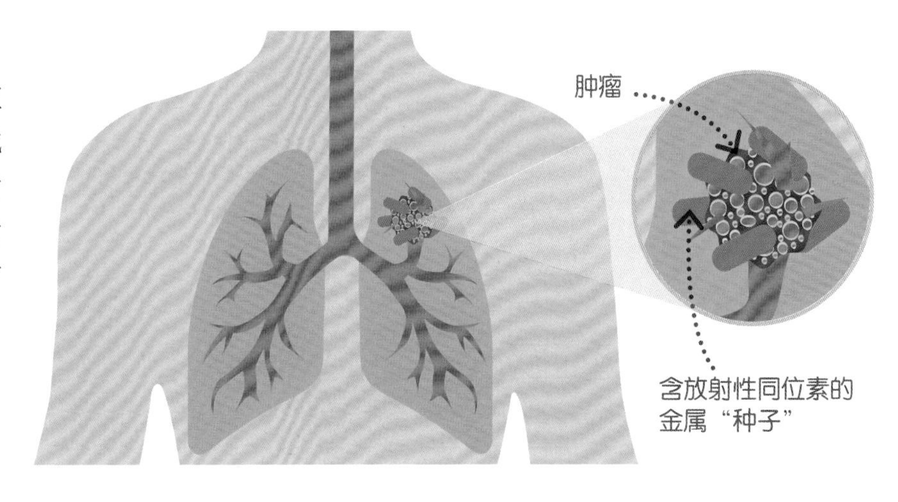

核裂变

当一个原子核分裂成更小的原子核并释放出大量能量时，就会产生核裂变。这种能量可用于核电站发电，或为航天器、潜艇提供动力。

要点

- ✓ 核裂变是将一个不稳定的原子核分裂成两个或多个质量较小的原子核的变化。
- ✓ 核裂变以γ射线和热量的形式释放出大量能量。
- ✓ 在链式反应中，裂变过程中释放的中子会引起进一步的核裂变反应。

1 铀裂变

核裂变通常是由中子与不稳定原子核发生碰撞引起的。铀-235是铀元素的天然同位素，可用于核电站发电。它可以分裂形成新元素的原子核，并与2个或3个中子一起释放能量。

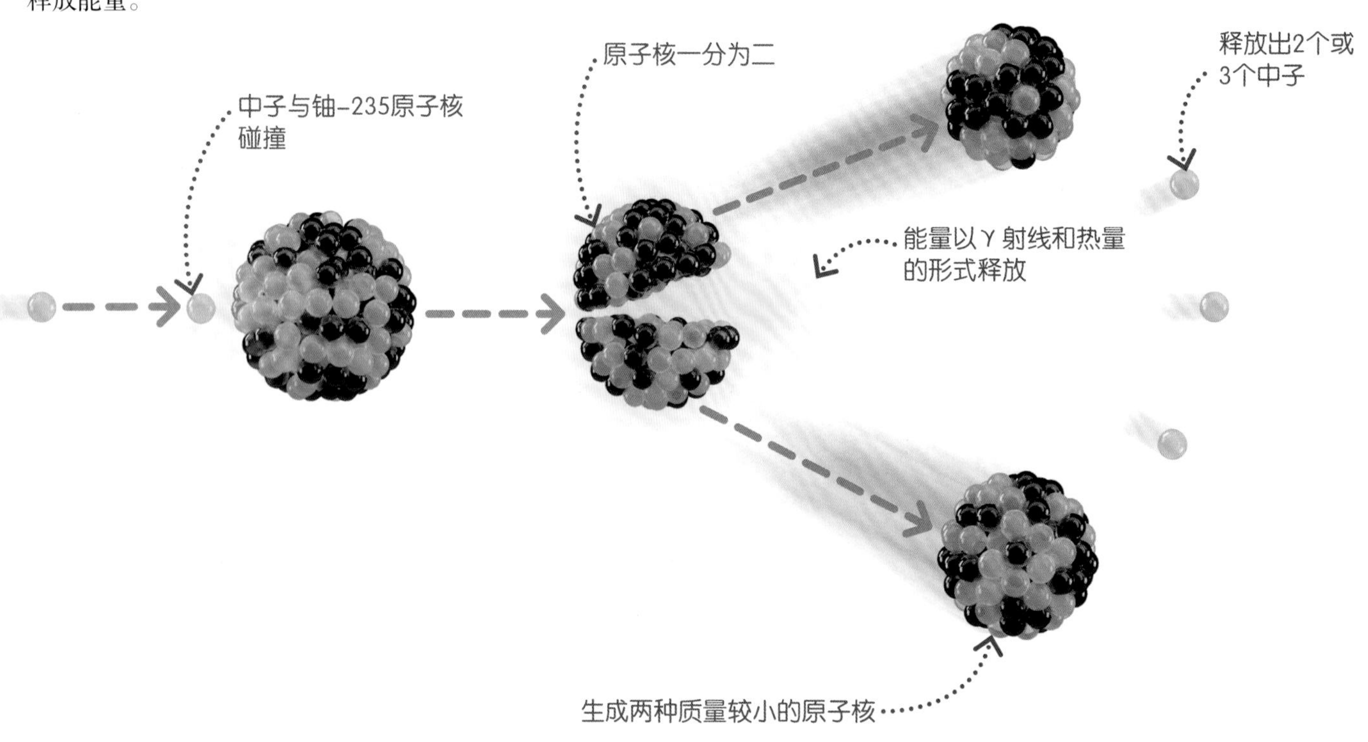
原子核一分为二
释放出2个或3个中子
中子与铀-235原子核碰撞
能量以γ射线和热量的形式释放
生成两种质量较小的原子核

裂变产生的能量

铀裂变释放出的大量能量是燃烧同等质量煤炭释放出的能量的数百万倍。这种能量来自反应前的原子核的一小部分质量。

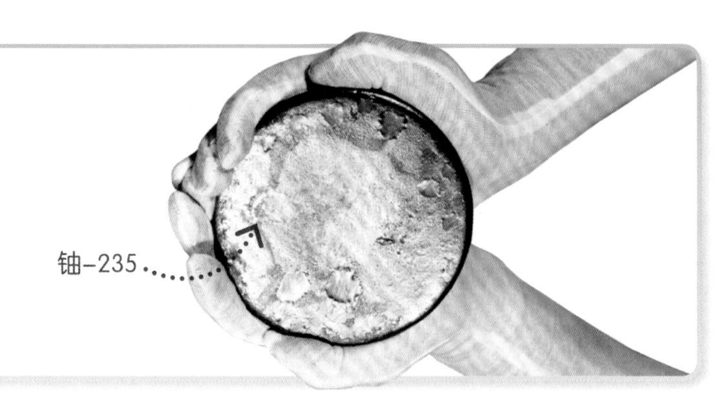
铀-235

2 链式反应

链式反应是一系列核裂变反应，每一个核裂变反应都是由前一个核裂变反应中释放的中子引起的。不受控制的链式反应，如核武器中的链式反应，会导致大量能量的爆炸性释放。

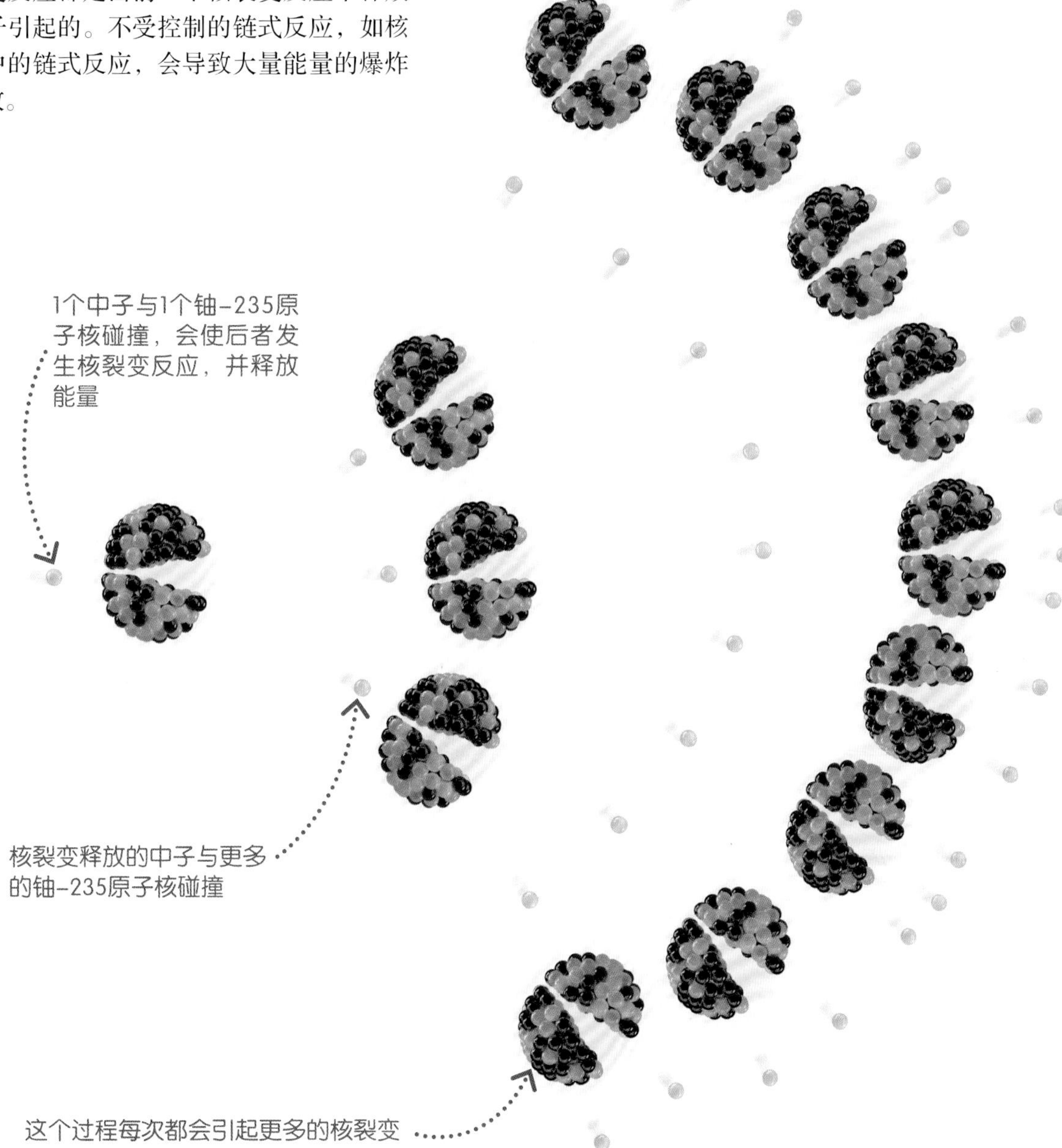
1个中子与1个铀-235原子核碰撞，会使后者发生核裂变反应，并释放能量
核裂变释放的中子与更多的铀-235原子核碰撞
这个过程每次都会引起更多的核裂变

受控的链式反应

链式反应可以建立、减弱或保持稳定，这取决于由前一个核裂变产物引起的核裂变反应的数量。如果每一个核裂变反应平均只导致一个后续的核裂变反应，那么就是一个稳定（受控）的链式反应。核电站通过将控制棒插入反应堆堆芯来控制链式反应。控制棒可以吸收中子，减缓反应速度。

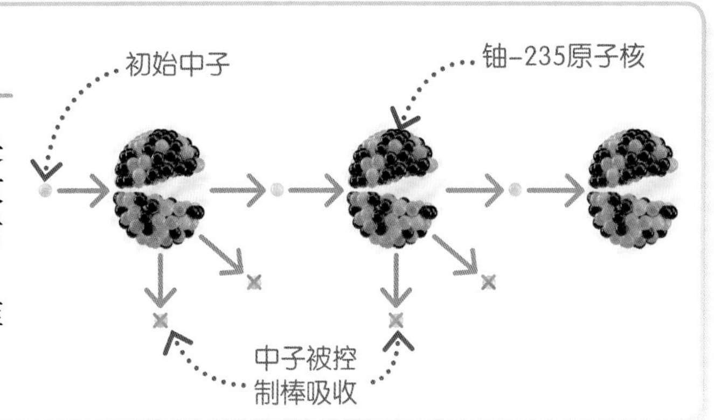
初始中子
铀-235原子核
中子被控制棒吸收

核能发电

核能发电通常指的是利用核裂变所产生的能量进行发电的方式。核电站产生的电力约占世界电力的10%。利用核能意味着我们可以更少地使用化石燃料。

要点

- ✓ 核电站利用核裂变产生的能量来产生内能（热能）和电能。
- ✓ 核电站不会排放二氧化碳。
- ✓ 对于核电站产生的危险放射性废料，必须小心处理。

核反应堆

核反应堆的燃料棒中含有放射性铀。把这些铀紧密地聚集在一起会引发链式反应，释放出大量能量。释放的能量使水沸腾，产生蒸汽，为发电机提供动力。通过将控制棒移入和移出反应堆堆芯可以控制反应。控制棒可以吸收中子，减缓链式反应的速度。

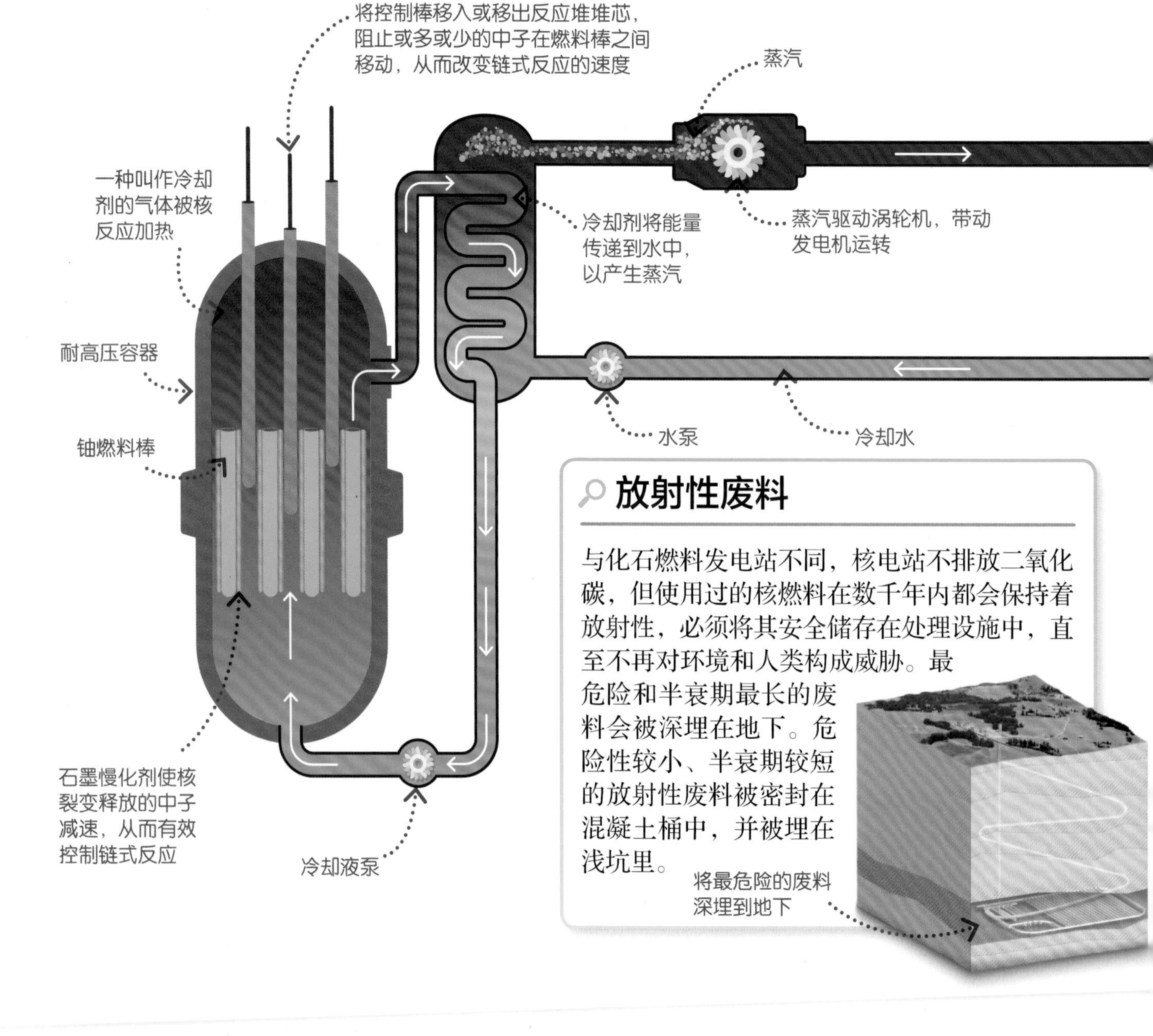
将控制棒移入或移出反应堆堆芯，阻止或多或少的中子在燃料棒之间移动，从而改变链式反应的速度
蒸汽
一种叫作冷却剂的气体被核反应加热
冷却剂将能量传递到水中，以产生蒸汽
蒸汽驱动涡轮机，带动发电机运转
耐高压容器
铀燃料棒
水泵
冷却水
石墨慢化剂使核裂变释放的中子减速，从而有效控制链式反应
冷却液泵
将最危险的废料深埋到地下

放射性废料

与化石燃料发电站不同，核电站不排放二氧化碳，但使用过的核燃料在数千年内都会保持着放射性，必须将其安全储存在处理设施中，直至不再对环境和人类构成威胁。最危险和半衰期最长的废料会被深埋在地下。危险性较小、半衰期较短的放射性废料被密封在混凝土桶中，并被埋在浅坑里。

核聚变

核聚变是两个或多个质量较小的原子核结合形成质量较大的原子核的过程，这也是太阳发光的原理。科学家和工程师正在研究利用核聚变发电的方法。

要点

- ✓ 当两个或多个质量较小的原子核结合在一起形成质量较大的原子核时，就会发生核聚变。
- ✓ 在核聚变过程中，少量的质量会转化为能量。
- ✓ 核聚变需要在超高温和超高压的条件下进行。

氢核聚变

在核聚变过程中，两个原子的原子核在极高的温度和压力下结合在一起。氘和氚是氢的同位素，下图表明1个氘核和1个氚核结合形成1个氦核，并释放1个中子的过程。新的氦核和释放的中子的质量略低于两个氢核的质量，损失的质量会转化为能量。

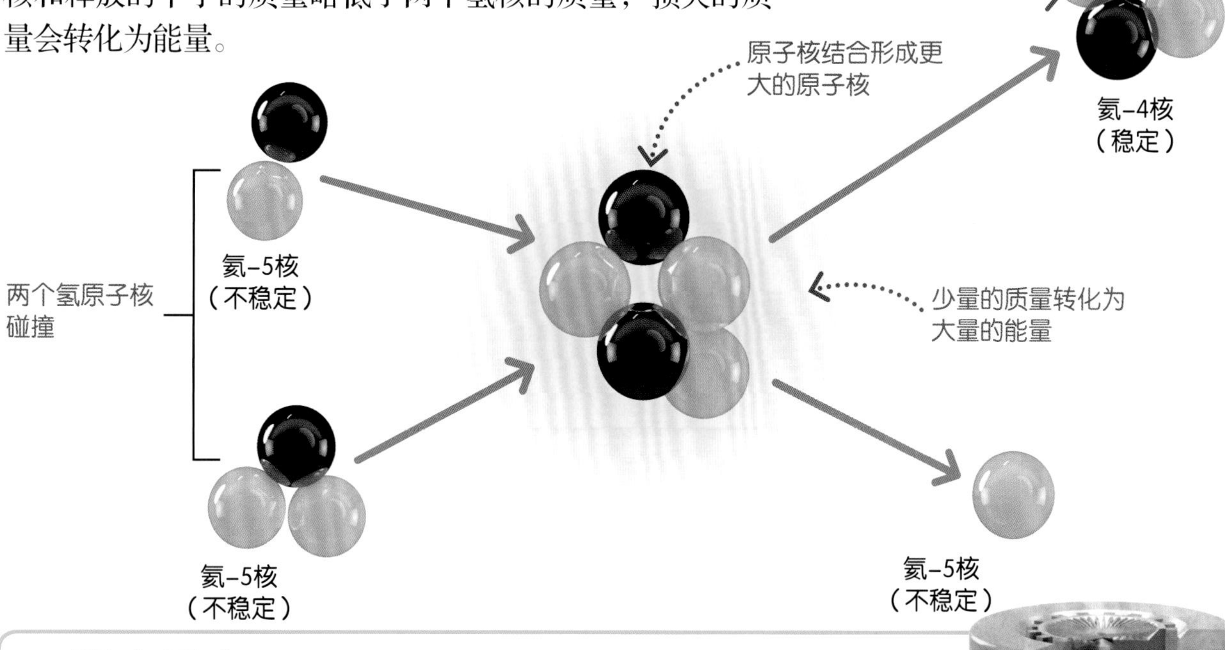

聚变反应

原子核带正电荷并相互排斥，因此只有将原子核推得非常近，克服这种排斥力，才能发生聚变。这就是为什么聚变只发生在超高温和超高压的环境中，如恒星的核心。这些要求使在地球上建造聚变反应堆来启动和维持聚变非常困难。在聚变反应堆实验室工作的科学家曾短暂地使用强大的磁场约束热物质来维持聚变。然而，运行反应堆所需的能量比反应堆产生的能量还多。

在这个聚变反应堆的核心，热物质被磁场限制在一个甜甜圈形状的环中

太空

15

地球的结构

对地震波的研究（见第115页）表明，地球内部由不同的层组成。较重的元素（如金属）集中在地球的中心，而较轻的物质（如岩石）集中在地球的外层。

要点

- ✓ 地球内部可以分为4个不同的层：内核、外核、地幔和地壳。
- ✓ 地壳和上地幔形成岩石圈，岩石圈被分成多个板块，这些板块随时间的推移而缓慢移动。
- ✓ 大气层是因重力关系而围绕着地球的一层混合气体。

地球内部

地球内部由4个不同的层组成：内核、外核、地幔和地壳。地壳和地幔的最上部连接在一起，形成了一个坚硬的圈层，叫作岩石圈。岩石圈又被分为几个构造板块，它们随着时间的推移而缓慢移动，改变了大陆和海洋的形状。

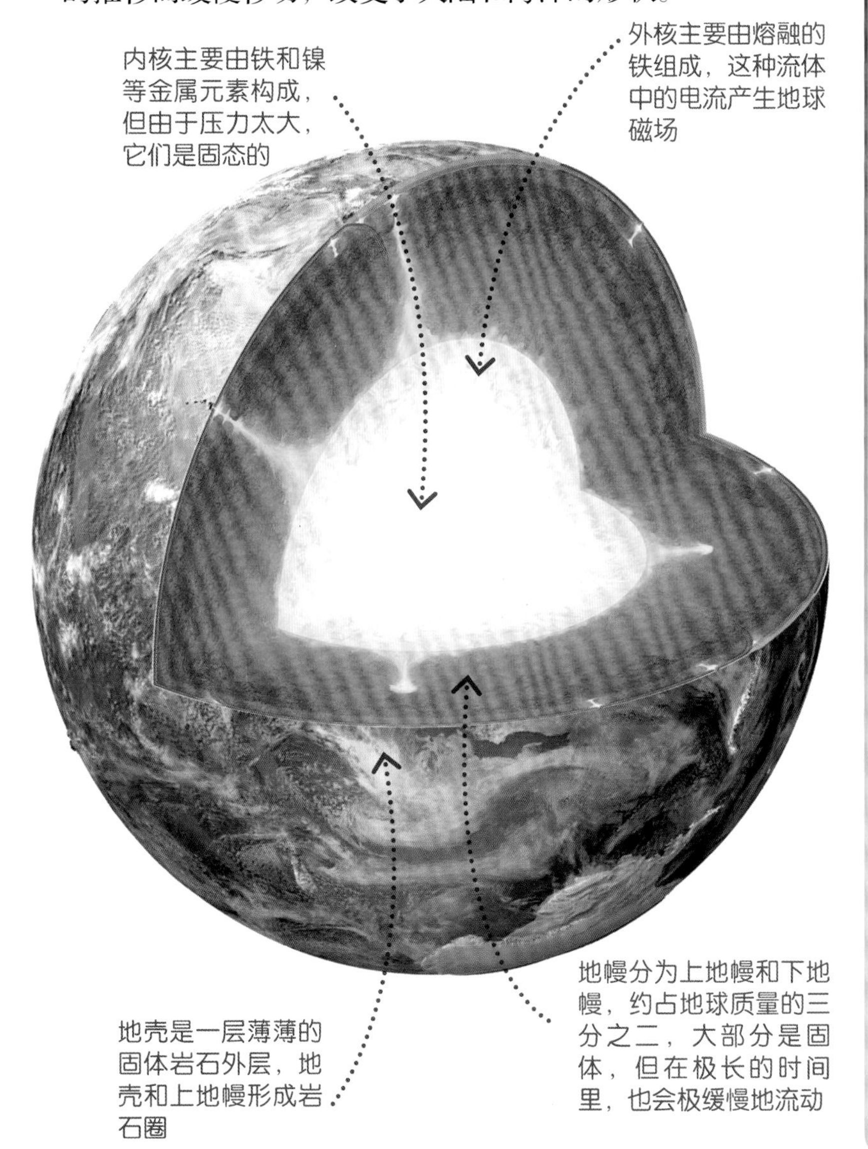
内核主要由铁和镍等金属元素构成，但由于压力太大，它们是固态的
外核主要由熔融的铁组成，这种流体中的电流产生地球磁场
地壳是一层薄薄的固体岩石外层，地壳和上地幔形成岩石圈
地幔分为上地幔和下地幔，约占地球质量的三分之二，大部分是固体，但在极长的时间里，也会极缓慢地流动

大气层

大气层是因重力关系而围绕着地球的一层混合气体。大气层被分成具有不同性质的5层，5层间没有明显的界线。越往外层，空气越稀薄。

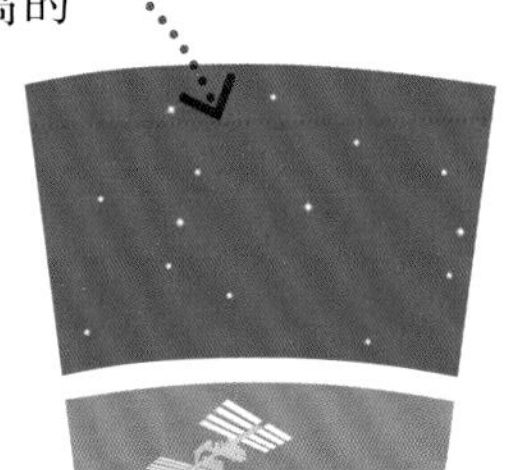
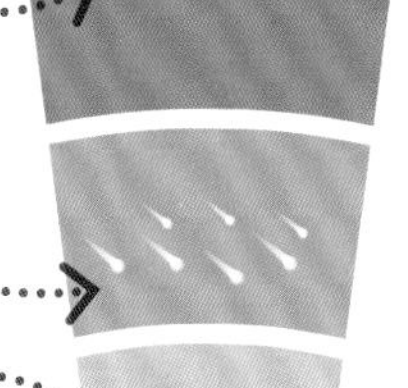

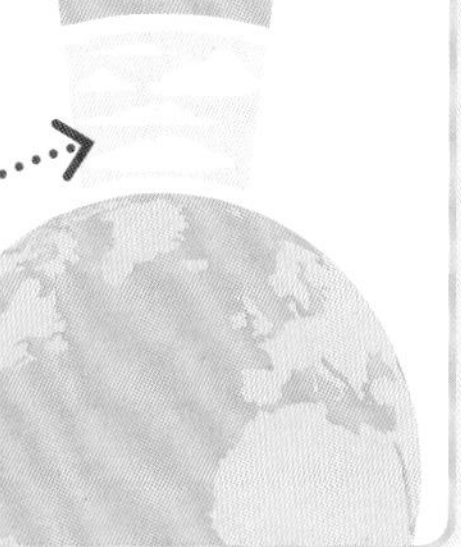

1. **散逸层**
   这是最外层，也是迄今为止最高的一层，气体分子可以从这里逃逸到太空。
2. **热层**
   国际空间站在这一层绕地球运行。
3. **中间层**
   这是流星燃烧的地方。
4. **平流层**
   该层中的臭氧气体吸收来自太阳的有害紫外线。飞机在平流层的底部飞行。
5. **对流层**
   所有天气变化都发生在这一层。

季节

地球绕太阳公转一周大约需要365天，我们称为一年。季节的变化是因为地轴是倾斜的。因此，向太阳倾斜的半球每天比远离太阳的半球获得更多的阳光。

此时北半球是春天，南半球是秋天

地轴倾角为23.5°

当北极向太阳倾斜时，北半球是夏天，南半球是冬天

不断变化的阳光

地轴全年保持相同的角度。向太阳倾斜的半球白天较长，获得的太阳光热较多；而远离太阳的半球白天较短，获得的太阳光热较少。

太阳轨迹

夏天，太阳每天照射的时间更长，在天空中的高度也比冬天高。这张从北半球拍摄的延时照片显示了太阳在夏至（上方）和冬至（下方）划过天空的轨迹，在它们之间是太阳在春分和秋分划过天空的轨迹。春分和秋分时昼夜等长，即白天和夜晚的时间相等。

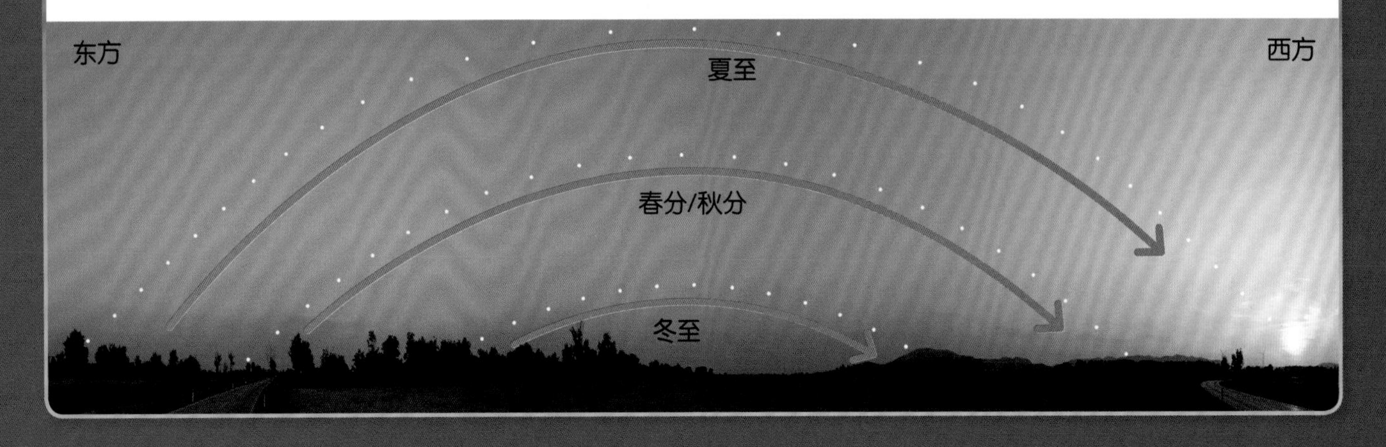

要点

- ✓ 季节的变化是因为地轴是倾斜的。
- ✓ 当北极向太阳倾斜时，北半球是夏天。
- ✓ 当南极向太阳倾斜时，南半球是夏天。

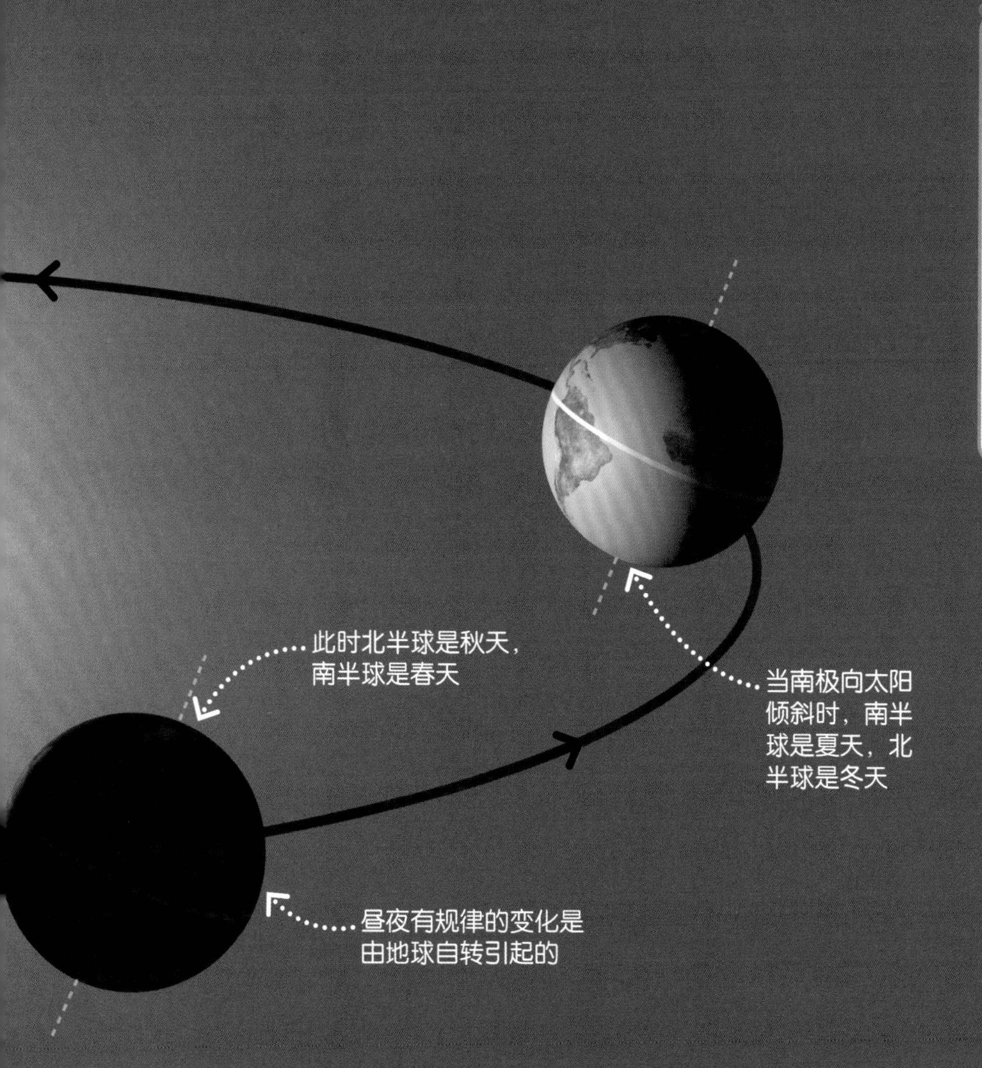
此时北半球是秋天，南半球是春天
当南极向太阳倾斜时，南半球是夏天，北半球是冬天
昼夜有规律的变化是由地球自转引起的

太阳热量

因为地球是一个球体，所以在地球的不同地区，阳光照射地面的角度不同。当太阳光线照射在两极附近时，角度是倾斜的，它的能量分布在更广的区域。因此，冬季的中午感觉比夏季凉爽得多，热带国家通常比远离赤道的国家温暖得多。

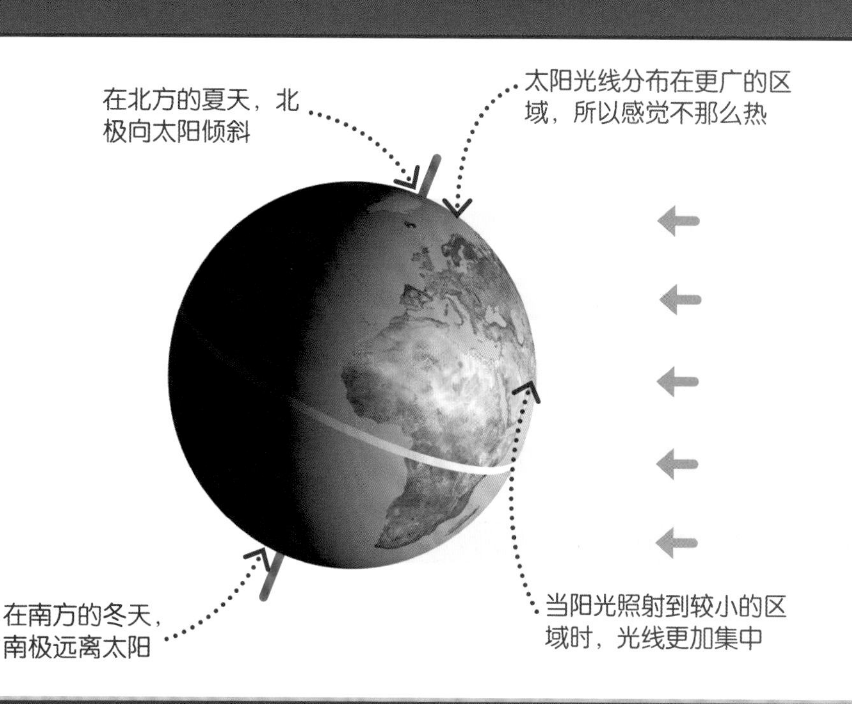
在北方的夏天，北极向太阳倾斜
太阳光线分布在更广的区域，所以感觉不那么热
在南方的冬天，南极远离太阳
当阳光照射到较小的区域时，光线更加集中

太阳系

太阳系是受太阳引力影响的空间区域。它包括八大行星（包括地球），以及围绕它们运行的卫星和无数较小的天体，如矮行星、小行星和彗星。太阳通过引力将太阳系中的所有天体束缚在运行轨道上。

木星、土星、天王星和海王星是巨大的气态巨行星，在小行星带外绕太阳运行
天王星
木星
水星、金星、地球和火星是岩石行星，绕太阳运行
太阳是太阳系的中心天体
地球
火星
水星
金星
小行星（小型岩石天体）大都集中在火星和木星之间的一条宽阔的环形带上

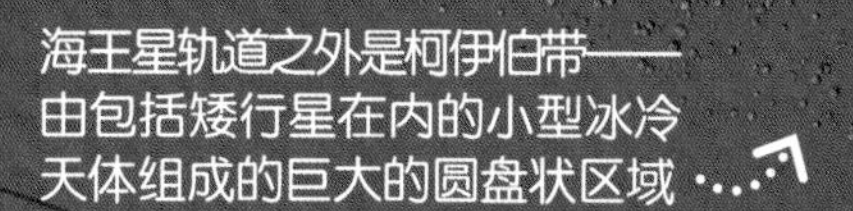

海王星轨道之外是柯伊伯带——
由包括矮行星在内的小型冰冷
天体组成的巨大的圆盘状区域

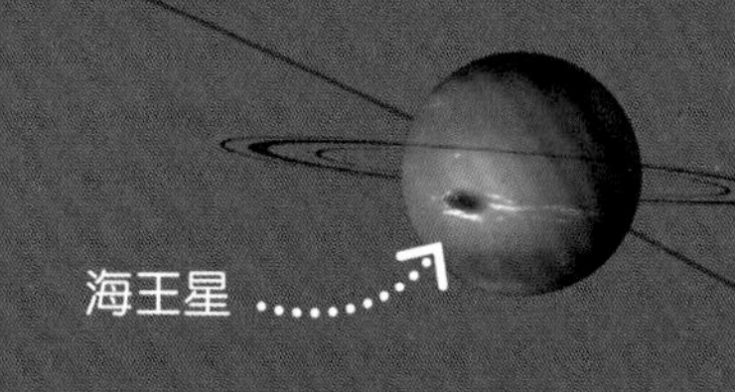

要点

- ✓ 太阳通过引力将太阳系中的所有天体束缚在运行轨道上。
- ✓ 行星是围绕恒星运转并能够清除其轨道上其他天体的大型天体。太阳系有八大行星。
- ✓ 卫星（天然卫星）是围绕行星运行的大型天体。
- ✓ 小行星是一种小型岩石天体，绝大多数位于火星和木星轨道之间。

小型天体

矮行星

矮行星

矮行星具有足够的质量形成一个球体，但不足以清除其轨道上的其他天体。冥王星是最著名的矮行星。

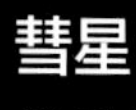
彗星

彗星

彗星是由岩石和冰块混合而成的天体，周期彗星还具有椭圆形的轨道。当它们靠近太阳时，往往会形成一条明亮的彗尾。

小行星

小行星

小行星通常是由行星形成过程中遗留下来的岩石和金属构成的形状不规则的天体。大多数小行星在火星和木星轨道之间围绕太阳运行。

卫星

卫星

卫星是围绕行星运行的天体，有时被称为天然卫星（卫星分天然卫星和人造卫星两大类）。太阳系中有200多颗卫星，其中大多数围绕着巨大的行星运行。

行星

行星是围绕恒星运转的近似球形的天体，其质量足以清除轨道上的其他天体。太阳系最内侧的4颗行星是岩石行星——由岩石和金属组成的固体球体。外太阳系的气态巨行星质量巨大，体积也更大。它们都有一层厚厚的大气层，主要成分是氢和氦。每颗气态巨行星都有自己的光环和围绕其运行的卫星。

月球

月球是地球的天然卫星，每27.3天绕地球运行一周。月球自身不发光，但我们仍然可以看到它，这是因为它反射了来自太阳的光。

要点

- ✓ 月球是地球的天然卫星。
- ✓ 月相周期约为29.5天。
- ✓ 潮汐主要是由月球对地球海洋的引力引起的。

月相

从地球上看，月球的亮面每天都在发生有规则的变化，从而形成月相。月相周期约为29.5天。当月球位于地球和太阳之间时，从地球上看不到它，称为新月。当地球位于太阳和月球中间时，月球的整个表面都被照亮了，称为满月。我们总是看到月球的同一面，是因为经历数百万年的时间，地球施加在月球上的潮汐力减缓了月球的自转周期，使其与绕地球公转的时间相同。

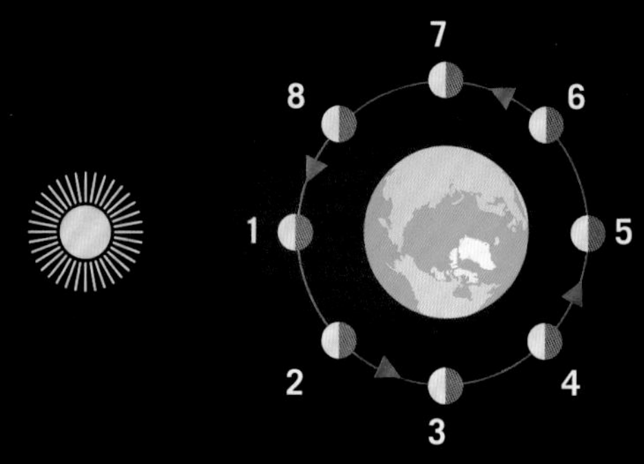

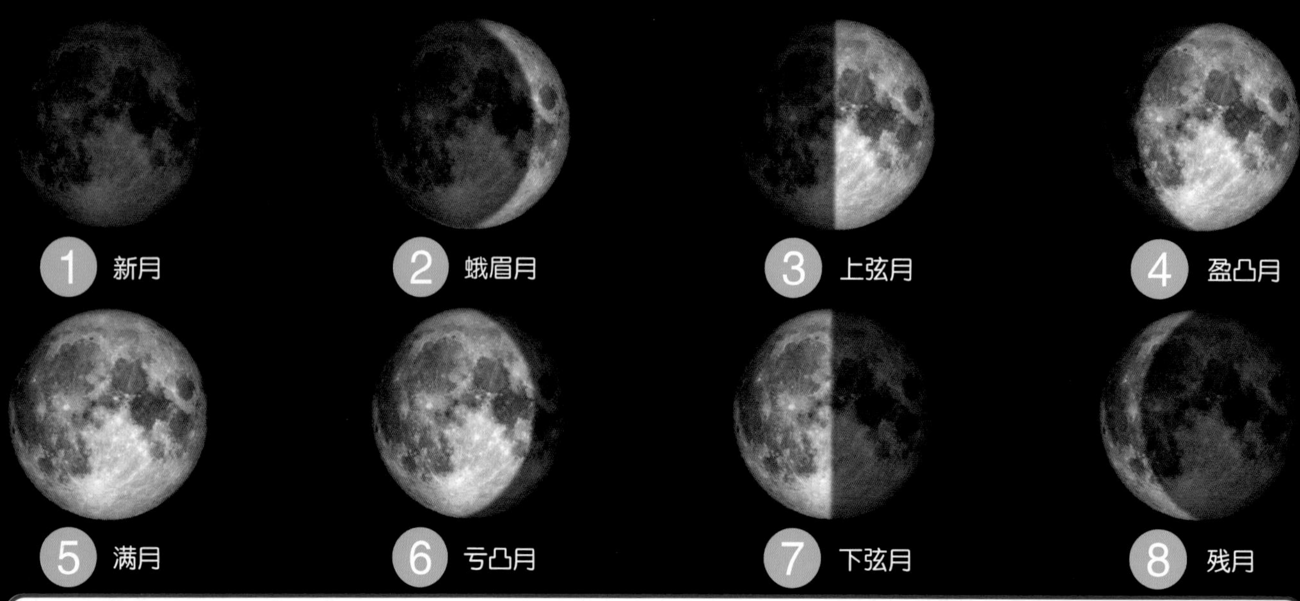

潮汐

海洋潮汐主要是由月球引力引起的。因为地球面向月球的那一面离月球更近，所以受到的引力最强。这种力将海水拉向月球，造成轻微的隆起。在地球的另一面，月球的引力最弱，惯性会导致海水在试图保持直线运动时向相反方向隆起。因此，海洋每天会出现两次潮汐现象。

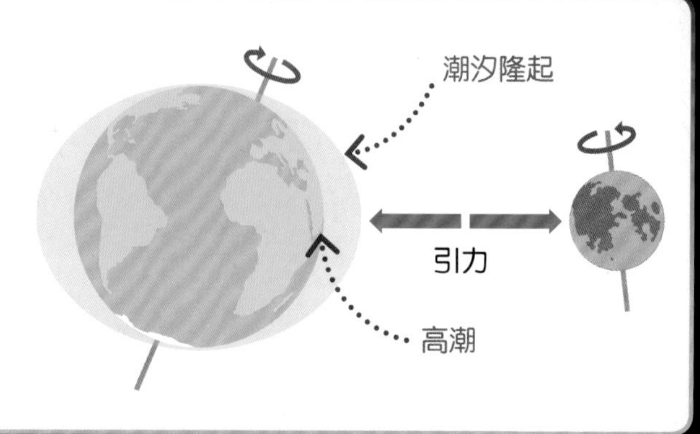

日食与月食

当地球、月球和太阳排成一条直线时，就会发生日食或月食。当月球运动到太阳和地球中间时，月球身后的阴影正好投在地球上，这时发生日食现象。当地球将其阴影投到月球上时，则会发生月食现象。

要点

- ✓ 日食发生在地球、月球和太阳排成一条直线的时候。
- ✓ 当月球在地球上投下阴影时，就会发生日食。
- ✓ 当地球在月球上投下阴影时，就会发生月食。

日食

当月球位于太阳和地球之间，并在地球表面投下阴影时，就会发生日食。虽然月球比太阳小得多，但它距离地球比太阳近得多，可以完全遮住太阳，形成日全食。日全食通常只能在地球上的局部地区见到。

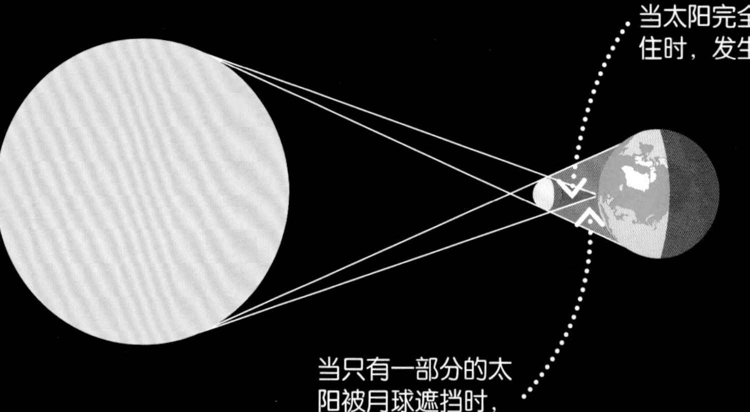
当太阳完全被月球遮住时，发生日全食
当只有一部分的太阳被月球遮挡时，发生日偏食

月食

在满月期间，当月球运行到地球的阴影区时，就会发生月食。有时只有一部分的月球进入地球的阴影区（月偏食）。当整个月球落在地球的阴影区时（月全食），月球就会变红。这是因为经过地球大气层折射（弯曲）的光仍然可以到达月球表面。

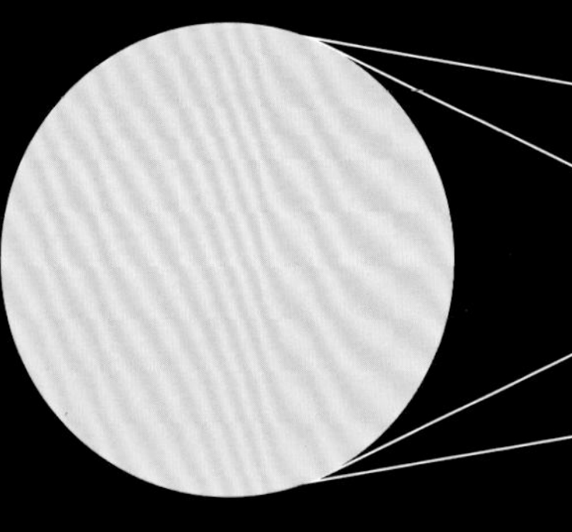
月球运行到地球的阴影区
月球表面变暗，但一些光线经过地球大气层会被折射到月球上

太阳的大气层

日全食期间，当月球完全遮挡住太阳时，天文学家可以看到太阳微弱的外层大气——日冕。日冕延伸到太空中数百万千米，但很难被研究，因为它通常会被太阳的强光所掩盖。

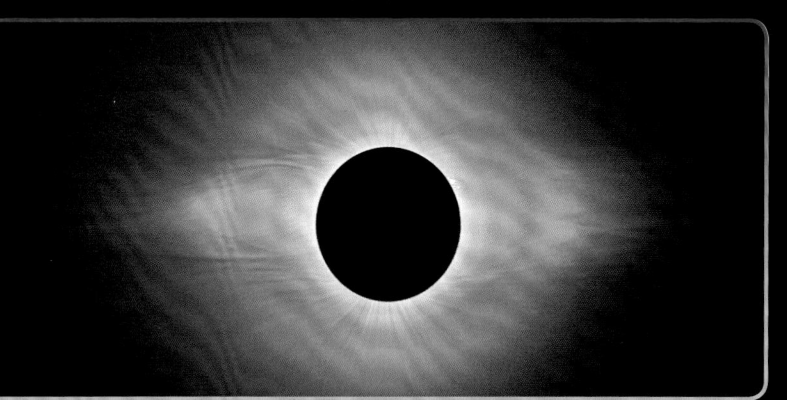

轨道

太阳系的行星因受到引力的束缚而围绕太阳运行。行星围绕太阳或卫星围绕行星运行的路径称为轨道。

要点

- ✓ 在太空中，一个天体围绕另一个天体移动时所走的路径，叫作轨道。
- ✓ 引力使太空中的天体沿轨道运行。
- ✓ 轨道可以是圆形的，也可以是椭圆形的。
- ✓ 在圆形轨道中，天体的速率是恒定的，但其速度的方向总是变化的。

轨道形状

太阳系中的行星有着近似圆形的轨道。来自太阳的引力为行星提供了向心力（见第88页），阻止它们沿直线飞行。较小的天体，如周期彗星，有扁长的椭圆轨道。彗星离太阳越近，速度越快。

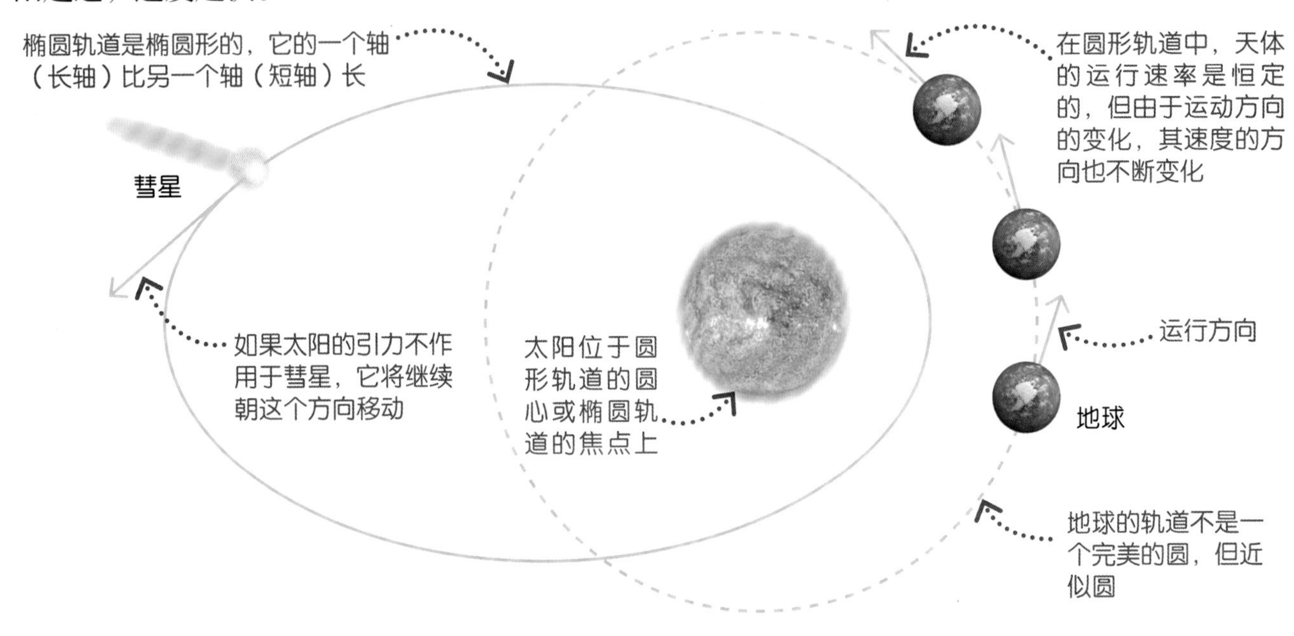
椭圆轨道是椭圆形的，它的一个轴（长轴）比另一个轴（短轴）长
彗星
如果太阳的引力不作用于彗星，它将继续朝这个方向移动
太阳位于圆形轨道的圆心或椭圆轨道的焦点上
在圆形轨道中，天体的运行速率是恒定的，但由于运动方向的变化，其速度的方向也不断变化
运行方向
地球
地球的轨道不是一个完美的圆，但近似圆

轨道类型

人造卫星被发射到哪种类型的轨道上取决于它们的任务要求。地球同步轨道和极地轨道是两种常见的卫星轨道。

1 地球同步轨道

地球同步卫星位于赤道上空，每23小时56分钟自转一周，与地球自转周期相同，这意味着它们在每天的相同时刻，经过地球上相同地点的上空。地球同步轨道常用于气象和通信卫星。

赤道

2 极地轨道

极地轨道上的卫星在地球的两极之间运行。由于地球在其下方自转，因此它们在轨道上的每一处都会看到地球的不同部分。地球监测卫星采用的是极地轨道。

星系

星系是由引力聚集在一起的恒星及星际物质的集合。宇宙可能有多达2万亿个星系，每个星系可能拥有数十亿或数万亿颗恒星。星系之间及星系内恒星之间的距离非常遥远。

星系类型

星系可以根据其形状分为不同的种类，包括旋涡星系、棒旋星系、透镜状星系、椭圆星系和不规则星系。太阳系是银河系的一部分，银河系是一个棒旋星系——一个中心由恒星组成的棒状螺旋星系。我们在夜空中看到的所有星星都属于银河系。下面的图片展示了银河系的样子。

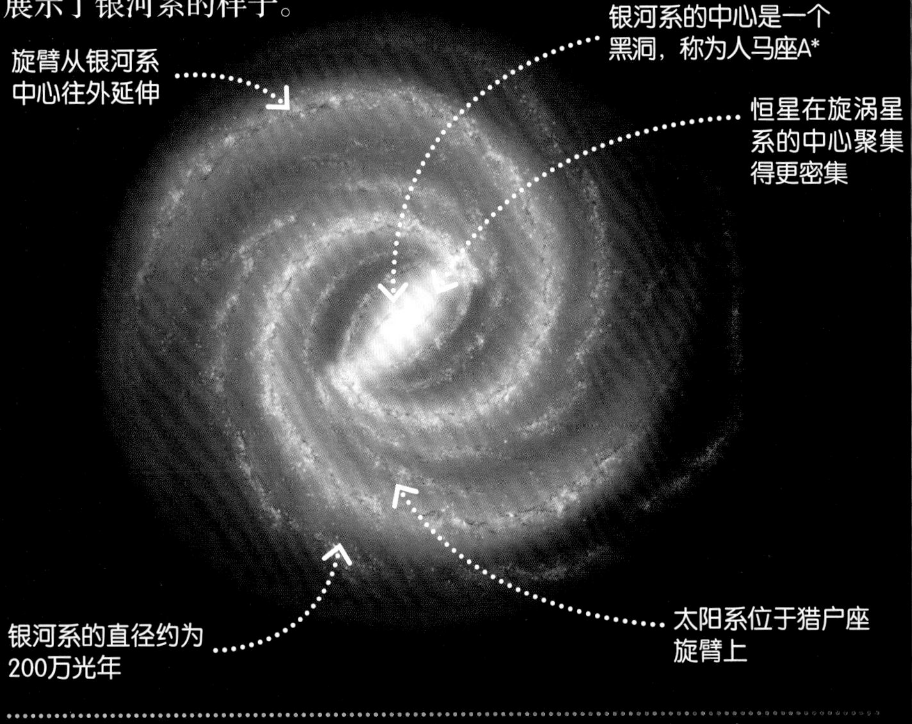
旋臂从银河系中心往外延伸
银河系的中心是一个黑洞，称为人马座A*
恒星在旋涡星系的中心聚集得更密集
银河系的直径约为200万光年
太阳系位于猎户座旋臂上

1 透镜状星系和旋涡星系一样，是盘状的，中央有一个突起，但没有旋臂。

2 椭圆星系像一个被压扁的球体。椭圆星系中的恒星往往比其他类型星系中的恒星更古老。

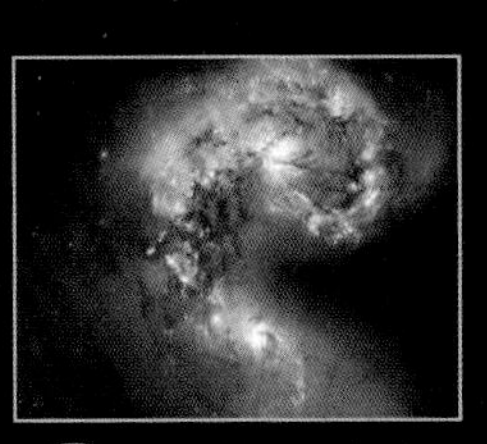

3 不规则星系没有特殊形状，也没有旋臂。大约1/4的星系是不规则的。

要点

- ✓ 星系是由引力聚集在一起的恒星及星际物质的集合。
- ✓ 星系可分为旋涡星系、棒旋星系、透镜状星系、椭圆星系和不规则星系。
- ✓ 太阳系属于银河系。

宇宙的规模

宇宙中天体之间的距离非常远，我们以光年为单位来表示它们。1光年是光在1年中经过的距离，约为9.5万亿千米。

光从太阳到地球大约需要8分钟。

除太阳外，距离地球最近的恒星是半人马座的比邻星，距离约为4.2光年。

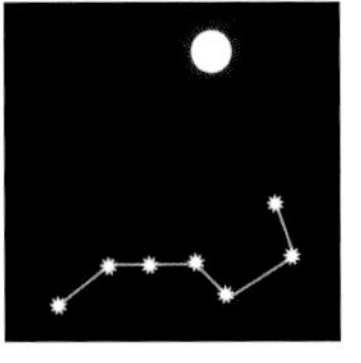

北极星距离地球约320光年。

地球距离银河系中心约26 000光年。

仙女星系是距离银河系最近的星系，距离地球约250万光年。

宇宙观测

我们了解宇宙的主要方式是捕捉从遥远的天体到达地球的可见光和其他辐射。望远镜是观测这种辐射并绘制比肉眼所能看到的更明亮、更详细的图像的工具。

要点

- ✓ 天文学家使用不同种类的望远镜来探测太空中的天体发出的不同种类的电磁辐射。
- ✓ 为了拍摄更清晰的图像，一些望远镜被发射到太空中。

望远镜

得益于强大的望远镜，在过去的一个世纪里，我们对太空的理解发生了变化。早期的天文学家只能通过肉眼观察宇宙，并绘制宇宙图像，但现在我们可以用摄像机记录图像，用计算机分析数据。天文学家使用位于地球和太空的望远镜来捕捉和研究整个电磁频谱中的电磁波。

阿雷西博射电望远镜的主反射面直径为305m
反射面的曲面形状可以聚焦无线电波

1 地球上的望远镜

地球上的望远镜，如波多黎各岛的阿雷西博望远镜，比太空望远镜大得多，因为它们不需要被发射到太空中。阿雷西博射电望远镜需要巨大的天线，因为无线电波的波长远远大于可见光的波长。

这张鹰状星云“创生之柱”的图像是以哈勃空间望远镜拍摄的数字图像为基础绘制而成的
望远镜内部的一组镜子将光线反射到探测器上
光从这里进入
太阳能电池板提供望远镜运行所需的电力

2 空间望远镜

与大多数现代望远镜一样，哈勃空间望远镜（HST）使用反射镜而不是透镜来收集和聚焦光线。哈勃等轨道望远镜可以在大气没有云层和灰尘的情况下观测太空，并可以探测被地球大气层吸收的辐射类型，如红外线辐射。

不可见的射线

恒星和其他天体发出遍及整个电磁频谱的电磁辐射。天文学家可以通过研究不同频率电磁波形成的图像来了解更多关于太空中物体的信息。这些图片显示了不同电磁频率下的蟹状星云——恒星爆炸后留下的发光残骸。

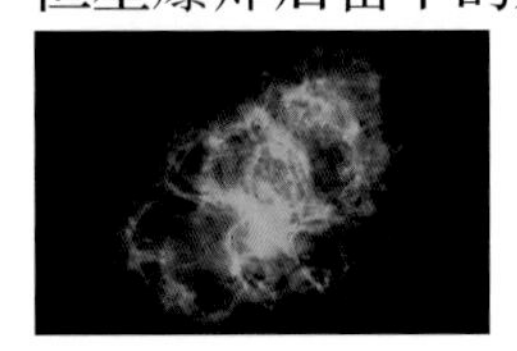
无线电波

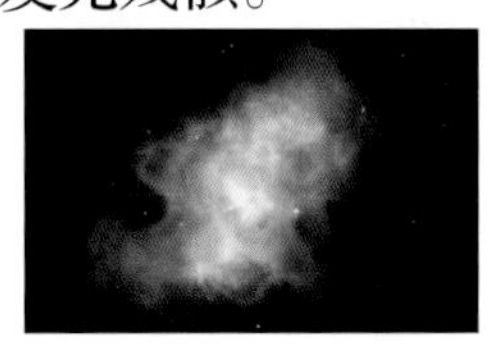
红外线

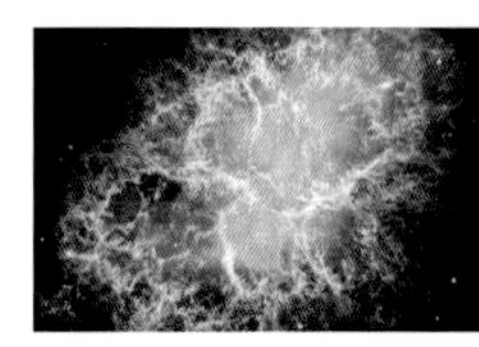
可见光

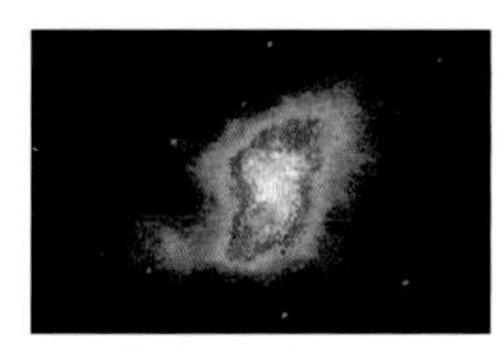
紫外线

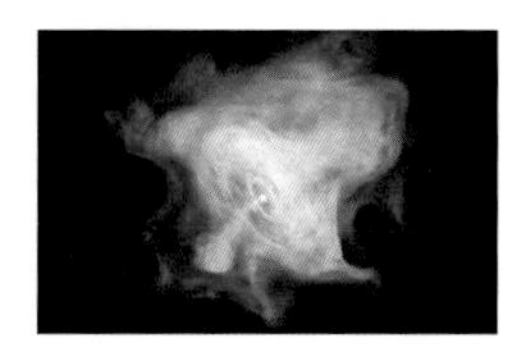
X射线

红移

天文学家通过分析来自遥远星系的光，发现其波长略长于来自较近天体的光的波长。这种肉眼无法察觉的差异是由一种称为红移的效应引起的，它表明宇宙正在膨胀。

要点

- ✓ 红移是来自遥远星系的光波波长变长的现象，说明这些星系在退行（远离我们）。
- ✓ 红移研究表明，距离最远的星系退行得最快。
- ✓ 观测到的红移提供了宇宙正在膨胀的证据，也是支持大爆炸理论的依据之一。

红移和蓝移

正在退行（远离我们）的天体发出的光波波长稍长。天体退行得越快，波长延伸得越长。通过研究，天文学家发现距离我们越远的星系退行得越快。这表明整个宇宙正在以支持大爆炸理论的模式膨胀（见第259页）。

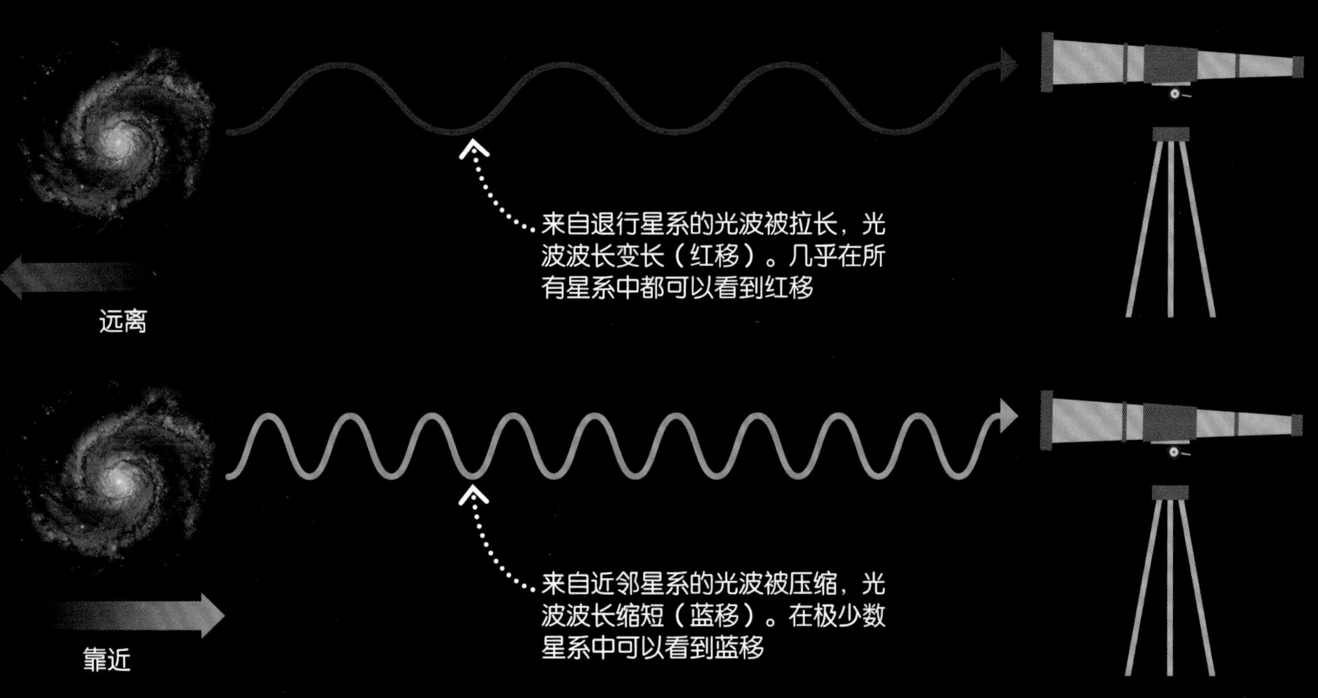
来自退行星系的光波被拉长，光波波长变长（红移）。几乎在所有星系中都可以看到红移
远离
来自近邻星系的光波被压缩，光波波长缩短（蓝移）。在极少数星系中可以看到蓝移
靠近

研究星光

天文学家用一种叫作光谱学的技术研究恒星和星系发出的光。在光谱学的一种研究方式中，来自恒星的可见光光谱具有独特的暗线，这是因为恒星或太空中的化学元素吸收了某些波长。红移（或偶尔蓝移）导致这些暗线移动，它们移动的量揭示了恒星或星系靠近或远离我们的速度。红移不仅会影响可见光，还会影响各种电磁辐射。

远离的星系（红移）

实验室光谱（静止）

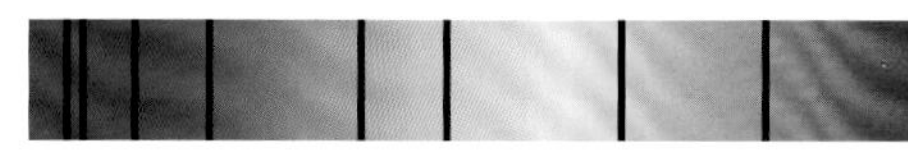
邻近的星系（蓝移）

宇宙膨胀

分析恒星和星系发出的光，可以确定它们是在向我们靠近还是在远离。1929年，包括美国的爱德文·哈勃在内的天文学家发现，大多数星系的退行速度与它们和地球的距离成正比，我们称为哈勃定律。

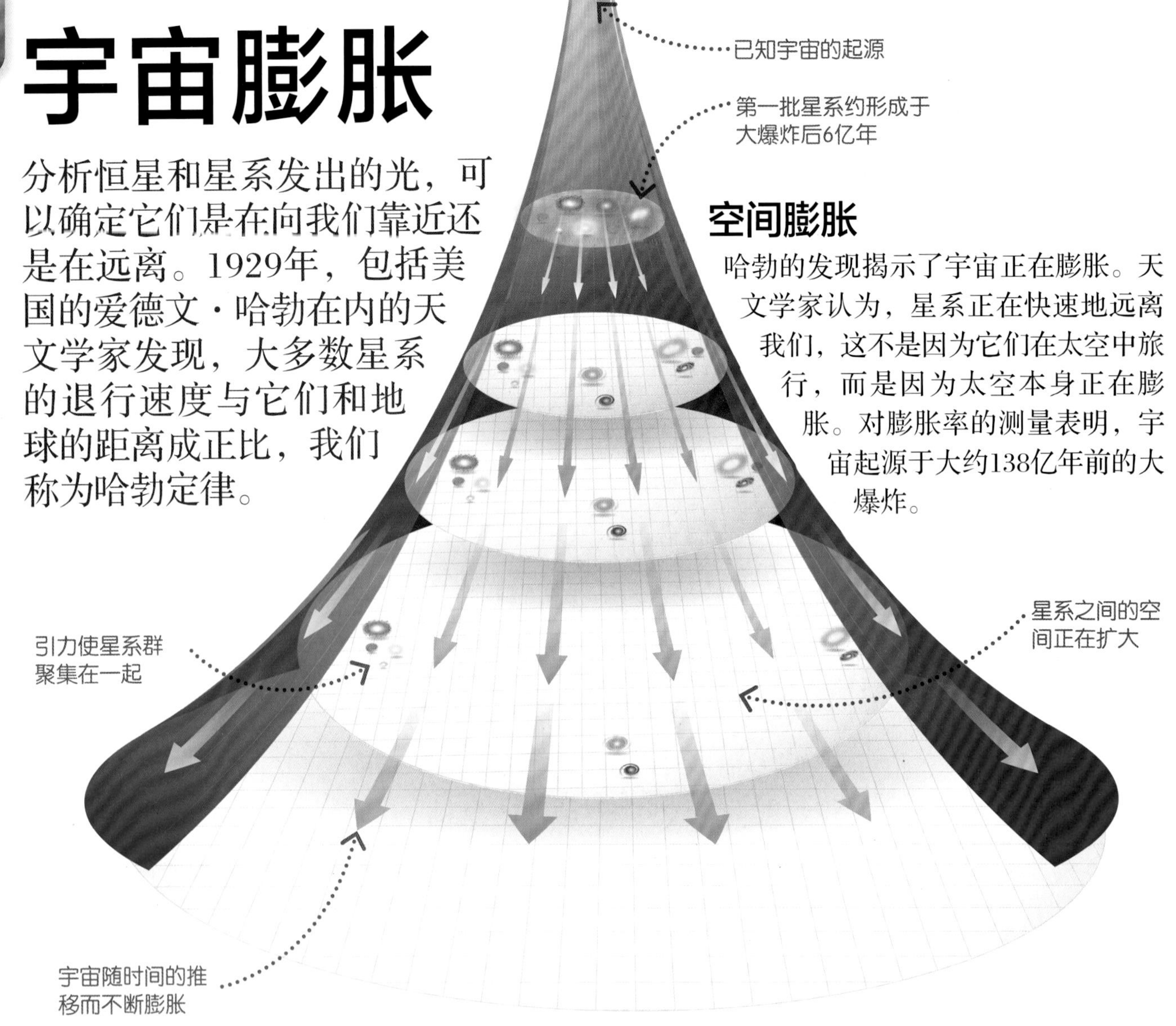
已知宇宙的起源
第一批星系约形成于大爆炸后6亿年
引力使星系群聚集在一起
星系之间的空间正在扩大
宇宙随时间的推移而不断膨胀

空间膨胀

哈勃的发现揭示了宇宙正在膨胀。天文学家认为，星系正在快速地远离我们，这不是因为它们在太空中旅行，而是因为太空本身正在膨胀。对膨胀率的测量表明，宇宙起源于大约138亿年前的大爆炸。

要点

- ✓ 大多数星系正在远离我们。
- ✓ 星系退行的速度与它们到地球的距离成正比。
- ✓ 哈勃空间望远镜的观测表明，宇宙正在膨胀，并支持大爆炸理论。

暗物质与暗能量

对遥远星系中超新星发出的光的测量表明，宇宙正在加速膨胀。科学家们认为，加速度是由一种未知的能量（暗能量）驱动的。他们还认为星系质量一定比我们所能看到的大，因为所观测到的星系质量远远不足以支持星系的运动，这种未被察觉的物质被称为暗物质。

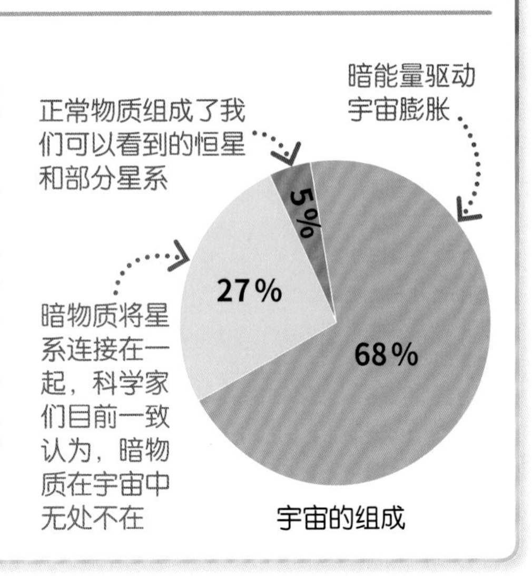
正常物质组成了我们可以看到的恒星和部分星系
暗能量驱动宇宙膨胀
5%
27%
68%
暗物质将星系连接在一起，科学家们目前一致认为，暗物质在宇宙中无处不在

宇宙的组成

大爆炸还是恒稳态

有两种不同的理论来解释宇宙膨胀。宇宙大爆炸理论认为，膨胀的起源可以追溯到一个奇点；宇宙恒稳态理论认为，某些东西在不断地创造新物质，使宇宙膨胀。

要点

- ✓ 大爆炸理论认为，宇宙起源于138亿年前的一个奇点，并一直在膨胀。
- ✓ 恒稳态理论认为，随着宇宙的膨胀，新物质会不断被创造出来，以填充宇宙。
- ✓ 大爆炸理论是目前公认的关于宇宙起源的理论，而恒稳态理论现在被认为是不正确的。

1 大爆炸理论

大爆炸理论认为，宇宙在138亿年前从一个点突然膨胀。宇宙中所有的物质和能量从一开始就存在了。随着宇宙的膨胀，物质和能量分布得越来越广泛。大多数证据表明大爆炸理论是正确的。

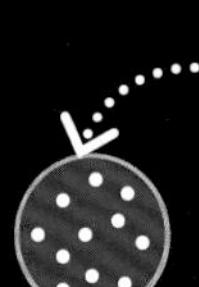
物质的形成基于宇宙的膨胀和冷却

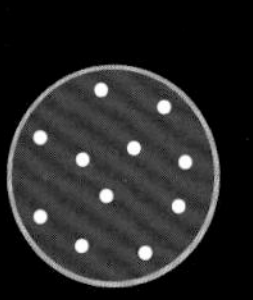

随着空间的膨胀，星系之间的距离越来越远

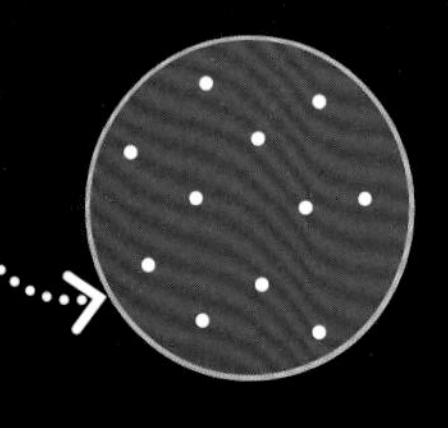

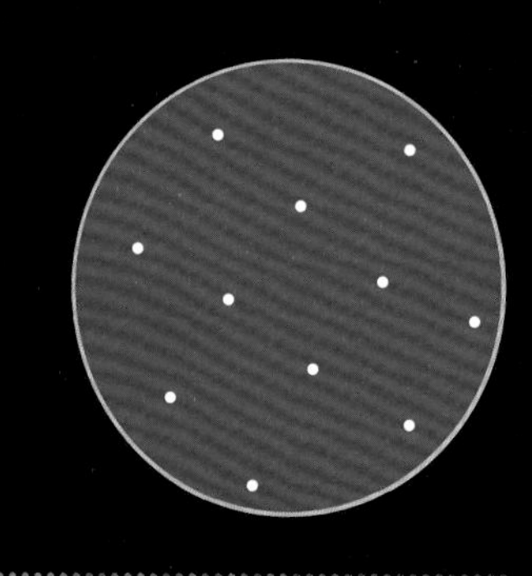

2 恒稳态理论

20世纪初提出的恒稳态理论认为，宇宙一直存在，并随着新物质的产生而不断膨胀。然而，科学观察并不支持该理论，现在人们认为它是不正确的。

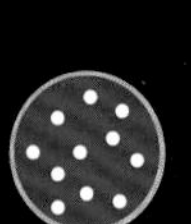

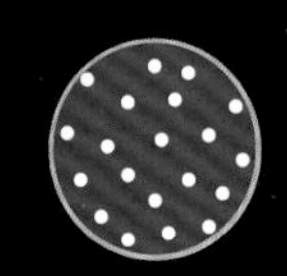

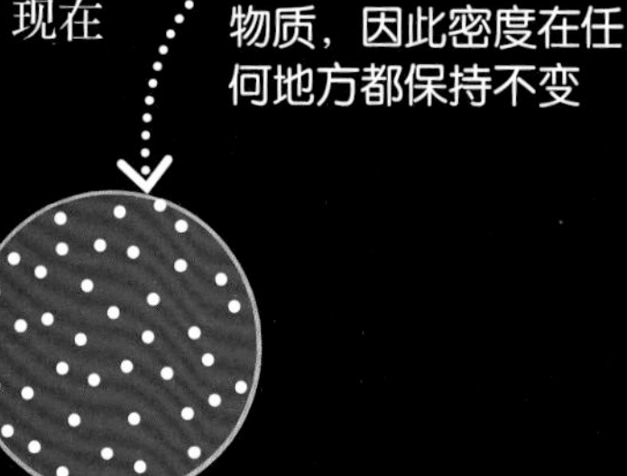
宇宙膨胀时会产生新物质，因此密度在任何地方都保持不变

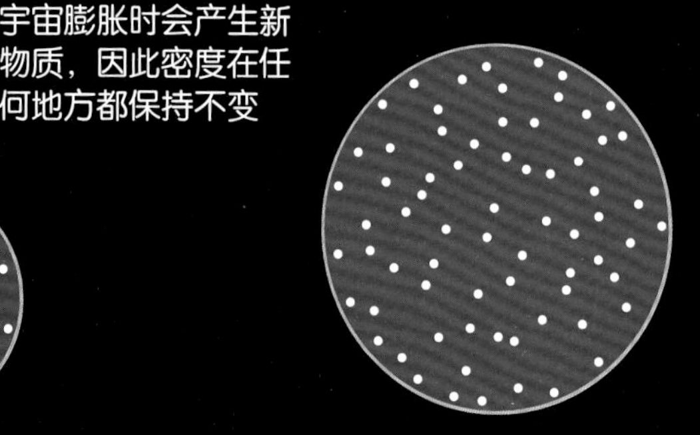

宇宙微波背景辐射

1964年，两位射电天文学家发现了一种来自太空的微弱射电信号。他们意识到自己已经捕获了来自大爆炸的辐射，它弥漫在整个宇宙中。这种能量的存在是基于大爆炸理论预测的，而不是基于恒稳态理论，因此这一发现证实了大爆炸理论。

宇宙微波背景辐射

恒星生命周期

恒星是在由气体和尘埃组成的星云中形成的，这些星云由于引力作用而收缩，直到在其中触发核聚变反应。恒星耗尽燃料时所经历的生命周期取决于恒星的质量。

要点

- ✓ 恒星是在由气体和尘埃组成的星云中形成的。
- ✓ 行星是由星云中恒星形成后留下的碎片形成的。
- ✓ 恒星的生命周期取决于其质量。

不同的生命

右边的图片显示了大质量恒星和中等恒星（与太阳大小相当的恒星）的典型生命周期。大质量恒星光芒四射，快速消耗燃料，并在壮观的爆炸中死亡。中等恒星消耗燃料的速度较慢，发光时间较长，随着时间的增长而膨胀，然后逐渐消失。

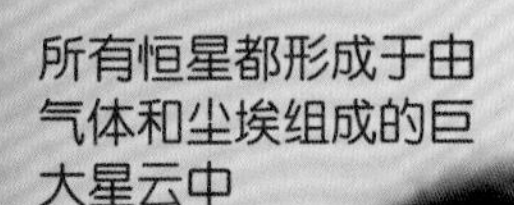

所有恒星都形成于由
气体和尘埃组成的巨
大星云中

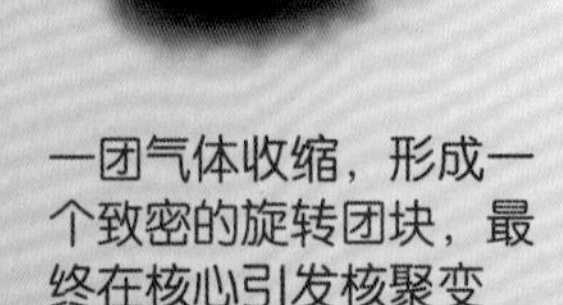

当一颗大质量恒星耗尽燃料时，它会膨胀形成超巨星

大质量恒星

当一颗中等恒星耗尽燃料时，它会膨胀形成红巨星

中等恒星

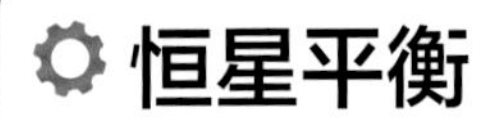

恒星平衡

只要恒星能够在自身向内的引力和核聚变反应产生的向外的辐射压之间保持平衡，它们就会稳定地发光。当恒星内部的燃料耗尽时，力会变得不平衡，恒星会发生变化，有时甚至是显著而剧烈的变化。

1 普通恒星
在像太阳这样的恒星中，向内的引力平衡了核心向外的压力。

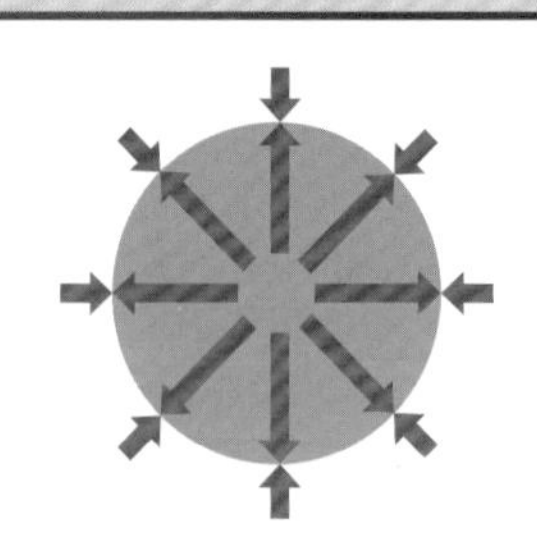

2 红巨星
在一颗老化的恒星中，核心温度升高，力变得不平衡。恒星体积不断膨胀，直到力再次平衡。此时的它是一颗红巨星。

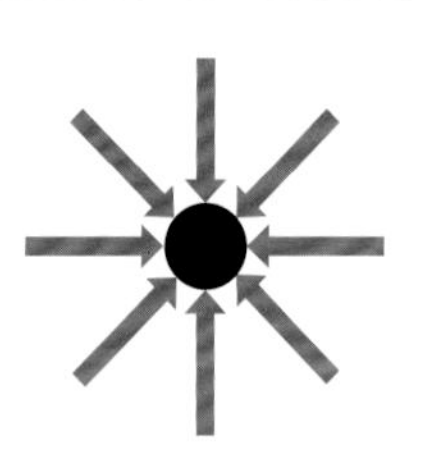

3 黑洞
当大质量恒星耗尽燃料时，引力远远超过核心的压力，恒星坍缩成黑洞。

恒星形成

恒星形成于巨大的星云中。如果星云受到干扰，如来自爆炸的恒星的冲击，它的一部分可能因引力开始收缩，形成旋转团块。随着团块密度的增加，其引力越来越强，核心温度也随之升高，最终引发核聚变反应，产生恒星并使其发光。剩余物质以尘埃和气体盘的形式围绕恒星运行，行星和其他天体在其中形成。

当超巨星耗尽燃料时，它会突然坍塌，然后爆炸，即超新星爆炸

核心的残余部分可能收缩形成一颗密度极高、旋转速度很快的恒星，其大小相当于一座城市。所有物质都被压碎形成中子，所以这类恒星被称为中子星

大多数大质量恒星的核心坍塌形成黑洞——在这个区域，引力极其强大，连光都无法穿过

当一颗中等恒星核心的燃料耗尽时，它会将外层气体释放到太空中，核心塌缩成一颗地球大小的炽热恒星，称为白矮星

最终，恒星可能冷却形成一个不发光也不发热的碳球，即黑矮星。这需要很长时间才能形成，因而目前还不存在

元素的形成

恒星主要由氢组成，氢是宇宙中最简单的元素。它们因核聚变而发光（见第245页）：氢原子核被迫聚集在一起形成较大的原子核，如氦原子核，在这个过程中释放能量。在恒星生命末期，其核心耗尽了氢，并开始融合其他元素，而类似太阳的恒星则融合氦生成碳。更大质量的恒星继续生成更重的元素，如氮、氧和铁。当大质量恒星发生超新星爆炸时，会产生比铁更重的元素，爆炸会将这些元素分散到太空中，形成新的星云。我们体内的许多化学元素都是这样形成的。

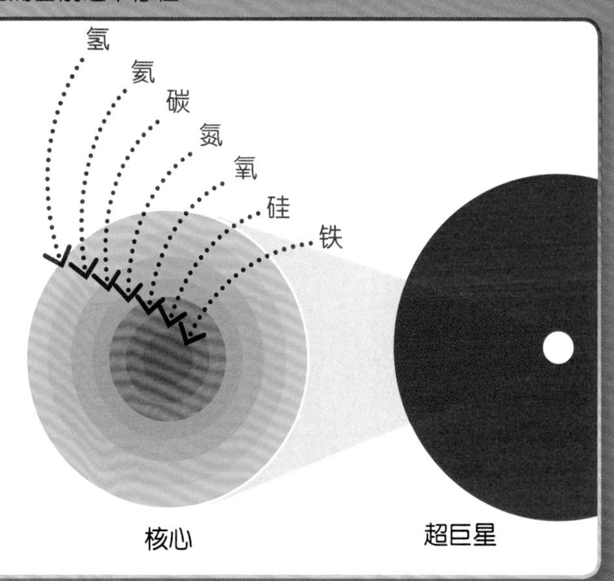

恒星分类

肉眼看来，恒星可能就像一个个小光点，但天文学家可以利用它们发出的光来计算它们的温度、与地球的距离、直径和质量。这些特征被用来对恒星进行分类，以及计算它们的年龄和寿命。

要点

- ✓ 可以利用恒星发出的光来计算其温度。
- ✓ 视星等是从地球上观测到的恒星的亮度。
- ✓ 绝对星等是假定恒星离地球为32.6光年时观测到的恒星的亮度。
- ✓ 赫罗图是显示恒星温度与亮度关系的图表。

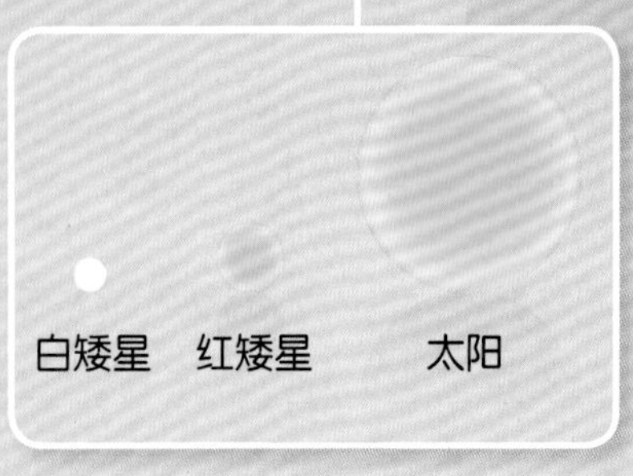

恒星的大小

恒星的大小千差万别，从不如一个城市大（但质量比太阳大）的中子星，到体积比太阳大数百万或数十亿倍的超巨星和特超巨星。恒星的特性主要取决于它的质量。恒星质量越大，其寿命中的大部分时间越热、越亮、越蓝，但寿命也会越短。这是因为大质量恒星耗尽燃料的速度更快。

颜色和温度

无论物体温度如何，它们都会发出辐射。随着物体温度的升高，其发射的辐射量增加，但辐射的峰值波长缩短。这就是为什么当温度升高时，高温物体发出的光会从红热变为白热。天文学家利用这一原理来测量恒星的表面温度。虽然肉眼观察并不明显，但温度降低的恒星发出的红光更强烈，温度较高的恒星发出的蓝光更强烈。

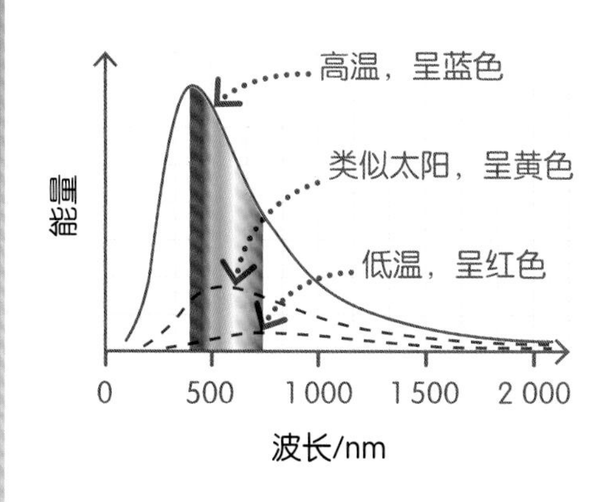

赫罗图

大约100年前，丹麦天文学家埃希纳·赫茨普龙和美国天文学家亨利·诺利斯·罗素分别独立发现了恒星特性的模式分布。如果将恒星绘制在亮度与温度的关系图上，它们就会形成一种独特的图表，这种图表会反映出它们所处的生命阶段。大多数恒星位于一个称为主星序的对角带上。这些恒星体积相对较小，其核心会融合氢。其他恒星，如正在耗尽燃料的老化巨星，在远离主星序的地方形成星团。

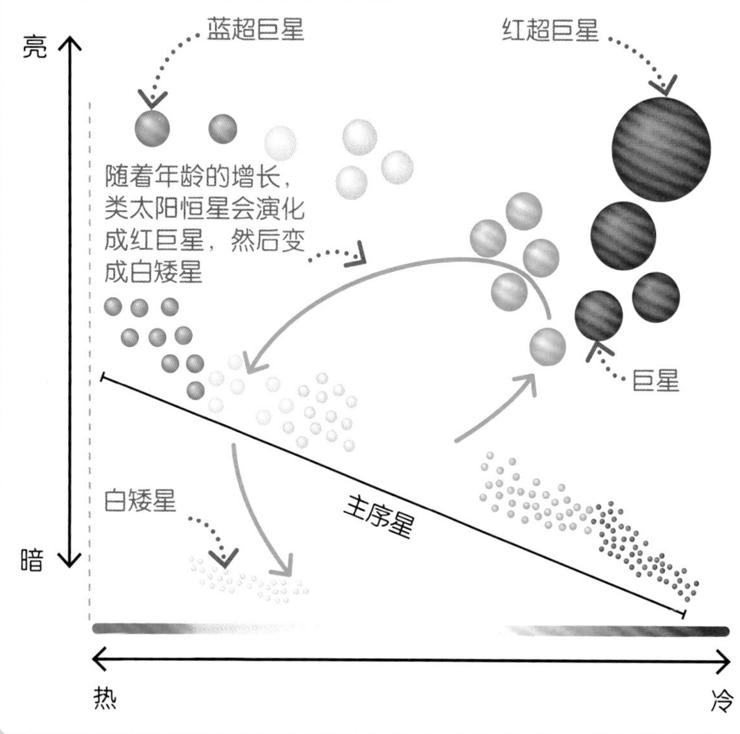

星等

天文学家用星等一词来表示恒星的亮度。有两种测量星等的方法。视星等是从地球上观测到的恒星的亮度，但由于遥远的恒星看起来更暗，所以这可能会产生误差。绝对星等则假设所有恒星离地球都是32.6光年，用一种标准化的方式衡量恒星的亮度。

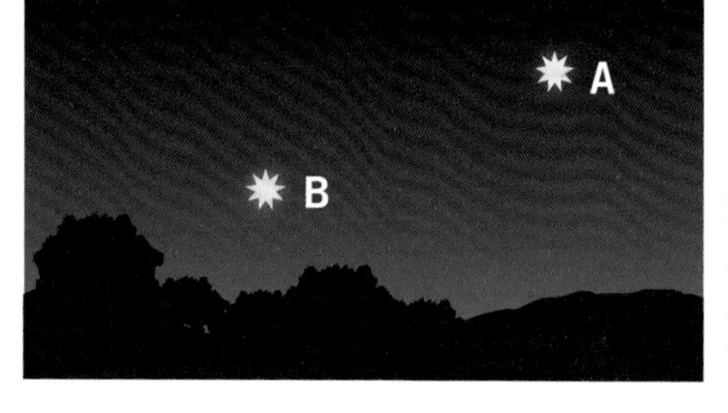

这两颗恒星在夜空中看起来同样明亮，但实际上A星距离地球更远，也更亮。

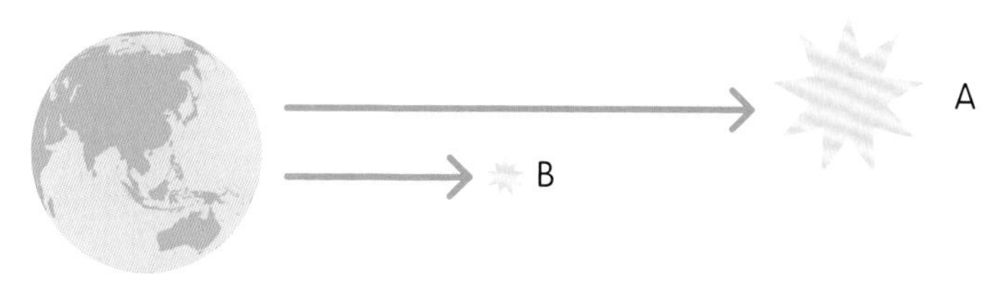

术语表

PET（正电子发射型计算机断层显像）扫描

一种成像技术。它使用附着在其他分子上的放射性同位素来反映人体内部的代谢活动和生理功能。

X射线

能量高、频率高、波长短的电磁辐射。X射线可穿透大多数物质，因此可用于骨骼和牙齿的成像。

α粒子

由2个中子和2个质子组成的粒子。α粒子在放射性衰变过程中由某些原子核释放出来。

α衰变

一种放射性衰变形式。发生α衰变时，一个α粒子会从原子核中发射出。

β粒子

高速电子。β粒子在放射性衰变过程中从原子核中释放出来。

β衰变

在β衰变过程中，原子核中的中子转化为质子，并发射出一个β粒子。

A

矮行星

类似行星的小天体，其质量足以因自身引力形成一个球体，但还不足以清除其轨道上的其他天体。

安培

电流的基本单位，简称安，符号为A。

暗能量

一种未知的能量，其作用方向与引力相反，导致宇宙膨胀。

暗物质

只能通过其对可见物质的引力影响而被察觉。暗物质有助于将星系连接在一起。

凹透镜

中间向内弯曲的透镜，又称发散透镜。

B

白矮星

死星的残骸，低光度、高密度、高温度。

板块构造论

解释火山、地震和其他地质现象的理论。该理论认为地球表面被分成了几个能够相互移动的大板块。

半导体

一种导电性能介于导体（如金属）与绝缘体（如玻璃）之间的材料。

半衰期

放射性元素的半数原子核发生衰变所需的时间。

保险丝

电路中的安全装置。它包含一根细导线，如果电流过大，导线就会熔化，从而断开电路。

背景辐射

背景辐射是一种低强度的辐射，一直存在于我们周围。其中一些是由岩石中的放射性物质和我们周围的其他物质发出的，还有一些来自太空（宇宙背景辐射）。

贝克勒尔（Bq）

放射性活度的国际单位。1Bq表示在被测样品中，平均每秒有1个原子发生衰变。

比潜热

在恒定温度下改变1kg物质的物态所需的热量，单位为J/kg。

比热容

将1kg物质的温度升高1℃所吸收的热量，单位为J/（kg·℃）。

变量

实验中可能发生变化的量。变量可分为自变量（所改变的量）、因变量（所测量的量）及控制变量（必须保持不变的量）。

变压器

利用电磁感应来增加或降低交流电源电压的装置。

标量

只有数值大小、没有方向的量。

并联（电路）

电子元件分布在不同分支上，电流可以沿着多条路径流动。

波

声音、光和其他能量以波的形式传播，即在物质或空间中迅速传播的、有规律的振荡。

波长

波中两个连续波峰或两个连续波谷之间的距离。

不可再生资源

终将耗尽的资源，如煤、石油或天然气。

不平衡力

不平衡力会对物体产生一个合（净）力，导致物体加速或变形（挤压或拉伸）。

C

常数

不变的量，在方程式中用字母表示。常数通常表示一种物理性质，例如弹簧容易拉伸的程度（劲度系数）。

场

重力或磁力等非接触力产生作用的区域。

超巨星

宇宙中光度最强的恒星。

超声波

频率高于20 000Hz的声音，人类无法听到这种频率过高的声音。

超新星爆炸

超巨星坍塌引起的爆炸，亮度可能是太阳的数十亿倍。超新星爆炸释放的巨大能量足以通过核聚变产生比铁更重的元素。

齿轮

一种机械装置，通过相互咬合可以使力的作用效果变大或变小。齿轮可以使汽车等机械运动得更快（更小的力矩）或更慢（更大的力矩）。

串联（电路）

把所有元件依次相连，组成的一个简单回路。

磁场

磁体周围的一个区域。它可以在该区域中对其他磁体或磁性材料施加作用力。

磁感线

磁场中的线，表示磁力的作用方向。磁感线最密集的地方，磁场最强。

磁极

磁体上磁性最强的部分。

磁体

具有磁性的物体。

次声波

频率低于20Hz的声音。这种声音人耳无法听到。

D

大爆炸

大爆炸理论认为，宇宙起源于138亿年前的一个奇点，并一直膨胀。

大气层

因重力关系而围绕着地球的一层混合气体。

大气压强

大气压强是大气层中空气的重力对地球表面产生的压力，单位是帕斯卡（Pa），其中$1Pa=1N/m^2$。

地壳（地球）

薄而坚硬的外表面，由岩石构成。

地球同步轨道

地球同步轨道上的卫星位于赤道上空，转动方向与地球自转方向相同，自转一周大约需要24小时。对于地球上的观察者来说，卫星似乎静止在天空中。

地心模型

以地球为中心的宇宙模型。

地震波

从地震、火山爆发、大爆炸或其他来源中穿过地面的能量波。

电场

带电粒子（如电子或离子）周围的区域，其他带电粒子在此区域中会受到力的作用。

电池

在一个完整电路中，储存能量并产生电流的装置。

电磁波谱

从无线电波到伽马射线的全部电磁辐射。另请参阅可见光谱。

电磁辐射

以光速传播能量的形式，是一种横波，可以在真空中传播。

电磁感应

当导体穿过磁场时，导体中会产生感应电压。如果导体是一个完整电路的一部分，那么该电路中就会有电流流动。

电磁铁

通电后会产生磁性的线圈。

电功率

电流在单位时间内做的功，单位为瓦（W）。

电荷

某些粒子（如电子或质子）的基本属性。电荷可以是正电荷，也可以是负电荷。同种电荷相斥，异种电荷相吸。

电离辐射

具有足够能量的辐射（核辐射或电磁辐射），能将电子从原子的外层剥离出来形成离子。

电流

电子或离子等带电粒子的流动，单位为安培（A）。

电路

电流流过的路径。

电子

原子中三种主要粒子之一（与质子和中子并列）。它带有负电荷。

电子层

电子在原子核外排列的层。

电阻

表示导体对电流阻碍作用的大小，单位为欧姆（Ω）。

动量

物体保持运动的趋势，等于物体的质量与速度的乘积，单位为kg・m/s。

动量守恒定律

当一个系统不受外力或者所受外力之和为零时，这个系统的总动量保持不变。

动能

运动物体所具有的能量，物体运动得越快，它的动能越大。

E

二极管

只允许电流单向流动的电子元件。

F

发散透镜

中间向内弯曲的透镜，又称凹透镜。发散透镜能让平行光束散开。

反比

如果两个变量（如容器中一定量气体的压力和体积）成反比，则当一个变量增加另一个变量减少时，它们的乘积（压力×体积）保持不变。

反射定律

反射光线与法线的夹角等于入射光线与法线的夹角。

反射角

反射光线与法线之间的夹角。

反应距离

车辆从驾驶员看到道路上的危险到踩下刹车行驶的距离。它取决于驾驶员的反应速度。

放射性元素

能够自发地从不稳定的原子核内部放出高能粒子或辐射波，同时释放出能量，最终衰变形成稳定的元素而停止放射的元素。

放射治疗

利用放射性物质通过破坏癌症患者的身体组织来治疗癌症的方法。

非接触力

作用在物体之间而不需接触的力，如重力、磁力和静电力。

非弹性碰撞

在非弹性碰撞中，两个相撞的物体发生永久形变，甚至可能连成一体，动能转化为声能、内能和其他形式的能。

非线性

表示两个变量之间关系的图象不呈一条直线，则这两个变量的关系为非线性。

分子

由两个或多个原子紧密结合而成的粒子。

浮力

液体或气体对其中物体施加的向上的力。

辐射

来自放射性源的一种电磁波或粒子流。

G

伽马射线

能量最高、频率最高、波长最短的电磁辐射。它是从衰变的放射性原子核中发射出来的。

伽玛衰变

原子核发出的伽玛辐射是一种放射性衰变，伽玛辐射是一种危险的高能电磁辐射。

干涉

当频率相同、相位差恒定、振动方向相同的两列波相遇时，它们会产生相互干涉的现象。

隔热材料

热传导能力很差的材料。

功

如果一个力作用在物体上并使其沿力的方向移动一段距离，那么就说这个力对物体做了功。功的单位是焦耳（J）。

功率

用来表示做功快慢（能量转化快慢）的物理量，单位为瓦特（W）。

惯性

物体保持静止状态或匀速直线运动状态的性质。

光

我们眼睛能看到的电磁辐射。白光是彩虹中所有色光的混合，它们共同构成了可见光谱。一些科学家用“可见光”一词来形容我们眼睛能看到的辐射，用“光”一词来形容各种电磁辐射。

光敏电阻（LDR）

一种能感应照射在它上面的光的强度的电阻器。当光照变强时，光敏电阻的阻值会减小。

光年

天文学中使用的距离单位。1光年表示光在真空中行进1年的距离，约为9.46万亿千米。

轨道

在太空中，一个天体围绕另一个天体移动时所走的路径，如地球围绕太阳运行的路径。

国际单位（SI）

一系列由物理学家制定的基本标准单位。

H

核反应方程

核反应方程描述了原子在放射性衰变过程中发生的变化。

核聚变

两个或多个质量较小的原子核结合形成质量较大的原子核的过程。

合力

若几个力共同作用的效果与一个力单独作用的效果相同，那么这个力就叫作那几个力的合力。

核裂变

一个不稳定的原子核分裂成两个或多个质量较小的原子核的过程。

核能

储存在原子内部的能量。

核燃料

可在核反应堆中通过核裂变或核聚变产生实用核能的材料。最常见的燃料是浓缩铀（铀–235）。

核子数

一个原子中含有的质子和中子的总数，又称质量数。

赫兹（Hz）

国际单位制中频率的单位，每秒钟振动（或振荡、波动）一次为1Hz。

横波

粒子的振动方向与波的传播方向垂直。水波就是横波。

恒星

一个巨大的、炽热的气体球。恒星的核聚变反应产生了元素周期表上绝大多数的化学元素。

红移

来自遥远星系的光波波长变长的现象。红移提供了宇宙正在膨胀的证据，也是支持大爆炸理论的依据之一。

胡克定律

在弹性限度内，弹簧发生弹性形变时，弹性与弹簧伸长（或缩短）的长度成正比。

化石燃料

从生物遗骸化石中提取的燃料。煤、原油和天然气都属于化石燃料。

化学反应

分子破裂成原子，原子重新排列组合生成新分子的过程。

化学键

使原子或分子之间结合在一起的力。化学反应包括化学键的形成和断裂。

化学能

储存在化学键中的能量。它可以在化学反应中释放出来。食物、燃料和电池储存了大量化学能。

化学物质

一种元素或化合物。那些在工业过程中产生或提取的水、铁、盐和氧，都是化学物质的例子。

J

加速度

速度的变化率。加速度是一个矢量，单位为m/s^2。

焦点

平行光线通过会聚透镜时会聚的交点，或平行光线通过发散透镜时，发散光线反向延长线的交点。

焦耳（J）

能量和做功的国际单位。1焦耳能量相当于1牛顿的力使物体沿力的方向移动1米所做的功。

焦距

焦点和透镜光心之间的距离。

交流电（AC）

方向和强度做周期性变化的电流。

交流发电机

一种将其他形式的能转化为电能的发电机，通常通过在磁场中旋转线圈来产生交流电。

接触力

通过直接接触产生的力，包括空气阻力、摩擦力和张力。

接地

如果一个电器与接地线相连，则该电器是接地的。

近视眼

看不清远处的物体。近视眼可以通过戴带有发散镜片的眼镜来矫正。

静电

一种处于静止状态的电荷。

静电力

静止带电体之间的相互作用。

镜面反射

光在光滑表面（如镜面）上的规则反射。

距离—时间图象

以纵轴（y轴）上的距离和横轴（x轴）上的时间表示旅程的图象。直线上任意一点的斜率就是该时刻的速率。

绝对零度

所有分子停止运动的最低温度。在三种主要的温标（开尔文、摄氏和华氏）中，绝对零度分别是0K、−273℃和−459℉。

绝对星等

假定恒星离地球为32.6光年所测得的亮度。

绝热系统

不与外界交换物质能量的系统。

K

开尔文（K）

国际单位制中的温度单位，以绝对零度（−273℃）为计算起点。每变化1K相当于变化1℃。

科学记数法

一种缩写较大或较小且位数较多的数的记数方法，形如$m \times 10^n$。

可见光谱

我们能看到的电磁波范围。可见光谱分为七种颜色：红、橙、黄、绿、蓝、靛和紫。

可再生能源

一种不会耗尽的能源，如光能、潮汐能或风能。

扩散

两种或两种以上物质由于其粒子的随机运动而逐渐混合。

L

离散变量

只有特定值的变量，如月份。

离子

原子或原子团失去或获得一个或多个电子而形成的带电荷的粒子。

力

力会改变物体的速度、方向或形状。力是一个矢量，单位为牛顿（N）。

力矩

描述力使物体绕某固定点（或轴）转动的效果的物理量。力矩是通过力乘转动轴到作用力的垂直距离来计算的，单位为N·m。

粒子

构成物质的基本单位，如原子或分子。

连续变量

在一定区间内可以任意取值的变量。其数值是连续不断的。

链式反应

一系列核裂变反应，每一个反应都是由前一个核裂变反应中释放的中子引起的。不受控制的链式反应可能导致大量能量的爆炸性释放。

临界角

在研究全反射现象中，刚好发生全反射（折射角为90°）时的入射角是一个很重要的物理量，叫作临界角。

流体

可以流动的物质，如气体或液体。

螺线管

一个圆柱形的线圈，当电流通过时，会产生一个环绕线圈的磁场。

M

漫反射

光从凹凸不平的表面向随机方向发生的反射。

密度

单位体积内物质的质量，单位为kg/m^3或g/cm^3。

摩擦力

一种抵制或阻止相互接触的物体运动的力。

N

内能

物体中所有粒子的动能和势能的总和。

能量

能量可以通过不同的方式储存和传递。例如，能量可以储存在电池的化学物质中，并在电池接入电路时通过电能传递。

能量守恒定律

能量既不会凭空产生，也不会凭空消失，它只会从一种形式转化为另一种形式，或者从一个物体转移到其他物体，而在转化或转移的过程中，能量的总量保持不变。

能源资源

可以利用的能源储存或来源。

凝固点

液体变成固体的温度。同一物质的凝固点与熔点相同。

牛顿（N）

力的单位。

浓度

一种物质与另一种物质混合时粒子数量的量度。

P

帕斯卡（Pa）

压强单位。1Pa表示$1m^2$的面积上受到的力是1N。

碰撞缓冲区

一种安全装置，主要用于汽车在碰撞过程中通过控制变形吸收碰撞能量。

频率

单位时间内通过固定点的波的次数，单位为赫兹（Hz）。

平均速率

平均速率是总路程除以总时间，表示物体在一定时间内运动的平均快慢程度。

Q

气候

一个地方在典型的一年中所经历的天气和季节的模式。

全反射

光从光密介质射入光疏介质时，如果入射角大于某一临界角，则折射角大于90°，折射光线消失，光被全部反射。全反射用于光纤通信。

全球变暖

指地球大气层平均温度上升，这是由温室气体含量增加造成的。其主要原因之一是燃烧化石燃料，释放出温室气体二氧化碳。

R

热传导

通过物理接触进行的热传递。

热对流

通过流体的流动进行的热传递。

热敏电阻

电阻值随温度变化而变化的电阻。

日心说

认为太阳是宇宙的中心，行星都绕太阳运行。

熔点

某种物质从固态变成液态时的温度。

溶液

一种或几种物质以分子或离子的形式分散到另一种物质中，形成的均一稳定的混合物，例如盐水。

入射角

入射光线与法线之间的夹角。

软磁体

当一块磁性材料靠近永磁体时，它本身就会获得磁性，我们称这种磁性材料为软磁体。

S

三棱镜

由玻璃或其他透明材料制成的横截面为三角形的光学仪器，可以将白光分解成不同颜色的光。

升华

物质从固态直接变为气态而不经过液态的过程。

声呐

利用声波在水中传播和反射的特性进行水下探测的技术。

生物燃料

利用可再生的生物质制造的燃料，例如将甘蔗转化为乙醇燃料。如果甘蔗的再生速度和收获速度一样快，那么这种生物燃料就可以被认为是可再生的。

声音

由物体振动产生的声波。

实像

由实际光线会聚而成的，可以形成在屏幕上的像。

矢量

既有大小又有方向的量，如力。

示波器

一种在屏幕上显示电信号的仪器。常用于显示和分析电子信号的波形，如声波。

视星等

从地球上观测到的恒星的亮度。

收尾速度

当物体受到的向上的空气阻力与向下的重力平衡时，下落物体达到的恒定速度。例如，当跳伞者受到的空气阻力与重力相等时，就会停止加速，以收尾速度下落。

数据

实验中收集的信息。

衰变（放射性）

放射性原子核自发发射电离辐射的过程，通常会转变为另一种不同的元素。

瞬时速率

物体在某个特定时刻运动的快慢程度。

速度

物体沿某个特定方向运动的快慢程度。它是一个矢量，单位为m/s或km/h。

T

弹性

如果物体在拉伸或压缩后能恢复到原来的大小和形状，那么它就具有弹性。

弹性极限

材料被拉伸或压缩后仍能恢复原状的最大限度。

弹性碰撞

物体发生弹性碰撞后，会弹回原来的形状，动能不会损失。

弹性势能

物体由于发生弹性形变而具有的能。

停车距离

从驾驶员发现危险到汽车停下这段时间内汽车行驶的距离。停车距离 = 反应距离 + 制动距离。

同位素

质子数相同但中子数不同的同一元素。

透镜

由一种曲面的透明物质制成，可以折射光线。

凸透镜

中间向外弯曲的透镜，又称会聚透镜。

W

微波

波长比红外线长，但比一般无线电波短的电磁波。

位移

特定方向上两点间的直线距离（矢量），单位为米（m）或千米（km）。

温度

用来衡量物体冷热程度的科学指标。温度是对系统中粒子平均动能而不是总内能的测量，单位为摄氏度（℃）或开尔文（K）。

温室气体

二氧化碳和甲烷等气体会吸收地球表面反射的热量，阻止热量发散到太空中。

温室效应

二氧化碳等气体在地球大气层中吸收热量而形成的保温效应。这些气体的积聚导致全球变暖。

涡轮机

带有像风扇一样的叶片的机器，有空气或液体流过时会旋转。涡轮机用于驱动发电站的发电机。

污染

自然环境中混入了对人类或其他生物有害的物质，其数量或程度达到或超出环境承载力，从而改变环境正常状态的现象。

物理学

对力、运动、物质和能量的科学研究。

物态

物质存在的状态，包括固态、液态和气态。

物态变化

物质（固态、液态、气态）从一种状态变化为另一种状态。

X

系统

被研究的物理现象存在的环境。例如，在研究气体时，可选择气缸和活塞作为系统；在研究气候变化时，可选择整个地球作为系统。

系统误差

通常是由设备故障造成的，如天平没有正确归零。这种误差是非随机的，会使每次测量的结果都有相同的误差。

线性关系

如果两个变量的关系图象是一条直线，则称两者呈线性关系。例如，一种符合胡克定律的材料，它所受的力与弹簧伸长量之间呈线性关系。

相关性

两个变量之间有相关性意味着当一个变量变化时，另一个变量也随之变化。相关性并不一定意味着因果性。

向心力

向心力是当物体沿着圆周或者曲线轨道运动时，指向中心的作用力。

小行星

绕太阳运行的小型岩石天体。小行星大都集中在火星和木星之间的小行星带。

小行星带

火星和木星轨道之间的区域，有许多小行星存在。木星强大的引力阻止了小行星形成新的岩石行星。

效率

用来衡量一个系统的输入能量有多少转化为有用能量（通常用百分数表示）。

星系

由引力聚集在一起的恒星及星际物质的集合。

星云

由气体和尘埃组成的云雾状天体，新恒星可能在其中形成。

虚像

由反射光线反向延长线的交点形成的像，如镜面反射所成的像。虚像不能投射到屏幕上。

Y

压强

物体单位面积上所受的力的大小。

因变量

在实验中需要测量的变量。

引力

所有有质量的物体之间产生的吸引力。地球的引力（重力）使我们双脚着地。

引力场

在一个有质量的物体的周围，另一个有质量的物体会受到其引力的吸引。

引力场强度

引力场对1kg物体产生的拉力，单位为N/kg。另请参阅重力加速度。

有效数字

实际能够测量到的数字。

宇宙微波背景辐射

在整个宇宙中发现的微弱微波辐射。它被认为是宇宙大爆炸留下的电子波辐射。

元素

不能通过化学反应分解为其他物质的纯物质，如碳、氢和氧。

原子

构成该元素化学性质的最小部分。原子由质子、中子和电子组成。

原子核

位于原子的核心部分，由质子和中子两种微粒构成。

原子能

有时被称作核能，储存在原子内部。这种能量可能在核裂变或核聚变过程中释放出来。

原子序数

有时被称作质子数，是指原子核中的质子数。每种元素都有不同的原子序数。

Z

张力

受到拉力作用时，物体内部任一截面两侧存在的相互牵引力。

折射

光从一种介质进入另一种介质时，传播方向发生偏折的现象。

真空

没有空气或只有极少空气的空间。

振动

物体通过一个中心位置，不断做往复运动。

振幅

波峰比平衡位置高出的高度。振幅越大，波传递的能量越大。

蒸发

液体变成气体（蒸汽）的状态变化。

支点

物体围绕其旋转的点，又称支轴。

直流电（DC）

只朝一个方向流动的电流。

直流发电机

能够产生直流电的发电机。

直线的斜率

计算斜率的方法是用直线上两点之间的垂直距离除以这两点之间的水平距离。

指南针

一种装有可以自由转动的小磁针的装置。磁针与地球磁场成一条直线。

制动距离

车辆从开始刹车到停下来所经过的距离。

质量

物体所含物质的多少，单位为千克（kg）。

质量数

又称核子数，是原子核中质子和中子的总数。

质子

原子核中带正电荷的粒子。

质子数

又称原子序数，即原子核中质子的数量。

中子

组成原子核的基本粒子之一，不带电荷。

重力

任何有质量的物体由于地球的吸引而受到的力，单位为牛顿（N）。

重力加速度

在没有空气阻力的情况下，物体在重力作用下加速的速度。在地球上，重力加速度大约是$9.8m/s^2$，通常四舍五入到$10m/s^2$。

重力势能

物体由于受到重力并处在一定高度时所具有的能。

重心

从效果上看，可以认为物体各部分受到的重力作用集中于一点，这一点叫作物体的重心。

紫外线（UV）

波长比可见光短的电磁辐射波。能量较高的紫外线辐射具有电离性，可导致晒伤，甚至致癌。紫外线可用于安全标识和消毒。

自变量

研究者主动操纵，以引起因变量发生变化的因素或条件。

纵波

振动方向与波的传播方向在同一直线上的波。

最佳拟合线

通过图上分散的数据点绘制的一条穿过或靠近尽可能多的数据点的线。绘制最佳拟合线有助于识别自变量和因变量的关系。

作用力

对负载施加的力，如举起手推车的力。

电路元件符号

开关
打开（关闭）

开关
关闭（打开）

电池

电池组

灯泡

电阻器

变阻器

热敏电阻

光敏电阻

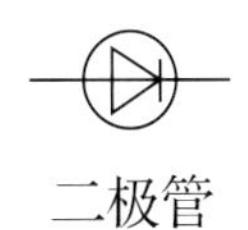

二极管

发光二极管

保险丝

电流表

电压表

电动机

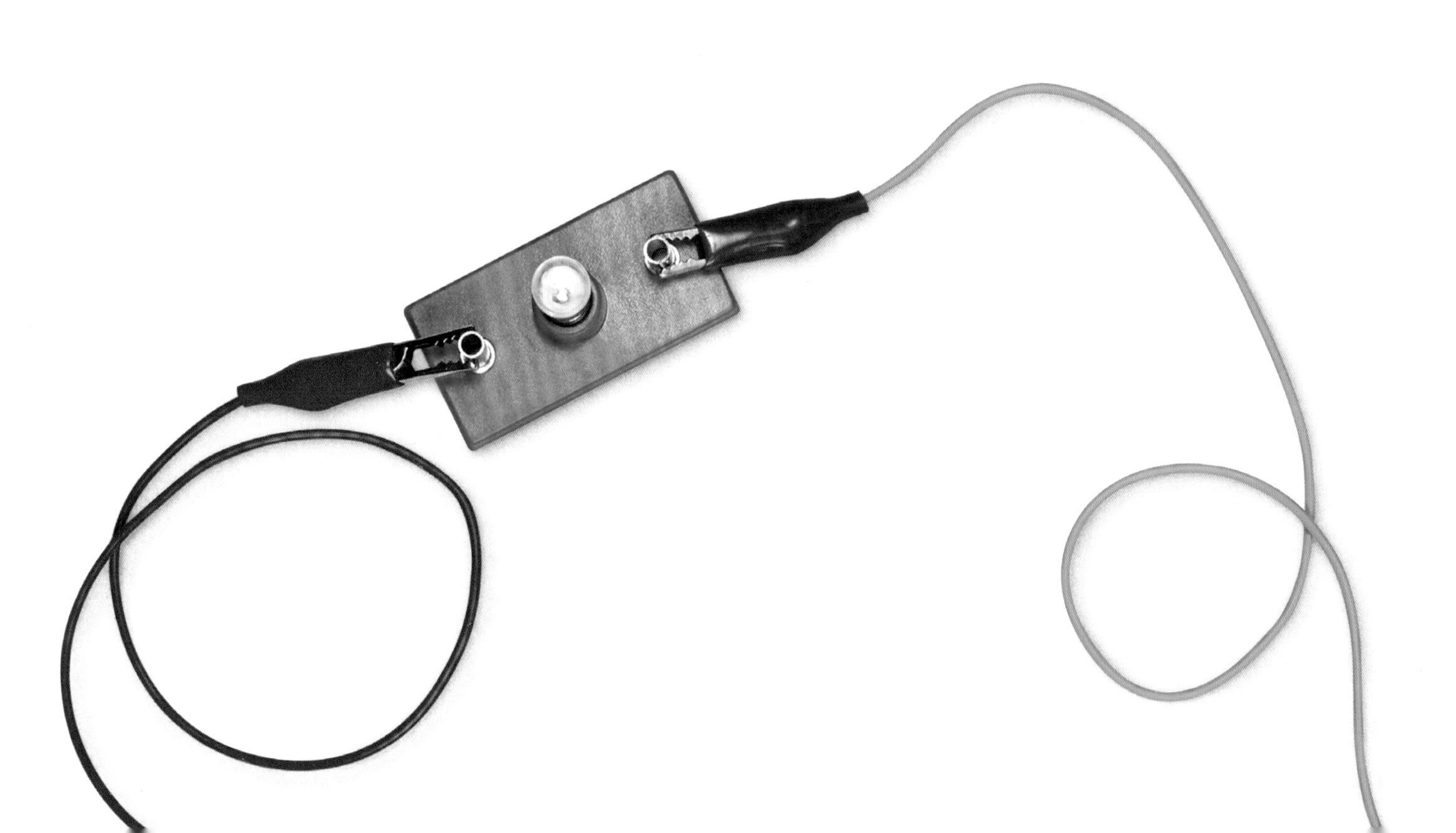

索引

W

X

Y

Z

致谢

本书出版商谨向以下各位致以谢意：
Nayan Keshan and Sai Prasanna for editorial assistance; Mansi Agrawal, Tanisha Mandal, Baibhav Parida, and Lauren Quinn for design assistance; Peter Bull and Sanya Jain for illustrations; Neeraj Bhatia, Vijay Kandwal, Nityanand Kumar, Mohd Rizwan, Jagtar Singh, and Vikram
Singh for CTS assistance; Harish Aggarwal, Suhita Dharamjit, Priyanka Sharma, and Saloni Singh for the jacket; Victoria Pyke for proofreading; and Helen Peters for the index.

本书出版商由衷地感谢以下名单中的人员提供图片使用权：

说明：a代表上；b代表下/底；c代表中间；f代表远；l代表左；r代表右；t代表顶。页码为英文版图书的页码，减8后为中文版图书的页码（减8后为负数的属于文前页）。

1 Getty Images: Yamada Taro (c). **4 Getty Images / iStock:** E+ / ThomasVogel (bl). **5 Science Photo Library:** Dr Keith Wheeler (b). **6 Science Photo Library:** (bc). **7 Dorling Kindersley:** Stephen Oliver (b). **12 Alamy Stock Photo:** Photo12 / Ann Ronan Picture Library (cla); Science History Images / Photo Researchers (bc). **Getty Images:** Popperfoto (br). **Science Photo Library:** (cr); Royal Astronomical Society (ca). **13 Alamy Stock Photo:** imageBROKER / Markus Keller (br); Stocktrek Images, Inc. / Roth Ritter (cra/Andromeda); Science History Images (bc). **Dorling Kindersley:** Science Museum, London (cl). **NASA:** JPL-Caltech (cra); ROSAT, MPE (tr); JPL-Caltech / UCLA (ftr). **Science Photo Library:** Dr Eli Brinks (fcra). **14 Alamy Stock Photo:** Hemis.fr / Francis Leroy (cra); mikecranephotography.com (cla). **Dreamstime.com:** Jim Parkin (crb). **Science Photo Library:** Cristina Pedrazzini (clb). **15 Dreamstime.com:** Diadis (cl); Zhang Liwei (cr); Alf Ribeiro (clb); Flavio Massari (crb). **16 NOAA:** (cra). **17 Alamy Stock Photo:** sciencephotos (cra). **Dorling Kindersley:** Science Museum, London (bc). **Dreamstime.com:** Robert Davies (ca); Svetlana Zhukova (c); Yury Shirokov (br). **Getty Images / iStock:** SchulteProductions (cr). **20 Dreamstime.com:** Bizhan33 (br). **21 Alamy Stock Photo:** Suchanon Sukjam (cl, clb). **Dreamstime.com:** Maxim Sergeenkov (clb/ruler, bl). **Getty Images / iStock:** didecs (br). **22 UNSCEAR:** UNSCEAR 2008 Report Vol. I Sources and Effects Of Ionizing Radiation United Nations, Scientific Committee On The Effects Of Atomic Radiation (cr). **29 123RF.com:** Maria Tkach (cl, cla). **Dorling Kindersley:** Dave King / The Science Museum (crb). **32 123RF.com:** olivierl (cr). **Getty Images / iStock:** E+ / ThomasVogel (cl). **34 Alamy Stock Photo:** PhotosIndia.com LLC (cb); Science History Images / Photo Researchers (clb); Andrew Zarivny (br). **Dreamstime.com:** Konstantin Shaklein (ca). **Getty Images:** Corbis / VCG / Beau Lark (c); Moment / Sean Gladwell (cl). **Getty Images / iStock:** studiocasper (cla). **35 Getty Images:** Photodisc / Creative Crop (bl). **36 Alamy Stock Photo:** Cultura Creative (RF) / Mischa Keijser (bl). **Dreamstime.com:** Johan Larson (clb). **Getty Images / iStock:** E+ / Mlenny (cla). **37 Alamy Stock Photo:** Hemis.fr / Francis Leroy (cla). **Dreamstime.com:** Bborriss (clb). **Shutterstock.com:** Gary Saxe (tl). **38 Dreamstime.com:** Hypermania37 (c); Peejay645 (cr). **Getty Images / iStock:** rancho_runner (cl). **40 Smil, V. 2017. Energy Transitions. Praeger.:** bp Statistical Review of World Energy 2020. / © BP p.l.c. (c). **41 Dreamstime.com:** Afxhome (c); Chukov (cb). **42 Alamy Stock Photo:** Eye Ubiquitous / Paul Seheult (c). **43 Science Photo Library:** Tony Mcconnell (cb). **46 Alamy Stock Photo:** NASA Image Collection (br). **49 Alamy Stock Photo:** David Wall (b). **50-51 Dreamstime.com:** Julian Addington-barker (c). **51 Dreamstime.com:** Destina156 (br). **54 Science Photo Library:** Giphotostock (cra). **55 Dreamstime.com:** Paul Prescott / Paulprescott (cl). **56 Getty Images / iStock:** E+ / Abeleao (c, cr). **57 Getty Images / iStock:** 3DSculptor (b). **58 Dreamstime.com:** Wesley Abrams (b). **59 Dreamstime.com:** Saletomic (br). **61 Alamy Stock Photo:** DBURKE (bc). **69 Alamy Stock Photo:** Malcolm Haines (t). **73 Dreamstime.com:** Greg Epperson (tr). **76 Alamy Stock Photo:** parkerphotography (b). **78 Alamy Stock Photo:** James Smith (c). **79 NASA:** JPL-Caltech / MSSS (bc). **Science Photo Library:** Martyn F. Chillmaid (r). **81 123RF.com:** Pumidol Leelerdsakulvong / Iodimup (cra). **Dreamstime.com:** Jrtmedia (cra/Can). **84 Dreamstime.com:** Lukawo (c). **85 Dreamstime.com:** A-papantoniou (l). **86 Science Photo Library:** (cl). **87 Alamy Stock Photo:** imageBROKER / Norbert Eisele-Hein (b). **88 Alamy Stock Photo:** LJSphotography (cl). **89 Dorling Kindersley:** Ben Morgan (br). **Dreamstime.com:** Brad Calkins (cr); Andrei Kuzmik (ca); Nevinates (c); Joao Virissimo (cl). **90 Dorling Kindersley:** Gerard Brown / Pedal Pedlar (br). **Dreamstime.com:** Tuja66 (c). **91 Dreamstime.com:** Igor Yegorov (bl). **92 Dreamstime.com:** Warrengoldswain (c). **93 NASA:** NASA Earth Observatory (cr). **94 NASA:** GSFC / Arizona State University (cr); NASA Earth Observatory (cl). **96 Getty Images:** Moment / Photo by cuellar (bc); Ezra Shaw (c). **97 123RF.com:** Aleksei Sysoev (bl, cb). **99 Ariel Motor Company:** (b). **101 Dreamstime.com:** Chumphon Whangchom (tr). **102 Science Photo Library:** Gustoimages (c). **103 123RF.com:** Sebastian Kaulitzki (c). **105 © The State of Queensland 2019:** (b). **106 Alamy Stock Photo:** WENN Rights Ltd (b). **109 Alamy Stock Photo:** Bob Weymouth (b). **110-111 Alamy Stock Photo:** Cultura Creative (RF) / Oliver Furrer. **113 Dreamstime.com:** Le Thuy Do (cr). **114 Dreamstime.com:** Gualtiero Boffi (cl). **117 Getty Images:** Moment / Image Provided by Duane Walker. **121 Alamy Stock Photo:** agefotostock / Plus Pix (br). **Science Photo Library:** Gustoimages (clb). **122 123RF.com:** alexzaitsev (ca). **Dreamstime.com:** Kanok Sulaiman (cra). **123 Dreamstime.com:** Mopic (cl, cr). **124 Science Photo Library:** ER Degginger (c). **125 Science Photo Library:** Dr Keith Wheeler. **127 Dreamstime.com:** Mimagephotography (cr); Photographerlondon (cl). **Getty Images / iStock:** invizbk (crb). **131 Science Photo Library:** (c). **134 Alamy Stock Photo:** Zoonar GmbH / Sebastian Kaulitzki (cb). **135 Alamy Stock Photo:** Nature Picture Library / Alex Mustard (b). **Fotolia:** Andrey Eremin / mbongo (c). **137 Alamy Stock Photo:** sciencephotos (c). **138 Dreamstime.com:** Robert Davies (clb/Goggles). **Fotolia:** apttone (clb). **146 Alamy Stock Photo:** Westend61 GmbH / Ulrich Hagemann. **147 Dreamstime.com:** Chumphon Whangchom (c). **Getty Images:** Moment / Photo by Benjawan Sittidech (bc). **149 Fotolia:** Natallia Yaumenenka / eAlisa (cb). **Shutterstock.com:** biletskiyevgeniy.com (tr). **151 Dreamstime.com:** Itsmejust (br). **153 123RF.com:** citadelle (fbr); iarada (cl, cr); scanrail (crb); lanych (br). **Dorling Kindersley:** Ben Morgan (bc). **156 Science Photo Library:** GIPHOTOSTOCK (bc). **157 Science Photo Library:** Giphotostock (ca). **161 Dreamstime.com:** Arsty (cl, clb). **163 Dreamstime.com:** James Warren (b). **164 123RF.com:** iarada (cb, cb/same image). **165 Dreamstime.com:** Thomas Lenne (tr). **167 Dreamstime.com:** Kooslin (bl). **170 Dreamstime.com:** Kooslin (cla); Vlabos (clb). **171 Getty Images / iStock:** didecs (cr). **173 Getty Images:** The Image Bank / Michael Dunning (b). **174 Science Photo Library:** (cl). **175 Getty Images / iStock:** E+ / malerapaso (cb). **Science Photo Library:** Andrew Lambert Photography (cl). **177 Science Photo Library:** (tr); Andrew Lambert Photography (cr). **181 Dreamstime.com:** Atman (cr); Kirill Volkov (cl). **Getty Images / iStock:** E+ / Maica (bc). **183 Dreamstime.com:** Fotoatelie (bl); Mphoto2 (cl); Msphotographic (clb). **185 Dorling Kindersley:** Ben Morgan (c). **Dreamstime.com:** Georgii Dolgykh (cr); Gawriloff (c/Monitor); Luca Lorenzelli (br). **188 Dreamstime.com:** Oleksiy Boyko (crb). **Science Photo Library:** Martyn F. Chillmaid; Giphotostock (cr). **189 Science Photo Library:** Ted Kinsman (b). **191 Dreamstime.com:** Loraks (bc). **Science Photo Library:** (cb). **192 Alamy Stock Photo:** Universal Images Group North America LLC / QAI Publishing (c). **193 Science Photo Library:** Jim Reed Photography. **194 Science Photo Library:** Andrew Lambert Photography (bc). **196 Dreamstime.com:** Ilonashorokhova (clb, clb/opposite magnet); Timawe (cr). **Getty Images:** Photographer's Choice RF / Gary S Chapman (tc). **197 Dorling Kindersley:** Stephen Oliver (c). **198 NASA:** NASA Earth Observatory (c). **200 Dreamstime.com:** Dan Van Den Broeke / Dvande (b). **Science Photo Library:** Turtle Rock Scientific / Science Source (tc, tr). **201 Science Photo Library:** Martin Bond (br). **202 Science Photo Library:** Trevor Clifford Photography (cl, cr). **204 Science Photo Library:** MARTYN F. CHILLMAID (bc). **207 Alamy Stock Photo:** ITAR-TASS News Agency (br). **209 Science Photo Library:** Trevor Clifford Photography (b). **212 Dreamstime.com:** Bblood (cb); Kyoungil Jeon (ca); Okea (c); Mykola Davydenko (br). **213 Dreamstime.com:** Andreykuzmin (ca); Valentyn75 (clb); Romikmk (crb); Hasan Can Balcioglu (bc/kettle); Rudy Umans (bc); Russelljwatkins (br). **215 Alamy Stock Photo:** Brilt (crb); Andrew Wilson (cr); David R. Frazier Photolibrary, Inc. (br). **216 Dreamstime.com:** Norgal (cb); Petro Perutskyy (clb); Santiaga (bc). **218 123RF.com:** Mariusz Blach (cr). **Getty Images / iStock:** E+ / Mlenny (b). **219 Alamy Stock Photo:** D. Hurst (fclb). **Dreamstime.com:** Flas100 (clb); Somchai Somsanitangkul / Tank_isara (cla); Jaroslaw Grudzinski / jarek78 (crb/Iron). **Fotolia:** apttone (crb). **220 Getty Images / iStock:** didecs (tr); E+ / julichka (c). **224 Science Photo Library:** Turtle Rock Scientific (br). **225 Dreamstime.com:** Geerati (c). **227 Dreamstime.com:** Chernetskaya (b). **230 Dreamstime.com:** Mr.siwabud Veerapaisarn (crb). **Getty Images:** Tomasz Melnicki (clb); Yamada Taro (c). **231 Science Photo Library:** (bl, bc). **232 Dorling Kindersley:** Gerard Brown / Pedal Pedlar (bl). **235 Alamy Stock Photo:** Science Photo Library (cb). **Dorling Kindersley:** Gary Ombler / Stuart's Bikes (br). **238 Fotolia:** apttone (cb). **245 Science Photo Library:** Public Health England (br). **UNSCEAR:** UNSCEAR 2008 Report Vol. I Sources And Effects Of Ionizing Radiation United Nations, Scientific Committee On The Effects Of Atomic Radiation (bl). **246 Dorling Kindersley:** Arran Lewis / Zygote (cl, cr). **U.S. Environmental Protection Agency:** (br). **247 Depositphotos Inc:** microgen (crb). **Dreamstime.com:** Serg_velusceac (cr). **Science Photo Library:** Andrew Wheeler (cra). **248 Science Photo Library:** ISM (r). **249 Science Photo Library:** Astier - Chru Lille (cl); Centre Jean Perrin, ISM (tl). **250 Science Photo Library:** US Dept Of Energy (br). **252 Swiss Federal Nuclear Safety Inspectorate ENSI.:** (br). **253 Science Photo Library:** Claus Lunau (br). **255 Dorling Kindersley:** Arran Lewis / NASA (cl). **256 Photo of Peter Wienerroither:** https://homepage.univie.ac.at/~pw (b). **259 Dreamstime.com:** Reinhold Wittich (cr). **Getty Images:** Stocktrek RF (crb/Enceladus). **NASA:** Johns Hopkins University Applied Physics Laboratory / Southwest Research Institute (cra); JPL / USGS (crb). **260 NASA:** GSFC / Arizona State University (c/Used 8 times). **261 Science Photo Library:** European Space Agency / Cesar / Observatorio Astrofisico Di Torino (br). **262 Dreamstime.com:** Intrepix (cr, cra, crb). **NASA:** Soho - Eit Consortium / ESA (c). **263 NASA:** ESA and The Hubble Heritage Team (STScI / AURA) (clb); JPL-Caltech (c); ESA / Hubble (crb); ESA, and The Hubble Heritage Team (STScI / AURA) (cb). **264 Alamy Stock Photo:** Dennis Hallinan (cr). **Dreamstime.com:** Ivan Kokoulin (cl). **NASA:** ESA / ASU / J. Hester (bc); ESA / Hubble and the Hubble Heritage Team (cra); JPL-Caltech / R. Gehrz (bl); (br); CXC / SAO / F. Seward et al (fbr). **NRAO:** AUI (fbl). **265 NASA:** ESA, S. Beckwith (STScI) and the Hubble Heritage Team (STScI / AURA) (cl, clb). **266 NASA:** STSci / Ann Feild (br). **267 NASA:** WMAP Science Team (br). **269 NASA:** (tr). **271 from HyperPhysics by Rod Nave, Georgia State University:** (cl)

All other images © Dorling Kindersley
For further information see: www.dkimages.com